설문조사

설문조사

김경호 지음

머리말

다양한 학문분과와 실천영역에서 설문조사가 널리 활용되고 있다. 대학 사회도 예외가 아니다. 대학의 사회과학 교육에 있어서 설문조사의 이론과 기법을 탐구하고 터득하는 일의 중요성은 아무리 강조해도 지나치지 않는다. 이 책의 목적은 설문지를 제작한 후 자료를 수집하여 분석한 뒤 그 결과를 해석하고 논의하는 일련의 절차와 구체적인 방법을 알려주는 것이다. 이 책은 설문조사의 알파와 오메가, 즉 설문조사의 모든 과정을 담은 책이다. 저자는 설문조사의 기본개념에 대한 이해를 바탕으로 설문조사의 기획에서부터 조사도구의 개발, 자료의 수집 및 분석, 분석결과의 해석 및 보고서의 작성에 이르는 일련의 과정을 모두 다루는 종합적인 지침서를 저술함으로써 설문조사에 관한 한 기존의 조사방법론 서적들과는 차별화된 교재를 만들려고 노력하였다.

저자가 예상하는 이 책의 독자는 사회과학을 공부하는 대학생들이나 대학원생들 또는 새내기 연구자들이다. 사회복지학 등 사회과학 분야의 조사연구에 참여하거나 학술논문을 준비하고 있는 대학(원)생들이나 실천현장의 전문가들이 정보를 수집·분석하고 그 결과를 보고하기 위해서는 설문조사기법에 대한 기초 지식과 소양을 갖추어야 하는데, 이 책이 그러한 욕구를 충족시켜 줄 수 있을 것이다.

설문조사 프로젝트는 일련의 단계들이 서로 연계되어 돌아가는 하나의 유기적인 과정이다. 설문조사의 기획 단계에서 이루어진 결정은 설문조사 후반부에 이루어지는 여러 선택에 영향을 미친다. 또한 설문조사의 과정에서는 뒤 단계에서 앞 단계로 피드백이 이루어져 기획단계에서 수립된 초기의 계획이 수정되기도 한다.

이 책은 총 6개의 장으로 구성되어 있는데, 이 책의 개념적 틀은 아래 그림에 제시되어 있다. 제1장은 설문조사의 기획에 관한 내용을 다루는 장으로 설문조사의 개념, 설문조사의 주요 단계별 기획, 그리고 비용 및 일정계획에 관한 내용을 담았다. 제2장은 문항의 작성 및 척도의 개발에 관한 장으로, 문항의 작성 요령, 문항의 형식, 척도의 유형 등을 넣었다.

제3장은 설문지의 설계에 관한 내용으로 구성되어 있는데, 이 장에서는 설문지의 구성, 응답 흐름의 관리, 사전 코딩 및 예비조사 등을 다루었다. 제4장의 주제는 자료의 수집으로 우편설문조사, 대면설문조사, 전화설문조사, 온라인설문조사의 골자를 소개하였다. 제5장은 자료의 분석으로 자료분석의 준비, 일원적 분석, 이원적 분석에 대하여 고찰하였다. 마지막으로 제6장은 분석 결과의 해석 및 보고의 장으로서, 여기에서는 기술통계량의 해석, 통계적 추론, 관련성의 해석, 자료 보고의 방법, 기술통계의 보고, 변수들 사이의 관련성 등에 대하여 논의하였다.

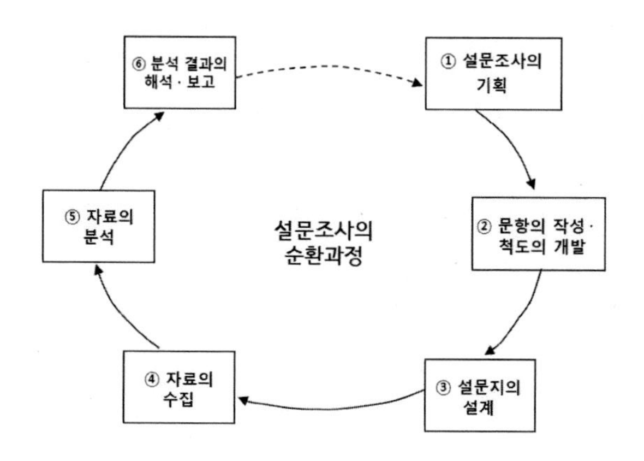

그동안 나름대로 꼼꼼한 수정 · 보완 작업을 진행하였으나 아직도 미흡하고 미진한 부분이 적지 않게 남아 있을 것이다. 기회가 닿으면 개정판을 통해 보다 충실한 책을 만들겠다는 약속을 독자 여러분에게 드린다.

2014년 12월

김경호

목차

제1장

설문조사의 기획

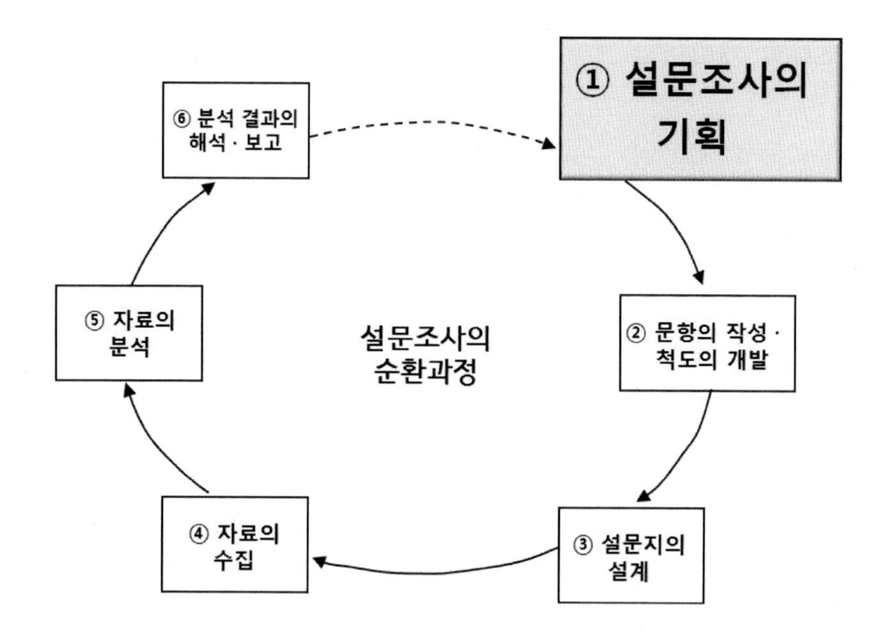

학습 목적

설문조사의 기획은 조사연구 프로젝트의 출발선이다. 이 장에서는 먼저, 설문조사의 목적, 속성, 유형, 한계 등 설문조사의 기초개념에 대한 이해도를 높인다. 또한 표집설계, 설문지의 작성, 자료수집, 자료의 분석, 보고서의 작성 등 설문조사의 주요 단계별 기획에 대하여 학습한다.

주요 내용

- ○ 설문조사의 개념
- ○ 설문조사의 주요 단계별 기획
- ○ 조사 일정 및 소요 비용의 추계

1. 설문조사의 개념

설문조사는 설문지, 각종 검사(tests) 등 여러 가지 구조화된 도구(structured instrument)를 사용하여 자료를 수집하고 분석하는 대표적인 양적 연구이다. 이 절에서는 설문조사의 기초 개념을 이해하기 위해 먼저 설문조사의 목적, 속성, 한계, 유형 등에 대하여 고찰한다.

1) 설문조사의 목적

설문조사가 다수의 조사연구자에 의해 선호되는 이유는 그것이 필요한 정보를 수집할 수 있는 매우 효과적이고 효율적인 방법이기 때문이다(Boynton & Greenhalgh, 2004). 설문조사는 다른 수단에 비해 필요한 자료를 더 쉽고, 더 빠르며, 더 싸고, 더 정확하게 수집할 수 있다. 일반적으로 설문조사는 다음 세 가지 목적 가운데 어느 하나 때문에 실시된다(Alreck & Settle, 2004). 첫째, 인간의 행태나 조건을 이해하거나 예측하려는 학문적 또는 전문직업적 목적을 달성하기 위해 설문조사가 실시된다. 둘째, 특정 집단에게 제공하고 있는 재화나 서비스와 관련된 자료를 획득하기 위해 설문조사가 실시된다. 셋째, 청중·관객·독자를 설득하기 위한 목적으로 설문조사가 실시된다.

(1) 인간 행태·상황·조건에 대한 이해 또는 예측

설문조사는 조사연구자가 인간(people) 자체에 관한 지식을 얻기 위해 실시되기도 한다. 인간은 여러 학문적 또는 전문적 영역에서 관심의 대상이자 연구의 주제이다. 오늘날 사회과학 또는 행태과학, 인문과학, 경영 및 행정, 그 밖의 많은 전문적인 영역에서 활동하고 있는 학생, 교수, 연구자, 전문가 등이 인간의 행태와 조건에 부분적으로 또는 전적으로 연구의 초점을 맞추고 있다. 이러한 연구에서 설문조사는 매우 유용한 도구로 사용된다. 이 경우 설문조사로 얻는 정보는 의사결정에 활용되기보다 전문 영역의 이론적·개념적 지식을 강화하는 데 기여하는 정보를 제공한다. 이론적 연구에서는 실제적 문제의 해결이나 행동에 사용되는 정보가 필요한 것이 아니라 사람들의 성벽(propensities)이나 경향(predisposition)에 관한 연구문제의 답변 또는 가설의 검증에 사용되는 정보가 필요하다. 이러한 유형의 설문조사 정보는 기존의 지식체계를 강화하는 데 활용할 수 있다.

실제적 연구이건 아니면 이론적 연구이건 간에 설문조사는 연구를 수행하는 중요한 수단 가운데 하나이다. 실제적 연구와 이론적 연구는 정보욕구를 평가하는 기준은 서로 다르다. 그럼에도 불구하고, 설문조사의 절차는 거의 동일하다. 측정도구는 측정대상과 거의 관련이 없다. 무엇을 측정하든지 간에 동일한 측정도구를 사용하는 것이 일반적이다. 예를 들면, 목수, 배관공, 석수장이, 포목상은 목재, 파이프, 돌, 피륙을 측정할 때 모두 줄자라는 동일한 측정도구를 사용한다. 마찬가지로, 수많은 연구주제와 관련하여, 수많은 연구목적을 달성하기 위하여, 그리고 수많은 학문영역에서 여러 사람에 의해 효과적으로 사용되고 있는 측정도구(measurement tool)가 바로 설문조사이다. 설문조사가 어떻게 수행되어야 하는지를 보여주기보다 설문조사에서 어떤 정보 욕구(information needs)와 조사 주제(survey topics)가 다루어질 것인지를 보여주는 것이 더 중요하다.

(2) 고객 대상의 욕구조사

현실 세계에는 사람들에게 재화나 서비스를 제공하는 직업이 적지 않다. 대부분의 조직이나 기관의 경우에도 마찬가지이다. 개인이나 조직은 고객(clientele)의 욕구나 선호 등을 파악하기 위해 설문조사를 통해 정보를 얻고자 한다. 개인이나 조직은 그들이 생산하여 공급하는 재화나 서비스가 일반 고객들에게 유용하고 가치 있는 것으로 받아들여지는 기본적인 조건이 무엇인지 알고자 한다. 재화와 서비스의 생산자들이 고객을 이해하는 정도가 높으면 높을수록 그들은 더 경제적으로 그리고 더 효과적으로 고객을 위한 활동을 전개할 수 있다. 회사나 기업체, 정당이나 후보자, 정부 부처나 기관, 병원이나 의원, 각급 학교 등 교육기관, 종교 조직, 사회복지조직 등 다양한 분야의 전문가들은 모두 자신들이 섬기는 공중(public)에게 재화나 서비스를 제공한다. 그들이 무엇을 제공할 것인가, 누구에게 제공할 것인가, 언제 그리고 어디에서 제공할 것인가, 재화와 서비스를 어떻게 생산할 것인가, 누가 그 비용을 부담할 것인가 등에 관한 여러 가지 대안이 존재한다. 이와 같은 매우 중요한 의사결정을 하는 데 필요한 정보를 얻을 수 있는 유용한 방법이 바로 설문조사이다.

본래 재화나 서비스를 생산하고 공급하는 사람들이 고객들의 욕구와 선호를 파악하여야 할 책임을 지고 있다. 그들은 무엇을 생산하여 어떻게 전달할 것인지 잘 알고 있으나 간혹 고객의 욕구와 선호를 제대로 알 수 없는 경우도 생긴다. 따라서 재화와 서비스의 생산자가 고객에 대한 정보를 얻기 위하여 설문조사를 의뢰하는 일이 종종 있다. 이러한 설문조사를 통해 설문조사의 의뢰자뿐만 아니라 설문조사에 응답하는 고객들에게도 편익이 돌아갈 수 있다. 재화와 서비스의 생산자가 고객을 잘 이해할수록 그만큼 더 효과적으로 고객에게 편익을 제공할 수 있으며, 설문조사는 이러한 과정에서 핵심적인 역할을 하는 수단이 된다.

(3) 청중·독자·관객의 설득

설문조사는 제3자에 의해 의뢰되기도 하는데, 설문조사를 의뢰하는 개인이나 조직은 궁극적으로 설문조사를 통해 특정 집단의 구성원의 믿음이나 행동에 영향을 미치기를 원한다. 즉, 설문조사를 의뢰한 사람들은 자신들의 청중(audience)이 어떤 특정한 방식으로 생각하거나 어떤 특별한 방법으로 행동하기를 희망한다. 사람들은 누구나 다른 사람들에게 영향을 미치거나 설득하는 행위를 한다. 사람들에게 불이익을 주거나 해코지를 하는 것이 아니기 때문에 남에게 영향을 미치거나 남을 설득하려는 행위 자체가 잘못은 아니다. 예를 들면, 부모는 자녀에게 영향력을 행사하려고 하고, 부부 가운데 어느 한쪽은 상대편 배우자를 설득하려고 하며, 슈퍼바이저는 일선 사회복지사에게 영향을 미치려고 노력하는가 하면, 소비자는 생산자에게 가격 하락의 필요성을 압박하기도 한다. 남을 설득하려는 사람들은 관찰이나 대화를 통해 자신들의 임무가 어느 정도 성공을 거두고 있는지 비교적 쉽게 알 수 있다. 반면에, 조직이나 기관이 대규모 청중을 대상으로 영향력을 행사하거나 설득하는 경우에는 과업의 효과성을 측정하기가 상대적으로 더 어렵다.

기업은 생산품을 판매하기 위해 판촉활동을 펼친다. 정당과 정치 조직은 후보자를 위한 각종 활동이나 특정 논점에 대하여 정치적인 지지 활동을 전개한다. 정부 부처나 기관들도 스스로의 입장을 강화하고 홍보하기 위하여 다양한 활동을 펼친다. 사회복지기관이나 사회복지시설은 교육, 홍보, 보건의료, 사회서비스 등 다양한 유형의 프로그램을 집행한다. 이처럼 조직은 다양한 방식으로 공중(public)과 의사소통을 한다. 그러나 어느 한쪽이 다른 쪽에게 보내는 일방적 의사전달(one-way communication)은 그 효과를 가늠하기가 쉽지 않다. 메시지를 전달 받은 청중이 어떻게 반응하는가? 메시지의 효과는? 어떤 저항이 나타나고 있는가? 청중들이 메시지를 제대로 이해하고 있는가? 청중들이 알고 싶어 하는 정보가 전달되었는가? 메시지가 새로운 욕구를 자극하는가?

대규모 청중에게 메시지를 전달하는 경우, 일반적으로 메시지를 전달받은 사람들이 피드백(feedback)의 주도권을 쥐고 있는 것은 아니다. 설령 메시지 수신자들이 피드백을 원한다고 할지라도 그렇게 할 수 있는 마땅한 수단이 없는 경우가 많다. 그런데 대규모 청중과의 의사전달의 경우에도 설문조사를 통해 쌍방향 의사전달(two-way communication)을 실현할 수 있다. 이 경우 메시지를 보내는 측과 그것을 받아들이는 측 사이에는 설문조사를 통한 대화의 통로가 마련된 셈이다. 설문조사는 소수의 개인이 다수 청중들의 의견과 태도를 측정하는 효과적·효율적인 수단일 뿐만 아니라, 반대로 다수의 청중들이 소수의 개인에게 자신들의 의견을 피력하는 편리하고 적절한 수단이다. 청중들에게 시간과 노력을 들여 반드시 설문조사에 응답하라고 강요하는 것은 아니기 때문에 설문조사가 개인의 자유를 억압하는 것은 아니다. 많은 청중들이 설문조사에 자발적으로 참여하여 자신들의 의견과 반응을 표출함으로써 조사연구자 또는 설문조사의 의뢰인에게 영향력을 행사할 수 있다.

2) 설문조사의 속성

설문조사 결과의 활용 가능성과 제한점을 평가하는 것은 중요한 과업이다. 설문조사의 활용 가능성을 매우 높게 평가하는 사람이 있는가 하면, 설문조사의 제한점을 실제보다 과장하여 인식하는 사람도 있다. 설문조사의 가치는 두 가지 요인에 의하여 결정되는데, 하나는 설문조사에 투입되는 각종 자원의 양이며 다른 하나는 조사연구자가 설문조사에 쏟아붓는 노력과 전문지식이다. 설문조사를 다른 정보수집 방법과 비교하려면 먼저 설문조사의 속성부터 올바르게 이해하는 것이 순서이다.

오늘날 설문조사는 많은 사람들이 사용하고 있는 연구방법 가운데 하나이다. 길거리에서 또는 사무실에서 또는 가정에서 설문조사는 무시로 이루어지고 있는데, 일면식도 없는 조사자로부터 설문지에 응답하여 줄 것을 요청받는 일도 그리 드물지 않다. 설문조사는 나름의 장점을 많이 가지고 있기 때문에 오늘날 가장 인기 있는 자료수집 방법의 하나라는 성가를 얻고 있다.

(1) 신축성과 융통성

설문조사는 응답자의 신체적 또는 인구학적 특성과 같은 매우 단순한 사실을 측정할 수도 있고, 응답자의 태도, 선호도, 라이프스타일 유형과 같은 매우 복잡한 특성을 측정할 수도 있다. 설문조사는 응답자의 정신상태나 상황 가운데 하나의 작은 단면을 측정할 수도 있고, 응답자의 생애의 여러 측면을 포괄하는 수십 개 또는 수백 개의 질문을 포함할 수도 있다. 설문조사는 응답자의 개인 이력(personal history), 현재의 생활상태, 미래 생활에 대한 의도나 기대, 생애의 전체 과정 등을 측정할 수도 있다.

설문조사는 우편 조사, 전화 면접, 대면 면접, 인터넷 조사 등의 방식으로 실시된다. 조사대상자에 대한 접근은 시각적인 접촉, 청각적인 자극, 또는 두 가지 방법을 동시에 사용하는 방식으로 이루어진다. 다양한 장소에 있는 조사대상자에게 접근할 수 있는데, 자택이나 직장이나 교육 장소에 있는 조사대상자뿐만 아니라 심지어 설문조사를 실시하기 위해 레크리에이션을 하거나 쇼핑을 하고 있는 사람들에게 접근하는 경우도 있다. 설문지에 응답하는 데 걸리는 시간도 다양하여, 단 몇 분이면 응답이 끝나는 설문조사가 있는가 하면 응답에 몇 시간이 걸리는 경우도 있다. 이처럼 설문조사의 방법은 미리 한정되어 있지 않다.

설문조사를 통해 수집되는 자료의 양과 복잡성의 정도는 정보의 요구사항과 자원의 가용성에 따라 결정되는 이른바 '선택의 문제(a matter of choice)'이다. 단순한 설문조사는 설문지 분량이 몇 쪽에 불과하며 휴대용 계산기로 간단하게 결과를 분석할 수 있고 분석 및 해석 결과를 담는 보고서도 한두 페이지로 충분하지만, 복잡하고 종합적인 설문조사의 경우 자료입력 및 분석에 컴퓨터 프로그램을 사용하여야 할 뿐만 아니라 복잡한 분석 및 해석과정을 거쳐 정밀한 정보를 포함하는 많은 분량의 보고서가 만들어진다.

(2) 구체성과 효율성

조사연구자가 설문조사를 기획할 때 대개 다음과 같은 세 가지 질문을 떠올린다. 첫째, 설문조사에 들어가는 비용은 얼마인가? 둘째, 설문조사에 걸리는 시간은 얼마나 되는가? 셋째, 설문조사로부터 어떤 정보를 얻을 수 있는가? 처음에는 이 세 가지 질문에 정확한 답변을 하기 어려울 것이다. 설문조사 계획을 보다 구체화시켜야만 이와 같은 질문에 제대로 답변할 수 있다. 왜냐하면 모든 설문조사는 다 동질적인 것은 아니기 때문이다. 설문조사의 구체화 가능성은 설문조사의 장점이다. 정보를 얻고자 하는 사람의 정보욕구와 그가 조달할 수 있는 예산을 모두 고려하여 이른바 주문자 맞춤형 상품을 만들 수 있다. 적은 비용으로 실시할 수 있는 설문조사가 있는가 하면 매우 많은 예산을 요구하는 대규모 설문조사 프로젝트도 있다. 자료수집에 단지 며칠이 걸리는 설문조사가 있는가 하면 수개월 또는 그 이상의 자료수집 기간이 필요한 설문조사도 있다. 한 쪽짜리 보고서를 만들어내는 설문조사가 있는가 하면 방대한 분량의 보고서를 생산하는 설문조사도 있다. 위에 제시한 세 개의 질문에 대답하려면 먼저 정보 욕구와 조달 가능한 자원 사이에 조화와 균형이 이루어져야 한다.

일반적으로 설문조사는 표본조사의 형태로 진행되는 경우가 많다. 따라서 대규모 모집단의 모수치를 추정할 수 있는 정보를 상대적으로 소규모인 표본으로부터 도출한다. 표본의 크기가 1,000명 이상인 경우는 매우 드물며 대다수의 표본조사에서 표본의 크기는 몇백 명 정도이다. 심지어 표본의 크기가 수십 명에 불과한 경우도 있다. 또한 제대로 잘 설계되고 체계적으로 조직된 조사도구(즉, 설문지)는 설문조사의 효율성을 제고시킨다. 설문지를 잘 구성하면 응답자들이 수십 개 또는 수백 개의 질문에 대해 몇 분 또는 몇십 분 안에 응답할 수 있도록 만들 수 있다. 주의 깊게 그리고 정교하게 설문지를 만들지 않으면 수십 개 또는 수백 개의 문항에 응답하는 데 몇 시간 또는 몇 날 며칠이 걸릴지도 모를 일이다.

3) 설문조사의 유형

분류 기준에 따라 설문조사는 여러 유형으로 나뉜다. 이론적인 면에서 볼 때, 어느 특정 유형이 다른 방법들보다 더 우수하다고 단정 지을 수는 없다. 연구주제 및 연구문제, 모집단, 가용예산, 인력 자원, 시간제한 등의 조건을 고려하여 설문조사 방법을 선택하여야 한다(Salant & Dillman, 1994).

(1) 설문지의 구조화 정도에 따른 분류

설문지는 다양한 유형으로 분류된다. 먼저, 문항의 구조화의 정도에 따라 구조화된 설문지(structured questionnaires), 반구조화된 설문지(semi-structured questionnaires), 비구조화된 설문지(unstructured questionnaires)로 구분할 수 있다(Cohen, Manion & Morrison, 2000).

첫째, 구조화된 설문조사는 구조화의 수준이 높은 폐쇄형 문항(closed questions)을 사용하여 통계처리 및 분석이 가능하다는 점에서 유용한 설문조사 방법으로 인정된다. 이러한 유형의 설문지를 작성하는 일은 매우 시간이 많이 걸리는 반면 수집된 자료의 분석은 비교적 빠르게 진행된다.

둘째, 반구조화된 설문조사에서 사용되는 설문지에는 일련의 문항, 진술, 항목이 포함되어 있으며, 응답자는 자신이 원하는 방식으로 응답하거나 코멘트를 적는다. 반구조화된 설문지의 구조, 문항 순서, 초점 등은 명확하게 정해져 있지만, 설문지를 만드는 사람에 따라 구체적인 서식(format)이 달라지며 따라서 응답자는 자신의 고유한 표현으로 응답할 수 있다.

셋째, 비구조화된 설문조사는 완전한 개방형 설문지를 사용하는데, 응답자는 아무런 제한 없이 어떤 내용이라도 자유스럽게 기록할 수 있다. 이러한 방식을 통해 풍부한 개인적 자료(rich and personal data)를 수집할 수 있다. 그러나 자료의 분석이 어려울 뿐만 아니라 시간이 많이 소요되는 단점이 있다.

(2) 자료수집 방법에 따른 분류

설문지를 배포하고 회수하는 방법에 따라 설문조사는 우편설문조사(mail surveys), 대면설문조사(face-to-face surveys), 전화설문조사(telephone surveys), 온라인설문조사(on-line survey)로 구분할 수 있다(Judd, Smith & Kidder, 1991; Salant & Dillman, 1994; Frankfort-Nachmias & Nachmias, 2000).[1]

첫째, 우편설문조사는 우편으로 배달된 설문지에 대해 조사대상자가 직접 기입하는 방식을 말한다. 우편설문조사를 실시하기 위해 조사자는 먼저 모집단을 구성하고 있는 전체 인원의 주소 목록을 구한 다음에 거기에서 소정의 크기의 표본을 추출한다. 이어서 표본으로 선정된 사람들에게 우편으로 설문지를 송부하는데, 이때 설문지의 맨 앞 장에 표지 편지를 붙이고 반송용 봉투를 동봉한다. 경우에 따라서는 설문지를 보내기 전에 조만간에 설문지를 보내겠다는 내용의 안내편지를 먼저 보낼 수도 있다. 완성된 설문조사를 반송하지 않은 조사대상자에게는 일주일 후쯤 우편엽서를 보내 설문조사에의 참여를 독려하는 것이 좋다.

둘째, 대면설문조사는 조사자가 주소록이나 전화번호 목록에서 소정의 크기의 표본을 선택한 다음에 조사요원이 조사대상자들을 방문하여 직접 얼굴을 마주 보면서 설문조사를

1) 현실적으로 자주 사용되는 제5의 설문조사 방식으로 전달 설문조사(drop-off survey)가 있다. 이것은 조사요원이 개별 조사대상자를 일일이 방문하여 설문지를 배포하며 조사대상자가 직접 설문지에 응답하는 방식이다. 설문지의 수거는 조사요원이나 우편을 통해 이루어진다. 이 방식은 조사요원이 개별 조사대상자를 방문하여 설문지를 배포한다는 점에서 대면설문조사의 성격을 가지며, 조사대상자가 응답내용을 설문지에 직접 기록한다는 점에서 우편설문조사의 성격도 가지고 있다. 즉, 전달 설문조사는 대면설문조사와 우편설문조사를 절충한 방식이다.

실시하는 방식이다. 모집단의 주소록 등 적절한 리스트가 없을 때는 지역단위의 표본추출 방식을 사용할 수 있다. 대면설문조사에서는 조사요원이 직접 응답결과를 설문지의 각 문항에 기록하는 방식을 취한다. 만약 조사요원이 방문하였을 때 조사대상자가 부재중이거나 면접 도중에 설문조사를 중단할 수밖에 없는 사건이 발생한 경우에는 추가방문에 관한 약속을 잡고 추후에 설문조사를 계속하는 것이 좋다.

셋째, 전화설문조사의 조사자는 전화번호부나 다른 명부로부터 소정의 크기의 표본을 추출한다. 또는 일반 공중을 조사대상으로 하는 설문조사에서 전체 구성원의 명부를 입수하기 어렵다는 점을 고려하여 개발된 '무작위 전화번호 선택 프로그램'을 사용할 수도 있다. 표본으로 선정된 사람들과는 첫 번째 통화에서 설문조사를 실시할 수도 있으나, 만약 조사대상자가 당장 전화설문조사에 응하기 곤란한 경우에는 편리한 시간에 다시 전화를 걸겠다고 약속하는 것이 좋다. 조사자는 설문지의 각 문항에 응답내용을 기록하거나 컴퓨터에 응답내용을 곧바로 입력할 수도 있다.

넷째, 온라인설문조사(전자설문조사, 인터넷설문조사)에서는 온라인상에 직접 설문지 파일을 탑재하여 응답자들이 직접 해당 설문지에 응답하게 하거나 또는 인터넷 가입자들을 대상으로 이메일을 통해 설문지를 주고받는 방식으로 자료를 수집한다. 즉, 온라인설문조사는 웹을 이용하여 설문조사를 진행하거나 이메일을 통해 설문조사를 실시한다.

4) 설문조사의 한계

설문조사의 긍정적인 특성에도 불구하고 설문조사에는 통제하기 어려운 한계와 단점이 있다. 아마도 가장 큰 한계는 설문조사를 통해 인과성(causality)을 측정하기 어렵거나 불가능하다는 점일 것이다. 설문조사에서는 거의 예외 없이 응답자에게 일련의 질문이 제시되고 응답자는 그러한 질문들에 스스로 답변하는 방식이 사용된다. 설문조사 응답자들은 자신들 또는 다른 사람들이 특정한 행동을 취하는 이유를 실제로 알지 못하기 때문에 또는 그러한 이유를 일부러 숨기려고 하기 때문에 결과적으로 틀린 응답을 하게 되는 수가 있다. 따라서 설문조사를 통해 인과성을 평가하는 일은 매우 어려운 과업으로 정평이 나 있다. 그 밖에도 설문조사는 다음과 같은 몇 가지 제한점을 지니고 있다(Alreck & Settle, 2004; Bradburn, Sudman & Wansink, 2004).

(1) 위협적이고 민감한 질문

응답자들이 특정 질문에 관한 정보가 매우 민감하다고 생각할 경우 너무 당황하거나 위협을 느낀 나머지 그 질문에 답변하지 않을 수도 있다. 예를 들면, 설문조사를 통해 성행위, 음주실태, 약물남용 등과 같은 사회적 금기와 관련된 이슈에 관한 정확한 정보를 얻기는 매우 어렵다. 물론 상당한 수준의 전문지식, 노력, 재능을 발휘하면 그러한 정보를 얻는 일이 완전히 불가능하지는 않겠으나, 위협적이고 민감한 질문(threatening and sensitive questions)을 사용하여 정보를 수집하는 일이 용이하지 않다는 점은 분명한 사실이다. 요컨대 어떤 질문이 대다수의 조사대상자에게 민감하거나 위협적인 질문이라고 인식되면 설문조사를 통해 그와 관련된 정확한 정보를 얻는 일이 사실상 거의 불가능하다. 위협적이고 민감한 이슈는 설문조사 대신에 관찰(observation)과 같은 대안적인 자료수집 방법을 사용할 수 있을 것이다.

(2) 비용, 전문지식 및 오류

설문조사는 실제 소요되는 비용보다 몇 배나 많은 가치를 가진 정보를 산출해내야 한다. 설문조사에는 적지 않은 시간과 비용이 투입되어야 하며, 지적이고 체계적인 활동이 필요하다. 사실 설문조사는 매우 많은 노력과 정성을 요구하는 어려운 과업이다. 설문조사는 먼저 완벽한 수준의 기획서를 작성하여야 하며, 이어서 단계별로 주의 깊게 집행되는 과정을 거친다. 누군가 한 사람이 설문조사의 전체 과정을 지휘하여야 하는데, 일반적으로 조사연구자 또는 연구책임자가 그 역할을 담당한다. 조사연구자가 혼자 모든 일을 다 처리하거나 모든 것을 다 결정하는 것은 바람직하지 않다. 조사연구자는 전반적인 과정을 모니터링하고 슈퍼비전을 제공하는 임무를 지속적으로 그리고 열정적으로 담당해야 한다. 설문조사는 상호작용을 하는 연속적인 일련의 과정을 통해 이루어진다. 경우에 따라서 조사연구자는 선행단계를 마무리 짓기 전에 후행단계의 과업을 먼저 시작하여야 한다. 조사연구자가 설문조사의 전반적인 과정단계를 명확하게 이해하고 있지 못하면 연구 프로젝트가 잘못된 방향으로 흘러갈 위험이 있다.

다른 자료수집 방법과 마찬가지로, 설문조사 과정의 어느 단계에도 실수, 오류, 실패가 있을 수 있다. 설문조사에서 이러한 잘못이 발생하였다고 할지라도 그것이 설문조사를 포기할 명분이 되지는 못한다. 설문조사를 기획하고 단계별로 집행하는 목적은 중대한 오류와 실패를 미연에 방지하자는 데 있다. 설문조사에서 도출되는 정보의 가치를 크게 훼손하는 심각한 위협이 발견되지 않는 한, 사소한 실수는 용인될 수 있다. 설문조사의 도중에 또는 설문조사가 완료된 후에 사소한 잘못이 발견되었다면, 그것이 설문조사 정보에 어떠한 영향을 미쳤는지 정밀하게 고려하여야 한다. 단지 작은 실수가 개입되었다는 이유만으로 설문조사 결과를 평가절하하거나 송두리째 내팽개칠 필요는 없다. 사소한 잘못은 그 자체로 인정되어야 하는데, 예를 들면, 설문조사 결과를 해석할 때 사소한 실수를 반영하는 방향으로 해석 결과를 내놓으면 될 것이다.

2. 설문조사의 주요 단계별 기획

설문조사의 기획 단계에서 조사연구자는 표본추출, 설문지의 작성, 자료수집, 자료분석 등에 관하여 잠정적인 결정을 내리는 일을 몇 번이고 반복한다. 이 절에서는 표집설계, 설문지 작성, 자료수집, 자료분석, 보고서 작성 등 설문조사의 기획 단계에서 고려하여야 할 사항에 대하여 고찰한다.

1) 표집 설계

표집 설계란 모집단의 정의, 표본추출 방법, 표본의 크기 등 표본추출에 관한 중요한 사항을 결정하는 것이다. 표본을 실제로 선택하는 과업은 나중에 이루어지겠지만, 설문조사를 기획하는 단계에서는 우선 표집설계에 관한 기본전략이 수립되어야 한다. 표집 설계에 있어서 가장 중요한 점은 자료수집 방법과 그에 따른 비용이 먼저 고려되어야 한다는 사실이다. 자료수집 비용을 고려하지 않은 표집 방법의 선택은 사리에 맞지 않는 일이다.

(1) 응답 임무와 표본 크기

설문조사에서 표본의 크기를 결정할 때 고려할 수 있는 두 가지 대안이 있는데, 하나는 작은 표본을 구성하되 그 표본의 구성원으로부터 많은 양의 정보를 추출하는 것이며, 다른 하나는 큰 표본을 구성하되 그 표본의 구성원으로부터 작은 양의 정보를 추출하는 것이다. 조사연구자가 사용할 수 있는 자원은 한정되어 있는 반면, 설문조사가 충족시켜야 할 정보 욕구를 가용자원에 맞추어 한정하기는 매우 어렵다. 일반적으로 응답자 개개인으로부터 얻어야 할 자료의 양과 표본의 크기 사이에는 상쇄관계(trade-off)가 존재한다. 예산이 일정할 때, 개별 응답자로부터 얻어야 할 자료의 양이 많다면 표본의 크기를 작게 만들어야 하며, 개인으로부터 얻어야 할 자료의 양이 작다면 표본의 크기를 크게 만들어야 한다.

<상자 1-1>에 나타난 바와 같이, 설문조사의 총예산을 지레받침(fulcrum)으로 사용하여 응답자의 응답임무(즉, 응답자로부터 얻어내는 자료의 양)와 표본의 크기 사이의 관계를 설명할 수 있다. 응답자 개인으로부터 얻어야 할 자료의 양이 많을수록 그 개인에게 투입되어야 할 비용은 많아진다. 이 경우 예산의 한도 내에서 설문조사를 완료하려면 응답자의 수(즉, 표본의 크기)를 줄이는 방법을 통해 응답자들에게 투입되는 비용을 절감하여야 할 것이다. 같은 논리로, 개별 응답자로부터 수집할 자료의 양이 작을수록 표본의 크기를 더 늘릴 수 있다.

<상자 1-1> 응답 임무와 표본크기의 관계

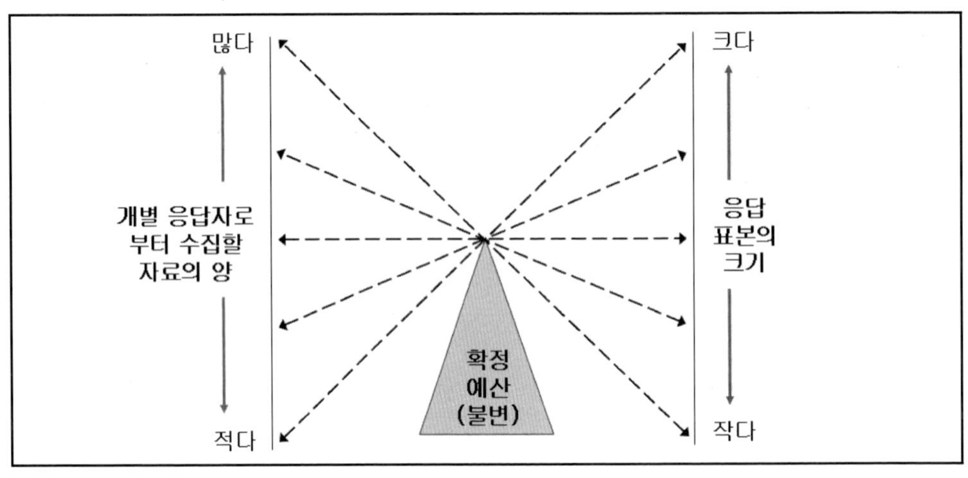

자료: Alreck & Settle, 2004, p.41.

설문조사의 기획 단계에서는 개별 응답자로부터 수집할 자료의 양을 추정하는 일이 중요하다. 그 추정 결과에 따라 응답 임무의 기간과 난이도가 결정되며, 개인당 비용 추산액도 결정된다. 개인당 비용이 높게 추산되는 경우에는 작은 표본을 정교하게 구성하여야 한다. 개인당 비용이 낮게 추산되는 경우에는 상대적으로 큰 표본을 구성할 수 있다. 다음 단계는 응답 표본의 대략적인 크기를 결정하는 일이다. 표본의 크기와 응답 임무의 크기를 결정할 때 고려하여야 할 점은 다음 <상자 1-2>와 같이 정리할 수 있다(Alreck & Settle, 2004).

<상자 1-2> 표본추출 전략의 결정 요인

표본은 크게, 개인의 응답임무는 작게!	1. 매우 정확한 수치의 추정이 필요하며, 매우 높은 신뢰도를 확보하기 원하는 경우 2. 여러 문항에 대한 응답 유형보다 개별 문항에 대하여 더 많은 관심을 갖고 있을 경우 3. 개별 응답자로부터 얻어야 할 자료의 범위와 양이 매우 제한적일 경우 4. 응답임무가 단순할수록 응답률이 높아질 것으로 기대되는 경우(예: 우편조사)
표본은 작게, 개인의 응답임무는 크게!	1. 상당히 넓은 범위 안에서 모수치의 추정이 요구되는 경우 2. 개개의 설문 문항보다 여러 문항에 대한 응답 유형에 정보욕구의 초점이 맞추어진 경우 3. 개별 응답자로부터 얻어야 할 자료의 범위와 양이 상당히 클 경우 4. 우편조사가 아니라 전화조사 또는 대면조사를 통해 자료를 수집하는 경우

일단 대략적인 표본의 크기와 응답자 개인당 비용이 추정된 다음에는 자료수집 비용이 추정되어야 한다. 이것은 매우 중요한 예산편성 과정이다. 왜냐하면, 자료수집은 전체 설문조사 과정 중 비용이 가장 많이 들어가는 단계이기 때문이다.

(2) 연구 모집단, 표본추출 단위, 표본추출 틀

요소(element)란 자료가 수집되고 분석되는 단위를 의미한다. 표본추출의 요소는 일반적으로 자료의 분석단위와 일치한다. 개인, 가족, 집단 등이 모두 표본추출의 요소가 될 수 있다.

모집단(population 또는 universe)은 표본을 통해 대표하려는 전체를 지칭하는데, 연구 요소 또는 분석 단위들이 모인 전체 집합을 의미한다. 연구 요소들의 전체 집합을 이론적으로 구체화하는 과정이 곧 모집단을 정의하는 일이다(김영종, 2007).

연구 모집단(study population)은 모집단의 하위 개념이며, 전체 모집단 중에서 실제로 표본이 추출되는 요소들의 집합을 의미한다. 모집단은 추상적인 개념이므로 이를 조작적으로 구체화시키면 연구 모집단이 된다. 한편, 연구결과를 일반화시키는 최종적인 대상은 연구 모집단이 아니라 그보다 상위개념인 모집단이라는 점을 유념하여야 한다(김영종, 2007).

표본추출 단위(sampling unit)는 표본을 추출할 때 표본의 대상이 되는 요소 또는 요소들의 집합을 지칭한다. 표본추출 단위(샘플링 단위)는 분석 단위 또는 요소와 일치하는 경우도 있지만 그렇지 않는 경우도 있다. 단순 표본추출의 경우에는 개별 요소가 곧 샘플링 단위이지만, 복합 표본추출에서는 개별 요소와 샘플링 단위가 일치하지 않는 경우가 많다.

표본추출 틀(표집 틀, sampling frame)은 표본추출의 각 단계에서 표본이 획득될 수 있는 샘플링 단위들의 목록(list)을 가리킨다. 단순 표본추출의 경우 표본추출 틀은 연구 모집단(study population)과 동일하다. 복합 표본추출의 경우 표본추출 단계마다 각각 다른 표본추출 틀이 존재한다.

표본추출 오차(sampling error)는 표본을 추출하는 과정에서 나타나는 오차를 말한다. 표본이 모집단을 대표할 수 있는 정확성은 표본추출 오차의 크기와 반비례한다. 표본추출 오차와 표준오차(standard error)는 동일한 개념이다.

(3) 표본추출 디자인의 선택

기본적인 표본추출 디자인에는 몇 개의 대안이 있다. 설문조사의 기획단계에서 조사연구자는 여러 대안 중에서 가장 적절한 표본추출 디자인을 선택할 수 있다.

표본추출 디자인은 크게 확률표본추출과 비확률표본추출로 나뉜다. 전자의 범주에는 단순무작위표본추출, 체계적 표본추출, 층화표본추출, 군집표본추출이 포함되며, 후자의 범주에는 편의표본추출, 의도적 표본추출, 할당표본추출, 눈덩이표본추출이 포함된다.

<상자 1-3> 표본추출 디자인의 종류

○ 확률 표본추출
- 단순무작위 표본추출(simple random sampling)
- 체계적 표본추출(systematic sampling)
- 층화 표본추출(stratified sampling)
- 군집 표본추출(cluster sampling)

○ 비확률 표본추출
- 편의 표본추출(convenient sampling)
- 의도적 표본추출(purposive sampling)
- 할당 표본추출(quota sampling)
- 눈덩이 표본추출(snowball sampling)

(4) 표본 선택의 방법

어떤 표본추출 디자인을 선택하였든지 간에 조사연구자는 실제로 어떻게 응답자들을 선택할 것인지를 결정하여야 한다. 만약 20,000명의 모집단으로부터 200명의 표본을 선택하여야 한다면, 실제로 200명의 명단을 어떻게 확정할 것인가? 만약 30개의 군집별로 각각 12개의 가정 내 면접조사가 실시되어야 한다면, 30개의 군집을 어떻게 선정할 것이며, 각 군집 내에서 12개의 가정을 어떻게 선정할 것인가? 가장 기본적인 방법은 무작위추출이다. 즉, 체계적 추출(모집단에 있는 모든 k번째 단위를 추출하는 방법), 무작위번호 생산 프로그램, 난수표, 추첨 등의 방법을 사용할 수 있다. 어떤 방법을 선택할 것인가는 개별 설문조사 프로젝트의 성격에 따라 달라진다.

2) 설문지의 작성

조사연구자는 설문조사의 기획 단계에서 설문 문항의 작성 및 설문지 구성에 관한 기본적인 구상을 하여야 한다. 설문지의 작성, 즉 도구화(instrumentation)는 정보 욕구를 충족하기 위하여 응답자들로부터 자료를 얻어내는 방식을 구체화하는 것이다. 설문 도구에는 설문지 외에 표지 편지, 등급 카드 및 시각 자료 등이 포함된다.

(1) 설문조사의 주제

설문조사의 기획 단계에서 조사연구자는 자신의 정보욕구를 설문조사의 주제별로 분류하는데, 그 목적은 다음과 같다. 첫째, 서로 비슷한 문항들은 동일한 주제의 범주로 한데 분류되는 것이 바람직하다. 둘째, 설문 문항이나 척도도 유형이 비슷한 것들끼리는 한데 모이는 것이 좋다. 이처럼 정보욕구가 설문조사의 주제에 따라 분류되는 과정을 통해 설문조사라는 전체적인 탐구 과업이 보다 적절하고 의미 있는 용어로 표현되는 것이다.

정보욕구를 설문조사의 주제로 변환하는 일은 다음과 같은 두 가지 기준에 맞아야 한다. 첫째, 정보를 얻기 위해 작성된 모든 문항은 각각 하나의 주제 범주에 해당되어야 한다. 중복 문항은 가능한 한 사용되지 않아야 한다. 즉, 의도적인 경우가 아니라면 동일한 정보가 서로 다른 문항들에 의해 중복적으로 수집되는 일이 일어나지 않아야 한다. 둘째, 정보욕구 가운데 어느 것도 완전히 무시되어서는 안 된다. 조사연구자는 정보욕구 가운데 어느 것도 누락되는 일이 생기지 않도록 설문조사의 기획 단계에서 정보욕구의 목록과 설문조사의 주제 목록을 주의 깊게 서로 비교하여야 한다.

(2) 설문지의 구체화

가장 중요한 설문 도구는 설문지이다. 조사연구자는 설문조사의 기획 단계에서 설문지 초안을 만들어 학계 혹은 실천현장의 전문가들의 의견을 들어볼 수 있다. 그러나 일반적으로 이 단계에서는 구체적인 내용이 포함된 설문지 초안 대신 조사연구자가 구상하고 있는 설문지의 주요 내용을 일련의 의문문으로 만들어 보여주는 방법이 더 좋을 것이다. 이를 간략히 정리하면 다음과 같다(Alreck & Settle, 2004).

① 설문 문항들은 주제별로, 척도의 유형별로, 응답자의 유형별로 분류되는가, 아니면 다른 기준에 의해 분류되는가?
② 설문지는 몇 개의 구역 또는 하위영역으로, 그리고 어떤 순서로 구성되는가? 어떤 문항들이 설문지의 맨 앞에 위치하여야 하며, 그 이유는 무엇인가? 어떤 문항들이 설문지의 맨 나중에 와야 하며, 그 이유는 무엇인가?
③ 설문지에 어떤 유형과 수준의 언어가 사용될 것인가? 기술적인 용어인가, 아니면 일

상적인 용어인가? 단순한 어휘인가, 아니면 복잡한 어휘인가?

④ 어떤 종류의 문법과 작문법이 사용될 것인가? 공식적인 어법인가, 아니면 격식을 차리지 않는 어법인가? 학술용어인가, 아니면 구어적 표현인가?

⑤ 어떤 유형의 질문 및 응답 척도가 사용될 것인가? 응답자가 언어, 문자, 숫자를 사용하여 응답하는가? 응답자는 미리 결정된 응답범주들 가운데서 고르는 방식인가, 아니면 자신의 표현을 통해 자유스럽게 응답하는 형식인가?

⑥ 민감하거나 위협적인 질문이 포함되었는가? 조사대상자의 응답 거부를 줄이기 위해 무슨 일을 하여야 하며, 그것이 왜 응답자의 협조를 이끌어낼 것이라고 보는가?

⑦ 어떤 보조수단이 사용될 것인가? 표지 편지, 그림이나 사진, 등급 카드, 다른 시청각 재료가 사용되는가?

⑧ 전체적으로 보아 설문지의 크기와 분량은 어느 정도인가? 설문지에 넣을 전체 문항의 수는 몇 개인가? 설문지에는 몇 개의 하위영역이 있는가? 설문지는 모두 몇 페이지인가? 우편설문조사의 경우, 설문지의 무게는?

⑨ 전반적으로 설문지를 어떻게 구성할 것인가? 설문지의 용지 크기, 종이 색깔, 종이의 무게 및 등급, 글자체, 제본방식은?

⑩ 우편설문조사의 경우 설문도구 세트를 이루는 물품(우송용 물품) 가운데 응답자가 조사자에게 반드시 돌려주어야 할 것은 무엇이며, 돌려주지 않고 스스로 처분할 수 있는 것은 무엇인가?

설문조사의 기획 단계에서 조사연구자는 응답 임무(response task)의 크기와 범위를 추정하여야 한다. 이 단계에서 조사연구자는 설문지에 포함될 설문 항목이나 변수의 수, 전형적인 조사대상자가 설문지에 응답하는 데 걸리는 시간, 응답 임무의 난이도 등을 고려하여야 한다. 또한 이 단계에서는 설문 문항의 구성 및 설문지 작성에 소요되는 비용도 적절하게 추산되어야 하는데, 구체적인 비용 항목은 매우 체계적으로 정리되어야 한다.

3) 자료수집

자료수집은 설문조사의 기획 단계에서 가장 심사숙고하여야 할 단계이다. 자료수집은 비용이 많이 들고 시간도 많이 걸리는 단계이기 때문에 자료수집은 설문조사의 비용을 추산하는 논리적인 출발점이 된다. 자료수집 방법의 선택은 정보 욕구와 가치, 조달 가능한 예산 및 가용 자원, 시급성의 정도 등에 따라 달라진다. 자료의 수집은 조사대상자와의 접촉을 통해 이루어지는데, 그 방법으로는 대면설문조사, 전화설문조사, 우편설문조사, 인터넷 설문조사 등이 있다. 이 가운데서 가장 적절한 자료수집 방법을 고르는 일이 조사연구자가 결정하여야 할 핵심과업이다. 각 방법에는 고유한 장점과 단점이 내재되어 있다.

앞서 언급한 네 가지 자료수집 방법 사이의 가장 본질적인 차이점은 조사자와 응답자 사이의 접촉의 강도이다. 대면설문조사의 경우, 조사자와 응답자 사이에 매우 긴밀한 접촉과 높은 수준의 양방향의 상호작용이 가능하다. 반면에, 우편설문조사의 경우에는 조사자와 응답자 사이에 가장 소원한 접촉이 이루어진다. 전화설문조사는 대면설문조사와 우편설문조사를 양쪽 극단으로 하는 연속선상의 중간 영역에 위치한다.

요컨대, 어떤 유형의 자료수집 방법을 선택하느냐에 따라 설문조사의 결과가 달라질 수 있다. 설문조사의 기획 단계에서 자료수집의 방법을 선택할 때 고려되어야 할 사항으로는 특정 방법을 선택함으로써 예상되는 접촉과 상호작용의 정도, 얻고자 하는 정보의 성격, 조사 일정, 응답자의 지리적 분포 등을 들 수 있다.

(1) 대면 자료수집

대면 면접(personal interviewing) 방식으로 자료를 수집하기 위해서는 면접조사요원이 필요하다. 조사연구자가 면접조사요원을 직접 모집하여 필요한 교육과 훈련을 시킬 수도 있고, 외부의 현장조사기관에 자료수집을 의뢰할 수도 있다. 전자의 경우, 조사연구자는 면접조사요원에게 응답자 선발의 절차, 면접조사의 방법, 설문조사 프로젝트의 특성 등에 대하여 충분한 교육을 실시하여야 한다. 후자의 경우, 조사연구자는 외부기관에 설문조사의 특성을 설명해주어야 한다.

조사연구자는 자료수집의 과정에서 면접자 편향(interview bias)이 발생하지 않도록 제반 조치를 취해야 한다. 그러자면 자료수집 전반에 걸친 슈퍼비전이 필요하다. 면접조사요원들이 조사연구자의 지시사항을 준수하지 않을 가능성이 있기 때문에 면접자 편향이 일어날 가능성이 언제나 존재한다.

면접설문조사에서는 면접자와 응답자 사이에 대면접촉을 통한 시청각적인 의사소통이 가능하기 때문에 다른 자료수집 방법보다 더 높은 수준의 접촉이 이루어진다. 면접설문조사는 응답자의 협조를 이끌어내기 쉬우며 그러한 협조 분위기가 비교적 오랫동안 지속된다. 또한 면접설문조사에서는 무응답 편향(nonresponse bias)이 최소화된다. 좁은 지역에 분포되어 있는 소규모 표본의 경우, 면접설문조사가 우편설문조사보다 자료를 더 빨리 수집할 수 있는 권장할 만한 방법이다.

교통비용과 면접수당 등을 고려해보면, 면접설문조사는 응답자 1인당 비용이 가장 높은 자료수집 방법이다. 지리적인 면에서 응답자들이 넓은 지역에 걸쳐 얇게 분포되어 있는 경우나 응답자들의 정확한 위치를 파악하기 어려운 경우에는 특히 그러하다. 그러나 면접설문조사에서는 응답자들이 사적인 장소에 위치하더라도 면접조사원이 방문을 통해 그들과 직접적으로 접촉할 수 있다는 장점이 있다. 이 때문에 면접설문조사의 장점이 단점을 능가한다는 평가도 가능하다. 응답자와의 직접적인 접촉, 특정한 대상자의 선택, 특정한 지역의 방문 등이 요구되는 설문조사의 경우에는 면접설문조사가 여러 가지 어려움을 해결하는 유일한 자료수집 방법이 될 수 있다.

(2) 전화 자료수집

전화설문조사는 다양한 장소에서, 심지어 조사자의 가정에서도 시행할 수 있는 자료수집 방법이다. 전화설문조사는 대면설문조사보다 더 빨리 임무를 마칠 수 있다는 장점을 갖는다. 전화설문조사에서는 시각적인 접촉이 이루어질 수 없으며 오직 청각적인 의사소통만이 가능하다. 또한 조사자는 응답자를 육안으로 볼 수 없으며, 목소리의 어조(tone), 어휘, 다른 청각적인 실마리를 통해 응답자의 분위기와 태도를 감지하여야 한다. 응답자 역시 등급 카드나 다른 도구의 색깔, 크기, 모양, 질감 등과 같은 시각적 특성을 육안으로 확인할 수 없다.

전화설문조사의 경우, 조사자와 응답자 사이에 신뢰관계(rapport)를 형성하기가 상대적으로 더 어렵다. 면전에서 서로 대화하는 일은 보통 신용과 신뢰의 관계를 확립하는 데 도움이 되는데, 전화설문조사에서는 눈 맞춤(eye contact)이 불가능하기 때문에 높은 수준의 신뢰관계를 이끌어내기가 그만큼 더 어렵다. 그러나 전화설문조사에서 대면설문조사보다 응답자의 협조를 더 많이 이끌어낼 수 있는 경우도 있다. 전화면접조사에서 응답자는 대면설문조사에서보다 상대적으로 더 높은 수준의 익명성(anonymity)을 경험하게 되며, 따라서 개인적인 질문이나 민감한 질문에 대해 더 편한 마음으로 더 자신 있게 응답하게 된다. 또한 노인이나 장애인처럼, 신체적 또는 심리적으로 취약한 상태에 놓여 있는 응답자는 낯선 조사자의 출현을 자신에 대한 위협으로 인식할 수 있으며, 이 경우 이들에게는 대면설문조사보다 전화면접조사가 더 바람직한 조사방법이 될 것이다.

전화면접조사는 대면설문조사보다 더 신속하게 수행되어야 한다. 전화설문조사에서는 응답자가 조사자를 볼 수 없으므로 대면설문조사에서보다 면접자 편향이 더 적게 발생한다. 전화설문조사에서는 조사자의 외모, 옷차림, 얼굴 표정, 몸동작, 기타 시각적 측면이 고려의 대상이 되지 않는다. 따라서 대면설문조사에 비해 전화설문조사에서는 상대적으로 더 작은 수준의 훈련과 지시가 필요하다. 만약 전화설문조사를 특정한 장소에 모여 집단적으로 실시한다면 조사내용을 모니터링하기가 훨씬 더 용이하고 그만큼 더 높은 수준의 통제가 가능하다. 한편, 전화설문조사는 특별한 장소에 위치하고 있는 조사대상자들에게 접근하기 어렵다는 본질적인 한계를 가지고 있다. 전화를 사용하여야 한다는 조건 때문에 전화를 사용할 수 없는 조사대상자는 애초부터 응답자 집단에 포함되기 어렵다.

(3) 우편 자료수집

우편설문조사의 경우에는 우송용 물품(mailing piece)의 '장식적 측면', 즉 우송용 물품의 형태와 외모가 응답률과 수집될 자료의 품질에 영향을 미친다. 또한 응답의 유인(inducement to respond), 즉 답례품을 제공하는 방안을 검토할 필요도 있다. 응답의 유인은 설문지와 함께 우편봉투에 동봉되는 방식으로 제공되거나, 기록이 완성된 설문지를 회수한 다음에 보내주겠다는 약속의 형태로 제공된다. 종종 응답의 유인이 좋은 효과를 발휘하기도 하지만, 자료수집 비용이 크게 늘어난다는 단점이 있다.

우편설문조사는 전화설문조사와 반대의 성격을 지니고 있다. 즉, 전화설문조사에서는 청각적인 의사소통이 가능하며 시각적인 자료를 사용할 수 없는 반면, 우편설문조사에서는 시각적인 자료만 사용할 수 있으며 청각적인 의사전달이 불가능하다. 우편설문조사에서는 응답자가 설문지에 응답하는 날짜, 시각, 장소 등이 응답자마다 모두 다르지만, 응답자들은 모두 동일한 설문지에 응답한다. 따라서 모든 응답자가 동일한 지시사항과 응답 임무를 준수하여야 하므로 심각한 면접자 편향이 발생할 소지가 사전에 제거된다. 반면에 전화설문조사에서는 응답자마다 면접의 내용과 형식이 약간 달라질 수 있는데, 이러한 차이는 오류나 편향으로 간주된다.

우편설문조사는 전화설문조사나 대면설문조사보다 더 작은 비용이 소요되지만, 응답자들이 자신들에게 우송된 설문지를 수령하고 직접 응답한 다음에 조사자에게 회송하여야 하므로 시간이 더 많이 걸린다는 단점이 있다. 주어진 예산으로 최대의 표본 크기를 확보할 수 있는 자료수집 방법이 우편설문조사이다. 우편설문조사의 가장 큰 장점은 지역적으로 넓게 분포하고 있는 조사대상자들에게 저렴한 비용을 들여 접근할 수 있다는 점이다. 응답자들이 조사자로부터 아무리 멀리 위치하고 있다 할지라도 우편요금은 동일하다.

우편설문조사에서는 설문지가 조사자와 응답자 사이의 상호작용을 가능하게 만드는 유일한 수단이다. 따라서 설문지 등 우송용 물품(mailing piece)은 매우 주의 깊게 구성되어야 하며, 지시문이 모든 잠재적 응답자들에게 아주 명확하여야 할 뿐만 아니라, 응답자들이 설문지를 읽을 때 혼동을 겪지 않도록 설문지상의 분지(branching)는 최소한도로 사용되어야 한다. 또한 설문지의 효과성과 명확성을 담보하기 위하여 설문지 초안은 사전검사를 거치는 것이 좋다.

(4) 우편설문조사의 무응답 편향

우편설문조사의 가장 큰 약점은 상대적으로 낮은 응답률이다. 30% 이상의 회수율을 보이는 우편설문조사는 매우 드물며, 회수율이 5~10%인 우편조사가 대부분이다. 이것은 우편으로 설문지를 받은 조사대상자 10명 가운데 9명 이상이 설문지에 응답하지 않는다는 의미이다.

설문조사 자료의 신뢰성은 배포된 설문지의 수가 아니라 회수된 설문지의 수에 달려 있다. 따라서 조사연구자는 필요한 부수만큼의 설문지가 회수될 수 있도록 회수율을 정확하게 예측하고 그에 근거하여 충분한 양의 설문지를 배포하여야 한다.

우편설문조사에서 응답률이 낮을 경우 가장 우려되는 부정적 결과는 무응답 편향(nonresponse bias)이다. 만약 응답자들이 설문지 내용을 읽지도 않고 무조건 전체 문항에 대하여 무작위로 응답하거나 아예 응답하지 않고 설문지를 돌려주지도 않는다면 무응답 편향이 일어나지 않겠으나, 그런 상황을 기대할 수는 없다. 응답자가 우송된 설문지에 대해 응답을 완료하고 그것을 돌려줄 것인지, 우송되어 온 설문지를 보자마자 한쪽 구석에 던져두고 아예 잊어버리던지, 설문지를 받자마자 쓰레기통으로 넣을 것인지는 아마도 응답자가 처한 상황에 따라 결정될 것이다. 즉, 응답자 개인의 성격, 태도, 견해, 조사대상이 되는 사안에 대하여 쏟는 관심의 정도 등에 따라 응답 여부가 판가름 난다. 결과적으로 어떤 부류의 응답자들은 지나치게 높은 대표성을 갖게 되는 반면, 다른 부류의 응답자들은 지나치게 낮은 대표성을 갖게 되는데, 이것은 편향된 분석결과로 이어지게 된다.

조사연구자가 무응답 편향을 판단할 수 있는 일반적인 원칙이 알려져 있으나 이것이 근본적인 해결책이 될 수는 없다(Armstrong & Overton, 1977; Sargeant & Lee, 2004). 일반적으로 설문조사를 통해 조사하려는 사안에 깊이 관여하고 있는 사람들이 그렇지 않은 사람들보다 설문지에 응답할 가능성이 더 크다. 전자의 범주에는 조사대상이 되는 논점이나 주제에 대하여 강한 찬성 의견과 강한 반대 의견을 가진 사람들이 포함된다. 또한 어떤 인구통계학적 특성을 가진 집단은 다른 집단보다 설문조사에 참여할 가능성이 더 크다. 어린이나 노인처럼 일상생활에서 시간의 압박을 덜 받는 사람, 직장이 없는 사람, 시골에 거주하는 사람들이 다른 사람들보다 설문조사에 응답할 가능성이 더 크다는 의견도 있다.

설문조사의 목적과 정보 욕구 사이에 직접적인 관계가 있을 때 무응답은 매우 심각한 문제로 대두된다. 또한 설문조사의 목적과 응답 가능성 사이에 직접적인 관계가 있을 경우에도 무응답은 심각한 결과를 초래한다. 예를 들어, 설문조사를 통해 어떤 상품을 소유하고 있는 사람들의 비율을 측정하는데, 그 상품의 소유자는 그렇지 않은 사람들보다 설문조사에 응답할 가능성이 더 크다면, 이 설문조사는 아무짝에도 쓸모없는 결과를 만들어내게 될 것이다. 이 경우 측정의 대상이 되는 변수(즉, 특정 상품의 소유 상태)가 응답의 가능성에 대하여 직접적인 영향을 미치고 있기 때문이다. 이러한 편향을 제거하기 위하여 조사연구자는 무응답이 설문조사의 주제나 논점과 상호작용하는 정도가 어느 정도인지 판단하여야 한다. 만약 상호작용이 너무 크다고 판단되면, 우편설문조사보다 대면설문조사를 실시하는 것이 더 바람직하다. 비록 상호작용이 무시할 만큼 작은 수준이라 할지라도 지나치게 높은 대표성이나 지나치게 낮은 대표성이 있다고 판단되면 우편설문조사를 실시하지 말고 다른 자료수집 방법을 선택하는 것이 좋다.

(5) 패널 자료수집

종단조사의 일종으로 패널조사가 있다. 패널이란 어느 기간 동안 일정하게 유지되는 고정된 표본을 말한다. 패널 구성원은 순수패널(고정패널, true panel)과 혼합패널(다목적패널, omnibus panel)이 있는데, 전자는 구성원들이 동일한 변수들에 대해 반복적으로 응답하는 조사방식이며, 후자는 구성원들은 계속 동일하게 유지되지만 수집되는 정보가 경우에 따라 달라지는 방법이다(이학식, 2005).

패널조사의 장점은 다음과 같다(채서일, 1995). 첫째, 동일한 표본에서 동일한 변수를 반복하여 측정하기 때문에 조사대상자의 변화를 추적할 수 있다. 둘째, 패널 구성원이 참여에 따른 보상을 받고 장기적으로 패널에 참여하므로 횡단조사에 비해 더 많은 정보를 얻을 수 있다. 셋째, 횡단조사에서는 응답자가 과거의 경험을 회상하는 방식으로 응답하므로 기억의 감퇴에 따른 부정확한 응답이 많아지지만, 패널조사에서는 특정행동에 관한 정보가 매번 기록되므로 횡단조사보다 더 신뢰할 수 있는 정보를 얻을 수 있다.

패널조사에도 단점이 있다. 패널을 잘못 운영할 경우 대표성이 떨어진다. 모집단을 대표할 수 있는 개인이나 표본가구들이 패널에의 참여를 거부하는 경우와 초기에 참여한 패널 구성원들이 다양한 이유로 인해 패널에서 빠져나가는 경우가 그러한 예이다.

4) 자료의 분석

설문조사의 기획 단계에서 조사연구자는 장차 수집될 설문조사 자료의 분석 방법에 대하여 구체적인 복안을 마련하여야 한다. 자료의 처리 및 자료분석의 목적은 적절하고 중요한 사실과 관계를 명확하게 파악하는 것이다. 지나치게 세부적으로 수립된 자료분석의 계획은 스스로 혼란을 자초한다. 예컨대, 1,000명으로 이루어진 집단의 연령을 파악하는 조사를 예로 들어 보자. 1,000명의 생년월일이나 연령을 하나하나 나열하는 것은 그 집단의 연령분포를 제시하는 좋은 방법이 아니다. 자료의 분석 과정을 거쳐 그 집단의 평균 연령을 구하는 것이 보다 의미 있는 정보를 얻는 방법이다. 또한 집단의 연령 분포를 일목요연하게 보여주는 표나 그래프를 작성하는 일이 보다 의미 있는 정보를 제공하는 방법이다.

간혹 설문조사의 조사대상이 전체 모집단이므로 따로 표본을 추출할 필요가 없는 경우가 있는데, 이러한 설문조사를 전수조사라고 부른다. 전수조사에서는 자료분석을 통해 모수치를 찾아내는 일을 수행한다.

거의 대부분의 설문조사는 전체 모집단 가운데 일부만을 대상으로 조사가 이루어지는데, 이것을 표본조사라고 부른다. 표본조사에서는 통계분석을 실시하여 통계량(statistics)을 계산한 후 이것을 모집단에 적용하는 이른바 추정(inferences)의 과정을 거친다. 앞에서 예를 든 표본의 크기가 1,000명인 집단의 경우, 표본의 평균 연령이 모집단의 평균 연령의 추정치가 된다. 그런데 모집단을 완벽하게 대표하는 표본은 존재하지 않기 때문에, 이 표본 속에 모집단 평균 연령보다 조금 많거나 조금 적은 연령을 가진 사람들이 어느 정도 포함되기 마련이다. 다시 말해, 어느 정도의 표본추출 오류가 있다.

조사연구자는 통계분석을 통해 표본으로부터 구한 값이 모집단을 대표하는 값의 일정한 범위 안에 들어올 확률을 계산할 수 있다. 다시 말해, 통계분석은 전체 모집단을 대표할 수 있는 값을 추정해주며, 동시에 표본추출의 결과에 따라 주어진 확률 수준에서 나타날 수 있는 가능한 오차의 범위를 알려준다.

5) 보고서의 작성

설문조사의 기획단계에서 벌써 보고서 작성에 관한 충분한 검토가 이루어져야 한다. 이 단계에서 보고서의 양식과 주요 내용이 대략적으로나마 결정되어야 하며, 보고서를 작성하는 데 필요한 비용도 미리 추산되어야 한다. 조사연구자의 선호도와 정보 욕구의 본질에 따라 내용과 형식 면에서 다양한 유형의 보고서를 만들 수 있다.

(1) 종이 보고서

종이 보고서(written reports)는 가장 많이 사용되는 방식이며, 다른 보고서 유형과 비교할 때 비용과 시간이 가장 적게 드는 방식이다. 그러나 실제로 종이 보고서를 작성하다 보면 종종 예상했던 시간보다 더 많이 소요되는 경우가 있다. 따라서 충분한 시간적인 여유를 두고 보고서 집필 작업을 시작하는 것이 좋다.

설문조사의 기획 단계에서 보고서의 용지 크기와 보고서의 수량(제출 및 배포 부수)이 미리 결정되어야 한다. 특히 용지의 크기를 확정하는 일이 중요하다. 설문조사의 전 과정에서 짬짬이 보고서 작성을 준비하게 되는데, 최종 보고서의 작성을 염두에 두고 용지의 크기를 선택하여야 한다. 예를 들면, A4 규격으로 만들어놓은 문서를 나중에 B5 크기로 줄이는 일은 상당한 시간을 요구하는 지루한 작업이 될 뿐만 아니라 현실적으로 표나 그래프를 축소하는 일이 쉽지 않다. 애초부터 B5 크기의 종이 보고서를 염두에 두고 문서 작성 작업을 하였다면 그러한 수고를 덜 수 있었을 것이다.

(2) 보고서 프레젠테이션

설문조사의 발주기관이나 설문조사의 의뢰자가 따로 있는 경우에는 그들에게 설문조사

결과를 보고하는 것이 일반적이다. 설문조사의 결과 보고는 착수보고, 중간보고, 최종보고 등 여러 차례에 걸쳐 이루어지며, 그 과정에서 설문조사의 내용과 형식과 관련하여 여러 주제별로 질의응답이 이루어지는 것이 보통이다.

설문조사를 기획할 때 장차 결과보고의 단계에서 종이 보고서 외에 슬라이드, 빔 프로젝터, OHP 등 다양한 유형의 장비를 활용할 계획을 미리 세워두어야 한다. 보고서에는 다이어그램, 그래프, 표 등의 시각적 수단이 포함되기도 한다. 조사연구의 목적 또는 조사연구자의 정보 욕구에 따라 시각적 재료를 생산하는 데 소용되는 비용이 달라진다.

3. 일정 및 비용의 추계

설문조사의 기획 단계에서 수립된 설문조사의 일정 계획과 추산되는 소용비용은 밀접한 관련을 맺고 있다. 즉, 조사연구자는 설문조사 일정 계획을 수립하면서 설문조사에 소요되는 전체 비용과 소요 시간을 추정하여야 한다.

1) 설문조사 일정 계획의 작성

설문조사 일정을 수립하는 일은 필요한 예산의 확보만큼이나 중요한 과업이다. 조사연구자는 설문조사의 일정을 과소 추정, 즉 너무 짧게 추정하는 경향이 있다. 그러나 좋은 작품은 충분한 시간을 필요로 하는 법이다. 일을 너무 급하게 추진하다 보면 오류나 실수를 저지르기 쉽다. 설문조사의 초기 단계에서 발생한 사소한 실수라도 설문조사의 후기 단계에 이르러 그 효과가 증폭되어 나타날 수 있다. 그러므로 조사연구자는 경미한 수준의 실수라 할지라도 설문조사 결과의 신뢰도와 타당도에 부정적인 영향을 미칠 수 있다는 사실을 유념하여야 한다. 설문조사의 규모의 크기에 불문하고 조사연구자는 언제나 주의 깊게 일정 계획을 세워야 할 일이다.

(1) 조사 일정의 수립

몇몇 임무는 연속적인 순서에 따라 수행되어야 하는 반면, 다른 몇몇 임무는 동시에 이루어진다. 복잡한 설문조사의 과정을 차질 없이 진행하기 위해서는 누구나 예외 없이 설문조사 일정(survey project schedule)을 미리 수립하여야 한다. 단순한 표의 형태로 설문조사 계획을 수립하기보다 간트 차트 등과 같은 그래프 형식으로 조사일정을 수립하는 것이 바람직하다(<상자 1-4>).

<상자 1-4> 설문조사 일정 계획(예시)

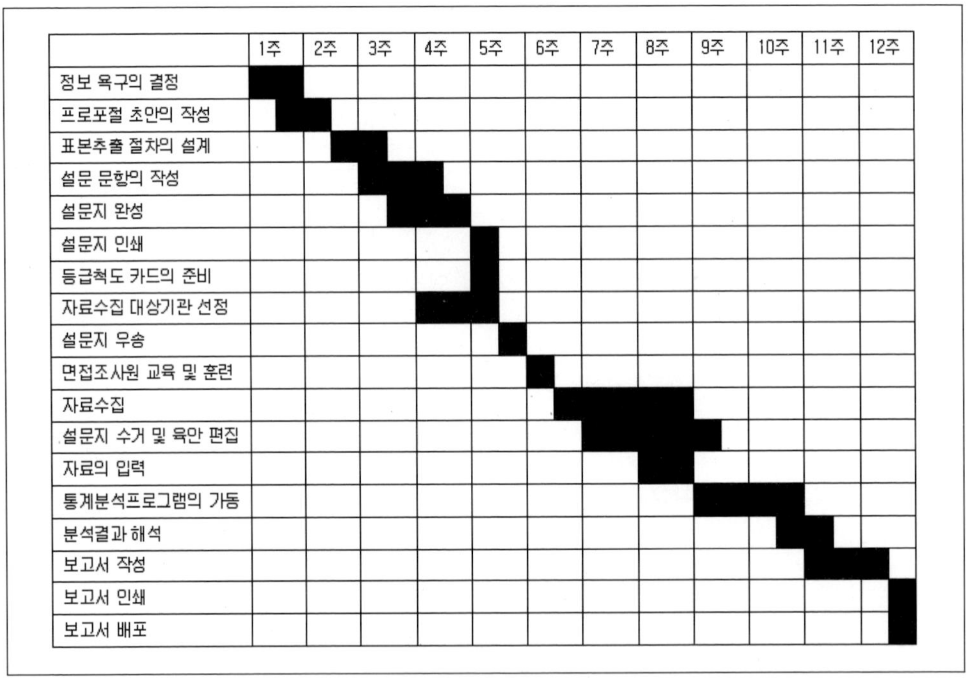

	1주	2주	3주	4주	5주	6주	7주	8주	9주	10주	11주	12주
정보 욕구의 결정	■											
프로포절 초안의 작성	■	■										
표본추출 절차의 설계		■	■									
설문 문항의 작성			■	■								
설문지 완성			■	■								
설문지 인쇄					■							
등급척도 카드의 준비					■							
자료수집 대상기관 선정				■	■							
설문지 우송					■							
면접조사원 교육 및 훈련						■						
자료수집						■	■	■				
설문지 수거 및 육안 편집							■	■	■			
자료의 입력								■				
통계분석프로그램의 가동									■	■		
분석결과 해석										■	■	
보고서 작성											■	■
보고서 인쇄												■
보고서 배포												■

소규모의 설문조사의 경우에는 단순한 그래프 형식의 일정 계획을 만들어 사용할 수 있지만, 복잡한 대규모의 설문조사는 컴퓨터 프로그램을 활용하여 일정 계획을 관리하기도 한다. 설문조사가 단순하든 아니면 복잡하든 간에 모든 일정 계획은 기획(planning)과 통제(control)라는 두 가지의 기본적인 목적을 가지고 있다. 첫째, 조사연구자는 일정 계획을 통해 설문조사의 여러 과업이 예정된 시점에 계획대로 진행되고 있는지 확인할 수 있다. 둘째, 일정 계획은 계획과 실적을 비교하는 기준, 그리고 그 결과에 따라 과업을 변경하거나 일정을 재조정할 때 준거하는 기준의 역할을 수행한다.

(2) 모니터링과 통제

설문조사의 일정 계획은 한 번 쳐다보고 서랍 속에 넣어두는 그런 계획이 되어서는 안 된다. 또한 설문조사의 일정 계획은 바위 위에 새겨진 불변의 원칙도 아니다. 그것은 조사연구자가 수시로 참고하는 작업용 문서이다. 막상 설문조사가 시작되면 일정 계획보다 앞서 나가는 과업은 거의 없다고 보아도 무방하다. 대부분의 임무는 일정 계획보다 지체되기 마련이다. 만약 특정 과업이 지체되고 있다면, 조사연구자가 할 수 있는 일은 다음 둘 중의 하나이다. 첫째, 조사연구자는 조사일정 전체를 순연시킬 수 있다. 즉, 지체되고 있는 특정 임무의 후속 임무들을 모두 순차적으로 미루는 일정 변경이 가능하다. 둘째, 조사연구자는 특정 과업을 변경하는 방법을 사용하여 전체 일정을 조정할 수 있다. 즉, 지체되고 있는 과업이나 그 후속과업에 할당된 시간을 줄이는 방법이 가능하다.

2) 비용 추계

설문조사의 비용은 ① 직접적인 노동 비용, ② 직접적인 재료 및 물품 비용, ③ 외부 서비스 비용, ④ 간접비용이라는 네 가지 범주로 구성되어 있다. 절대 금액의 측면과 상대적인 비중의 측면에서 볼 때 설문조사의 단계에 따라 각 범주의 비용이 매우 다르다. 따라서 비용의 추정은 설문조사의 단계마다 독립적으로 이루어져야 한다.

(1) 예산의 수립

설문조사의 예산은 앞서 언급한 네 가지 범주의 비용을 설문조사의 각 단계 및 하위단계별로 추산하는 방식으로 편성된다. 예를 들면, 먼저 설문조사의 개시 단계에서 조사연구자는 자신의 정보 욕구를 구체적으로 정의하기 위해 소요되는 직접적인 노동 비용부터 추계한다. 정보 욕구의 정의라는 하위단계를 잘게 세분하여 더 작은 규모의 하위단계를 만들어낼 수도 있다. 가령, 그것을 설문조사 의뢰자와의 회의, 장비 검사 시간, 여행 시간, 전화 회의시간, 사무실 근무시간 등으로 세분하는 것이다. 이처럼 설문조사의 개시 단계, 표본추출 단계, 설문 도구의 작성 단계, 자료수집 단계, 자료분석 단계, 보고서 작성 단계 등 설문조사의 단계별로 앞서 언급한 네 가지 범주의 비용을 모두 합하면 해당 단계의 비용 총계가 된다.

(2) 예산의 수정

다른 예산의 경우와 마찬가지로, 최초로 편성된 설문조사 예산은 검토가 진행되면서 그 내용이 상당 부분 변경되는 것이 일반적이다. 설문조사의 기획 단계에서는 설문조사 계획의 모든 측면을 다 검토하여야 하며 필요한 경우에는 수정할 수 있지만, 조사연구자가 가장 큰 관심을 가져야 할 대상은 표본의 크기이다.

<상자 1-5>는 표본의 크기에 따라 설문조사의 전체 비용이 변화한다는 사실을 설명하는 그래프이다. Y축은 전체 비용 중에서 6개의 비용(설문조사 개시 비용, 표본추출 비용, 도구 작성 비용, 자료분석 비용, 보고서 작성 비용, 자료수집 비용의 합계)이 차지하는 상대적 비중(퍼센트)을 나타내며, X축은 표본의 크기를 나타낸다. 표본크기가 20~30명이든 아니면 수백 명이든 간에 자료수집 비용을 제외한 나머지 5개의 비용은 크게 달라지지 않는다. 반면에 자료수집 비용은 표본의 크기에 따라 선형적으로 증가한다. 따라서 설문조사의 기획 단계에서 조사연구자는 표본의 크기에 대하여 심사숙고하여야 한다. 즉, 주어진 예산 수준에 맞추어 설문조사를 완수할 수 있도록 표본의 크기를 조정할 수 있으며, 또한 표본의 크기를 늘림으로써 기대할 수 있는 '규모의 경제'를 향유하기 위하여 표본의 크기를 조정할 수도 있다.

표본의 크기가 상대적으로 클 경우, 표본의 크기를 줄이면 그로부터 얻을 수 있는 퍼센트 단위로 환산한, 전체 비용의 감소 폭은 매우 크다. 왜냐하면 표본의 크기가 큰 경우에는 전체 비용 가운데 자료수집 비용이 매우 큰 비중을 차지하고 있기 때문이다. 반면에 표본크기의 감소로 인해 표본추출 오차가 증가하거나 추정의 확실성이 감소하는 정도는 상대적으로 크지 않다.

표본의 크기가 상대적으로 작을 경우에는 이와는 반대의 현상이 나타난다. 특히 표본의 크기가 200명에 못 미치는 경우, 심지어 100명도 안 되는 경우가 그러하다. 표본의 크기가 작을 때는 퍼센트 값으로 따져 표본의 크기가 많이 줄어든다고 해도 전체 비용이 그만큼 높은 비율로 감소되는 것은 아니다. 왜냐하면 표본의 크기가 작은 경우에는 전체 비용 중 자료수집 비용이 차지하는 비중이 별로 크지 않기 때문이다. 또한 작은 표본의 크기를 더 작게 줄이면 표본추출 오류가 매우 크게 증가한다. 마찬가지로 작은 표본의 경우 표본의 크기를 늘리면 전체 비용은 크게 늘지 않으면서 표본추출의 오류를 상당히 줄일 수 있게 된다.

<상자 1-5> 설문조사 비용의 탄력성

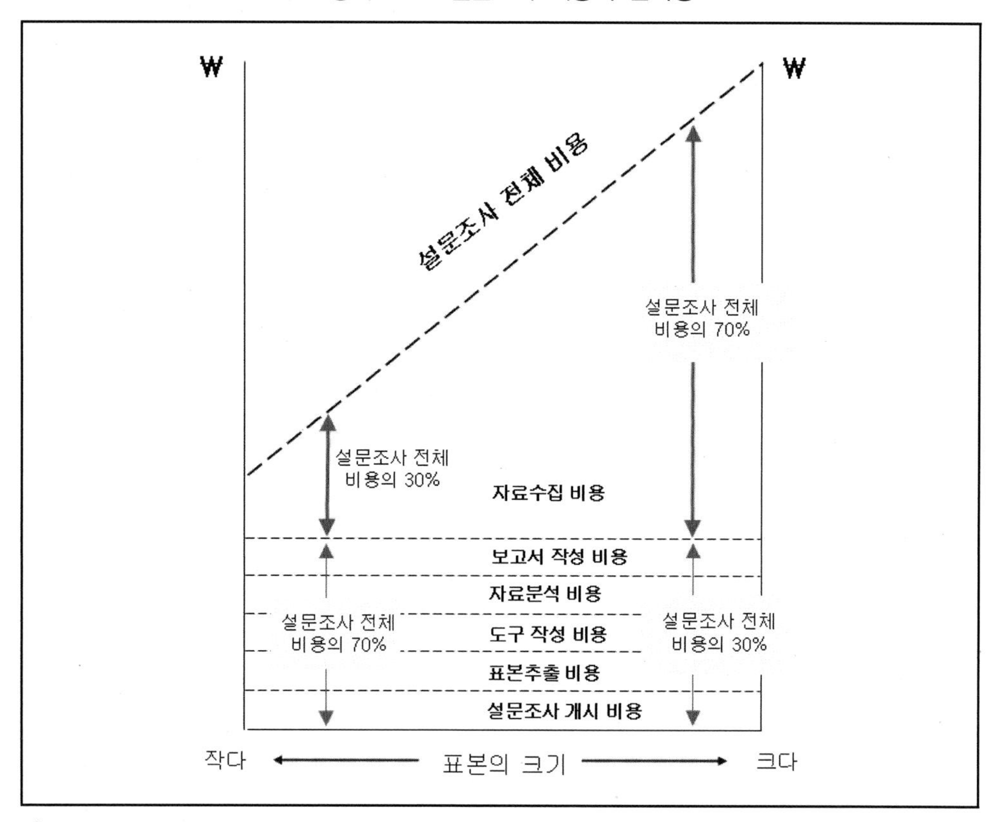

자료: Alreck & Settle, 2004, p.51.

제2장

문항의 작성 및 척도의 개발

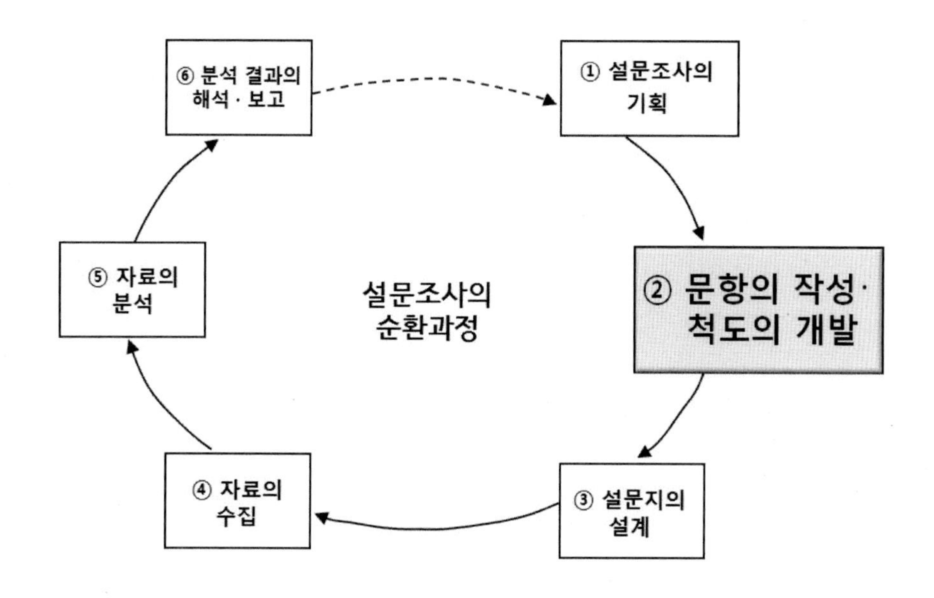

학습 목적

이 장의 학습목적은 두 가지이다. 첫째, 좋은 설문 문항을 만들 수 있는 지식과 능력을 갖추기 위해 설문 문항의 속성과 표현, 그리고 문항의 형식을 이해하고, 문항의 작성 및 응답과정에 개입될 수 있는 주요 편향에 대하여 학습한다. 둘째, 척도의 개발 및 선택 능력을 제고시키기 위해 척도의 유형과 선택에 관한 이해도를 높이고 아울러 비그넷(vignette)의 사용과 사회적 요망성 편향에 대하여 학습한다.

주요 내용

○ 문항의 속성과 표현
○ 도구화 편향 및 응답 편향
○ 문항의 형식
○ 척도의 유형
○ 척도의 선택
○ 비그넷의 사용
○ 사회적 요망성 편향

1. 문항의 속성과 표현

설문지의 기본 요소는 문항이다. 설문조사 과정에서 투입되는 모든 노력은 결국 탐구(inquiry)를 지향하는 것이며, 문항은 실제 조사 과정에서 측정을 담당하는 요소이다. 문항은 다른 어떤 요소보다 설문조사의 결과에 심대한 영향을 미친다. 그러므로 문항은 매우 세심하고 적절하게 제작되어야 한다.

1) 문항의 기본속성

설문조사 문항은 초점(focus), 간결성(brevity), 명확성(clarity)이라는 세 가지 중요한 속성을 모두 지녀야 한다(Alreck & Settle, 1995; Bradburn et al., 2004; Sudman & Bradburn, 1982). 즉, 문항은 정보 욕구의 충족과 관련이 있는 이슈나 주제에 직접적으로 초점을 맞추어야 하고, 의미를 전달할 수 있는 범위 내에서 될 수 있는 대로 짧거나 간결하여야 하며, 가능한 한 단순하고 명확하게 표현되어야 한다.

(1) 초점

설문지의 모든 문항은 하나의 구체적인 이슈나 주제에 초점을 맞추어야 한다. 일견 너무 당연한 주장처럼 생각되지만, 초점 맞추기는 사실 쉽지 않은 작업이다. 초점이 있는 문항을 작성하는 첩경은 연구자가 스스로 알고자 하는 바가 무엇인지 명확하게 이해한 다음에 그 목적을 달성하기 위해 가능한 한 구체적이며 정확한 문항을 만드는 것이다. 초점이 있는 문항은 정보 욕구(information need)를 충족시키는 문항인데, 그것은 특정 이슈나 주제에 대하여 초점을 맞춤으로써 가능해진다. 아래에 초점 맞추기에 관한 사례를 제시하였다. '나쁜 예'는 초점이 결여된 문항이며, '좋은 예'는 특정 이슈 또는 주제에 직접적으로 초점을 맞추고 있는 문항이다.

나쁜 예: 귀하는 어느 브랜드(상표)를 가장 좋아하십니까?

좋은 예: 다음 브랜드(상품) 중에서 귀하가 가장 사고 싶어 하는 것은 무엇입니까?

☞ 위 두 문항은 소비자의 구매 선호도(purchase preference)를 측정하려는 문항들이다. 응답자에게

구매 의사가 아니라 브랜드 선호도를 묻는 것은 바람직하지 않다. 예컨대, 응답자가 고급스럽고 비싼 브랜드를 좋아하지만 가격이 너무 비싸서 구매하려는 의향을 갖고 있지 않은 경우가 있을 수 있기 때문이다.

(2) 간결성

설문 문항은 간결한 것이 좋다. 문항이 길수록 응답의 임무가 더 어려워진다. 면접 설문조사의 경우, 문항이 짧을수록 면접자나 응답자 모두 오류를 범할 위험성이 더 줄어든다. 문항이 너무 길면, 응답자가 문항의 뒷부분을 읽는 도중에 문항의 앞부분을 잊어버리는 경우도 없지 않을 것이다. 또한 긴 문항은 초점과 명확성을 확보하기가 상대적으로 더 어렵다. 다음은 간결한 형태의 문항이 긴 문항보다 신뢰할 만한 자료를 얻기 쉽다는 것을 보여주는 예이다.

나쁜 예: 귀하는 몇 명의 자녀를 가지고 있으며, 그들이 아들인지 딸인지, 그리고 그들이 각각 몇 살인지 말씀해주세요.

좋은 예: 귀하의 자녀들의 성별과 연령을 말씀해주세요.

☞ 첫 번째 질문에 대한 응답은 "나에게 두 명의 자녀가 있습니다. 한 명은 아들이고 다른 한 명은 딸입니다. 그들은 9살과 4살입니다"인데, 이것은 너무 장황한 답변이다. 또한 아들과 딸이 각각 몇 살인지 정확하기 알기 위해서는 추가적인 질문이 필요하다. 두 번째 질문에 대한 응답은 "나에게는 9살의 아들과 4살의 딸이 있습니다"가 될 것이며, 이로써 조사자는 자녀의 성별과 나이를 단박에 파악할 수 있게 된다.

(3) 명확성

문항의 의미는 응답자 누구에게나 완벽할 정도로 명확하여야 한다. 즉, 단 한 사람의 예외도 없이 모든 응답자가 그 문항을 동일한 방법으로 해석하여야 한다(Boynton, Wood & Greenhalgh, 2004). 아래의 좋은 예는 단 하나의 해석이 가능한 문항이며, 나쁜 예는 두 가지 이상으로 해석할 수 있는 문항이다.

나쁜 예: 귀하는 일반적으로 몸이 약간 불편하다고 느끼기 시작하거나 실제로 통증을 느끼기 시작할 때 아스피린을 복용합니까?

좋은 예: 귀하는 일반적으로 몸이 약간 불편하다고 느끼기 시작할 때 아스피린을 복용합니까, 아니면 실제로 통증을 느끼기 시작할 때 아스피린을 복용합니까?

☞ 위 두 문항은 모두 양자택일의 응답을 이끌어내도록 설계된 문항이다. 첫 번째 문항은 몸이 불편하다고 느낄 때와 실제로 통증을 느낄 때 모두 아스피린을 복용한다고 응답할 수 있도록 표현되어 있기 때문에 문항의 명확성이 매우 낮다. 즉, '예'라고 응답한 사람 가운데 일부는 몸이 불편하다고 느끼기 시작할 때 아스피린을 복용하는 사람이며, 다른 일부는 실제 통증을 느끼기 시작할 때 아스피린을 복용하는 사람이다. 두 집단을 구분하려는 조사연구에서 이와 같은 모호한 응답은 쓸모없는 자료로 전락하고 만다.

아래 질문은 조사연구자(문항 작성자)가 문항 속에 숨어 있는 결점을 찾아내기 위해 자문자답하여야 할 사안이다. 첫째, 특정 문항이 측정 대상이 되는 이슈 또는 주제에 직접적으로 초점을 맞추고 있는가? 만약 그렇지 않다면, 그 문항이 해당 이슈 또는 주제를 직접적으로 다루는 문항이 되도록 수정하여야 한다. 둘째, 특정 문항이 가능한 한 간략하게 서술되었는가? 만약 그 문항이 필요 이상으로 많은 단어와 어구로 짜여 있으며 따라서 너무 길다고 판단되면, 해당 문항을 수정하여 보다 간략하게 만들어야 한다. 셋째, 특정 문항이 가능한 한 단순하고 명확하게 서술되었는가? 만약 그 문항의 의미가 모든 응답자에게 명확하지 않을 것이라고 판단되면, 그 문항은 새로 만들어져야 마땅하다.

결론적으로, 조사연구자는 문항을 작성할 때 문항의 초점, 간결성, 명확성에 관하여 끊임없이 스스로에게 질문을 제기하고 그에 대한 답변을 심사숙고하여야 한다. 문항의 작성자 외에 다른 사람의 의견이 매우 유용한 경우도 있다. 따라서 가능하다면 여러 사람이 모여 각 문항의 초점, 간결성, 명확성에 대하여 비판적 입장에서 평가하는 자리를 만드는 것이 좋다.

2) 문항의 표현

설문 문항은 여러 개의 어구로 표현된다. 의미 있는 응답을 얻기 위해서는 문항은 적절한 어구로 쓰여야 한다. 또한 여러 어구는 응답자의 수준에 맞는 적절한 방법으로 결합되고 배열되어야 한다. 따라서 문항을 작성할 때 어휘의 선택과 문법은 결코 소홀히 할 수 없는 중요한 사안이다.

(1) 어휘

응답자가 문항에서 사용되는 어휘를 정확히 이해하지 못한다면 그 해당 문항이 무엇을 묻는 것인지 제대로 이해할 수 없게 된다. 이러한 상황은 자료의 오류와 편향(bias)으로 이어질 것이다.

응답자들이 일상생활에서 이해할 수 있고 실제로 사용하는 정도에 따라 어휘는 3등급으로 구분된다. 첫째 등급의 핵심 어휘(core vocabulary)는 일반인들이 일상 언어생활에서 빈번하게 사용하는 단어나 어구이다. 둘째 등급의 어휘는 일반인들이 대화 또는 글을 읽으면서 인식하고 이해할 수 있는 어휘이지만 실제로 일상생활에서는 거의 사용하지 않는 언어를 말한다. 셋째 등급의 어휘는 일반인들이 거의 사용하지도 않으며 실제로 이해하기도 어려운 부류의 어휘를 말한다.

문항의 작성자는 모든 응답자에 의해 핵심 어휘로 여겨지는 단어나 어구를 사용하여 개별 문항을 작성하여야 한다. 그 이유는 간단하다. 핵심 어휘는 응답자 누구라도 제대로 이해할 수 있지만, 복잡하고 미묘한 어휘는 지식층만이 이해할 수 있기 때문이다.

결론은 단순하다. 지적 수준이 가장 낮은 조사대상자들이 사용하는 핵심 어휘를 사용하여 문항을 구성하면, 응답자 가운데 어느 누구도 문항을 이해하지 못하는 경우는 생기지 않을 것이다. 반면에, 응답자들의 일상 언어생활에서 거의 사용되지 않는 어휘를 사용하여 문항을 구성하면 다수의 응답자들이 문항의 의미를 제대로 이해하지 못하거나 문항이 무엇을 묻고 있는지 알 수 없게 될 것이다. 어렵고 모호한 어구 대신에 단순하고 명확한 핵심 어휘를 사용하는 일의 중요성은 아무리 강조해도 지나치지 않는다.

간혹 문항 작성자들이, 자신도 모르는 사이에, 스스로를 지적인 존재 또는 교육수준이 높은 사람으로 보이도록 하기 위해 문항 속에 매우 추상적인 단어를 넣거나 아주 복잡한 문장을 만드는 우(愚)를 범하는 수가 있다. 또는 문항의 작성자가 문항을 만들 때 이러저러한 이유로 특별한 문어체 문장을 만들고 싶은 유혹을 느낄 수도 있다. 그러나 자신의 입장만을 생각하여 응답자의 핵심 어휘의 범위를 벗어난 어휘를 사용하는 것은 잘못이다. 조사연구자는 설문조사에서의 궁극적인 측정의 목표는 신뢰성과 타당성을 갖춘 자료, 즉 편향(bias)과 오류(error)가 없는 자료를 얻고자 함에 있다는 사실 그리고 그러한 자료는 단순하고 핵심적인 어휘로 구성된 문항을 통해서 얻을 수 있다는 사실을 자각하여야 한다.

(2) 문법

문항을 작성할 때, 문법에 맞는 완전한 문장을 쓰는 일은 적절한 어휘를 사용하는 일 못지않게 중요하다. 문항을 작성하면서 가장 주의해야 할 점은 올바른 문장부호의 사용과 문법에 맞는 문장 쓰기이다.

한글맞춤법 규정에는 문장부호의 종류와 그 사용법이 명확하게 정리되어 있다. 문장부호는 크게 보아 마침표, 쉼표, 따옴표, 묶음표, 이음표, 드러냄표, 안드러냄표로 나뉘는데, 문장부호마다 고유한 쓰임새가 정해져 있다. 문장부호의 오용은 문장을 왜곡시킨다. 예컨대, 글을 읽다 보면 필요 이상으로 쉼표(comma)를 남발하는 문장을 의외로 쉽게 만날 수 있는데, 모두 문법에 대한 기초소양이 부족한 탓일 것이다. 문장부호의 사용에 익숙하지 않은 독자들은 따로 시간을 내어 문장부호의 용례에 관한 학습을 하는 것이 좋다.

문장은 비교적 완전하고 독립된 의사전달의 한 단위를 지칭하는데, 그 요소는 주어와 서술어이다. 문장의 길이는 알맞아야 하는데, 가능하면 단순하고 짧은 것이 좋다. 따라서 복문, 혼문, 혼성문보다는 단문이 더 바람직하다.

2. 도구화 편향 및 응답 편향

설문지의 지시문, 문항, 척도 또는 응답범주 등 설문도구에 개입되어 있는 편향을 도구화 편향(instrumentation bias)이라고 부른다. 도구화 편향은 설문지 자체와 관련이 있는 편향이므로 설문 문항을 적절하게 구성하면 그런 편향을 줄일 수 있다. 즉, 응답 편향이 응답자의 심리상태 또는 성향 때문에 발생하는 것이긴 하지만, 설문 문항을 어떻게 만드느냐에 따라 그러한 편향을 어느 정도 통제할 수 있다. 이 절에서는 선행연구에서 제시된 도구화 편향(instrumentation bias)과 응답 편향(response bias)의 원천에 대하여 보다 자세히 고찰한다(Alreck & Settle, 2004; Bradburn et al., 2004; Frankfort-Nachmias & Nachmias, 2000).

1) 도구화 편향 및 오류

일반적으로 문항에는 체계적 편향(systematic bias)과 무작위 오류(random error) 가운데 어느 한 가지가, 또는 두 가지 모두가 개입될 가능성이 매우 높다. 심지어 초점, 간결성, 명확성을 확보하였다고 믿어지는 문항들도 신뢰성과 타당성을 의심받는 경우가 있다. 적절한 어휘를 사용한, 문법적으로 올바른 문항이라고 하여 편향이나 오류로부터 자유로운 것은 아니다. 좋은 문항을 만들기 위해서는 도구화 편향(instrumentation bias)의 유형에 대한 이해를 바탕으로 그것을 제거하거나 회피하는 수단에 대한 탐구가 선행되어야 할 것이다. 이하에서는 다양한 도구화 편향의 원천에 대하여 알아보자.

(1) 불명확하거나 설명되지 않은 기준

응답자가 어떤 이슈에 대하여 판단하거나 문항에 대하여 응답할 때 판단의 준거로 삼아야 할 기준이 명확히 설명되어 있어야 한다. 문항 속에 존재하는 불명확한 어구(wording)나 제대로 설명되지 않은 기준(unstated criteria)은 도구화 편향을 야기한다(Frankfort-Nachmias & Nachmias, 2000). 만약 어느 특정 문항에 대한 판단 기준이 여러 개 존재하는데도 그런 기준들 가운데 어느 것을 사용하여야 한다고 명확하게 설명되어 있지 않으면 응답자마다 서로 다른 기준을 적용하는 상황이 발생하게 될 것이다. 다음은 응답자의 판단 기준이 명시적인 경우와 그렇지 않은 경우를 나타내는 예이다.

나쁜 예: 점포들이 다양한 브랜드의 상품을 갖추는 것이 얼마나 중요합니까?
좋은 예: 귀하는 귀하가 이용하는 점포들이 다양한 브랜드의 상품을 갖추는 일이 얼마나 중요하다고 생각하십니까?

☞ 위의 첫 번째 문항에는 '누구에게 중요하다는 것인지'에 대하여 명확한 기준이 제시되어 있지 않다. 따라서 어떤 응답자들은 상품의 다양성이 중요하다고 여기는 판단의 주체가 바로 자신들이라고 생각하는 반면, 다른 응답자들은 상품의 다양성은 고객을 확보하기 위하여 점포 운영자가 중요하게 여겨야 한다고 생각할 것이다. 두 번째 문항에서는 중요성의 판단 기준이 응답자의 개인적 선호도임을 분명하게 밝히고 있다

(2) 두루 적용할 수 없는 질문

문항은 모든 조사대상자에게 적용 가능하여야 한다. 모든 조사대상자에게 두루 적용할 수 없는 질문은 도구화 편향을 야기한다. 그러므로 조사대상자 모두가 단 한 사람의 예외도 없이 자신의 경험과 정해진 조건에 근거하여 명확하게 응답할 수 있도록 문항이 적절히 구성되어야 한다.

나쁜 예: 귀하가 직장에 도착한 다음에 주차할 수 있는 공간을 찾을 때까지 걸리는 시간은 얼마입니까?

좋은 예: 만약 귀하가 손수 운전을 하여 출퇴근하는 분이라면, 직장에 도착한 다음에 주차할 수 있는 공간을 찾을 때까지 걸리는 시간은 얼마입니까?

☞ 첫 번째 문항은 모든 조사대상자에게 다 해당되는 질문은 아니다. 도보로, 자전거나 오토바이로, 버스나 택시로 출퇴근하는 사람에게 이 문항은 적용되지 않는다. 조사연구자는 자가용 손수 운전자만을 이 문항의 응답대상자로 상정하였을 것이다. 따라서 손수 운전하지 않는 사람들이 이 문항에 응답하는 것은 편향이 개입된 결과를 만들어내게 된다. 아마도 첫 번째 문항에 대한 응답은 두 번째 문항에 대한 응답보다 경미한 수준의 문제점을 나타낼 것으로 예측된다.

(3) 응답 세트의 제시

응답 세트(response set) 혹은 보기의 제시(example containment)는 도구화 편향을 일으킬 수 있다(Frankfort-Nachmias & Nachmias, 2000). 즉, 문항 속에서 어느 특정 응답 대안이나 응답 범주를 예로 들게 되면 편향이 개입되기 쉽다. 예컨대, 면접 설문조사에서 응답자들에게 특정 항목을 예로 들면서 질문을 할 경우, 응답자들은 그 항목을 선택하거나 응답의 내용에 포함시키는 반면, 여타의 항목들은 제외시킬 가능성이 많다. 왜냐하면 답변을 생각함에 있어서 문항에 포함된 그 예가 무엇보다도 먼저 떠오르기 때문이다.

나쁜 예: 귀하는 지난달에 어떤 작은 설비(예: 주방기구)를 구매하셨습니까?

좋은 예: 주요 장비는 제외하고, 귀하는 지난달에 어떤 작은 설비를 구매하셨습니까?

☞ 첫 번째 문항에 들어 있는 작은 설비의 예인 '주방기구'가 많은 응답자들로 하여금 토스터, 믹서,

블렌더와 같은 설비를 떠오르게 할 것이며 따라서 그러한 응답이 많이 나올 것이다. 그러나 많은 응답자들은 진공청소기, 전기 드릴, 헤어드라이어 등과 같은 설비는 미처 생각해내지 못할지도 모른다.

문항을 작성함에 있어서 보기를 알려주는 방법에 대한 심도 있는 고찰이 필요하다. 문항 속에서 포괄적인 응답 범주를 알려주는 것은 바람직하지만 소수의 구체적인 응답 대안만을 적시하는 것은 오히려 도구화 편향을 유도할 수 있다.

(4) 과도한 회상 요구

조사연구자는 응답자들이 자신의 행동이나 감정을 오랜 기간 동안 기억하고 있을 것이라고 가정해서는 곤란하다. 설문조사를 통해 조사하려는 대부분의 이슈나 주제는 조사연구자에게는 매우 중요한 것이지만, 사실 조사대상자들에게는 별로 중요하지 않은 경우가 대부분이다. 별로 중요하지 않은 사항을 오래 기억하는 사람은 많지 않을 것이다. 과도한 회상 요구(overdemanding recall)는 도구화 편향의 원천 가운데 하나이다.

나쁜 예: 귀하는 현재의 배우자와 결혼하기 전에 몇 번이나 데이트를 하였습니까?
좋은 예: 귀하는 현재의 배우자와 결혼하기 전에 몇 달 동안 사귀었습니까?
☞ 아마도 응답자 가운데 다수는 결혼 전의 데이트 횟수를 기억하지 못할 것이다. 오래 전에 결혼한 사람일수록 답변의 어려움은 배가 될 것이다. 그러나 그것을 기억하지 못한다는 사실을 공개적으로 인정하기 싫어하는 응답자는 데이트 횟수를 추정하여 대충 응답할지도 모른다. 결국 이 문항으로 측정한 자료는 많은 편향을 갖게 마련이다. 이와는 대조적으로, 두 번째 문항은 상대적으로 답변이 용이하다. 많은 사람들이 현재의 배우자와 처음 만났다거나 처음 데이트를 시작하였던 시점과 결혼식을 올린 날을 기억할 것이므로 두 번째 질문에 대한 응답이 그리 어렵지 않을 것이다.

(5) 지나친 일반화

간혹 응답자에게 일반화된 답변을 요구하는 것이 바람직한 경우가 있다. 일반화를 추구하는 문항은 응답자의 구체적인 행동(행태)에 관한 것이 아니라 정책, 전략 또는 응답자의 행동 패턴에 관한 것이어야 한다. 그러나 지나친 일반화(overgeneralization)는 도구화 편향을 불러올 수 있다. 그러므로 구체적인 사건에 관한 내용을 측정하려면 설문 문항이 구체적이어야 한다.

나쁜 예: 귀하가 패스트푸드를 사 먹을 때, 다음에 제시된 음식 종류를 주문한 횟수는 각각 전체의 몇 %나 됩니까?

좋은 예: 귀하가 패스트푸드를 사 먹은 직전의 10번의 경험 가운데, 다음에 제시된 음식을 각각 몇 번씩 사 먹었습니까?

☞ 첫 번째 문항은 응답자로 하여금 자신의 행동을 일반화하도록 요구하고 있다. 질문 또한 매우 일반적이다. 여기에서는 응답자가 시간상으로 준거해야 할 기준이 최근인지, 먼 과거인지, 지금인지, 아니면 미래인지 알 수 없다. 반면에, 두 번째 문항에서는 준거기간을 패스트푸드를 사 먹은 직전의 10번의 경험으로 한정하고 있다. 따라서 모든 응답자가 쉽게 회상할 수 있도록 명확한 시간 기준을 제공하고 있다고 본다. 결국 이 문항을 사용하여 수집한 자료는 훨씬 더 정확할 것이며, 오류 또한 감소되는 반면, 신뢰성은 매우 향상될 것이다.

(6) 지나친 구체화

응답자가 잘 알기 어려운 사항이나 사실상 답변하기 불가능한 내용에 관하여 정확한 응답을 요구하는 것은 바람직하지 않다. 지나친 구체화(overspecificity)를 추구하는 문항은 바람직하지 않다. 대부분의 응답자가 넓은 의미에서 자신들의 행동과 관련된 방침(policy)을 천명할 수는 있다. 그러나 그런 방침에 의거하여 구체적으로 활동한 행위의 횟수까지 기억하는 사람은 거의 없을 것이다.

나쁜 예: 귀하가 박물관을 방문하였을 때, 귀하는 소장 전시품을 설명하는 명판(plaque)을 몇 번이나 읽었습니까?

좋은 예: 귀하가 박물관을 방문하였을 때, 귀하는 소장 전시품을 설명하는 명판(plaque)을 얼마나 자주 읽었습니까? 다음 중에서 선택하시기 바랍니다.

(1) 항상 (2) 자주 (3) 가끔 (4) 드물게 (5) 전혀 아님

☞ 박물관에서 전시물을 설명하는 명판을 읽은 횟수까지 기억하는 응답자가 얼마나 되겠는가? 첫 번째 문항은 지나친 구체화를 추구하는 문항에 다름 아니다. 그뿐만 아니라, 첫 번째 문항은 비교기

준이 없기 때문에 대개 별로 쓸모가 없는 자료를 생산해낸다. 예컨대, 응답자 A와 B 두 사람이 모두 30번 명판을 읽었다고 가정해보자. A는 박물관을 30번 방문하였으며 그때마다 빠짐없이 명판을 읽었다. B는 300번이나 박물관을 방문하였지만 정작 명판을 읽은 경우는 30번에 불과하였다. 즉, 10번에 한 번 꼴이다. 이 두 사람은 자료의 입장에서는 동일하지만 박물관의 명판을 읽는다는 방침에 있어서는 매우 다르다. 만약 정보 욕구가 개인의 방침에 관한 것이라면 이러한 방식으로 수집된 자료는 타당성이 결여되어 있다는 비판을 면하기 어렵다.

(7) 지나친 강조

지나친 강조(overemphasis)는 특별한 응답 유형을 요구하게 됨으로써 결국에는 도구화 편향을 야기한다. 문항 안에서 어떤 조건을 설명하여야 할 때는 그 조건을 과장하는 것보다는 과소 설명하는 방안이 더 낫다. 이 경우 응답자는 스스로의 판단에 따라 엄격성의 정도에 관한 자유로운 결정을 내릴 것이다. 너무 과장된 표현은 응답자에게 그 방향으로의 결정을 강요하는 것이나 다를 바 없다. 이 문제를 예방하려면 가치판단이 내재된 용어를 가급적 사용하지 않아야 한다.

나쁜 예: 귀하는 현재의 재정 위기를 극복하기 위하여 조세를 올리는 것에 대하여 찬성하십니까?
좋은 예: 귀하는 현재의 재정 문제에 대처하기 위하여 조세를 올리는 것에 대하여 찬성하십니까?
☞ 위 두 문항은 위기(crisis)와 문제(problem)라는 두 단어를 제외하면 다른 차이는 없다. 먼저, 재정 위기라는 표현은 조사연구자의 결론을 암시하고 있다. 또한 위기는 상대적으로 가치가 많이 개입된 개념이다. 왜냐하면 가능한 한 빨리, 그리고 가능한 한 완벽하게 위기가 해결되기를 바라는 사람이 많기 때문이다. 결국 위기라는 단어는 현상을 지나치게 강조하는 역할을 하고 있다. 반면에, 문제라는 단어는 상대적인 면에서 즉각적인 개입이나 극적인 행동을 요구하는 상황을 연상시키지는 않는다.

(8) 용어와 어법의 모호성

용어와 어법의 모호성은 도구화 편향의 원인이다(Frankfort-Nachmias & Nachmias, 2000). 문항의 작성자가 다른 사람들이 특정 단어나 어구를 자신의 의도와는 전혀 다른 방식으로 이해할 수 있다는 사실을 인식하지 못하는 경우에 편향이 생긴다. 영어 디너(dinner)의 예를 들어보자(Alreck & Settle, 2004). 미국의 동부와 서부에서는 하루 세끼를 아침식사(breakfast), 점심식사(lunch), 저녁식사(dinner)라고 부르지만, 중서부의 여러 지역에서는 아침식사(breakfast), 점심식사(dinner), 저녁식사(supper)라고 부른다. 요컨대 디너(dinner)는 지역에 따라 저녁식사의 의미로 사용되기도 하고 점심식사의 의미로 사용되기도 하는 것이다.

나쁜 예: 귀하는 일반적으로 몇 시쯤에 디너(dinner)를 드십니까?

좋은 예: 귀하는 일반적으로 저녁 몇 시쯤에 식사를 하십니까?

☞ 미국에서 디너(dinner)의 의미가 지역에 따라 다르므로 첫 번째 문항에 대하여 응답자들이 혼란을 겪을 수 있으며 조사결과에 대하여 수긍하기 어려울 수도 있다.

용어와 어법의 모호성을 배제하기 위해서는 실제적으로 설문 문항에 사용된 모든 단어와 어구를 대상으로 그 의미를 매우 세심하게 조사하여야 한다. 즉, 단어나 어구가 조사대상자 모두에게 공통의 의미를 가지고 있으며 결과적으로 조사대상자 모두에게 동일한 의미로 이해되고 있는지 확인하여야 한다.

(9) 이중 질문

하나의 항목 안에 두 개의 질문이 포함되어 있는 경우를 '이중으로 장전된 질문(double-barreled questions)' 혹은 줄여서 '이중 질문'이라 지칭한다. 이중 질문은 도구화 편향을 야기하는 원인이다(Bradburn et al., 2004). 다음은 이중 질문과 그 문제점을 해소하는 방안을 설명하는 예이다.

나쁜 예: 귀하는 병에 걸리지 않기 위해서 정기적으로 비타민을 복용합니까?

좋은 예: 귀하는 정기적으로 비타민을 복용합니까? 복용한다면 그 이유는 무엇입니까? 복용하지 않는다면 그 이유는 무엇입니까?

☞ 위 첫 번째 문항은 두 개의 질문을 포함하고 있다. '귀하는 정기적으로 비타민을 복용합니까?'와 '만약 그렇다면, 그것은 귀하가 병에 걸리지 않기 위해서입니까?'가 그것이다. 병에 걸리지 않기 위해서가 아니라 다른 이유로 비타민을 복용하는 응답자는 이 문항에 답변하기가 곤란한 지경에 놓이게 된다. 두 번째 문항은 이중 질문의 문제점을 해결하기 위해 이중 질문을 분해한 것이다.

가장 흔한 이중 질문은 한 문항 안에서 특정 행동과 그 행동의 이유·동기를 동시에 묻는 유형이다. 또한 다른 유형의 이중 질문도 있다. 두 가지 서로 다른 내용을 한 문항에서 한꺼번에 묻는 것도 이중 질문이다. 예를 들어, "귀하는 종종 두통과 복통을 경험합니까?"라는 질문의 경우 두통과 복통 가운데 어느 하나만을 경험하는 응답자는 답변하기 곤란하다. "귀하와 귀하의 가족은 자주 영화관에 갑니까?"라는 질문에서는 독신의 영화광(즉, 가족이 없음) 그리고 본인은 영화를 자주 보나 가족은 그렇지 않은 응답자의 경우는 정확한 답변을 하기 어렵다. 모두 이중 질문이 야기하는 문제점이다. 이중 질문을 찾아내는 첩경은 해당 항목의 일부는 사실이나 다른 일부는 사실이 아닌 경우가 존재하는지 확인하는 것이다.

(10) 유도 질문

설문 문항 자체가 응답자로 하여금 특정한 답변을 하도록 유도하는 경우, 즉 유도 질문(leading questions)이 있는 경우에는 매우 강한 편향이 발생하며(Frankfort-Nachmias & Nachmias, 2000), 결과적으로 그 문항을 사용하여 수집한 자료는 타당성이 결여된 것으로 치부된다.

> 나쁜 예: 귀하는 새로운 (특정) 정책이 상당히 위험하다고 보시지 않으십니까?
> 좋은 예: 새로운 (특정) 정책의 위험성에 대한 귀하의 의견은 무엇입니까?
> ☞ 위의 예에서 첫 번째 문항은 두 번째 문항보다 새로운 정책의 위험성을 부각시키고 있다. 즉, 첫 번째 질문은 특정 정책이 위험하다는 것을 은연중에 암시하고 있다. 조사연구자의 본래 의도는 특정 정책의 위험성에 대한 응답자들의 인식의 정도를 측정하고자 하는 것임에도 불구하고, 결과적으로 첫 번째 문항에서는 응답자들이 새로운 정책의 위험성을 알아차리도록 유도되고 있다.

간혹 제3자의 후원에 의해서 설문조사가 이루어지는 일도 있다. 그런데 어떤 개인이나 조직이 자신들이 주장하는 바를 증명하거나 자신들의 이익에 부합되는 결과를 얻기 위하여 설문조사를 후원하는 경우도 드물지 않다. 이때 설문조사의 후원자가 설문지 속에 유도 질문을 넣기를 원하거나 자신들이 바라는 결과를 얻을 것으로 기대되는 어구 표현을 사용할 것을 주장하는 것은 매우 큰 문제이다. 만약 설문지 안에 그와 같은 유도 질문이 포함되면 당초의 '독립적이고 객관적인' 설문조사는 이제 거짓말 설문조사로 전락하게 된다. 따라서 윤리적인 설문조사를 통해 정직한 평판을 얻고자 하는 조사연구자는 유도 질문을 사용함으로써 조사 결과를 왜곡시키거나 포장하려는 시도를 용납하여서는 안 된다.

(11) 함축적인 질문

유도 질문은 응답자로 하여금 특정한 유형의 응답을 하도록 직접적으로 이끌거나 특정 답변을 하도록 직접적으로 암시하는 반면, 함축적인 질문(loaded questions)은 그러한 정도가 상대적으로 명확하지 않다. 함축적 질문은 보다 미묘한 형태의 영향력을 갖고 있는 단어나 어구를 포함하고 있는 문항을 말한다. 대개 함축적인 질문 안에는 특정 행동을 하는 '이유'를 설명하는 경우가 많다.

나쁜 예: 귀하는 생명을 구하기 위해 차량운행 속도의 하한선을 설정하는 것을 지지합니까?

좋은 예: 교통안전 때문에 차량운행 속도의 하한선이 필요합니까?

☞ 첫 번째 문항은 함축적인 질문인데, 그 속에는 '생명을 귀하기 위해' 차량운행의 하한선을 설정하여야 한다는 이유가 명시되어 있다. 물론 교통사고로부터 생명을 구하는 것은 바람직한 목적이다. 그런데 이 문항의 문제점은 이 문항에 반대하는 사람은 마치 인간의 생명을 중시하지 않는 사람인 것으로 보일 수 있다는 여지를 남기고 있다는 점이다. 반면에, 두 번째 문항은 보다 객관적이다. 이 문항은 직접적으로 이슈를 다루고 있으며, 개인의 응답과 그 개인의 생명 중시 태도를 연결시키지 않고 있다.

유도 질문과 마찬가지로 함축적인 질문도 설문지에서 배제되어야 한다. 설문지 안에 함축적인 질문이 포함되면 더 이상 설문조사의 객관성과 독립성을 유지할 수 없게 된다. 이 역시 거짓말 설문조사에 다름 아닌 것이다.

2) 응답 편향의 원천

설문조사 응답자의 심리상태 또는 성향 때문에 발생하는 편향을 응답 편향(response bias)이라고 부른다. 응답 편향의 원천은 다양하지만, 문항의 표현 방법과 배열 순서에 의해 응답 편향을 어느 정도 감소시키거나 통제할 수 있다. 가장 대표적인 응답 편향의 원천은 사회적 요망성, 묵인, 긍정·부정 응답, 위신, 위협, 적대감, 후원, 심리적 경향, 순서, 극단치의 10가지이다(<상자 2-1>).

<상자 2-1> 응답 편향의 원천

편향의 원천	정의
사회적 요망성 (social desirability)	응답자가 사회적으로 용인되거나 존경받을 것으로 인식되는 것에 근거하여 행하는 응답
묵인 (acquiescence)	후원자가 바람직한 것으로 여길 것으로 응답자가 인식하는 것에 바탕을 둔 응답
긍정·부정 응답 (yea-and nay-saying)	조사대상자들이 전반적으로 긍정적 또는 부정적으로 응답하는 경향에 의해 영향을 받는 응답
위신 (prestige)	다른 사람의 눈에 비친 응답자의 이미지를 강화하려는 의도를 가진 응답
위협 (threat)	문항의 본질적 내용이 야기하는 불안과 두려움에 의해 영향을 받는 응답
적대감 (hostility)	응답 임무 때문에 생긴 분노의 감정에 의해 영향을 받는 응답
후원 (auspices)	실제 문항보다는 후원자의 이미지나 의견에 의해 좌우되는 응답
심리적 경향 (mental set)	앞 문항들로부터 받은 지각이나 인식이 뒤 문항들의 응답에 영향을 미침.
순서 (order)	문항들의 배열 순서가 각 문항에 대한 응답에 영향을 미침.
극단치 (extremity)	응답 범주 가운데 극단치는 명확하나 중간치는 모호할 경우 극단적인 응답이 많아짐.

자료: Alreck & Settle, 2004, p.102.

(1) 사회적 요망성

자신들의 선호도, 의견, 행동 등이 사회적으로 규정된 것으로부터 일탈되어 있다고(즉, 사회적으로 요망되는 것과 다르다고) 판단하는 경우에는 응답자들은 사실대로 응답하기보다는 사회적으로 받아들여지는 방식으로 응답하려는 경향을 가지고 있다. 즉, 응답자가 사회적으로 용인되거나 받아들여질 것이라고 인식하는 것에 근거하여 사실과 다른 응답을 하는 경우 사회적 요망성 편향(social desirability bias)이 개입된다. 이것은 매우 심각한 문제이지만, 경험이 많은 조사연구자마저도 이 문제를 해결하기가 쉽지 않다고 알려져 있다(사회적 요망성 편향은 매우 중요한 이슈이므로 개념 및 유형, 탐지 방법, 대처방법 등에 관하여 별도의 절에서 보다 상세하게 다룬다).

(2) 묵인(acquiescence)

사람들은 대개 협력적이다. 설문조사에 기꺼이 참여하는 조사대상자들도 물론 협력적인 사람들이다. 만약 특정 응답이 조사연구자, 면접조사자, 설문조사 후원자 등에 의해 더 많이 환영받을 것이라고 응답자들이 생각할 경우, 그들이 그러한 응답을 하게 될 가능성은 매우 높다. 이러한 편향을 감소시키기 위하여 조사연구자가 할 수 있는 일은 두 가지이다. 첫째, 우호적인 응답보다는 솔직하고 정직한 응답이 훨씬 더 도움이 된다는 것을 응답자에게 주지시켜야 한다. 응답자는 아첨보다 정직함이 진정한 협조의 원천임을 분명히 이해하여야 한다. 둘째, 응답자들에게 특정 응답의 긍정성 여부 및 정도에 관하여 아무런 암시나 힌트도 주어서는 안 된다. 만약 응답자들이 설문조사의 조사연구자, 면접조사자, 설문조사 후원자 등이 선호하는 답변이 무엇인지 알 수 없다면 그들의 협력적인 성향이 공정한 응답에 악영향을 미치지는 않을 것이다.

(3) 긍정·부정 응답

어떤 부류의 사람들은 다소간에 동의 또는 긍정적인 응답 경향을 가지고 있는 반면, 다른 부류의 사람들은 부동의 또는 부정적인 응답 경향을 가지고 있다. 설문지의 전체 문항들이 모두 긍정/부정 차원에서의 응답을 요구할 경우, 전반적으로 긍정 응답(yea-saying) 또는 부정 응답(negative-saying)이 생길 수 있는데, 이 또한 편향의 원천이다. 이러한 유형의 편향을 통제하는 방법 가운데 하나는 '예/아니요' 또는 '긍정/부정'이라는 응답 범주를 만들지 않는 일이다. 예를 들면, "귀하는 그곳으로 가겠습니까?"라고 묻는다면 답변은 "예" 또는 "아니요"이며, 이것은 사람에 따라 긍정 응답 또는 부정 응답이라는 편향을 개입시킬 수 있다. 반면에, "귀하는 다음 중 어느 것을 선택하시겠습니까?"라고 물은 뒤에 "(1) 그곳으로 간다, (2) 여기에 남는다"라는 응답 범주를 제공하여 하나만 선택하게 하면, '예/아니요'의 선택문제가 제거되므로 긍정·부정 응답이라는 편향의 문제는 해결된다. 만약 다수의 문항을 긍정/부정 응답으로 측정하는 것이 불가피한 상황이라면 이러한 유형의 편향은 긍정적인 문항과 부정적인 문항을 대략 절반씩 만듦으로써 부분적으로 통제가 가능하다. 예를 들어, 어떤 특정 이슈에 대한 태도를 측정함에 있어서 일련의 진술문을 만들어놓고 그에 대한 동의/부동의를 묻는 설문조사의 경우를 보자. 이 경우 대략 절반 정도의 문항들은 해당 이슈에 대한 긍정적인 내용을 담고 나머지 절반 정도의 문항들에는 부정적인 내용을 담은 후 각 문항에 대한 동의/부동의를 물으면 좋을 것이다. 이렇게 하면 결과적으로 긍정 응답과 부정 응답의 편향이 자동적으로 서로 상쇄된다.

(4) 위신

사람들은 누구나 자신의 눈에, 그리고 남의 눈에, 자기 자신이 좋은 모습으로 비쳐지는 것을 좋아한다. 설문조사의 응답자들이 자신의 소득을 부풀려 응답한다거나, 나이를 줄여 응답한다거나, 자신의 직업의 중요성을 과장한다거나 하는 행동은 모두 자신의 위신(prestige)을 세우려는 의도에 그 바탕이 있으며, 이것은 중요한 편향(bias)의 원천이다. 따라서 응답자들에게 위신과 관련된 질문을 하지 않음으로써 이러한 편향을 감소시킬 수 있다. 만약 "귀하는 어느 정도의 자립심을 가지고 있다고 평가하십니까?"라는 개방형 질문을 주면, 응답자들은 자신을 높게 평가할 것이며 이는 매우 심각한 편향을 유발한다. 반면에, 만약 "전적으로 나에게 의존함"과 "남에게 매우 많이 의존함"을 양극단으로 하는 연속선(continuum)상에서 응답자가 자신을 등급으로 평가하게 한다면 응답자들로부터 앞의 질문과 사실상 동일한 정보를 얻을 수 있다. 이 경우 낮은 수치(등급)를 자립에, 그리고 높은 수치를 의존에 할당함으로써 응답자가 위신을 추구하기 때문에 발생하는 편향을 상쇄할 수 있다.

(5) 위협

설문 문항이 응답자에게 부정적인 결과를 초래하는 이슈나 성과를 다룰 경우, 설문 문항 자체가 응답자에게 심리적 위협(threat)으로 작용하는 경우가 있다. 대부분의 응답자는 자신의 죽음, 심각한 사고, 사랑하는 사람과의 사별이나 이별 등을 상상하려 하지 않는다. 불가피하게 설문조사를 통해 그런 이슈를 다루어야만 할 경우에는 사실적인 생생한 설명 대신에 완곡한 표현을 사용하는 것이 매우 중요하다. 위협 편향을 감소시키는 다른 하나의 방법은 해당 이슈를 객관화하는(depersonalize) 것이다. 이슈의 객관화는 추상화 또는 제3자의 도입으로 가능하다. 예컨대, 응답자에게 "만약 귀하가 직장을 잃을 경우 어떻게 하시겠습니까?"라는 위협적인 질문을 직접 하지 말고, "귀하는 사람들이 직장을 잃을 경우에 일반적으로 어떻게 대처한다고 생각하십니까?"라고 묻는 방식(추상화)이나, "만약 귀하의 친구가 실직하게 되면 어떤 조언을 해주시겠습니까?"라고 묻는 방식(제3자의 도입)이 그것이다.

(6) 적대감

설문조사의 주제 또는 그와 관련된 이슈가 특정 응답자들의 적대감(hostility)이나 분노를 자극하는 상황이 생길 수 있다. 때로는 응답 행위 자체 때문에 응답자들이 불쾌한 감정을 갖는 경우도 있을 수 있다. 일단 이러한 강렬한 감정이 생기게 되면, 응답자들은 쉽사리 적대적인 감정을 떨쳐버리지 못하게 되며 그러한 상황을 야기한 주제나 이슈에 더 이상 초점을 맞추려고 하지 않는다. 이 경우 특정 문항에 대한 적대감을 가진 응답자가 다른 모든 문항에 대하여 동일한 감정을 일반화시킬 우려가 있다. 이러한 유형의 편향을 감소시키는 방법은 문항을 작성할 때 응답자의 적대감을 불러일으킬 소지가 있는 문항을 아예 만들지 않는 것이다. 그러나 응답자의 적대감을 측정하는 것이 불가피한 상황이라면 응답자의 부정적인 영향을 최소화시키는 두 가지 방법이 있다. 하나는 응답자에게 적대감을 불러일으킨 바로 그 문항에 대하여 응답자가 최대한의 적대감을 발산하게 만드는 것이다. 만약 응답자가 다음 문항으로 넘어가기 전에 부정적 감정을 충분히 발산할 수 있는 적절한 기회를 갖게 되면 그들은 지나친 긴장을 풀고 응답을 계속할 수 있을 것이다. 다른 하나는 설문지 안에서 구역과 구역을 명확하게 구분하여 제시하는 일이다. 만약 응답자들이 다음 구역에는 앞의 구역과는 전혀 다른 새로운 이슈나 주제를 다루는 질문들이 들어 있다는 사실을 명확하게 인식하게 되면, 그들이 앞 구역에서 품었던 적대적인 감정을 다음 구역으로 옮길 가능성은 상당히 줄어들 것이다.

(7) 후원

만약 응답자들이 응답에 앞서 미리 누구의 후원(auspices)을 받는 설문조사인지 알게 될 경우에는 후원자에 대한 그들의 감정이 편향(bias)을 야기하게 된다. 예를 들면, 동일한 노동자 집단에 대한 설문조사라 할지라도 그것이 회사의 후원을 받는가, 아니면 노동조합의 후원을 받는가에 따라서 응답이 매우 달라질 수 있다. 그러므로 많은 설문조사는 후원 편향을 제거하기 위하여 독립기관 또는 연구팀에 의해서 수행된다. 또한 설문조사를 실시하면서 조사대상자에게 누가 설문조사의 후원자인지 미리 알려줄 필요는 없다. 그러나 특정 설문 문항에 의하여 누가 설문조사의 후원자인지 알려줄 수밖에 없을 때 또는 응답자들이 특정 문항을 읽고 나면 곧바로 누가 설문조사의 후원자인지 금방 알아차릴 수 있을 때는 그러한 문항을 가급적이면 설문지의 후반부에 배치함으로써 후원 편향을 최대한 줄이려는 노력이 필요하다. 또한 이른바 '흐리기(clouding)' 또는 '연막(smoke-screen)'을 통해 응답자가 후원자의 신분을 알지 못하게 함으로써 이러한 유형의 편향을 제거할 수도 있다. 예를 들면, 후원 기업의 브랜드 상품에 관한 설문조사를 하려고 하는 경우에 해당 기업뿐만 아니라 다른 기업의 브랜드도 설문조사의 대상에 포함시키는 방안이 있다. 이렇게 되면 응답자들은 어느 기업이 해당 정보를 구하고 있는지 확실히 알 수 없게 되며 따라서 후원 편향은 통제될 수 있게 된다.

(8) 심리 상태

응답자들이 설문조사의 응답과 같은 정신적 임무를 수행할 때, 그들은 마음속으로 응답을 위한 준거틀(frame of reference)을 만든다. 그것은 특정 상황에 대한 일련의 인식과 가정이다. 응답자들이 일단 마음속으로 준거틀, 즉, 심리상태(mental set)를 만들고 나면 그들은 더 이상 필요 없다고 느낄 때까지 그것을 유지하는 경향이 있다. 예를 들면, 설문지에서 다음과 같은 두 개의 질문을 연달아 제시하였다고 가정하자. 첫째, "귀하는 지난 5년 동안에 몇 번이나 이사를 하였습니까?" 둘째, "귀하가 살던 집을 직접 소유한 적은 몇 번이었습니까?" 첫 번째 질문과 관련한 응답자의 준거틀은 지난 5년의 기간이다. 두 번째 질문은 첫 번째 질문과는 전혀 관련이 없는 별개의 문항이므로, 준거틀이 지난 5년이라고 할 수 없다. 그러나 다수의 응답자들은 첫 번째 질문의 준거틀을 그대로 두 번째 질문에 적용하는 경향을 갖고 있다. 따라서 두 번째 질문의 기간이 지난 5년이라는 언급이 전혀 없음에도 불구하고, 지난 5년간 이사하였던 집 가운데 몇 번이나 자기가 직접 소유하였는가를 따진다. 만약 두 번째 문항을 만든 조사연구자의 의도가 지난 5년이 아니라 응답자의 전체 생애를 대상으로 주택소유 현황을 조사하는 것이었다면, 응답자들의 부적절한 준거틀(심리상태)이 편향을 만들어냈다고 할 수 있다. 특정 문항에서 다음 문항으로 넘어갈 때 응답자들에게 준거틀이 바뀐다는 사실을 명확하게 이해시킬 수 있다면 이러한 편향은 제거되거나 통제될 수 있다. 따라서 응답자의 심리상태에서 유래되는 편향을 제거하기 위해서는 새 문항 앞에 지시문을 삽입하거나 새 문항의 서문 역할을 하는 준거틀을 분명하게 적어 넣는 것이 좋다.

(9) 순서

응답자들은 설문지에 들어 있는 모든 문항을 대상으로 하나씩 차례로 응답하는데, 설문지의 문항(항목 척도)을 배열하는 순서는 응답 행태에 영향을 미친다. 이러한 편향을 일러 순서 편향(order bias)이라 한다. 설문조사에서 순서 편향을 일으킬 수 있는 세 가지 원인은 개시(initiation), 기계적 응답(routine), 피로(fatigue)이다.

첫째, 설문조사가 시작된 후 응답과정이 점차 진행되면서 응답자는 응답 임무에 대처하는 방법을 차츰 배워나가게 된다. 그런데 응답자에 따라서는 학습과정이 상대적으로 더딜 수도 있으며, 이 과정에서 편향(bias)이 발생할 수 있다. 개시 단계에서 생기는 편향을 줄이려면 상대적인 면에서 중요도가 낮은 문항을 설문지의 앞부분에 배치하고 중요도가 높은 문항은 설문지의 뒷부분에 배치하는 것이 좋다. 이것은 개시 편향이 가장 중요한 문항에 좋지 않은 영향을 미치는 것을 최소화하기 위해서이다.

둘째, 설문조사에서 비슷한 문항들이 연이어 나타나면 응답자들은 부지불식간에 기계적 응답이라는 응답 전략을 강구한다. 이 때문에 응답자들은 개별 문항을 각각 독립적으로 평가하여야 함에도 불구하고, 실제로는 그와 같은 응답 패턴을 보이지 않는다. 기계적 응답으로부터 야기되는 편향을 줄이려면 응답자들이 개별 항목들을 명확하게 구분하여 따로따로 평가할 수 있도록 만들어야 한다. 설문지 안의 모든 문항을 일률적으로 오름차순으로 배열하지 말고, 몇몇 항목은 오름차순으로, 그리고 다른 몇몇 항목은 내림차순으로 배열하는 것이 좋다. 예를 들면, 일련의 문항들이 무작위로 배치되어야 하며, 그중의 일부는 어느 특정 이슈에 대한 부정적인 문항들인 데 반해, 다른 일부는 그 이슈에 대한 긍정적인 문항들이어야 한다. 이러한 본질을 인식하게 되면, 응답자는 전체 문항에 대하여 일괄적으로 동의하거나 그 반대로 일괄적으로 부동의하는 전략이나 태도를 갖지 않게 될 것이며, 그 대신 각 문항을 독립적으로 읽고 평가하게 될 것이다.

셋째, 응답하여야 할 문항의 수가 매우 많으면 응답자는 피로를 느낄 수 있다. 한마디로 말해, 되풀이되는 응답 임무는 심리적 피로를 배가시킨다. 이 경우 응답자가 설문지의 앞부분에 배치된 문항들에 대해서는 비교적 주의 깊게 응답하지만, 뒤로 갈수록 점점 더 부주의한 응답을 하게 될 가능성이 커진다. 이것은 응답 오류와 응답 편향으로 귀결될 것이다. 이러한 유형의 편향을 줄이려면 설문지의 각 구역(section)의 문항 리스트를 짧게 하여(즉, 가능한 한 문항의 수를 줄여) 가장 작은 응답 동기를 가진 응답자라 할지라도 응답 피로에 의한 영향을 전혀 또는 거의 받지 않도록 하여야 한다.

응답자가 한 세트의 응답 범주(응답 대안) 가운데서 하나를 선택하는 응답 임무를 부여 받았을 때, 두 종류의 순서 편향이 존재할 수 있다. 첫째, 사람들은 일반적으로 어떤 목록의 맨 앞에 있는 것을 더 잘 기억하는데, 그 이유는 단지 그것이 리스트의 선두에 위치하기 때문이다. 이것이 선두효과(primacy effect)이다. 둘째, 사람들은 리스트의 맨 나중에 있는 항목을 가장 잘 기억하는데, 그 이유는 응답자가 그것을 가장 최근에 보았기 때문이다. 이것이 최신효과(recency effect)이다. 보통 응답 범주의 수가 많으면 선두효과와 최신효과가 모두 발생하지만 그 강도가 항상 같은 것은 아니다. 어쨌든 응답자들은 설문지에 수록된 여러 응답 범주 가운데 맨 처음과 맨 나중에 제시된 것을 중간에 있는 것보다 더 잘 기억한다. 따라서 문항을 만들 때 한 세트의 응답 범주에 어떤 응답 대안들을 어떤 순서로 배치할 것인지 결정하는 일 자체가 곧 응답자의 편향과 관련이 있다.

선두효과와 최신효과를 감소시키는 두 가지 방법이 있다. 하나는 문항의 응답 범주 리스트를 매우 짧게 만드는 것이다. 즉, 문항의 응답 범주(응답 대안)의 수를 줄이는 것이다. 이것은 대면설문조사(즉, 면접 설문조사)에서 특히 중요하다. 구조화된 질문의 예를 들면, 응답자는 면접 조사자가 읽어준 질문과 응답 범주를 주의 깊게 듣고 그것을 마음속으로 기억한 후에 응답 범주 가운데서 하나를 선택하여야 하기 때문에 여러 개의 응답 범주를 모두 기억하여야만 하는 일 자체가 매우 부담이 된다. 만약 응답 범주의 수가 많아지면 응답자는 선두효과와 최신효과에 의해 처음 항목과 마지막 항목만을 상대적으로 더 잘 기억하게 될 것이다. 일반적으로 사람들이 한 번에 기억하기 적당한 응답 범주는 4개 또는 5개 정도이다. 만약 그보다 많은 응답 범주 중에서 하나를 선택하여야 하는 문항이라면, 미리 어떤 특정 척도를 제시한 뒤 그에 따라 모든 문항을 등급화하는 방법이 권장된다. 자료의 분석 단계에서 각 문항의 등급 점수를 비교할 수 있다. 다른 하나의 방법은 응답자마다 또는 하위표본에 따라 문항의 배열 순서가 다른 설문지를 사용하는 것이다. 이것은 우편설문조사에서는 바람직하지 않은 방법이다. 문항의 배열 순서가 다른 여러 유형의 설문지를 만들어 우편으로 배포하는 일은 현실적으로 불가능한 것은 아니지만 큰 비용이 들어가기 때문에 별로 권장하고 싶지 않다. 반면에, 대면설문조사에서는 이와 같은 방법을 비교적 쉽게 실행할 수 있다. 면접 조사자가 설문지에 수록된 여러 문항을 무작위 순서로 읽어주면서 조사를 진행하면 될 것이다. 이 방법은 순서 편향에 의해 자료의 타당성이 심각하게 훼손될 것이라는 추론에 근거하여 매우 제한적으로 적용하여야 한다. 왜냐하면 이 방법은 조사 면접자에게 직접적으로 많은 부담을 지우는 일일 뿐만 아니라 미리 조사면접자에 대한 교육·훈련이 필요하고 그들이 교육받은 대로 조사를 제대로 수행하고 있는지 모니터링하여야 하는 등 추가적인 노력이 요구되기 때문이다.

(10) 극단치

극단치 편향(extremity bias)은 선두효과 및 최신효과와 어느 정도 비슷하다. 때때로 응답자들은 응답 범주의 양쪽 극단치 가운데서 어느 하나를 선택함으로써 그 척도를 이분하는(dichotomize) 경향이 있다. 예를 들어, 1부터 10까지의 숫자로 구성된 어느 척도에서 1은 '매우 훌륭함', 10은 '매우 서투름'이라는 설명이 붙어 있는 경우, 응답자들이 10개의 응답 범주 가운데 1이나 10과 같은 극단치를 선택하는 경우가 종종 있다. 결과적으로 응답자들은 주어진 척도를 사용하여 특정 현상을 보다 세밀하게 측정할 수 있음에도 불구하고 이것을 사실상 거부하고 있는 셈이다. 명암의 정도에 따라 여러 단계로 구분되어 있는 일련의 회색 중에서 하나를 선택하는 것보다 흑색과 백색 중에서 하나를 선택하는 양자택일이 훨씬 더 쉽다는 논리를 이해한다면 응답자들에게서 나타나는 극단치 편향의 본질 또한 이해할 수 있을 것이다. 얄궂게도, 극단치 편향은 중심화 경향(즉, 관대화 경향)과 정반대의 결과를 나타낸다. 중심화 경향은 응답자들이 중간치나 중립적인 값을 주로 선택하는 현상을 지칭하는데, 이는 결과적으로 선택을 하지 않는 것과 다를 바 없다.

기존의 척도 중에서 신중하게 선택하거나 새로운 척도를 주의 깊게 작성하면 극단치 편향을 줄이거나 상당 부분 통제할 수 있다. 대개 척도가 너무 많은 숫자 또는 눈금을 가지고 있으면 극단치 편향이 생길 수 있다. 척도 눈금의 수는 응답자의 마음속에 있는 범주의 수와 대략적으로 같아야 한다. 예를 들어, 어느 고객이 특정 상품을 구경하면서 마음속으로 상품의 품질을 '매우 나쁨', '대체로 나쁨', '중간 수준', '대체로 좋음', '매우 좋음'의 다섯 단계로 등급화한다고 가정하자. 이 고객에게 5점 척도, 6점 척도, 심지어 7점 척도까지도 적절한 척도가 될 수 있으나, 100점 척도는 적절한 척도가 아니다. 또한 척도의 양쪽 극단에는 가장 극단적인 상태를 표현하는 설명을 붙이는 것이 좋다. 앞의 예에서 양쪽 극단을 '매우 나쁨'과 '매우 좋음'이 아니라 '대체로 나쁨'과 '대체로 좋음'이라고 설정할 경우, 그 척도가 해당 상품의 품질을 전반적으로 다 측정할 수 없기 때문에 올바른 척도 구성이라고 할 수 없다.

응답 편향을 통제하려면 설문 문항을 몇 번이고 검증하고 재검증해야 한다. 때로는 어떤 편향의 원천을 교정하는 행위가 다른 편향을 야기하는 원천이 되기도 한다.

3. 문항의 형식

1) 구조화된 문항과 비구조화된 문항의 비교

설문 문항의 형식(format)에는 구조화된 질문(structured questions)과 비구조화된 질문(unstructured questions)이라는 두 가지 기본 유형이 존재한다. 구조화된 질문(선다형 문항)은 두 가지 기본요소로 구성되어 있는데, 먼저 문항의 서두에 의문문 또는 서술문 형태의 질문이 제시되고, 그 질문에 대한 대답을 골라 선택할 수 있도록 한 세트의 응답 대안 또는 응답 범주가 뒤따라 제시된다. 비구조화된 질문은 간혹 자유해답식 문항(open-ended questions)이라고도 지칭되는데, 이른바 단답형 문항이다. 즉, 비구조화된 질문은 오직 의문문 또는 서술문 형태의 질문만이 제시될 뿐이며, 응답자가 골라 선택할 수 있는 응답 대안이나 응답 범주는 제시되지 않는다. 경험 많은 조사연구자들은 설문조사에서 비구조화된 질문보다는 구조화된 질문을 더 선호한다. 구조화된 질문은 비구조화된 질문에 비해 그만큼 더 많은 장점을 가지고 있기 때문이다.

(1) 응답의 차원

보통 비구조화된 질문에는 응답자가 설문 문항에 응답하면서 준거해야 할 응답의 차원(the dimension of answers)이 명확하게 표현되어 있지 않다.

아래 <상자 2-2>에는 구조화된 질문과 비구조화된 질문의 예가 각각 하나씩 들어 있다(Alreck & Settle, 2004, p.108.). 먼저 비구조화된 질문을 보자. 이는 개방형 질문, 다시 말해 자유해답식 질문으로서, 응답자들에게 어느 특정 가게에 오게 된 이유를 묻는 형식이다. 비구조화된 질문은 응답자들이 준거하여야 할 단일의 기준을 제시하지 못하기 때문에 차원이 다른 각양각색의 응답이 나타난다.

이번에는 <상자 2-2>의 구조화된 질문을 보자. 구조화된 질문에는 언제나 한 세트의 응답 범주가 제시된다. 응답자들은 응답 범주 리스트를 보고 문항이 무엇을 묻고 있는지 또는 조사연구자가 구하고자 하는 정보가 무엇인지 더 정확하게 이해할 수 있게 된다.

우리는 응답자들이 조사연구자의 통제 범위 안에 있지 않다는 사실을 경험을 통해 잘 알고 있다. 즉, 응답자들에게 자유롭게 응답할 수 있는 기회를 제공할 경우에 대개의 응답자들은 조사연구자가 기대하고 바라는 방식대로 응답해주지 않는다. 심지어 조사연구자의 눈에는 응답자들이 준거해야 할 차원이 명백하게 존재하는 것처럼 보이지만 정작 응답자들은 조사연구자와 전혀 다른 심리적 준거틀을 갖고 있으며, 따라서 조사연구자의 기대와 달리 아주 다른 차원의 응답을 하게 되는 경우도 생길 수 있다.

<상자 2-2> 구조화된 질문과 비구조화된 질문의 예시

<비구조화된 항목(unstructured item)>

Q. 귀하가 이 가게에 오신 이유는 무엇입니까? ( )
A. (예상되는 응답)
응답 1: "어쩌다 보니 이 가게 이웃에 살게 되었거든요."
응답 2: "마땅히 다른 할 일이 없어서요."
응답 3: "이 가게의 상품이 좋기 때문이죠."
응답 4: "이 가게에는 내 거래계좌가 있기 때문입니다."
응답 5: "나는 항상 수요일에는 쇼핑을 합니다."
응답 6: "내 친구가 이곳을 소개시켜 주었어요."
응답 7: "쇼핑이 즐겁답니다. 나는 쇼핑을 즐겨요."

<구조화된 항목(structured item)>

Q. 귀하가 이 가게에 오는 가장 중요한 이유를 다음 중 하나만 선택하여 주세요.
① ( ) 상품의 가격
② ( ) 상품의 다양성
③ ( ) 가게의 위치
④ ( ) 도움을 주는 친절한 점원
⑤ ( ) 할부 구입 가능
⑥ ( ) 기타 이유 (구체적으로: ______________________.)
⑦ ( ) 특별한 이유 없음; 잘 모르겠음.

(2) 자료의 비교 가능성

자료의 비교 가능성(comparability)은 구조화된 문항과 비구조화된 문항을 구분 짓는 중요한 속성이다. 일반적으로 비구조화된 항목으로 측정된 응답은 개인과 개인, 집단과 집단 사이에 직접 비교하기 어렵다. 반면에, 구조화된 항목을 사용하여 얻은 응답은 자료의 처리와 분석을 통해 여러 개인 또는 집단 간에 결과를 비교하고 대조할 수 있다.

<상자 2-2>의 예에서 비구조화된 질문은 응답자의 수만큼이나 다양한 응답을 생산할 수 있다. 이처럼 다양한 자료를 편집(editing)하고 사후코딩(postcoding)하자면 먼저 다양한 응답을 몇 개의 범주로 그룹핑하여야 한다. 이것은 시간이 많이 걸리는 어려운 작업이다. 또한 자료를 편집하는 사람이나 자료의 분석을 담당하는 사람이 다양한 응답을 몇 개의 범주로 그룹핑할 때 응답자의 의미나 의도에 관한 판단을 내려야만 하는 경우도 많다. 반면에, 구조화된 항목을 사용할 경우, 응답 범주를 선택하는 과정이 설문조사 현장에서 응답자들에 의해서 진행된다. 따라서 편집자나 분석자 등이 자료의 편집 및 부호화의 과정에서 응답자의 의미나 의도를 해석할 필요가 없다.

(3) 기록의 정확성

구조화된 문항과 비구조화된 문항 간에는 응답 기록의 정확성에 있어서도 차이가 있다. 비구조화된 질문에 대한 응답을 면접자가 기록하든지 아니면 응답자가 손수 기록하든지 간에 그것은 어렵고 시간이 많이 걸리는 일이다. 긴 응답을 기록하여야 하므로 비구조화된 질문은 응답 기록의 정확성이 떨어진다.

반면에, 구조화된 질문을 사용할 경우 면접자 또는 응답자는 자세한 응답을 기록하는 대신에 오직 해당되는 응답 범주(즉, 숫자)를 선택하는 방식으로 응답한다. 따라서 구조화된 질문은 응답을 기록하는 과정에서 오류가 생길 가능성이 훨씬 더 낮으며, 그만큼 더 정확하게 응답을 기록할 수 있다는 장점을 갖고 있다.

(4) 응답 임무

자기기입식 설문지에서 구조화된 항목이 사용될 경우 응답자는 상대적으로 더 쉽고 더 빠르게 응답할 수 있다. 즉, 구조화된 항목에 대한 응답 임무는 비구조화된 항목에 비해 그다지 과중하지 않다고 할 수 있다. 따라서 구조화된 항목을 사용할 경우에는 응답자의 협조를 얻어내기가 더 쉽고, 더 높은 응답률을 달성할 수 있으며, 무응답이 더 줄어드는 대신, '닥치는 대로' 응답하는 사람들의 수는 더 줄어들 것이다.

(5) 부적당한 이유

비구조화된 항목보다 구조화된 항목이 더 우수한 문항이라는 점이 널리 알려져 있음에도 불구하고, 현실적으로 비구조화된 항목을 널리 사용하는 몇 가지 부적당한 이유(inappropriate reasons)가 있다.

효과적인 구조화된 질문을 만들기 위해서는 처음부터 많은 시간과 노력을 투자하여야 한다. 반면에, 비구조화된 질문을 만드는 데는 단 몇 분의 시간이면 충분하다. 조사연구자에게는 일단 설문 문항부터 서둘러 만들고 편집 및 코딩 문제는 나중에 자료수집이 끝난 다음에 걱정하자는 생각이 있는 것 같다. 조사연구자의 이러한 생각이 비구조화된 문항을 선호하는 이유가 될 것이다.

비구조화된 문항이 널리 사용되는 또 하나의 이유는 설문조사의 후원자와 관련이 있다. 설문조사의 후원자들은 종종 구조화된 항목이 사람들의 답변의 '풍부함과 다양함(richness and variety)'을 제한한다고 믿는다. 이와 같은 후원자들의 생각이 맞는 것은 사실이지만, 풍부하고 다양한 답변을 분석하려면 엄청나게 많은 작업을 추가로 실시하여야 한다. 설문조사에 대한 기초지식이 부족한 후원자들은 그와 같은 방대한 작업량을 이해하지 못할 것이다. 조사연구자는 후원자에게 비구조화된 문항으로부터 나오는 수많은 자료의 분석과 관련된 문제점을 설명하고, 구조화된 문항이 그러한 문제점을 해결할 수 있는 대안이라는 점을 설명하는 것이 바람직하다.

2) 범주 척도와 숫자척도

설문조사에서 사용되는 구조적 문항은 크게 나누어 범주 척도와 숫자척도로 나눌 수 있다. 양자의 본질과 장단점을 이해하는 일은 좋은 설문 문항을 만들기 위한 필수조건이다.

(1) 범주 항목(범주 척도)의 작성

범주 항목, 즉 범주 척도는 구조적 문항의 일종이다. 응답자는 여러 개의 응답 범주 가운데서 하나를 선택함으로써 문항에 응답하는 절차를 거친다. 범주 항목을 만드는 일, 즉 질문과 한 세트의 응답 범주를 만드는 일은 상당한 양의 시간과 정성을 요구하는 매우 귀찮고 어려운 작업이다. 그러나 노력과 정성을 들여 일단 범주 항목을 만들어 사용하면 나중에 자료분석의 과정에서 시간과 노력을 절약할 수 있으며 자료의 신뢰성과 타당성을 높이는 장점도 기대할 수 있다.

① 질문의 서술

전형적인 형태의 범주 척도는 하나의 질문과 한 세트의 응답 범주로 구성된다. 설문 문항을 만들 때 고려하여야 할 일반적인 원칙과 기준은 그 문항이 범주 척도이건 숫자범주척도이건 본질적으로 동일하다. 따라서 척도 구성의 기본 원칙과 가이드라인은 범주척도를 작성할 때도 그대로 적용되어야 한다. 아마도, 범주척도와 숫자척도 사이의 거의 유일한 차이점은 범주척도의 경우 질문 다음에 이어지는 일련의 응답 범주가 사실상 질문의 내용을 어느 정도 보완적으로 설명해주는 기능을 수행하고 있다는 점이다.

② 포괄적인 리스트

범주 항목에서 응답 범주를 만드는 일은 일종의 분류(taxonomy)의 과정이다. 응답자들의 응답은 여러 개의 범주에 배당되어 분류된다. 응답 범주를 작성할 때 고려하여야 할 세 가지의 원칙이 존재한다. 첫째, 응답 범주 리스트는 포괄적(all-inclusive)이어야 한다. 둘째, 범주들이 상호배타적(mutually exclusive)이어야 한다. 셋째, 의미상으로 범주 내의 변이보다 범주 사이의 변이가 더 커야 한다.

먼저 응답 범주 리스트의 포괄성에 대하여 따져보자. 이것은 응답자로부터 나오는 모든 가능한 응답을 하나도 빠짐없이 다 받아들일 수 있을 정도로 응답 범주 리스트의 폭이 넓어야 한다는 것을 의미한다. 즉, 응답자가 제시한 모든 응답은 미리 정해진 응답 범주들 가운데 어느 하나에 배정될 수 있어야 한다. 달리 말하면, 응답자가 선택하고자 하는 특정 응답 범주가 존재하지 않아서 그가 응답하지 못하는 경우가 발생하여서는 안 된다. 통계학적으로 표현하면, 응답 범주는 집합적으로 남김이 없어야(collectively exhaustive) 한다.

다음 <상자 2-3>은 구조화된 범주척도의 예이다(Alreck & Settle, 2004). 첫 번째 예에서 응답 범주의 포괄성이라는 대원칙이 지켜지지 않고 있음을 확인할 수 있을 것이다.

'직접 육안으로' 해당 새 병원을 발견한 어떤 사람이 설문조사에 참여한다고 가정해보자. 첫 번째 질문을 보면 그 응답자가 해당 병원을 처음 알게 된 방법을 선택할 응답 범주가 마련되어 있지 않다. 이와는 대조적으로, 두 번째 질문에서는 응답 범주 ⑦번(기타 수단에 의해)이 마련되어 있으므로 ①번에서 ⑥번까지의 범주에 해당되지 않는 응답을 기록할 수 있도록 되어 있다. 이처럼 응답 범주 리스트의 포괄성을 확보하기 위해서는 '기타 응답'을 적을 수 있는 범주를 마련하는 것이 필수적이다. 대개 파일럿 조사를 거쳐 응답 범주의 수를 결정하지만, 막상 본 조사를 실시하고 보면 전혀 생각지도 못했던 예외적인 응답이 나올 수 있으므로, 이에 대비하여 '기타 응답'에 관한 범주를 준비해두는 것이 바람직하다.

'기타 응답' 범주를 포함시킬 때, 구하고자 하는 정보의 본질이 무엇이냐에 따라 기타 항목을 구체적으로 조사할 수도 있고 그렇지 않을 수도 있다. 만약에 조사연구자가 몇몇 특정 범주에만 관심이 있으며 그 범주를 벗어난 응답에는 관심이 없을 경우, 그 응답 범위를 벗어난 소수의 응답을 단순히 '기타 응답'으로 처리하고 그 구체적인 내용은 파악하지 않도록 문항을 작성하는 것이 바람직하다. 한편, 조사연구자에게 '기타 응답'의 내용이 중요할 뿐만 아니라 조사연구자가 그것을 파악하고자 한다면, 기타 응답의 구체적인 내용을 응답자가 직접 기록하도록 하는 것이 좋다. 다만, 이러한 개방형 응답은 분석이 쉽지 않다는 한계가 있다. 나중에 자료수집의 단계에서 기타 응답의 진술내용을 확인하고, 범주화하고, 사후코딩(postcoding)하는 절차를 밟아야 하기 때문이다.

③ 상호배타적인 리스트

응답자의 응답이 두 개 이상의 응답 범주에 동시에 해당되는 경우가 생겨서는 안 된다. 이것은 응답자로부터 주어진 응답과 그것이 배정된 응답 범주 사이에만 의미 있는 유일한(unique) 관계가 존재하여야 한다는 의미이다. <상자 2-3>의 첫 번째 문항에서는 응답 범주가 서로 중첩되어 있다는 점에서 상호배타적인 리스트라고 할 수 없다. 뉴스 보도를 통해 새 병원에 관한 정보를 처음 접한 응답자는 ⑤번 범주를 선택할 수 있으나, 동시에 그 뉴스를 신문이나 잡지, 라디오나 TV에서 보았다면 ③번 범주나 ④번 범주를 선택할 수도 있을 것이다. 따라서 이 응답 범주 세트는 서로 중첩된 항목을 가지고 있다. 반면에, 두 번째 문항에서는 인쇄매체와 전파매체를 구분할 뿐만 아니라 유료 광고와 무료 뉴스를 구분하고 있다는 점에서 범주 간의 중첩이 발생하지 않고 있다. 여기에서는 응답자의 어느 응답도 한꺼번에 두 개 이상의 응답 범주에 동시에 해당되는 경우가 생기지 않는다. 결국 응답 범주 리스트의 상호배타성 원칙이 잘 지켜지고 있는 것이다.

④ 의미 있는 군집

문항에 대한 응답은 주어진 응답 범주들 가운데서 하나를 선택하는 행위이며, 그 결과 여러 응답자가 표출한 비슷한 내용의 응답들이 동일한 응답 범주에 모여야 한다. 반대로 내용이 다른 응답들은 서로 다른 응답 범주에 모여야 한다. 만약 응답과정을 통해 이와 같은 분류가 자동적으로 이루어지지 않는다면 수집된 자료에서 특별한 의미를 찾기 어렵게 되며, 적어도 자료의 가치가 적잖이 손상될 것이다. <상자 2-3>에 제시된 첫 번째 문항에서, ③번 범주(신문 또는 잡지)와 ⑤번 범주(뉴스 보도) 사이에, 그리고 ④번 범주(라디오 또는 TV)와 ⑤번 범주(뉴스 보도) 사이에 중첩이 있으므로 범주 ③, ④, ⑤를 중심으로 의미 있는 군집(meaningful clusters)이 이루어질 것이라고 보기는 어렵다. 또한 범주 ⑥과 ⑦ 사이에도 실질적으로 의미가 있거나 가치가 있는 구분이 존재한다고 보기도 어렵다.

응답 범주들 사이에 의미 있는 군집이 이루어질 수 있도록 응답 범주를 작성하는 원칙이 확립되어 있는 것은 아니다. 연구 목적상 응답 범주를 어떻게 구분하는 것이 의미가 있으며 어떻게 구분하면 무의미한지 완전하게 이해하는 일이 무엇보다도 중요하다. 또한 응답 범주를 어떻게 구분하는 것이 응답자에게도 의미 있는 것인지에 대한 고려도 필요하다. 따라서 한마디로 말해, 응답 범주의 작성 과정은 조사연구자의 판단과 파일럿 조사를 필요로 하는 일종의 예술(art)이라고 말할 수 있다.

<상자 2-3> 구조화된 범주척도의 예

<table>
<tr><td>
<잘못된 분류(incorrect classification)>

Q. 귀하는 새 병원에 관하여 어떻게 처음 알게 되었습니까?
① ( ) 친구 또는 직장 동료로부터
② ( ) 친지 또는 가족으로부터
③ ( ) 신문 또는 잡지에서
④ ( ) 라디오 또는 TV에서
⑤ ( ) 뉴스 보도에서
⑥ ( ) 광고게시판 또는 광고 포스터를 보고
⑦ ( ) 기타 홍보 또는 광고를 보고
</td></tr>
<tr><td>
<정확한 분류(correct classification)>

Q. 귀하는 새 병원에 관하여 어떻게 처음 알게 되었습니까?
① ( ) 친지 또는 가족으로부터
② ( ) 동료 또는 지인으로부터
③ ( ) 신문이나 잡지의 광고로부터
④ ( ) 라디오나 TV의 광고로부터
⑤ ( ) 관련 출판물에 실린 뉴스를 읽고서
⑥ ( ) 라디오나 TV의 뉴스를 듣고서
⑦ ( ) 기타 수단에 의해 (구체적으로: ______________________)
</td></tr>
</table>

⑤ 범주의 크기와 수

구조화된 범주척도를 만들 때 중요한 과업 가운데 하나는 응답 범주의 수(number of categories)와 각 범주의 범위를 결정하는 일이다. 일반적으로 응답 범주의 수에는 하한선과 상한선이 있다. 오직 두 개의 응답 범주만을 가진 이분식 문항은 응답 범주의 하한선을 보여주는 예이다. 반면에, 응답 범주의 상한선은 6개 내지 8개이다. 응답 범주의 수가 그보다 많아지면 응답 및 기록 임무가 급격하게 증가하게 되므로 그런 문항을 만드는 것은 좋지 않다. 응답 범주의 하한선(2개)과 상한선(6~8개) 범위 내에서 구체적인 수를 결정하는 문제는 조사연구자가 얼마나 정치(精緻)한 자료를 얻고자 하는가에 달려 있다. 당연한 이야기이지만, 실제로 필요한 것보다 더 많은 수의 응답 범주를 만드는 것은 바람직하지 않다. 될 수 있는 대로 응답 범주의 수를 줄이려는 이유는 통계분석 때문이다. 설문조사 항목(문항) 간의 관계를 측정하는 분석에서는 보통 두 개의 항목을 교차표(cross-tabulation)로 분석하거나 한 항목을 다른 항목의 차원에 따라 세분하는(break down) 과정을 거친다. 이 경우 응답

범주의 수가 너무 많고 각 응답 범주의 범위가 너무 좁다면 한 셀(cell)에 들어갈 수치(자료값)가 너무 적어서 타당한 통계분석이 이루어질 수 없다. 물론 분석과정에서 여러 응답 범주를 몇 개로 통합하여 통계분석이 가능할 정도로 셀의 크기를 늘리는 방법이 있으나, 그렇다고 조사연구자가 원하는 결과가 나올 것이라는 보장이 없으며, 무엇보다도 그것이 응답 범주의 수를 필요 이상으로 많이 만드는 행위를 정당화시켜 주지는 못한다.

구조화된 문항을 만드는 과정에서 문항의 작성자가 이산적 응답 범주의 수와 크기를 결정할 때 명심하여야 할 주의사항이 하나 있다. 응답 범주를 얼마나 자세하게 구성하여 어느 정도 정치한 자료를 얻을 것인가를 쉽게 판단하기 어려운 경우에는 각 응답 범주의 범위를 가능한 한 좁게 하고 전체 응답 범주의 수는 되도록 늘리는 것이 좋다. 그 이유는 간단하다. 한마디로 말해, 필요하다면 분석 단계에서 응답 범주를 통합하는 일이 가능하지만, 반대로 분석 단계에서 응답 범주를 세분화시키는 일은 불가능하기 때문이다.

범주 항목은 설문지의 중추(backbone)라고 불릴 만큼 중요한 요소이다. 설문지의 전체 문항 가운데서 범주 항목이 차지하는 비중이야 설문지에 따라 제각각이겠지만 범주 항목이 전혀 포함되지 않은 설문지는 흔하지 않다. 범주 항목을 작성할 때 참조할 수 있는 가이드라인과 제언은 다음과 같다.

첫째, 문항을 만들 때는 비구조화된 문항과 구조화된 범주 문항에 동일한 규칙과 원칙을 적용하여야 한다. 즉, 작성하고자 하는 문항의 유형이 무엇이건 간에 문항 작성의 본질은 달라지지 않으며, 따라서 문항 작성의 기본원칙도 달라지지 않아야 한다.

둘째, 범주 문항의 응답 범주는 포괄적이어야(all-inclusive) 하는데, 즉 집합적으로 남김이 없어야(collectively exhaustive) 한다. 다시 말해, 응답자가 어떤 응답을 하더라도 그에 대응할 수 있는 응답 범주가 미리 마련되어 있어야 한다.

셋째, 응답 범주들은 반드시 서로 배타적이어야(mutually exclusive) 한다. 즉, 어떤 응답도 두 개 이상의 응답 범주에 모두 해당하는 경우가 생겨서는 안 된다.

넷째, 응답 범주 세트 안에 언제나 '기타' 항목을 넣는 것이 좋다. 특히 응답이 너무 다양하여 구체적인 응답 범주를 모두 예상할 수 없거나 몇몇 특정한 응답 유형 외에는 관심이 없는 경우에는 '기타' 범주를 만드는 것이 권장된다.

끝으로 응답 범주들의 내부에서보다 응답 범주들 사이에 의미상으로 더 큰 변이가 존재하여야 한다. 즉, 응답 범주들 사이에 변별성이 있어야 한다. 그래야만 다수 응답자의 응답이 의미 있는 군집(meaningful clusters)으로 구분될 수 있다.

(2) 언어 및 숫자척도

구조화된 범주적 설문조사 항목은 척도의 한 가지 유형에 불과하다. 다음 장에서 상세하게 소개되지만, 이 외에도 매우 다양한 유형의 언어 및 숫자척도가 거의 완벽한 수준으로 검증되어 실천 현장에서 빈번하게 사용되고 있다. 물론 상황에 따라 그에 알맞은 척도를 사용해야 한다. 가능하다면 언제나 일반적인 숫자척도를 사용하는 것이 바람직하다. 경험이 부족한 조사연구자는 간혹 숫자척도를 사용하는 것이 가능함에도 불구하고 숫자척도 대신에 범주척도를 사용하려는 경향이 있다. 아마도 그들은 범주척도로 수집한 자료가 분석이 더 용이하다고 믿거나, 응답자들이 숫자척도보다 범주척도를 더 선호한다고 오판하고 있는 것일지도 모른다. 그러나 이것은 사실이 아니다. 조사연구자가 정말로 필요로 하는 자료는 숫자이지 범주가 아니다.

다음은 범주척도와 숫자척도의 예이다.

<나쁜 예(범주척도)>

Q. 귀하는 어느 수준까지 교육을 받았습니까?

① 초등학교 졸업 ( )

② 중학교 졸업 ( )

③ 고등학교 졸업 ( )

④ 대학교 졸업 이상 ( )

<좋은 예(숫자척도)>

Q. 귀하가 교육을 받은 햇수는 모두 몇 년입니까? (예를 들어, 고등학교 졸업은 12년)

( ) 년

☞ 위의 첫 번째 문항은 이산적 범주를 측정하는 문항이다. 그런데 교육 받은 햇수라는 숫자 자료를 얻을 수 있는 상황에서 이 문항처럼 범주 자료를 얻을 수 있는 척도를 사용하는 것은 바람직하지 않다. 그뿐만 아니라, 소수의 포괄적인 범주들로 응답 범주를 구성하였기 때문에 자료수집이 끝난 뒤에 보다 세분화된 범주를 만들어낼 수 없다. 만약 중퇴자와 졸업자를 구분할 필요가 있는 경우라면 범주척도가 아니라 숫자척도를 사용해야 한다. 범주형 자료를 가지고는 중퇴자를 구분할 수 없으나 숫자 자료로는 중퇴자를 식별하는 일이 가능하다. 예컨대, 교육 받은 햇수가 13년이면 그 응답

자는 대학 1학년까지만 교육을 받았다는 의미이다. 한편, 숫자척도는 응답자에게 덜 위협적이며, 따라서 숫자척도는 범주척도보다 더 단순하고 더 쉬운 응답 임무를 부여한다.

우리가 숫자척도를 우선적으로 사용하여야 하는 이유는 간단하다. 숫자 자료는 연구 목적상 언제라도 아주 쉽게 범주형 자료로 변환될 수 있기 때문이다.

4. 척도의 유형

실천현장에서는 척도로서의 타당도와 신뢰도를 인정받은 다양한 유형의 척도들이 널리 사용되고 있다. 그러나 모든 척도의 사용빈도가 다 같은 것은 아니다. 어떤 척도는 다른 척도보다 더 자주 사용되는 반면, 상대적으로 아주 드물게 사용되는 척도도 있다. 여러 가지 유형의 척도 가운데 하나 또는 두 개 이상을 선택하여 사용할 경우 연구자는 정보 욕구를 보다 용이하게 충족시킬 수 있을 것이다. 그러므로 척도의 사용과 관련하여 연구자가 직면하는 문제는 새로운 척도를 개발하는 '창작의 문제'이기도 하지만, 다른 한편으로는 이미 개발된 여러 가지 척도 가운데서 하나 또는 두 개 이상의 척도를 고르는 이른바 '선택의 문제' 이기도 하다.

1) 총화평정척도

총화평정척도(summated rating scale)는 하나의 개념을 측정하는 여러 개의 문항들로 구성된 척도를 말한다. 총화평정척도에서 총화는 전체 문항의 값을 합산한다는 의미이고, 평정은 평가한다는 의미이다. 즉, 이 척도는 전체 문항의 점수를 합산한 총점으로 조사 대상 개념을 측정하는 도구이다.

총화평정척도의 경우 전체 점수(즉, 합산 점수)가 높으면 해당 개념의 속성이 더 많거나 크거나 강하다는 것을 의미한다. 예를 들어, 효도에 대한 태도를 재는 어떤 총화평정척도의 문항 수가 10개이고, 각 문항이 '찬성(1점)−반대(0점)'의 응답 범주로 구성되어 있다고 가정해보자. 이 경우 개별 응답자들의 합산 점수는 0점에서 10점 사이에 분포하게 될 것이다. 또한 이 척도의 합산 점수가 높을수록 효도를 긍정적으로 평가하는 태도가 더 강하다는 의미를 담고 있다.

일반적으로 총화평정척도의 응답 범주의 수는 2개이다. '찬성-반대', '그렇다-아니다', '예-아니요' 등이 이 척도의 응답 범주의 예이다. 총화평정척도는 응답 범주의 수가 2개라는 점에서 응답 범주의 수가 3개 이상인 다른 서열변수 척도와 구별된다. 예를 들면, 후술하는 리커트척도는 응답 범주의 수가 대개 3개, 5개, 7개 등이다.

총화평정척도는 다음과 같은 몇 가지 한계점을 갖고 있다(최성재, 2005). 첫째, 총화평정척도를 구성하는 복수의 문항들이 모두 동일한 하나의 개념을 측정할 것이라는 보장이 없다. 예를 들어, 효도에 대한 태도를 측정하기 위하여 10개의 문항을 구성하였을 때, 이 문항들이 모두 효도에 대한 태도라는 하나의 개념을 측정하고 있는지 확인하기 어렵다. 둘째, 여러 응답자가 동일한 합산 점수를 얻었다고 할지라도 그들이 응답한 내용이 다를 수 있기 때문에 하나의 태도를 측정하는 것이 아니라 각기 다른 여러 개의 태도를 측정하는 것이 되고 만다. 예를 들어, 합산 점수 3점은 10개의 문항 가운데 어느 세 문항만 찬성하면 얻을 수 있는 점수이므로 실제 합산 점수 3점을 얻은 사람들끼리도 찬성한 내용과 반대한 내용이 다를 수 있으며, 이 경우 총화평정척도는 응답자들의 상이한 태도를 동일한 합산 점수로 표현하는 결과를 초래한다. <상자 2-4>는 직무긴장을 측정하는 가상적인 총화평정척도의 예이다.

<상자 2-4> 총화평정척도

귀하의 직무와 관련된 문항입니다. 해당란에 ○표 하시기 바랍니다.

	맞음 (2)	틀림 (1)
1. 나의 업무는 내 건강에 직접적인 영향을 미친다.		
2. 나는 엄청난 긴장 속에서 일하고 있다.		
3. 나는 일처리 후에 안절부절못한다.		
4. 만약 내가 다른 일을 했더라면 아마도 내 건강은 더 좋아졌을 것이다.		
5. 내 일과 관련된 문제 때문에 나는 밤에 잠을 이루지 못한다.		
6. 나는 직장 회의에 참석하기 전에 불안감을 느낀다.		
7. 나는 다른 일을 하면서도 직장 업무 생각을 하는데 이것은 내가 일을 집으로 가져와서 처리하는 것이나 다름없다.		

2) 리커트척도

어떤 이슈에 대한 사람들의 태도·견해·입장을 측정하여야 할 경우가 있다. 사람들의 의견이나 태도를 측정하기 위하여 비구조화된 문항, 즉 개방형 문항을 사용할 수도 있으나, 비구조화된 문항에 대한 응답은 분석하기도 어렵고 해석하기도 어렵다. 또한 이러한 유형의 문항은 여러 사람의 응답을 서로 비교하기도 어렵다.

리커트척도(Likert scale)는 이슈나 의견을 제시하고 그에 대한 동의(同意)의 강도, 즉 응답자의 찬성 또는 반대의 정도를 측정하는 도구이다. 리커트척도는 R. Likert에 의해 1932년에 개발된 척도이다. 이 척도는 응답범주를 미리 코드화한 자료(즉, 숫자)의 형태로 제공하기 때문에 응답결과를 비교할 수 있고 수학적·통계적으로 처리하는 일도 가능하다. <상자 2-5>는 사회복지학과의 교육만족도를 측정하는 가상적인 리커트척도의 예이다.

<상자 2-5> 리커트척도(1)

귀하는 본인이 재학 중인 ○○대학교 **사회복지학과의 교육활동**에 어느 정도 만족하십니까? 아래의 각 문항에 대해 5점 만점으로 평가하시기 바랍니다.

≪보기≫
1: 매우 불만족
2: 대체로 불만족
3: 보통임
4: 대체로 만족
5: 매우 만족

문항	점수	문항	점수	문항	점수
1. 교양교육과정		6. 수강생의 규모		11. 학생회 활동	
2. 전공교육과정		7. 출석 관리		12. 전공 동아리 활동	
3. 실습교육과정		8. 학점 관리		13. 전공 봉사 활동	
4. 전공 강의계획서		9. 전공도서 구비		14. 실습 기자재	
5. 전공 강의기자재		10. 진로 지도		15. 학생 상담	

일반적으로 척도의 신뢰도와 타당도를 높이기 위해서는 단 하나의 문항보다는 일련의

여러 문항을 같이 사용하는 것이 더 바람직하다. 리커트척도법(Likert scaling)은 다수의 문항을 사용하였을 때 나타나는 복잡성 문제를 개선함으로써 변수를 보다 간단하고 정확하게 측정할 수 있도록 척도를 구성하는 것이다.

리커트척도는 일반적으로 먼저 지시문(instruction)이 제시되고, 이어서 척도가 배치되며, 마지막으로 여러 개의 문항이 나열되는 구조로 짜여 있다. 그러나 별도로 척도를 제시하는 대신에 개별 문항 안에 척도를 포함시키거나 개별 문항의 오른쪽에 척도를 배치하는 경우도 드물지 않다.

지시문은 대개 응답요령을 설명하는 역할을 한다. 간혹 지시문 안에 질문이 포함되는 경우가 있는데, "다음 명제에 대하여 귀하는 어느 정도 찬성하십니까?"가 그러한 질문의 예이다.

리커트척도는 응답범주의 수에 따라 3점 척도, 5점 척도, 7점 척도 등으로 분류할 수 있다. 3점 척도의 응답범주는 "① 동의한다, ② 중간이다, ③ 반대한다"로 설정되는 것이 보통이다. 또한 5점 척도의 응답범주는 일반적으로 "① 전혀 동의하지 않음, ② 대체로 동의하지 않음, ③ 중간임, ④ 대체로 동의함, ⑤ 매우 동의함"이다.

리커트척도의 실제 문항은 의문문의 형태가 아니라 특정한 의견을 표명하는 어구 또는 서술문의 형태를 띠고 있다. 응답자는 각 문항에 대하여 찬성과 반대의 의견을 표명하여야 하는데, 척도에서 적절한 숫자를 골라 각 문항의 빈칸에 적어 넣는 형식을 통해 응답한다. 따라서 리커트 문항은 단일 차원의 문항이며, 리커트척도 문항에 응답하는 일은 곧 연속선상의 어느 위치를 선택하는 것과 같다.

리커트척도는 가장 많이 사용되는 척도 가운데 하나이다. 리커트척도의 가장 큰 장점으로는 유연성(flexibility), 경제성(economy), 개발의 용이성(ease of composition), 총점 계산의 용이성 등을 들 수 있다.

첫째, 리커트척도는 유연하다. 리커트척도는 각 항목이 단어 몇 개로 이루어진 짧은 어구일 수도 있고, 몇 줄 길이의 문장일 수도 있다. 또한 기술적이고 어려운 어휘가 사용될 수도 있고, 반대로 아주 간단하고 쉬운 어휘가 사용될 수도 있다. 문항의 길이와 용어의 난이도는 모두 조사대상자의 특성에 맞추어 적절한 수준에서 결정되는데, 이런 면에서 리커트척도는 유연하다고 할 수 있다.

둘째, 리커트척도는 경제적이다. 한 세트의 지시문과 척도가 그 밑에 수반되어 있는 일련의 문항에 모두 적용되므로 지면을 경제적으로 사용한다. 또한 일단 응답자가 응답요령을 이해하고 나면 전체 문항에 대하여 일사천리로 빠르고 쉽게 응답할 수 있으므로 응답자의 시간 사용 면에서도 경제적이다.

셋째, 리커트척도는 다른 척도에 비해 작성하기 쉬운 편에 속한다. 특히 해당 이슈에 관한 다양한 관점을 미리 여러 개의 문장으로 표현해놓았다면, 연구자는 신속하고 수월하게 리커트척도를 만들어낼 수 있다.

넷째, 리커트척도를 사용하면 쉽게 총점을 구할 수 있다. 개별 문항의 점수를 합산하면 총점이 되는데, 이 때문에 리커트척도를 일러 합산척도(summated scale)라고 부르기도 한다(Page-Bucci, 2003).

리커트척도의 문항 가운데 긍정적인 문항과 부정적인 문항이 섞여 있을 경우에는 한 방향으로 통일시킨 다음에 총점을 구하여야 한다. 이 경우 부정적인 문항은 긍정적인 문항과 반대방향으로 응답범주의 번호를 부여하여야 한다. 최종적으로 산출된 총점은 특정 이슈에 대한 전반적인 태도를 나타내는 지수가 된다. 이처럼 보다 일반적인 구성개념(construct)을 만들어내는 능력이야말로 리커트척도의 최대의 장점이라고 말할 수 있다.

조사연구를 위해 리커트척도를 제작하거나 사용하려는 연구자는 다음 사항을 고려하여야 한다(Alreck & Settle, 2004; Frankfort-Nachmias & Nachmias, 2000; Yount, 2006).

첫째, 리커트척도는 좁은 지면에 여러 개의 문항을 배열하여 지면을 경제적으로 활용하는 도구인데, 리커트척도를 효율적으로 사용하기 위해서는 측정의 대상이 되는 문항이 여러 개 있어야 좋다. 한두 개의 문항만으로 리커트척도를 구성하는 것은 별로 권장할 만한 방법이 아니다.

둘째, 사회적인 이슈나 논점에 대한 다양한 의견을 추출하여 여러 개의 진술문을 만들 수 있는 능력을 갖춘 연구자가 누구보다도 리커트척도를 잘 만들 수 있다. 따라서 리커트척도를 개발하려는 연구자는 다수의 사람들이 인지하고 있는 이슈에 관한 전형적인 의견들을 찾아내거나 생각해내어 이들을 간명한 어구나 문장으로 표현하는 능력을 갖추어야 한다.

셋째, 리커트척도는 가능한 한 다양한 항목(즉, 문항)을 포함하는 것이 좋다. 리커트척도를 구성하는 항목들이 다양할수록 척도가 다루는 사회적 이슈의 범위가 넓어지기 때문이다.

넷째, 관대화 경향 때문에 대부분의 응답이 중앙값 부근으로 모이는 것은 좋지 않다. 따라서 특별한 경우에는 응답자가 중간치의 선택 또는 중립적인 의사표명을 할 수 없도록 리커트척도를 설계하는 것이 좋다.

끝으로, 만약 척도 문항의 총점을 계산할 계획이라면, 항목의 절반은 해당 이슈나 논점을 찬성하는 성향으로 구성하고 나머지 절반의 항목은 반대하는 성향으로 구성하는 것이 좋다.

<상자 2-6>과 <상자 2-7>은 각각 특정 대학교의 사회복지학과와 특정 스마트폰의 품질을 평가하는 가상적인 리커트척도의 예이다.

<상자 2-6> **리커트척도**(2)

다음은 귀하가 재학 중인 ○○대학교 **사회복지학과**에 대한 평가입니다. □□지역에 있는 다른 대학(교)의 사회복지학과와 비교할 때 귀하가 재학 중인 사회복지학과는 어떻다고 생각하는지 평가해주시기 바랍니다. 문항별로 하나의 빈칸에만 √ 표시하세요.

(문항)	매우 미흡	대체로 미흡	보통	대체로 우수	매우 우수
Q 1. 사회복지 교육과정					
Q 2. 지역사회 기여도					
Q 3. 지역의 사회복지기관과의 협력					
Q 4. 교육 수준(강의 및 연구)					
Q 5. 지역사회 참여 활동					
Q 6. 학생의 전문지식과 기술					
Q 7. 학생회 활동					
Q 8. 동아리 활동					
Q 9. 자원봉사활동					
Q 10. 사회복지 실습활동					
Q 11. 교육 기자재					
Q 12. 졸업생 취업률					
Q 13. 사회복지사 1급시험 합격률					
Q 14. 선배와의 관계					

<상자 2-7> 리커트척도(3)

귀하가 사용하고 있는 **ABC 스마트폰**에 대한 귀하의 의견을 조사하고 있습니다. 문항별로 귀하의 의견과 일치하는 번호에 동그라미 치기 바랍니다.

Q 1. 나는 ABC 스마트폰에 대하여 만족하고 있다.

①	②	③	④	⑤
매우 그렇다.	대체로 그렇다.	보통이다.	대체로 그렇지 않다.	전혀 그렇지 않다.

Q 2. ABC 스마트폰은 사용하기 간편하다.

①	②	③	④	⑤
매우 그렇다.	대체로 그렇다.	보통이다.	대체로 그렇지 않다.	전혀 그렇지 않다.

Q 3. ABC 스마트폰은 사용하기 재미있다.

①	②	③	④	⑤
매우 그렇다.	대체로 그렇다.	보통이다.	대체로 그렇지 않다.	전혀 그렇지 않다.

Q 4. ABC 스마트폰은 내가 바라는 모든 기능을 수행한다.

①	②	③	④	⑤
매우 그렇다.	대체로 그렇다.	보통이다.	대체로 그렇지 않다.	전혀 그렇지 않다.

Q 5. 나는 ABC 스마트폰을 사용하면서 어떠한 오류도 발견하지 못했다.

①	②	③	④	⑤
매우 그렇다.	대체로 그렇다.	보통이다..	대체로 그렇지 않다.	전혀 그렇지 않다.

Q 6. ABC 스마트폰은 사용자 친화적인(user friendly) 제품이다.

①	②	③	④	⑤
매우 그렇다.	대체로 그렇다.	보통이다.	대체로 그렇지 않다.	전혀 그렇지 않다.

3) 언어빈도척도

언어빈도척도(verbal frequency scale)의 형식은 몇 가지 점을 제외하고는 리커트척도와 매우 비슷하다. 리커트척도가 '동의의 강도'를 측정하는 반면, 언어빈도척도는 '행동의 빈도'를 측정한다. 실제로 언어빈도척도에는 어떤 행동이 얼마나 자주 일어나는지를 가리키는 한 세트의 응답 범주가 들어 있다. 또한 언어빈도척도의 항목들은 특정 이슈에 대한 설명을 다루는 내용이 아니라 조사대상자들이 취할 수 있는 특정 행동의 빈도에 관한 내용을 다루고 있다. <상자 2-8>은 조사대상자의 정치적 활동성의 정도를 측정하는 가상적인 언어빈도척도의 예이다.

<상자 2-8> 언어빈도척도(1)

귀하가 아래 각 문항의 일을 얼마나 자주 하는지 아래 ≪보기≫에서 알맞은 숫자를 골라 각 문항 끝에 있는 괄호 안에 적어주세요.

≪보기≫
1: 항상 한다.
2: 자주 한다.
3: 가끔 한다.
4: 거의 하지 않는다.
5: 전혀 하지 않는다.

Q 1. 후보자 및 논점에 관한 정보를 수집한다. ······························ ( )

Q 2. 지방의원선거에서 적극적으로 투표에 참여한다. ························ ( )

Q 3. 총선에서 적극적으로 투표에 참여한다. ······························ ( )

Q 4. 인물보다는 당을 보고 투표한다. ····································· ( )

Q 5. 기초 지방의원선거에서 후원금을 기부한다. ··························· ( )

Q 6. 광역 지방의원선거에서 후원금을 기부한다. ··························· ( )

Q 7. 국회의원선거에서 후원금을 기부한다. ································ ( )

Q 8. 기초 지방의원선거의 선거운동에 자원봉사자로 참여한다. ················ ( )

Q 9. 광역 지방의원선거의 선거운동에 자원봉사자로 참여한다. ················ ( )

Q 10. 국회의원 선거의 선거운동에 자원봉사자로 참여한다. ··················· ( )

언어빈도척도의 필요성에 대하여 생각해보자. 간혹 연구자들은 조사대상자들의 특정 행동이나 행태의 빈도에 관심을 갖는다. 이러한 목적은 예를 들면, "귀하는 과거에 이러한 행동을 몇 번이나 하였습니까?"와 같은 질문을 통해 달성할 수 있다. 특히 연구자가 행위의 빈도를 나타내는 절대적인 수(즉, 행위가 일어난 횟수)를 알기 원하거나 그러한 자료가 요구되는 경우에는 이와 같은 단순하고 직설적인 질문이 효과적일 것이다. 그러나 절대 횟수가 별로 쓸모가 없거나 응답자가 절대 횟수를 구체적으로 제시하기 어려운 경우에는 위와 같은 질문은 별로 효과적이지 않다.

예를 들어, 지난 2년 동안 어느 지역에는 3~4번의 선거(보궐선거 등)가 있었지만 다른 지역에는 단 한 번의 선거도 없었다고 가정해보자. 만약 실제 선거에 참여한 절대적인 횟수를 근거로 판단하면 한 번도 선거가 없었던 지역의 거주자는 정치적으로 매우 무관심한 사람들이라는 평가를 피하기 어렵다. 그러나 그들이 선거에 참여하지 않았던 이유는 정치적인 무관심보다는 실제로 선거가 치러지지 않아서 선거에 참여할 기회가 주어지지 않았기 때문이다. 이 경우 조사대상자들에게 선거에 참여할 동등한 기회가 주어졌다고 가정하고 선거에 참여할 의향에 관한 비율을 파악하는 수단을 강구하는 것이 더 현명한 방법이다. 이러한 목적을 달성하는 데 적합한 도구가 언어빈도척도이다.

특정 행동을 얼마나 자주 취하였는지 행위 당사자인 조사대상자마저도 정확하게 기억하지 못하는 경우가 있을 수 있다. 예를 들어, 조사대상자에게 "귀하가 직접 투표에 참여한 지난 6번의 선거 중에서, 귀하가 지지하는 정당의 후보자에게 표를 찍은 경우는 몇 %나 됩니까?"라는 질문을 제시하였다고 가정해보자. 이 질문에 답변하기 위해서는 상당히 높은 수준의 기억력이 요구된다. 많은 조사대상자들은 자신이 투표에 참여하였던 지난 6번의 선거에서 누구를 찍었는지 모두 기억해내야 하며, 그 횟수를 %로 환산하는 수고를 마다하지 않아야 한다. 만약 언어빈도척도를 사용한다면 이러한 단점을 모두 피해갈 수 있다.

위의 예에서, 그리고 많은 실제 상황에서, 우리의 관심사항은 어떤 행위가 이루어진 절대 횟수나 비율이 아니다. 우리가 주목하는 것은 조사대상자가 특정 행동을 얼마나 자주 수행할 것인지의 문제, 즉 특정행동의 빈도에 관한 조사대상자의 방침(policy)이다. 따라서 응답자들이 얼마나 자주 지지 정당의 후보자에게 표를 주었는지를 측정하는 항목들을 통해 조사대상자의 특정 정당에 대한 전반적인 지지도를 알 수 있게 된다. 요컨대 지난 선거에서의 응답자의 정당 지지에 관한 일반적인 방침과 동기는 그가 지난 선거에서 실제로 특정 정당 후보자에게 몇 번이나 표를 찍었는지보다 더 중요하고 더 가치 있는 자료이다.

언어빈도척도를 만들거나 사용하려는 연구자가 다음 사항을 유념할 필요가 있다(Alreck & Settle, 2004). 첫째, 언어빈도척도는 여러 개의 항목으로 구성되어야 한다. 한두 개의 항목만으로 언어빈도척도를 만드는 것은 권장할 만한 일이 아니다. 다만 척도의 경제성을 고려하는 차원에서 언어빈도척도의 항목의 수가 너무 많아지지 않도록 균형의 가치를 살리는 것이 좋다.

둘째, 연구자는 조사대상자들에게 특정 행동을 취할 기회가 부여되어 있다는 가정 아래, 언어빈도척도의 항목들을 작성하여야 한다.

셋째, 오직 퍼센트의 근사치가 요구되는 경우에 한하여 언어빈도척도의 항목들이 사용되어야 한다. 이 경우에도 너무 높은 수준의 정확성이 요구되어서는 곤란하다.

넷째, 언어빈도척도는 조사대상자들이 정확한 퍼센트를 계산할 능력이 없거나 그러기를 주저하는 경우에 사용하기 적당한 조사도구이다.

끝으로, 언어빈도척도의 총점을 계산할 때 각 문항의 점수는 전반적인 지수(overall index)를 구성하는 개별 문항으로서 모두 동일한 가중치를 가지고 있는 것으로 간주되어야 한다. 그러나 연구자의 판단에 의해 단순한 총점 대신 각 문항의 가중치를 달리 반영한 가중평균치(weighted average)를 계산해낼 수도 있다.

언어빈도척도의 가장 큰 장점은 응답의 용이성이다. 이러한 장점은 다음과 같은 척도의 특성으로부터 유래한다. 첫째, 언어빈도척도는 행위의 수준을 대개 5개의 범주로 구성된 연속선상에 배열할 수 있다. 둘째, 언어빈도척도를 사용하면 응답자 집단 사이의 비교가 용이하다. 또한 동일한 응답자 집단을 대상으로 여러 개의 행동을 비교할 수도 있다.

언어빈도척도의 단점은 이 척도가 비율에 관한 총체적인 측정(gross measure)을 한다는 점이다. 예를 들면, "가끔 한다"는 응답 대안은 응답자에 따라 의미가 달라질 수 있다는 문제점이 있다. 또한 응답자에 따라 응답 대안들 사이의 경계선이 달라지는 문제도 피하기 어렵다.

하나의 언어빈도척도를 구성하고 있는 여러 문항의 점수를 모두 합하면 측정 대상에 관한 전반적인 지수(overall index)가 계산된다. 어떤 구성개념(construct)에 관한 전반적인 지수를 계산해낼 수 있는 능력은 언어빈도척도가 리커트척도와 공유하고 있는 두드러진 장점이다. 그러나 간혹 개별 항목에 대하여 가중치를 부여하는 과업이 요구되는 경우도 있다.

4) 서열척도

서열척도(ordinal scale)는 리커트척도나 언어빈도척도와 몇몇 산술적 특성을 공유하고 있는 선다형 문항의 일종이다. 서열척도의 응답범주는 다른 척도와 중요한 차이를 갖고 있다. 일반적으로 선다형 문항의 경우에는 응답범주 상호 간에 어떤 특정한 관계가 존재하지 않는다. 그러나 서열척도는 응답대안들 사이에 일정한 서열이 매겨져 있다. 대개는 오름차순 또는 내림차순의 규칙에 따라 응답범주들이 규칙적으로 배열된다. <상자 2-9>는 가상적인 서열척도의 예이다.

<상자 2-9> **서열척도**(1)

Q 1. 일반적으로 주중(평일)에 귀하 또는 귀하의 가족 중 누군가가 집 안에 있는 텔레비전을 처음 켜는 시기는 언제입니까? (하나만 선택하시기 바랍니다.)

① _____ 아침에 잠에서 깨자마자
② _____ 아침에 잠에서 깬 조금 뒤에
③ _____ 오전의 중반에
④ _____ 점심 먹기 직전에
⑤ _____ 점심 먹은 직후에
⑥ _____ 오후의 중반에
⑦ _____ 저녁식사 직전에
⑧ _____ 저녁식사 직후에
⑨ _____ 늦은 밤에
⓪ _____ 대개 TV를 켜지 않는다.

Q 2. 일반적으로 일요일에 귀하 또는 귀하의 가족 중 누군가가 집 안에 있는 텔레비전을 처음 켜는 시기는 언제입니까? (하나만 선택하시기 바랍니다.)

① _____ 아침에 잠에서 깨자마자
② _____ 아침에 잠에서 깬 조금 뒤에
③ _____ 오전의 중반에
④ _____ 점심 먹기 직전에
⑤ _____ 점심 먹은 직후에
⑥ _____ 오후의 중반에
⑦ _____ 저녁식사 직전에
⑧ _____ 저녁식사 직후에
⑨ _____ 늦은 밤에
⓪ _____ 대개 TV를 켜지 않는다.

위의 예는 두 개의 문항으로 구성된 서열척도인데, 하루 중 언제 처음으로 집 안의 TV를 켜는지 파악하려는 목적을 가지고 있다. 그런데 이러한 목적은 다른 질문을 통해서도 달성할 수 있다. 만약 "일반적으로 주중(평일) 또는 주말에 귀하 또는 가족 가운데 누군가가 처음으로 집안의 TV를 켜는 시각이 언제입니까?"라는 질문을 던지고, 그에 대해서 조사대상자들이 실제로 TV를 켜는 시각을 말해주면 될 것이다. 가령 "오전 6시" 또는 "오전 10시 30분" 등이 그 답의 예가 될 것이다. 이처럼 단순하고 직설적인 질문과 그에 대한 답변은 그 자체로서 의미 있는 메시지를 담고 있지만, 이러한 문항은 TV 켜는 시각을 잠에서 깨어난다거나 식사를 한다거나 하는 중요한 생활일정과 관련하여 상대적인 관점에서 전달하지는 못한다. 따라서 TV 시청과 다른 중요한 생활일정과의 관계가 중요하다면, TV 시청시간과 함께 다른 생활일정의 전형적인 시각도 함께 파악할 수 있는 응답범주를 만드는 일이 필요하다. 이러한 목적을 가장 잘 달성할 수 있는 수단이 바로 서열척도이다.

서열척도의 가장 큰 장점은 다른 기준(benchmark)과 비교하여 상대적인 의미에서 특정 대상을 측정할 수 있다는 점이다. 예를 들면, 일반적으로 어느 어린이가 형제자매 가운데 몇 째인가는 그 어린이의 나이보다 더 중요한 정보라고 간주되고 있다. 왜냐하면 어떤 연령대의 어린이가 장남 또는 장녀라면 그렇지 않은 경우보다 더 특별한 대접을 받는 것으로 간주되기 때문이다. 아무튼 이 경우 서열척도의 주요 관심사는 달력상의 나이가 아니라 형제자매 간의 '순서(order)'이다.

위의 예에서, 만약 어떤 두 응답자가 모두 "아침에 잠에서 깬 조금 뒤에" TV를 켠다고 응답하였다고 하자. 당연히 이 두 응답자는 동일한 응답을 한 것으로 간주된다. 그러나 그 중 한 명은 새벽 5시에 잠에서 깨어난 사람이고 다른 한 명은 아침 9시 30분에 잠자리에서 일어난 사람이라면, 두 사람을 동일하게 다루는 것이 과연 올바른가 하는 문제가 제기된다. 요컨대, 서열척도는 상대적인 자료를 얻는 수단이긴 하지만, 응답범주 사이의 거리나 시간 등과 같은 자료를 얻을 수 없다는 본질적인 한계를 가지고 있다는 점을 유의하여야 한다. 결론적으로, 절대적인 의미의 숫자 자료가 반드시 필요하거나 그러한 절대적인 자료가 중요한 의미를 가지고 있는 경우에는 서열척도를 사용하여서는 안 된다. 양적인 자료 등 절대적인 자료를 구할 수 있는 상황이라면 굳이 경제성이 낮고 복잡하기까지 한 서열척도를 사용할 이유가 없다.

서열척도를 개발하거나 사용하려는 연구자들은 다음과 같은 지침이나 요점을 염두에 두어야 한다(Alreck & Settle, 2004). 첫째, 수량을 측정하는 직접적인 문항만으로는 충분한 정보를 얻기 어려울 때 서열척도를 사용하여야 한다. 둘째, 서열척도는 연구자가 상대적인 측정값을 얻기 위하여 응답범주 안에 몇 가지 기준(benchmark)을 넣고자 할 때 사용하기에 가장 적합한 조사도구이다. 셋째, 서열척도를 통해 얻은 자료(즉, 서열자료)에는 등간자료나 비율자료에 비해 여러 가지 통계적 제한점이 뒤따른다. 넷째, 응답범주는 반드시 강도(magnitude)의 크기 등과 같은 의미 있는 순서에 따라 배열되어야 한다. 끝으로, 서열척도에서 응답범주 사이의 간격은 중요하지 않은 반면, 응답범주의 순서는 매우 중요하다. 따라서 서열척도를 사용하는 연구자는 응답범주 간의 간격 등과 같은 정보를 희생시킬 수밖에 없는 상황에 놓인다.

<상자 2-10>은 개인의 음주상황을 측정하는 가상적인 서열척도의 예이다.

<상자 2-10> 서열척도(7)

귀하의 개인적 경험에 근거하여 판단할 때, 귀하가 다음 상황에서 **과도한 음주**를 할 가능성을 평가하여 주십시오. (아래에 제시된 척도를 사용하여 응답하세요.)

매우 높다	높다	보통이다	낮다	매우 낮다
5	4	3	2	1

모임에서의 음주

Q 1.	파티 등 모임에 참석할 때	5	4	3	2	1
Q 2.	연주회 또는 다른 공개 행사에 참석할 때	5	4	3	2	1
Q 3.	나에게 중요한 의미가 있는 어떤 일을 기념할 때	5	4	3	2	1

부정적인 상황에의 대처

Q 4.	나와 가까운 사람과 싸웠을 때	5	4	3	2	1
Q 5.	슬프거나, 우울하거나, 낙담하였을 때	5	4	3	2	1
Q 6.	나 자신에 대하여 또는 남에 대하여 화가 났을 때	5	4	3	2	1

친밀한 사람과의 음주

Q 7.	연인과 함께 있을 때	5	4	3	2	1
Q 8.	데이트를 할 때	5	4	3	2	1
Q 9.	성행위를 하기 전에	5	4	3	2	1

5) 강제순위척도

강제순위척도(forced ranking scale)는 언어빈도척도나 서열척도와 마찬가지로 서열자료를 생산해내는 조사도구이다. 이 척도의 개별 문항 간에는 상대적인 순위가 매겨질 뿐이며, 순위를 나타내는 숫자에는 아무런 절대적인 의미가 포함되어 있지 않다. 아래 척도는 라면의 선호도에 따라 순위를 매기도록 하는 강제순위척도의 예이다.

<상자 2-11> 강제순위척도(1)

> 아래에 제시된 네 개의 라면을 대상으로 괄호 안에 선호도의 순위를 매겨주시기 바랍니다. 즉, 귀하가 가장 좋아하는 라면에는 1을, 그다음으로 좋아하는 라면에는 순서에 따라 각각 2와 3을, 그리고 가장 싫어하는 라면에는 4를 적어주세요.
>
> Q 1. ( ) 삼양라면
> Q 2. ( ) 농심라면
> Q 3. ( ) 팔도라면
> Q 4. ( ) 오뚜기라면

강제순위척도는 문항들 사이의 상대성(relativity)을 측정하는 척도이다. 상대성의 측정은 서열척도의 장점 가운데 하나이다. 사람들은 종종 여러 개의 상품, 서비스, 아이디어, 개인, 또는 행동 가운데서 하나 또는 그 이상을 선택해야만 하는 상황에 직면하게 된다. 즉, 사람은 누구나 한정된 수의 선택조건 가운데서 끊임없이 선택하여야 하는 상황에 놓인다. 강제순위척도는 사람들이 차츰 선택대안의 수를 줄여나가면서 어떠한 선택을 하는가를 보여주는 척도이다. 이처럼 현실과 유리되지 않은 선택의 원리를 적용할 수 있다는 점이 강제순위척도의 가장 큰 장점이다.

강제순위척도의 단점은 이 척도가 절대적인 크기의 자료나 항목 간의 거리를 측정할 수 없다는 점이다. 즉, 강제순위척도는 오직 서열자료를 생산할 수 있을 따름이다.

다른 하나의 단점으로는 강제순위척도에 넣을 수 있는 항목의 수가 제한적이라는 점을 들 수 있다. 일반적으로 강제순위척도에 10개 이상의 선택항목이 포함되는 것은 그리 좋지 않다. 그 이유는 응답자가 선택항목들을 대상으로 순위를 매기는 과정을 살펴보면 이해하기 쉬울 것이다. 조사대상자에게 20개의 항목을 대상으로 우선순위에 따라 서열을 매기도록 하는 척도를 제시하였다고 가정해보자. 응답자는 먼저 전체 20개 항목을 모두 살펴보고

첫 번째 우선순위에 해당하는 항목을 고른다. 이어서 나머지 19개 항목을 다시 한번 살펴보고 두 번째 우선순위를 고른다. 다시 나머지 18개의 항목 가운데서 세 번째 우선순위를 고른다. 응답자는 이와 같은 과정을 계속 반복하는데, 마지막 항목이 남을 때까지 응답자는 모두 19번의 선택과정을 거쳐야만 한다. 이것은 응답자에게는 매우 힘든 일이고 많은 시간을 투자하여야 하는 일이기도 하다. 결국 강제순위척도가 조사대상자들의 협조를 이끌어내려면 무엇보다도 항목의 수가 많지 않아야 할 것이다.

강제순위척도의 이러한 단점은 서열(ratings)을 매기는 측정방법이 아니라 등급(rankings)을 매기는 방법을 사용하면 해결된다. 등급을 매기는 방법은 서열을 매기는 과정처럼 여러 번 반복하여 평가를 할 필요가 없으며, 문항마다 한 번의 평가를 거쳐 등급을 매기면 그만이다.

강제순위척도를 개발하거나 사용하려는 연구자들이 유념하여야 할 지침이나 고려사항은 다음과 같다(Alreck & Settle, 2004). 첫째, 강제순위척도에 포함되는 측정 대상 항목은 10개 이내가 좋다. 항목 수가 그 이상이 되면 응답자의 부담이 너무 커져서 그들의 협조를 이끌어내기가 쉽지 않다. 둘째, 강제순위척도의 초점은 측정 대상 항목 간의 상대적 위치(즉, 순서)이어야 한다. 다시 말해, 이 척도의 초점이 절대적인 위치의 측정이어서는 안 된다. 셋째, 연구자는 응답범주 간의 거리와 같은 절대적 자료의 측정을 기꺼이 포기하여야 한다. 넷째, 단일의 판단기준이 명확하게 제시되어야 하며, 따라서 모든 측정 대상이 동일한 차원으로 배열되어야 한다. 끝으로, 서열자료를 생산하는 다른 척도와 마찬가지로, 강제순위척도를 사용하여 얻은 자료는 여러 가지 통계적 제한점을 가지고 있다. 즉, 등간자료에 적용할 수 있는 여러 가지 통계분석기법을 서열자료에 적용할 수는 없다.

다음은 가상적인 강제순위척도의 예이다.

<상자 2-12> 강제순위척도(3)

최근 우리 사회의 청소년 문제가 날로 심각해지고 있다는 우려가 점증하고 있습니다. 아래의 청소년 문제들 가운데 **가장 심각하다고 생각하는 문제부터** 1번으로 시작하여 번호를 매겨주십시오.

_____ ① 학교폭력	_____ ② 약물남용
_____ ③ 인터넷 중독	_____ ④ 청소년 가출
_____ ⑤ 스마트폰 중독	_____ ⑥ 청소년 흡연

6) 짝비교척도

짝비교척도(쌍대비교척도)(paired comparison scale)는 응답자가 두 개의 응답 대안 중에서 단순한 2분법적 선택(dichotomous choices), 즉 양자택일을 하도록 짜인 척도이다. 강제순위척도(forced ranking scales)의 기본 가정은 짝비교척도에 그대로 적용된다. 짝비교척도의 초점은 하나의 실체(entity)를 다른 실체와 일대일(1:1)로 비교하여 평가하는 데 있다. 이런 면에서, 짝비교는 한 번에 두 개의 항목만을 대상으로 순위·서열을 매기는 서열화(ranking)의 특수한 사례라고 할 수 있다.

아래의 예는 4가지 브랜드의 라면 가운데 어느 하나를 다른 라면과 비교하기 위한 목적으로 제시된 가상적인 짝비교척도의 예이다.

<상자 2-13> **짝비교척도**

아래에는 두 가지 종류의 라면이 한데 묶여 짝으로 제시되어 있습니다. 각 쌍을 이루고 있는 두 가지의 라면 중에서 귀하께서 어느 것을 더 선호하는지 파악하려고 합니다. 귀하가 더 좋아하는 라면 앞의 ( ) 안에 √ 표시를 하시기 바랍니다.

Q 1. ① ( ) 삼양라면
② ( ) 농심라면

Q 2. ① ( ) 팔도라면
② ( ) 삼양라면

Q 3. ① ( ) 팔도라면
② ( ) 오뚜기라면

Q 4. ① ( ) 팔도라면
② ( ) 농심라면

Q 5. ① ( ) 농심라면
② ( ) 오뚜기라면

Q 6. ① ( ) 오뚜기라면
② ( ) 삼양라면

한 세트의 측정대상으로부터 매번 한 쌍씩 추출하여 짝을 만드는 일을 반복할 경우, 결과적으로 모든 측정대상을 해당 세트 내의 다른 모든 측정대상과 일대일로 비교할 수 있게 된다. 각 쌍의 점수를 모두 합하면 해당 세트 안에 들어 있는 전체 측정대상에 대한 전반적인 선호도 또는 중요도가 계산된다. 조사대상자의 입장에서 보면, 짝비교는 서열척도보다 응답하기 더 쉽고 응답에 소요되는 시간도 더 적게 소요된다.

짝비교척도의 가장 큰 문제점은 여러 쌍의 실체를 비교하는 경우에 발생하는 이른바 '이행성(移行性)의 결핍(lack of transitivity)'이다. 논리적으로 보면, 만약 어떤 연구자가 A보다는 B를 더 선호하고, 동시에 B보다는 C를 더 선호한다면, 당연히 그는 A보다는 C를 더 선호하여야 마땅하다. 그러나 현실적으로 짝비교척도로 측정한 자료를 분석함에 있어서 연구자들이 이러한 이행성의 조건을 충족시키지 못하는 경우가 드물지 않다.

동점 평점이 용인되는 경우에는, 그리고 특히 여러 짝 사이의 절대적인 거리를 재기 위한 경우라면, 숫자등급척도(numeric rating scales)를 사용하는 것이 바람직하다. 서열화(ranking)보다 등급화(rating)를 사용할 경우, 짝비교에 내재되어 있는 거의 모든 제한점과 문제점이 해소되기 때문이다.

짝비교척도의 다른 문제점은 비교적 적은 수의 조사항목만을 대상으로 이 척도를 구성하여야 한다는 점이다. 조사항목이 많아지면 척도에서 다루어야 할 짝의 수가 기하급수적으로 늘어나게 된다. 예를 들어, 조사항목이 6개라면 ${}_6c_2=15$개의 짝을 구성하여야 모든 조사항목끼리의 일대일 비교가 가능해진다. 만약 조사항목이 20개라면 연구자가 구성하여야 할 짝비교의 수는 ${}_{20}c_2=190$개로 늘어난다. 요컨대 짝비교척도는 조사항목이 많지 않은 경우에 사용하여야 한다는 결론에 도달한다. 또한 조사항목이 제시되는 순서에 따라 편향이 개입될 수 있다.

짝비교척도를 사용하기 위하여 연구자가 고려하여야 할 사항이나 권장사항은 다음과 같다(Brace, 2004). 첫째, 응답자에게 너무 과중한 응답부담을 주지 않기 위해서는 비교의 짝이 10개를 넘지 않아야 한다. 둘째, 두 항목 가운데 어느 하나만을 선택하여야 하는 경우에 가장 효과적으로 사용할 수 있는 척도가 짝비교척도이다. 셋째, 짝비교척도는 서열자료(ordinal data)를 생산한다. 짝비교척도를 통해 등간자료(interval data)를 얻을 수는 없다. 따라서 연구자는 각 쌍을 이루고 있는 두 항목 사이의 거리(distance)를 측정하려는 의도를 버려야 한다. 넷째, 짝비교척도에서는 단일의 판단기준이 명확하게 제시되어, 모든 실체가 동일한 차원에서 배열되어야 한다. 끝으로, 응답자의 주의력이 떨어지거나 특별한 의도를 가지고 측정에 임할수록 이행성의 결핍(lack of transitivity) 현상이 발생할 가능성이 커진다.

연구자는 이행성의 조건이 충족되지 않을 가능성이 존재함을 잊지 않는 것이 좋다.

7) 비교척도

연구자가 특정 대상을 하나 또는 여러 개의 대상과 비교하려는 경우에 사용하는 척도가 비교척도(comparative scale)이다. 비교 척도에서는 특정 실체(entity)가 표준 또는 기준(benchmark)의 역할을 하며, 다른 모든 실체는 이 표준 또는 기준과 비교된다.

<상자 2-14>의 비교척도는 'A 어린이집'과 'B 어린이집'을 서비스 질 측면에서 비교하는 자료를 얻기 위한 척도인데, 응답자는 'A 어린이집'을 기준으로 삼아 'B 어린이집'의 서비스 질을 비교 차원에서 평가한다.

<상자 2-14> **비교척도**(1)

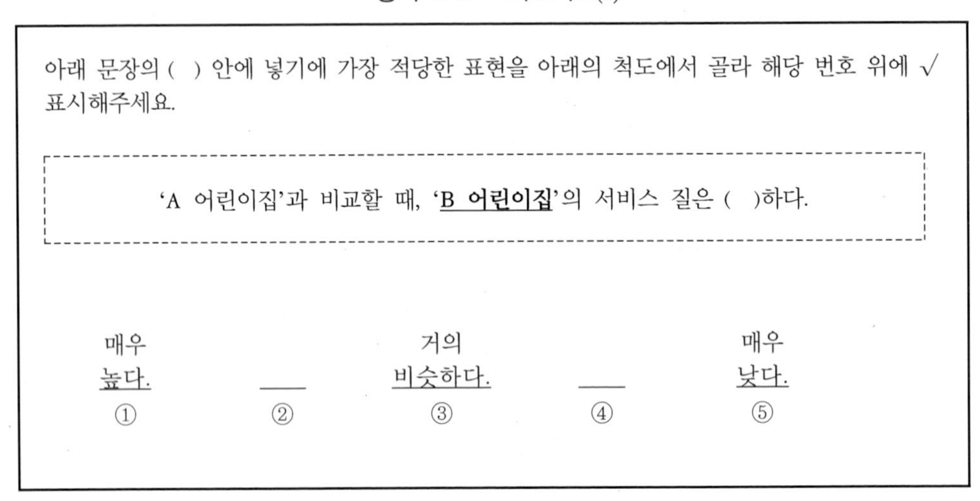
아래 문장의 ( ) 안에 넣기에 가장 적당한 표현을 아래의 척도에서 골라 해당 번호 위에 √ 표시해주세요.

'A 어린이집'과 비교할 때, '**B 어린이집**'의 서비스 질은 ( )하다.

매우 높다.	____	거의 비슷하다.	____	매우 낮다.
①	②	③	④	⑤

비교척도를 사용하여 얻는 자료는 등간자료(interval data)이다. 비교척도를 통해 표준 항목과 비교 항목 사이의 거리(interval)를 파악할 수 있다. 또한 비교척도는 항목 간의 거리뿐만 아니라 항목 간의 서열·순서도 측정할 수 있다. 항목 간의 순서는 항목 간의 거리를 비교하는 작업을 통해 얼마든지 계산할 수 있기 때문이다. 짝비교척도를 통해 얻는 자료는 서열자료(ordinal data)이지만 비교척도는 등간자료를 얻을 수 있다는 점에서 비교척도가 짝비교척도보다 더 높은 차원의 척도라고 할 수 있다.

비교척도의 장점은 크게 보아 두 가지이다. 첫째, 비교척도는 상대적인 측정이 필요하거나 절대적인 표준이 존재하지 않는 경우에 가장 사용하기 좋은 척도이다. 비교척도의 경우 절대적인 표준이 존재하지 않을 뿐만 아니라 그것이 요구되지도 않는다. 모든 평가는 비교의 근거에서 이루어지며, 이러한 특성 때문에 비교척도는 일반적으로 자주 사용된다. 예를 들면, 어떤 사람들은 자신들이 다른 사람들과의 경쟁에서 어떤 위치를 점하고 있는지 상대적으로 비교하고 싶어 하지만, 절대적인 차원에서 어느 정도 우열의 상태에 놓여 있는지에 대해서는 관심이 없는 경우가 적지 않은데, 비교척도는 그러한 측정의 목적에 가장 부합된다.

둘째, 비교척도는 유연성(flexibility)이라는 장점을 가지고 있다. 우선 연구자는 연구의 목적에 따라 비교의 차원 또는 기준을 여러 개 추가할 수 있다. 위의 예에서는, "매우 높다"부터 "매우 낮다"에 이르는 5점 척도를 사용하고 있는데, 여기에 추가하여 "매우 값이 비싸다"부터 "매우 값이 저렴하다"라는 새로운 척도를 넣을 수 있다. 물론 그 외의 다양한 비교 기준을 포함시키는 일도 가능하다. 이렇게 함으로써 'B 어린이집'의 서비스 질에 관한 전반적인 윤곽(entire profile)을 측정할 수 있는데, 응답자들이 인식하는 'A 어린이집'의 서비스 질은 응답의 판단의 기준이 된다. 한편, 비교척도는 셋 이상의 실체를 비교하는 목적으로도 사용이 가능하다. 만약 비교의 대상이 되는 어린이집이 세 개 이상이라면, "A 어린이집과 비교할 때, 귀하는 다른 어린이집의 서비스 질을 어떻게 평가하십니까?"와 같은 질문이 가능할 것이다. 이 경우 각 어린이집을 비교할 수 있는 판단기준으로서 동일한 기준이 제시되어야 한다. 또한 척도의 아래 또는 옆에 각 어린이집의 명단이 배치되어야 한다. 각 어린이집은 'A 어린이집'과 직접적으로 비교되며, 다른 어린이집끼리는 간접적으로 서로 비교된다.

실제 연구과정에서 비교척도를 개발하거나 사용하고자 할 때 연구자가 유념하여야 할 지침은 다음과 같다(Alreck & Settle, 2004). 첫째, 척도를 사용하는 주된 목적이 어떤 특정 표준항목을 하나 또는 여러 개의 항목과 비교하는 것일 때는 비교척도를 사용하는 것이 바람직하다.

둘째, 너무 많은 응답자들이 중앙값을 선택하려는 경향을 보일 것으로 예측된다면, 응답범주의 수를 짝수로 만들고 응답범주 가운데 중립적인 입장을 제외시키는 것이 좋다.

셋째, 응답자들이 어느 것이 표준항목이고 어느 것이 표준항목에 대한 비교항목인지 명확하게 이해할 수 있도록 각 문항이 작성되어야 한다.

넷째, 모든 또는 거의 모든 응답자가 표준항목을 잘 알고 있거나 매우 익숙한 경우에 한하여 비교척도를 사용할 수 있다.

끝으로, 등간자료(interval data)가 필요하지만 상대적인 측정(relative measure)이 요구되는 경우에는 비교척도를 사용하는 것이 바람직하다. 비교척도를 사용하면 비교의 대상인 실체들 사이의 거리(distance)와 순서(ranking)에 관한 자료를 모두 얻을 수 있다.

8) 선형숫자척도

조사 대상 항목들이 단일 차원으로 이루어져 있으며 동일한 간격을 가진 척도 상에 배열되어 있을 때 가장 사용하기 적당한 척도가 단순 선형숫자척도(simple, linear, numeric scale)이다. 선형숫자척도 안에는 응답자가 판단의 기준으로 삼을 수 있도록 구체적인 척도가 제시되어 있는데, 이 척도의 양극단에는 적절한 내용의 설명(label)이 달려 있다. <상자 2-15>는 가상적인 선형숫자척도의 예이다.

<상자 2-15> **선형숫자척도**(1)

<u>귀하는 아래에 제시된 공공 이슈가 얼마나 중요하다고 보십니까?</u>

○ 숫자 1("전혀 중요하지 않음")과 숫자 5("매우 중요함")를 양쪽 극단으로 하는 아래의 척도는 중요성의 정도를 숫자로 판단하는 도구입니다.

○ 이 척도를 사용하여 아래에 제시된 각 공공 이슈의 중요성에 관한 귀하의 의견을 해당 ( ) 안에 숫자로 적어주시기 바랍니다.

척도

전혀 중요하지 않음				매우 중요함
1	2	3	4	5

Q 1. 멸종위기 동물의 보호··························( )
Q 2. 대기(공기)의 질의 향상··························( )
Q 3. 석유 에너지의 추가 확보··························( )
Q 4. 재생 가능한 에너지의 개발··························( )
Q 5. 수질오염의 감소 또는 제거··························( )
Q 6. 핵 발전소의 추가 건설··························( )
Q 7. 전반적인 생태계 균형의 보호··························( )
Q 8. 국가의 산업 및 기술의 발전··························( )
Q 9. 취약계층에 대한 사회서비스의 제공··························( )
Q 10. 국방과 안전의 강화··························( )

위의 예에는 어느 가상적인 연구자가 10개의 공공 이슈의 중요도를 측정하려는 목적으로 개발한 선형숫자척도가 제시되어 있다. 선형숫자척도에서는 먼저 질문이 제시된 다음에 응답요령을 자세하게 설명하는 것이 보통이다.

선형숫자척도는 매우 경제적인 측정도구이다. 왜냐하면 하나의 질문, 응답 지시문, 등급척도가 여러 개의 개별 문항에 공통적으로 적용되기 때문이다.

또한 선형숫자척도를 사용하면 절대적 의미와 상대적 의미의 측정이 모두 가능하다. 이 척도는 각 항목의 중요도를 절대적인 크기로 측정할 수 있으며, 만약 여러 개의 항목을 비교하면 항목들 사이의 상대적인 측정(즉, 서열화)도 가능하다. 물론 경우에 따라서는 항목간의 순위가 동률이 될 수도 있다.

선형숫자척도가 산출하는 자료는 등간자료(interval data)이다. 선형숫자척도가 만들어내는 등간자료는 강제순위척도나 짝비교척도가 생산하는 서열자료(ordinal scale)보다 상대적인 면에서 제한점이 적은 자료이다.

위의 예에서 보는 바와 같이, 선형숫자척도의 양극단에만 두 개의 설명(label)이 달려 있을 뿐이며, 양극단 사이의 척도 점에는 숫자만 제시되어 있다. 즉, 양극단 사이의 척도 점에는 설명을 달지 않는 것이 일반적이다. 척도 중간의 여러 점에 각각 그 점에 해당하는 설명을 달 것인지에 관해서는 많은 논란이 제기된 바 있으나, 설명을 달지 않는 것이 바람직하다는 의견이 우세하다. 그 이유는 다음과 같다(Alreck & Settle, 2004).

첫째, 사람들이 일련의 숫자의 의미에 대해서는 의견의 일치를 쉽게 볼 수 있는 반면, "매우", "거의", "약간", "대체로" 등의 표현이 의미하는 바에 대해서는 의견의 일치를 보기가 매우 어렵기 때문에 각 사이 척도 점에 대한 설명을 달지 않고 그냥 숫자로 남겨놓는 것이 좋다. 척도 안에는 사이 척도 점이 여러 개 있을 수 있는데, 그에 대한 설명은 "매우 ~하다", "대체로 ~하다", "약간 ~하다", "매우 ~하지 않다", "거의 ~하지 않다" 등으로 표현되는 것이 보통이다. 그런데 연구자나 응답자들이 이와 같은 표현의 의미를 제각기 다르게 해석할 수 있다는 점에 문제가 있다. 그러나 숫자의 경우에는 척도의 양극단을 기준점으로 할 때 숫자별로 해당 속성의 분포 정도를 수량적으로 나타내므로 응답자가 숫자의 의미를 보다 명확하게 이해할 수 있다.

둘째, 숫자는 응답자들이 평가의 기본개념을 이해하는 데 도움을 준다. 척도상에서 숫자는 시각적으로 배치되며, 각 숫자 사이의 거리는 동일하다. 응답자가 이러한 사실을 이해하면 평가(즉, 측정)의 개념 지도(conceptual map)를 작성하는 데 도움이 된다. 응답자들이 측정의 개념을 제대로 이해할 경우 측정의 정확성이 높아지고 측정에 보다 협조하는 자세를 보일 것이다.

셋째, 단일 차원 또는 단일의 연속선(continuum)상의 위치를 파악하는 데 숫자만 한 것이 없다. 숫자는 그 자체로서 단일 차원이다. 만약 숫자 대신에 어구로 표현한다면 단일 차원의 척도를 만드는 일이 훨씬 더 어려워질 것이다.

요컨대 척도 중간의 사이 점에 설명을 붙일 필요는 그리 크지 않다. 사이 점에 대한 설명을 붙임으로써 예상치 못한 부작용이 나올 가능성도 있다. 사이 점에 설명을 붙였더니 어구가 차지하는 공간 때문에 사이 점(즉, 숫자)들 사이의 거리가 서로 달라지는 것이 그러한 부작용의 예이다. 또한 여러 선행연구는 사이 점에 관한 설명 대신에 숫자만을 나열하여도 하등의 혼란이 없다는 것을 강조하고 있다.

선형숫자척도의 장점으로는 단순성, 명확성, 경제성, 생산성 등을 들 수 있다. 이 척도의 형식(format)은 간단명료하다(단순성). 응답자들은 별 어려움 없이 응답요령을 이해할 수 있다(명확성). 동일한 질문, 지시문, 척도가 여러 개의 개별 문항에 모두 적용되므로 지면의 사용과 응답 시간의 측면에서 매우 능률적이다(경제성). 이 척도를 사용하면 계산을 통해 항목 간의 서열을 매길 수 있을 뿐만 아니라, 통계분석이 가능한 절대적 측정에 의한 등간자료(interval data)를 얻을 수 있다(생산성).

다른 척도에 비해 상대적으로 제한점이 적은 척도이긴 하지만 선형숫자척도에도 단점이 있다. 선형숫자척도는 모든 상황에 두루 적용할 수 있는 만능의 척도는 아니다. 예컨대, 대략의 빈도를 측정하는 데는 선형숫자척도가 언어빈도척도보다 효과적이지 못하다. 또한 특정한 표준항목과 다른 항목을 비교하고자 하는 상황에서는 선형숫자척도를 사용할 수 없다.

연구자가 선형숫자척도를 개발하거나 사용하려면 다음과 같은 지침을 염두에 두는 것이 좋을 것이다. 첫째, 선형숫자척도는 응답자의 평가를 필요로 하는 속성을 단일 차원으로 정렬할 수 있는 경우에 사용하기 적당한 척도이다. 둘째, 여러 개의 복수 항목을 동일한 차원으로 평가하는 경우에 가장 경제적인 척도가 바로 선형숫자척도이다. 셋째, 선형숫자척도의 양쪽 극단에는 "가장" 또는 "매우" 등과 같은 극단적인 상황을 표현하는 어구를 사용한 설명(label)을 붙여야 한다. 물론 이 양쪽 극단은 서로 반대의 의미와 특성을 지니고 있다. 끝으로, 선형숫자척도의 양쪽 극단에는 숫자와 설명을 함께 제시하지만, 그 사이의 중간 척도 점들 위에는 숫자만을 제시하며 어구나 문장으로 된 설명(label)을 달지 않는 것이 일반적이다. 이 경우 숫자와 숫자 사이의 거리가 시각적인 면에서 모두 동일해야 한다.

다음은 가상적인 숫자선형척도의 예이다.

<상자 2-16> 선형숫자척도(2)

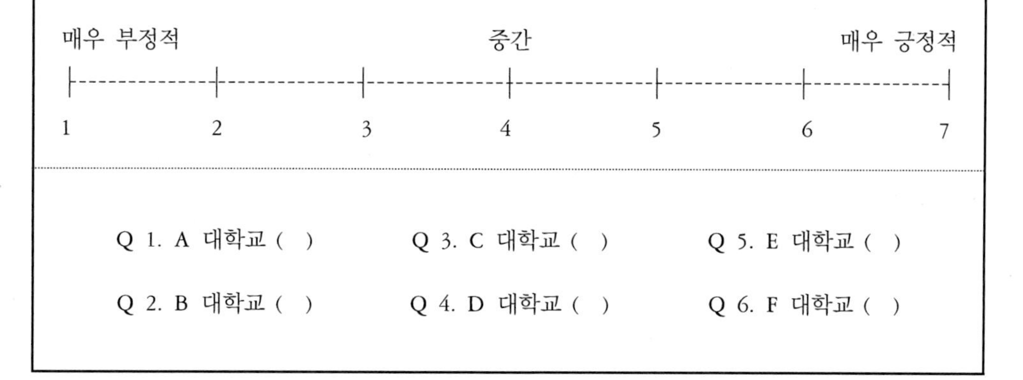

아래에는 ㅁㅁ지역에 소재하는 여러 대학교의 이름이 나열되어 있습니다. 각 대학교의 사회복지학과에 대한 귀하의 전반적인 호감도(이미지)는 어느 수준입니까? 각 문항의 빈칸에 알맞은 숫자를 적어주세요.

매우 부정적			중간			매우 긍정적
1	2	3	4	5	6	7

Q 1. A 대학교 ( )　　Q 3. C 대학교 ( )　　Q 5. E 대학교 ( )

Q 2. B 대학교 ( )　　Q 4. D 대학교 ( )　　Q 6. F 대학교 ( )

<상자 2-17> 선형숫자척도(3)

귀하가 어린이집을 선택할 때 아래에 제시된 요소들을 얼마나 중요하게 고려하는지 조사하려고 합니다. 아래의 척도에서 여러분의 의견과 일치하는 적당한 숫자를 골라 각 문항의 오른쪽 괄호 안에 적어주시기 바랍니다.

척도

전혀 중요하지 않음	1	2	3	4	5	6	7	**매우 중요함**

Q 1. 귀하의 집과 어린이집과의 거리··········( )
Q 2. 어린이집과 그 주변지역의 안전 상태··········( )
Q 3. 동일한 법인에 소속된 다른 사회복지시설의 평판··········( )
Q 4. 주변 학부모들의 추천··········( )

9) 어의차이척도

특정 실체에 대하여 일반 대중들이 마음속으로 갖고 있는 이미지를 조사하기 위하여 널리 사용되는 척도가 어의차이척도이다. 이 척도는 어의차이척도(semantic differential scale)라는 이름 외에 어의변별척도, 어의미분척도, 의미차이척도, 의미분화척도, 의미분법척도, 의미분별척도 등 다양한 이름으로 불린다.

어의차이척도는 1940년대와 1950년대에 Charles E. Osgood에 의해 언어의 의미를 양적으로 측정하기 위한 목적으로 개발되었다(Osgood, 1952; Osgood, Suci & Tannenbaum, 1957; Snider & Osgood, 1969). 단어는 개인에 따라 각기 다른 의미를 갖는데, 그 이유는 단어의 의미가 개인의 세상 경험의 함수이기 때문이다. 예를 들면, '빈곤'은 7살 어린이와 70살 노인에게 각각 달리 경험되기 마련이며, 마찬가지로 부자와 가난한 자에게도 그 의미가 다를 것이다. 그래서 빈곤의 의미를 표현하는 방법은 개인의 경험에 따라 달라진다. 어의차이척도는 사람들이 단어를 이해하는 방식이 어떻게 다른가를 측정하는 도구이다.

어의차이척도는 '의미의 측정(measurement of meaning)'과 관련이 있는 척도이다. 즉, 개인이 단어나 대상에 부여하는 생각이나 태도를 측정하는 척도이다. 어의차이척도를 사용하여 ① 평가 요인(evaluative factor: 좋다－나쁘다, 유쾌하다－불쾌하다, 친절하다－무자비하다), ② 능력 요인(potency factor: 강하다－약하다, 굵다－가늘다, 딱딱하다－부드럽다), ③ 행동요인(activity factor: 능동적이다－수동적이다, 느리다－빠르다, 격렬하다－냉정하다)이라는 세 가지 요인을 측정할 수 있다(Page-Bucci, 2003).

연구자는 어의차이척도를 사용하여 상표, 가게, 선거의 후보자, 회사, 조직, 기관, 의견이나 태도 등 다양한 대상의 이미지를 측정하고 평가할 수 있으며 그 결과를 유사한 다른 주제의 이미지와 비교할 수 있다.

어의차이척도를 만드는 첫 번째 과정은 측정 대상을 가장 잘 묘사하거나 설명할 수 있는 일련의 형용사를 찾아내어 나열하는 일이다. 응답자들이 중요하다고 여길 만한 구체적인 속성을 표현하는 형용사를 찾아내는 일이 매우 중요하다. 척도에서 사용되는 속성은 응답자들이 해당 주제를 판단하고 평가함에 있어서 실제로 사용하는 주요 속성이어야 한다. 그런데 연구자들은 특정 대상과 관련하여 응답자들이 마음속으로 어떠어떠한 속성들이 가장 중요하다고 느끼는지 그리고 그런 속성들을 어떤 형용사들로 변환하는 것이 가장 적절하다고 생각하는지 알기 어렵다. 만약 불확실하다고 느낀다면 연구자는 예비적인 조사를 통해 가장 적절한 용어를 찾아내려는 시도를 반복하는 것이 좋다. 중요한 속성이 무시될 경우, 불완전한 척도가 만들어진다. 반면에, 별로 중요하지 않은 속성이 척도에 포함될 경우, 결과적으로 척도는 적절하지 못한 측면을 포함하게 된다.

척도와 관련된 주요 속성과 형용사를 찾아낸 다음에는 각 형용사의 양쪽 극단을 명확하게 정의하는 과업을 진행하여야 한다. 예를 들면, "훌륭하다"의 반대편 극단을 "서투르다"로 할 것인지, "형편없다"로 할 것인지 결정해야 한다. 또한 "건조하다"의 반대편을 "축축하다"로 할 것인지, 아니면 "습하다"로 할 것인지 결정하는 것도 그러한 예가 될 것이다.

이와 같은 일련의 과정을 마치고 나면 이제 어의차이척도를 만드는 일을 시작할 수 있다. 전체 척도를 이루는 여러 항목 가운데 절반 정도는 긍정적인 형용사를 먼저 제시하고(즉, 맨 왼쪽에 제시하고) 부정적인 형용사를 가장 나중에 제시하며(즉, 맨 오른쪽에 제시하며), 나머지 절반 정도의 항목은 반대로 부정적인 형용사를 먼저 제시하고 긍정적인 형용사를 나중에 제시하는 형식을 취하는 것이 좋다. 또한 형용사로 이루어진 개별 문항(즉, 각 항목)들은 어떤 체계적인 기준보다는 무작위 순서(random order)에 의해 배열되는 것이 바람직하다.

전형적인 어의차이척도의 개별 문항은 양쪽에 형용사를 갖는 양극의 척도(bipolar scale)이며, 양쪽 극단의 사이에는 보통 5개 또는 7개의 척도점(scale position)이 존재한다. 일반적으로 어의차이척도의 척도점, 즉 응답 범주의 수가 홀수이므로, 응답자는 중립적인 의견을 선택할 수 있다. 아래에 제시된 예와 같이, 척도점에는 아무런 설명이 제시되지 않거나, 수치가 부여되거나, 혹은 서열적인 설명이 부가된다.

좋다.	[ ]	[ ]	[ ]	[ ]	[ ]	나쁘다.
좋다.	-2	-1	0	1	2	나쁘다.
좋다.	매우 그렇다.	대체로 그렇다.	중간이다.	대체로 아니다.	전혀 아니다.	나쁘다.

어의차이척도는 사람들이 갖고 있는 여러 가지 다양한 이미지를 명확하고 효과적으로 제시할 수 있다는 장점을 가지고 있다. 양극단을 표현하는 여러 쌍의 형용사를 사용하기 때문에 이 척도는 어떤 측정 대상에 대한 전반적인 윤곽을 그려낼 수 있는 조사도구이다. 여러 개의 주제나 대상에 관한 이미지를 측정하고 서로 비교하기 위해서는 여러 개의 어의차이척도를 동시에 사용하는 것이 좋다(McIver, 2004).

어의차이척도에 포함된 대부분의 항목은 모두 긍정적 형용사와 부정적 형용사로 구성되어 있다. 예를 들면, 패스트푸드 식당에서 판매되는 음식의 질을 조사하는 어의차이척도의 경우 "질이 좋다", "싸다", "매력적이다", "신선하다" 등의 형용사는 긍정적인 내용인 반면, "질이 낮다", "비싸다", "매력 없다", "거의 상했다" 등의 형용사는 부정적인 내용이다. 그러나 어의차이척도에는 긍정이나 부정과는 관련이 없는 형용사로 구성된 문항을 포함시킬 수도 있다. 예를 들면, "담백하다"와 "진한 맛이다"는 가치판단이 내재되어 있는 형용사로 이루어진 문항이다. 이 문항에 대하여 응답하는 일은 긍정과 부정의 입장을 표명하는 것이 아니며 소비자로서의 응답자의 취향을 반영하는 선택일 뿐이다.

이처럼 긍정도 부정도 아닌 형용사로 이루어진 문항에 대해서 응답자는 마음속의 이상(ideal)이나 전형적인 기준을 준거로 하여 응답하게 된다. 여러 집단 사이의 응답 패턴을 파악하기 위해서는 해당 집단들을 대상으로 특정한 측정 대상에 관한 이상적인 이미지를 서로 비교하는 것이 좋은 방법이 되기도 한다.

앞서 언급한 바와 같이 어의차이척도는 여러 가지 장점을 가지고 있지만, 측정의 목적에 맞는 일련의 적절한 형용사를 찾아낸 후 각 형용사의 양쪽 극단을 알맞게 정의하여야 한다는 쉽지 않은 과제를 지니고 있다. 어의차이척도를 개발하거나 사용하려는 연구자는 이 척도의 제한점에 특히 주목하면서 다음과 같은 지침을 고려하는 것이 좋다(Brace, 2004; Yount, 2006).

첫째, 어의차이척도는 전반적인 이미지 윤곽(image profiles), 사람, 물건, 조직, 개념 등을 측정하는 데 유용하게 활용할 수 있는 조사도구이다.

둘째, 형용사는 반드시 단일 차원의 속성으로 구성되어야 한다. 또한 형용사로 이루어진 각 문항에는 양쪽 극단이 존재하여야 하는데, 여기에는 극단치(extremes)를 표현하는 설명(label)이 수반되어야 한다.

셋째, 어의차이척도의 도입부에 있는 지시문에는 응답자가 무엇을 어떻게 측정하여야 하는지, 즉 응답요령에 관한 자세하고 명확한 설명이 들어 있어야 한다.

넷째, 어의차이척도를 이루는 전체 항목이 20개를 넘어가면 곤란하다. 또한 긍정적-부정적 의미를 표현하는 형용사로 구성된 여러 개의 개별 문항들은 응답과 관련된 오류를 줄이기 위해 긍정적 표현과 부정적 표현 가운데 어느 것을 먼저 제시할 것인지에 관하여 균형 잡힌 시각을 갖는 일이 중요하다. 따라서 전체 문항 가운데 절반 정도는 긍정적인 표현을 먼저 제시하고, 나머지 절반 정도의 문항은 부정적인 표현을 먼저 제시하는 형식을 취하는 것이 바람직하다.

끝으로, 여러 가지 주제를 동시에 측정하거나 실존하는 실체와 관념적인 실체를 동시에 측정하기 위해 동일한 어의차이척도를 사용한다면 여러 실체 간에 이미지 윤곽을 비교할 수 있으며, 또한 실재하는 실체와 관념적인 실체 사이의 이미지 윤곽도 비교할 수 있다.

<상자 2-18>은 개인의 성역할을 측정하는 가상적인 어의차이척도의 예이다.

<상자 2-18> 어의차이척도(6)

귀하가 자신의 실제 모습을 묘사할 수 있도록 아래에 15개의 속성이 나열되어 있습니다. 각 속성 다음에 제시되어 있는 7개의 빈칸 중에서 가장 적절한 곳에 X 표를 기입하시기 바랍니다.

		결코 아님 1	드물게 2	가끔 3	절반 정도 4	자주 5	거의 항상 6	항상 7
Q 1.	단정적이다.	____	____	____	____	____	____	____
Q 2.	동정적이다.	____	____	____	____	____	____	____
Q 3.	자기를 믿는다.	____	____	____	____	____	____	____
Q 4.	강한 퍼스낼리티	____	____	____	____	____	____	____
Q 5.	이해가 빠르다.	____	____	____	____	____	____	____
Q 6.	독립적이다.	____	____	____	____	____	____	____
Q 7.	설득력 있다.	____	____	____	____	____	____	____
Q 8.	온정적이다.	____	____	____	____	____	____	____
Q 9.	자부심이 강하다.	____	____	____	____	____	____	____
Q 10.	지배적이다.	____	____	____	____	____	____	____
Q 11.	따뜻하다.	____	____	____	____	____	____	____
Q 12.	공격적이다.	____	____	____	____	____	____	____
Q 13.	부드럽다.	____	____	____	____	____	____	____
Q 14.	리더로서 행동한다.	____	____	____	____	____	____	____
Q 15.	신사적이다.	____	____	____	____	____	____	____

10) 형용사 체크리스트

간혹 연구자들은 조사대상자들이 특정 주제를 어떻게 바라보고 있는지, 그리고 어떤 기술적 형용사(descriptive adjectives)가 그 상황을 가장 잘 대변할 수 있는지 알아보고 싶을 때가 있다. 물론 이러한 경우에 어의차이척도(semantic differential scales)를 사용할 수 있으나, 경우에 따라서는 어의차이척도를 적용하기 곤란한 경우도 있다. 이미 앞에서 고찰한 바와 같이, 어의차이척도의 경우 구성할 수 있는 항목의 수가 제한적이고(대개 20항목 이내가 적당함), 또한 형용사의 양쪽 극단을 적절하게 정의하여야 하는 어려운 과업이 수반된다. 이러한 문제점을 해결하기 위해 개발된 것이 형용사 체크리스트(adjective checklist) 척도로서, 이는 특정 주제를 어떻게 묘사할 수 있으며 조사대상자들이 그 주제를 어떻게 바라보는지에 관한 정보를 얻을 수 있는 매우 간단한 척도이다.

<상자 2-19>는 조사대상자들의 직업에 관한 의견을 파악하기 위한 가상적인 형용사 체크리스트 척도의 예이다. 지시문에 의해 응답자들은 자신들의 직업을 가장 잘 설명하는 형용사를 있는 대로 모두 선택하도록 요청받는다.

<상자 2-19> **형용사 체크리스트**(1)

귀하의 직업을 설명하는 단어 앞의 ( ) 안에 √ 표시하시기 바랍니다. 해당되는 항목이 여러 개일 경우 모두 √ 표시하세요.

Q 1.	( )	쉽다.	Q 9.	( )	임금이 낮다.	Q 17.	( )	변화한다.
Q 2.	( )	안전하다.	Q 10.	( )	안정적이다.	Q 18.	( )	유쾌하다.
Q 3.	( )	기술적이다.	Q 11.	( )	노력해야 한다.	Q 19.	( )	중요하다.
Q 4.	( )	피곤하다.	Q 12.	( )	느리다.	Q 20.	( )	만족스럽다.
Q 5.	( )	지루하다.	Q 13.	( )	일상적이다.	Q 21.	( )	요구가 많다.
Q 6.	( )	어렵다.	Q 14.	( )	즐겁다.	Q 22.	( )	품위가 없다.
Q 7.	( )	재미있다.	Q 15.	( )	가망 없다.	Q 23.	( )	임시적이다.
Q 8.	( )	보상적이다.	Q 16.	( )	엄격하다.	Q 24.	( )	위험하다.

위의 예에는 무려 24개의 형용사가 포함되어 있다. 더구나 지면 사용의 경제성, 응답시간의 능률성, 그리고 응답의 용이성 등 여러 가지 장점을 활용할 수 있기 때문에 이보다

훨씬 더 많은 항목을 추가할 수 있다.

단순성(simplicity), 솔직함(directness), 경제성(economy)은 형용사 체크리스트 척도의 가장 두드러진 장점이다. 이 척도에서는 형용사를 얼마든지 넣어 척도를 구성할 수 있다. 심지어 한 단어의 형용사 대신에 짧은 어구를 사용하여 문항을 구성하는 방법도 가능하다. 탐색적인 연구에서는 이처럼 짧은 어구를 사용하여 문항을 구성하는 방식이 매우 유용하다.

형용사 체크리스트 척도의 가장 큰 단점은 이 척도를 사용하여 얻는 자료가 이분법적인 자료(dichotomous data)라는 점이다. 즉, 이 척도로는 응답자들이 특정 문항에 대하여 어느 정도의 찬반 의견을 가지고 있는지 양적으로 측정할 수 없다. 오로지 응답자가 해당 형용사를 선택하였는지, 안 하였는지를 알 수 있을 뿐이다.

형용사 체크리스트를 사용하려는 연구자에 대한 제안사항 또는 그들이 형용사 체크리스트를 개발하면서 고려하여야 할 점은 다음과 같다(Alreck & Settle, 2004). 첫째, 형용사 체크리스트는 이미지를 측정하기 좋은 척도이다.

둘째, 형용사 체크리스트는 지시문이 간단하여 응답자들이 쉽게 이해할 수 있으며, 응답자들의 부담이 매우 적은 척도이다. 또한 척도 안에 매우 많은 수의 형용사를 포함시키는 일이 별로 어렵지 않다.

셋째, 형용사 체크리스트 척도의 작성자는 조사대상자들이 무엇을 어떻게 하여야 올바르게 응답하는 것인지를 알 수 있도록 지시문을 명확하게 작성하여야 한다.

넷째, 형용사 체크리스트는 이미지 윤곽에 관한 자료를 얻는다. 형용사 체크리스트를 통해 얻을 수 있는 자료는 이산적(discrete), 명목적(nominal), 이분법적(dichotomous) 자료이다.

끝으로, 만약 두 개 이상의 형용사 체크리스트 척도를 사용하여 여러 개의 주제를 동시에 측정하거나 관념적인 실체를 측정할 경우, 여러 실체 사이의 이미지의 윤곽 또는 실재하는 실체와 관념적인 실체 사이의 이미지의 윤곽을 서로 비교할 수 있다.

<상자 2-20>은 개인의 증상을 측정하는 가상적인 형용사 체크리스트 척도의 예이다. 조사대상자가 조사일 현재 또는 지난주에 어떤 증상을 느꼈는지 조사하기 위한 척도이다. 척도 문항은'예/아니요' 문항과 '사실이다/거짓이다' 문항으로 나누어져 있으며, 응답 전에 너무 오래 생각하지 말고 가능한 한 빨리 응답하도록 지시되어 있다.

<상자 2-20> 형용사 체크리스트(3)

지금(또는 오늘이나 지난주)에 귀하가 어떤 느낌을 갖고 있는지(가졌는지) 조사하고자 합니다. 문항별로 귀하의 느낌을 가장 잘 나타내는 숫자에 동그라미를 쳐주세요. 아래의 문항들은 '예/아니요' 문항과 '사실이다/거짓이다' 문항으로 나누어져 있습니다. 응답하기 전에 너무 오래 생각하지 마시고, 가능한 한 빨리 응답하시기 바랍니다.

Q 1.	불안하다.	예.	아니요.
Q 2.	지쳤다.	예.	아니요.
Q 3.	애가 탄다.	예.	아니요.
Q 4.	기분이 상쾌하다.	예.	아니요.
Q 5.	긴장된다.	예.	아니요.
Q 6.	우울하다.	예.	아니요.
Q 7.	행복하다.	예.	아니요.
Q 8.	두렵다.	예.	아니요.
Q 9.	평안함을 느낀다.	예.	아니요.
Q 10.	건강하다고 느낀다.	예.	아니요.
Q 11.	쉽게 화를 낸다.	예.	아니요.
Q 12.	숨 막힌다.	사실이다.	거짓이다.
Q 13.	남들에게 친근감을 느낀다.	예.	아니요.
Q 14.	건강하다고 느낀다.	예.	아니요.
Q 15.	팔다리가 무겁다.	예.	아니요.
Q 16.	자신감이 있다.	예.	아니요.
Q 17.	남들에게 따스한 감정을 느낀다.	예.	아니요.
Q 18.	불안정하다.	예.	아니요.
Q 19.	아픈 곳이 없다.	사실이다.	거짓이다.
Q 20.	화났다.	예.	아니요.
Q 21.	팔다리가 튼튼하다고 느낀다.	예.	아니요.
Q 22.	식욕이 없다.	예.	아니요.
Q 23.	평화로움을 느낀다.	예.	아니요.
	(……중략……)		
Q 92.	머리가 아프다.	예.	아니요.

11) 어의거리척도

어의차이척도의 가장 큰 제한점은 형용사의 양 극단치를 만드는 일이 용이하지 않다는 점이다. 이 점을 감안하여 양 극단치가 달려 있지 않는 형용사를 넣은 척도가 개발되었는데, 이것이 바로 어의거리척도(semantic distance scale)이다.

어의거리척도는 앞서 설명한 형용사 체크리스트와 어의차이척도를 결합한 척도이다. 형용사 체크리스트는 단순성과 경제성이라는 장점을 가지고 있으나, 명목자료(nominal data)만을 얻을 수 있는 척도라는 제한점을 가지고 있다. 즉, 형용사 체크리스트는 각 문항의 형용사의 선택 여부에 관한 정보는 알려주지만, 각 문항의 형용사가 특정 주제를 얼마나 잘 설명하고 있는지에 관한 정보를 알려주지는 못한다. 한편, 어의차이척도는 형용사로 이루어진 문항별로 양극단 사이의 거리를 측정한다. 그러나 어의차이척도는 양 극단치를 가진 형용사를 찾아내야 하고, 또한 문항 수(즉, 형용사의 수) 역시 20개 이내이어야 한다는 현실적인 제한점을 가지고 있다. 다음 예는 형용사 체크리스트와 어의차이척도의 장점을 모두 활용하기 위해 고안된 가상적인 어의거리척도의 예이다.

<상자 2-21> 어의거리척도

다음 각 항목의 단어나 어구가 **귀하의 직업**을 얼마나 잘 묘사하고 있는지 파악하려고 합니다. 아래 척도에서 해당되는 숫자를 골라 각 항목의 ( ) 안에 적어주세요.

척도

전혀 아니다.						매우 그렇다.
1	2	3	4	5	6	7

Q 1. ( )	쉽다.	Q 9. ( )	임금이 낮다.	Q 17. ( )	변화한다.
Q 2. ( )	안전하다.	Q 10. ( )	안정적이다.	Q 18. ( )	유쾌하다.
Q 3. ( )	기술적이다.	Q 11. ( )	노력해야 한다.	Q 19. ( )	중요하다.
Q 4. ( )	피곤하다.	Q 12. ( )	느리다.	Q 20. ( )	만족스럽다.
Q 5. ( )	지루하다.	Q 13. ( )	일상적이다.	Q 21. ( )	요구가 많다.
Q 6. ( )	어렵다.	Q 14. ( )	즐겁다.	Q 22. ( )	품위가 없다.
Q 7. ( )	재미있다.	Q 15. ( )	가망 없다.	Q 23. ( )	임시적이다.
Q 8. ( )	보상적이다.	Q 16. ( )	엄격하다.	Q 24. ( )	위험하다.

어의거리척도는 외견상 형용사 체크리스트와 매우 비슷하다. 양자의 차이점이라고 하면, 형용사 체크리스트에는 척도가 없으나, 어의거리척도의 경우에는 지시문과 문항(즉, 형용사 리스트) 집단 사이에 선형 숫자척도가 있다는 점이다. 어의거리척도의 경우, 응답자는 단순히 각 형용사가 특정 주제에 해당되는지, 안 되는지를 표시하는 것이 아니라, 각 형용사가 특정 주제를 얼마나 잘 설명하고 있는지 등급을 매기게 된다. 이렇게 어의거리척도가 수집하는 등급을 매기는 자료는 등간자료로서, 앞서 어의차이척도가 수집하는 자료와 비슷한 성격이다.

어의거리척도는 어의차이척도나 형용사 체크리스트와 마찬가지로 이미지를 나타내는 데 사용할 수 있는 조사도구이다. 어의차이척도와 비교할 때, 어의거리척도의 장점은 각 형용사의 양 극단치를 만들지 않아도 된다는 점이다. 그만큼 어려운 과업이 줄어드는 셈이다. 형용사 체크리스트와 비교하면, 어의거리척도의 장점은 수집되는 자료의 수준이 높다는 점이다. 형용사 체크리스트를 통해 얻은 자료는 명목자료로서 이산적인 '예/아니요' 자료이지만, 어의거리척도를 통해 얻은 자료는 등간자료이다. 등간자료는 통계적 검정과 수학적 분석의 측면에서 서열자료나 명목자료보다 더 수준 높은 자료라고 할 수 있다.

어의거리척도는 어의차이척도나 형용사 체크리스트보다 훨씬 더 복잡하다. 또한 지시문에서 응답자를 대상으로 응답요령을 설명하는 일도 더 어렵다.

연구자들이 어의거리척도를 작성하거나 사용할 때 준수하여야 할 지침이나 요점을 정리하면 다음과 같다(Alreck & Settle, 2004). 첫째, 어의거리척도는 이미지를 측정하는 데 적합한 척도이다. 둘째, 어의거리척도에는 단어나 어구로 이루어진 매우 많은 항목을 포함시킬 수 있다. 셋째, 어의거리척도의 작성자는 지시문을 통해 응답자가 무엇을 어떻게 하여야 하는지에 관하여 매우 명확하고 자세하게 설명해주어야 한다. 넷째, 어의거리척도에 의해 얻어진 자료는 각 단어나 어구가 특정 주제를 얼마나 잘 설명하고 있는지를 알려주는 윤곽(profile)이다. 이 자료는 연속자료(continuous data)이다. 끝으로, 여러 개의 어의거리척도를 사용하여 여러 개의 주제 또는 하나의 관념적인 실체를 평가할 경우, 실재하는 실체들 사이의 윤곽의 비교가 가능하며, 실재하는 실체와 관념적인 실체 사이의 윤곽의 비교도 가능하다.

요컨대 어의거리척도는 어의차이척도와 형용사 체크리스트에 내재되어 있는 거의 모든 특성을 그대로 가지고 있다고 보아도 무방하다. 이 척도를 사용하면 실제로 존재하는 여러 주제 사이의 윤곽을 비교하거나 관념적인 실체의 윤곽을 평가할 수 있다. 더 나아가 여러 응답자 집단을 대상으로 관념적인 실체에 대한 선호도의 윤곽을 비교하는 일도 가능하다. 물론 실재하는 실체와 관념적인 실체와의 윤곽의 비교 등 다양한 비교 평가도 이루어질 수 있다.

12) 고정합계척도

연구자들이 조사대상자의 자원이나 행동 가운데 몇 % 정도가 각 응답 범주에 해당되는지 알고 싶은 경우가 있는데, 이와 같은 조사 욕구를 충족시키기 위하여 개발된 척도가 고정합계척도(fixed sum scale)이다. 고정합계척도에서는 조사대상자가 정해진 수량을 여러 개의 대상 항목에 할당하는 방식을 통해 상대적 중요성 또는 상대적 선호도를 나타낸다. 조사대상자가 여러 응답범주 간에 할당하도록 예정되어 있는 수량이 미리 고정되어 있으므로 이 척도를 고정합계척도(fixed sum scale) 또는 상수합계척도(constant sum scale)라고도 부른다.

만약 조사대상자에게 단순히 "귀하는 다음 항목들을 처리하는 데 각각 전체 시간의 몇 %를 할당합니까?"라고 묻는다면, 아마도 조사대상자는 이 질문에 대한 답변을 함에 있어 적지 않은 어려움을 겪을 것이다. 어쩌면 몇몇 응답자의 경우에는 문항별로 제시된 응답치를 모두 합해도 100%가 되지 않을 수도 있다. 다음은 이와 같은 문제점을 해결하기 위해 고안된 가상적인 고정 합계 척도의 예이다.

<상자 2-22> 고정합계척도(1)

귀하가 **패스트푸드 식당**에서 점심이나 저녁식사로서 무엇을 먹었는지 조사하려고 합니다. 직전의 10번의 식사를 대상으로 귀하가 아래에 제시된 음식을 각각 몇 번씩이나 먹었는지 그 횟수를 기록하여 주세요. (**전체 합계는 10이 되어야 합니다**.)

Q 1. ( ) 햄버거
Q 2. ( ) 핫도그 또는 소시지
Q 3. ( ) 치킨
Q 4. ( ) 피자
Q 5. ( ) 중국음식
Q 6. ( ) 생선요리
Q 7. ( ) 델리 샌드위치
Q 8. ( ) 핫 샌드위치
Q 9. ( ) 멕시칸 음식
Q 10. ( ) 기타 (무엇? ____________________)

합계=10

고정합계척도는 최근에 일어난 행동이나 사건을 측정하기에 적합한 조사도구이다. 하나의 척도에서 다룰 수 있는 항목의 수는 최대 10개이며 최소 2~3개이다. 고정합계척도에서는 합계 100%를 만들기 위해 몇 개의 항목을 합산할 것인지를 응답자에게 명확하게 알려주어야 한다.

조사대상자가 고정합계척도에 응답하려면 여러 개의 응답 항목을 마음속으로 동시에 전체적으로 떠올려 산술적 계산을 해야 하기 때문에 상당한 수준의 정신적인 민첩성과 노력이 필요하다. 따라서 지적 수준이 낮은 조사대상자에게는 고정합계척도를 사용하기 어렵다.

온라인 설문조사에서는 각 항목에 할당되는 점수가 자동으로 계산될 뿐만 아니라 합계가 100점이 되지 않으면 다음 단계로 진행되지 않도록 설계되어 있기 때문에 고정합계척도를 사용하기가 훨씬 더 용이하다.

고정합계척도의 항목의 수가 늘어날수록 조사대상자가 항목 간에 점수를 할당하고 전체 합계가 100점이 되도록 계산하여야 하는 심리적 부담이 더 커진다. 일반적으로 여러 개의 항목을 합하여 100점이 되도록 항목 간에 점수를 할당하는 것보다 두 개의 항목을 비교하는 것이 훨씬 더 쉬운 작업이다. 이와 같은 짝비교의 장점을 활용함과 동시에 조사대상자의 응답 부담을 가능한 한 줄여주기 위해 개발된 방식이 바로 고정합계척도와 짝비교척도를 결합하는 것이다(Brace, 2004). 이것은 각 쌍의 합이 고정된 값이 나오도록 두 항목 간에 점수를 할당하는 방식이다. 조사대상자가 두 항목 간에 동일한 점수를 할당한 결과 두 항목 간에 점수 차이가 나타나지 않는 것은 바람직하지 않다. 예를 들어, 12점을 총점으로 부여받은 조사대상자는 두 항목에 각각 6점씩을 할당할 수 있는데, 이것은 항목 간의 차별화가 되지 않는 응답 방식이다. 따라서 척도의 설계자는 조사대상자에게 홀수 값을 줌으로써 두 항목 간에 서로 같은 수량이 할당되는 일이 생길 수 없도록 척도를 만드는 것이 좋다. 예를 들면, 조사대상자에게 11점을 부여하는 척도에서는 두 항목 간의 가장 근삿값이 각각 5점과 6점이 되므로 서로 같은 점수를 얻는 일은 애초부터 불가능하다.

고정합계척도를 개발하거나 사용하려는 연구자가 유념해야 할 지침사항은 다음과 같다(Brace, 2004). 첫째, 고정합계척도는 절대적인 값(absolute values)보다는 비율(proportions), 몫, 정도를 측정하기 위하여 사용된다. 둘째, 하나의 고정합계척도에서 다루는 범주의 수는 10개 이내가 좋다. 셋째, 지시문에는 합계 100%를 이루기 위해 비율을 합산해야 하는 범주의 수가 명확하게 제시되어야 한다. 즉, 100%의 합계를 만들기 위해 몇 개 항목의 비율을 합할 것인가에 대해 응답자들이 혼란을 느끼지 않아야 한다. 넷째, 고정합계척도로 측정된 자료는 연속자료

(continuous data)이다. 따라서 여러 응답 범주 간의 비율의 비교가 가능하다. 끝으로, 일반적으로 특정 부분 자료를 전체 합계로 나누면 그에 해당하는 퍼센트를 구할 수 있다. 이러한 개별 퍼센트를 모두 더하면 100%가 될 것이다. 또한 개별 퍼센트 자료를 서로 비교할 수도 있다.

고정합계척도의 장점은 명확성과 단순함이다. 조사대상자는 고정합계척도의 지시문을 쉽게 이해할 수 있으며, 조사대상자의 응답 임무도 그리 어려운 과업이 아니다. 고정합계척도에는 측정 대상의 주요 특성을 반영하는 항목들이 많이 포함되어야 한다. 따라서 전체적으로 보아 척도 자체가 가능한 한 포괄적이어야 한다. 만약 측정대상과 관련된 몇 가지 중요한 특성에 관한 항목들이 누락되면, 응답자들은 어쩔 수 없이 "기타" 항목에 대한 응답을 늘릴 수밖에 없게 될 것이다.

다음은 고정합계척도의 가상적인 예이다.

<상자 2-23> **고정합계척도**(2)

귀하는 아래 표에 제시된 <u>**복지 분야**</u>를 대상으로 지표를 만든다면 분야별 가중치는 얼마이어야 한다고 생각하십니까? 가중치의 합이 100이 되도록 (　)에 수치를 적어주십시오.

복지 분야	예시 (기초자치단체 복지재정, 2010년 기준)	작성 가중치
기초생활 보장	20.3	(　)
취약계층 지원	12.0	(　)
보육	19.0	(　)
가족 및 여성	1.9	(　)
노인	22.3	(　)
청소년	1.2	(　)
노동	3.8	(　)
보훈	0.5	(　)
주택	0.4	(　)
사회복지 일반	0.3	(　)
보건의료	7.5	(　)
교육복지	10.9	(　)
계	100.0	100

13) 거트먼척도

거트먼척도(Guttman scale)는 척도에 포함된 개별 문항들을 단일 차원으로 서열화하여 결과적으로 각 문항이 누적 스케일링의 형태를 갖추도록 한 척도이다. 그래서 거트먼척도를 누적척도(cumulative scale) 또는 척도도식법(scalogram method)이라고 부르기도 한다. 다음은 난폭운전에 관한 거트먼척도의 예인데, 문항의 번호가 높아질수록 난폭운전의 강도가 높아짐을 알 수 있다.

<문항>	<강도>						
7. 다른 운전자에게 총질을 한다.							
6. 차에서 내려 다른 운전자를 폭행한다.							
5. 차에서 내려 다른 운전자와 언쟁한다.							
4. 차를 이용해 갑자기 위협적 행동을 한다.							
3. 주먹으로 폭력을 행사하는 모습을 보여준다.							
2. 옆 차의 운전자에게 큰 소리로 욕을 한다.							
1. 마음속으로 다른 운전자를 비난한다.							

<상자 2-24>는 거트먼척도의 구성 원리를 설명하는 예인데, 이 예를 통해 거트먼척도의 단일 차원성과 누적성을 알 수 있다(김영종, 2007). 즉, 이 척도는 고아원에 대한 친밀성이라는 단일 요인을 측정하기 위한 것이며, 고아원의 위치에 대한 수용성의 정도를 누적적으로 파악하고 있다.

<상자 2-24> 거트먼척도의 구성 원리

다음은 지역사회 주민들의 복지의식을 조사하기 위해 고안된 일련의 질문입니다. 귀하의 의견을 파악하고자 하오니, 다음 문항별로 찬성과 반대 중에서 하나만 선택하여 주시기 바랍니다.

	찬성	반대
Q 1. 고아원이 우리나라에 있는 것을 어떻게 생각합니까?	( )	( )
Q 2. 고아원이 부산에 있는 것을 어떻게 생각하십니까?	( )	( )
Q 3. 고아원이 우리 동네에 있는 것을 어떻게 생각하십니까?	( )	( )
Q 4. 고아원이 우리 옆집에 있는 것을 어떻게 생각하십니까?	( )	( )

위의 질문에 포함된 네 개의 문항들 사이에는 논리적인 면에서 응답과 관련된 서열성이 존재하고 있다. 문항 1에서 문항 4로 갈수록 보다 구체적인 응답내용을 요구하는 문항으로 바뀌며, 이 과정에서 응답의 체계성과 논리성이 작용한다. 예를 들어, 문항 2에 찬성이라고 응답한 사람은 문항 1에 대해서는 당연히 찬성이라고 응답하였을 것이라고 추론할 수 있다. 문항 2에 찬성한 사람이 문항 1에 반대한다는 것은 논리적으로 모순이 되기 때문이다. 마찬가지로, 문항 4에 찬성한 응답자는 문항 1, 문항 2, 문항 3에 대하여 모두 찬성하였다고 가정할 수 있다.

거트먼척도를 사용한 대표적인 용례는 Bogardus(1926)의 사회적 거리 척도(Social-Distance Scale)이다. 사회적 거리는 한 집단의 성원이 다른 집단에 대하여 느끼는 친밀감의 정도(혹은 멀리하고 싶은 주관적 거리)를 말한다. 달리 표현하면, 사회적 거리는 개인이 특정 사회집단의 성원과 기꺼이 접촉 또는 교제할 수 있는 정도 또는 특정 집단의 사람들과 사회적 관계를 차등적으로 맺고자 원하는 정도이다. 사회적 거리 척도는 이와 같은 사회적 거리라는 개념을 경험적으로 확인하기 위해 개발된 척도이며, 사람들이 특정 집단과 어느 정도까지의 사회적 접촉을 허용할 것인가, 즉 '수용 가능한 사회적 접촉의 범위'를 측정한다. Bogardus(1926)의 사회적 거리 척도는 특정 인종 및 민족 집단에 대한 수용성 정도를 묻는 7개의 항목으로 구성된다.

<상자 2-25> 거트먼척도(1): 사회적 거리 척도

☞ 외국인에 대한 귀하의 첫인상을 조사하려고 합니다. 해당 빈칸에 ○ 표 하시기 바랍니다.

점수		일본인	중국인	필리핀인	미국인
7	혼인하여 인척관계를 맺는다.				
6	친한 친구로 받아들인다.				
5	가까운 이웃으로 한 동네에 살겠다.				
4	같은 직장에서 동료로 함께 일하겠다.				
3	우리나라 국민으로 받아들이겠다.				
2	우리나라 방문객으로 받아들이겠다.				
1	우리나라에 들어오지 못하게 하겠다.				

애초에 Bogardus(1926)의 사회적 거리 척도는 7문항으로 제작되었으나 최근 들어 연구

자에 따라 혹은 연구 주제나 상황에 따라 이 척도의 문항 수나 사회적 접촉방식의 종류가 조금씩 변형되어 사용되고 있다.

리커트척도에서는 개별 문항들을 동일하게 취급하고 단순히 각 문항의 점수를 합산하여 총점을 구한 후 그 결과를 바탕으로 측정결과를 서열화하지만, 거트먼척도에서는 개별 항목들 자체에 서열성이 미리 부여되어 있기 때문에 각 점수를 합산하는 추가적인 계산이 필요 없으며 각 문항의 점수만으로 단일 차원의 순위결정이 이루어지는 방식을 취한다.

거트먼척도에서는 응답자가 몇 개의 문항에 어떻게 응답했는지, 즉 응답자의 점수가 얼마인지를 알게 되면 자동으로 그 응답자가 조사대상 항목에 대하여 어느 정도의 수용성을 갖고 있는지 쉽게 알 수 있다. 거트먼척도가 집단에 적용되어 해당 집단의 평균 점수가 도출되면 그것이 의미하는 바를 쉽게 해석할 수 있다. 이처럼 거트먼 척도는 집단 간의 비교에 적절하게 사용될 수 있고, 한 집단 내에서도 다양한 문제들에 대해서 집단의 구성원들이 갖는 인식의 차이 등을 확인하는 데도 유용하게 활용할 수 있다.

거트먼척도는 사회적 거리를 측정함에 있어서 단순히 친소관계 또는 원근관계만을 측정할 뿐이며 친밀한 정도의 크기를 숫자로 표현하지는 못한다. 즉, 거트먼척도에 있어서 문항들 사이의 거리는 알 수 없다. 따라서 거트먼척도는 서열척도의 일종이다.

또한 거트먼척도는 누적적인 성격을 지닌다. 논리적인 측면에서 보면, 외국인을 나의 배우자로 맞아들이겠다는 사람은 자녀의 배우자, 가까운 이웃, 직장동료, 우리나라 국민, 우리나라 방문객으로 받아들이는 것에 반대하지 않을 것이다.

거트먼척도의 장점은 다음과 같다. 첫째, 거트먼 척도는 높은 예측성을 지닌다. 즉, 척도를 구성하는 모든 문항이 측정대상 속성의 정도(강도)에 따라 누적적으로 구성되어 있으므로 한 문항에 대한 응답 결과로부터 다른 문항들에 대한 응답 결과를 예측할 수 있다. 둘째, 거트먼척도를 작성하기 위해서는 경험적 관찰을 토대로 문항을 구성하여야 하는데, 이것은 이 척도가 이론적인 면에서 우월하다는 것을 시사한다. 셋째, 복잡한 계량적 절차를 거치지 않고도 쉽게 서열적인 척도를 만들 수 있다. 끝으로, 거트먼척도는 단일 차원이므로 측정대상을 명확하게 측정할 수 있다.

한편 거트먼 척도의 단점은 다음과 같다. 첫째, 이 척도의 가장 두드러진 특징은 누적성인데, 복수의 문항들이 강도에 따라 누적적으로 배열되도록 문항들을 작성하기가 쉽지 않다. 둘째, 거트먼척도는 두 개 이상의 변수를 동시에 측정하는 다차원적 척도로 사용되기 어렵다.

<상자 2-26> 거트먼척도(2)

귀하는 **외국인**과 아래 (1)~(6)의 관계를 맺는 것에 대하여 찬성합니까, 아니면 반대합니까? ( )안에 √표 하세요.

	중국인 (조선족)	중국인 (한족)	일본인	미국인	동남아인
(1) 우리나라 방문객으로	1.찬성( ) 2.반대( )	1.찬성( ) 2.반대( )	1.찬성( ) 2.반대( )	1.찬성( ) 2.반대( )	1.찬성( ) 2.반대( )
(2) 우리나라 국민으로	1.찬성( ) 2.반대( )	1.찬성( ) 2.반대( )	1.찬성( ) 2.반대( )	1.찬성( ) 2.반대( )	1.찬성( ) 2.반대( )
(3) 같은 직장의 동료로	1.찬성( ) 2.반대( )	1.찬성( ) 2.반대( )	1.찬성( ) 2.반대( )	1.찬성( ) 2.반대( )	1.찬성( ) 2.반대( )
(4) 가까운 이웃으로	1.찬성( ) 2.반대( )	1.찬성( ) 2.반대( )	1.찬성( ) 2.반대( )	1.찬성( ) 2.반대( )	1.찬성( ) 2.반대( )
(5) 자녀의 배우자로	1.찬성( ) 2.반대( )	1.찬성( ) 2.반대( )	1.찬성( ) 2.반대( )	1.찬성( ) 2.반대( )	1.찬성( ) 2.반대( )
(6) 나의 배우자로	1.찬성( ) 2.반대( )	1.찬성( ) 2.반대( )	1.찬성( ) 2.반대( )	1.찬성( ) 2.반대( )	1.찬성( ) 2.반대( )

14) 써스톤척도

심리학자인 Thurstone은 등간 수준의 측정(interval level of measurement)을 위한 척도를 개발하였는데 바로 써스톤척도(Thurstone scale)이다(Thurstone & Chave, 1929). 써스톤척도는 등간척도라는 점에서 서열척도인 리커트척도와는 다르다. 써스톤척도는 문항마다 서로 다른 가중치를 갖고 있는데, 이 점에서 써스톤척도는 모든 문항이 동일한 가중치를 갖는 것으로 간주되는 리커트척도의 제한점을 보완하고 있다.

등간척도를 만드는 기법은 '써스톤의 등현간(等現間) 방법(Thurstone's method of equal-appearing intervals)'이라고 불린다. 써스톤척도화는 어떤 항목에 대한 가장 긍정적인 태도와 가장 부정적인 태도를 나타내는 양극단을 등간적으로 구분하여 여기에 수치를 부여함으로써 등간척도를 구성하는 방법이다. 써스톤척도를 만들 때 등간의 성격을 갖는 척도를 만들기 위해서는 문항 평가자들을 통해 사전평가를 실시하고 그 결과를 분석하여 각 문항에 대한 평균점수를 척도 치로 부여한다.

써스톤척도의 개발 과정은 다음과 같다(Yount, 2006). 첫째, 측정을 통해 연구하고자 하는 태도에 관한 문항(즉, 문장 또는 진술)을 여러 출처로부터 광범위하게 수집한다. 이 과정에서 내용 타당도가 높은 문항을 수집하기 위해서는 문헌고찰과 선행연구의 검토가 필요하다. 일반적으로 매우 긍정적(호의적)인 것부터 중간적 태도를 거쳐 매우 부정적(비판적)인 것에 이르기까지 다양한 수준의 정도나 경향을 측정하는 100개 이상의 문항을 만드는 것이 좋다. 수집된 문항들 가운데 서로 중복되거나 조사자가 연구하려는 항목과 관련 없는 문항을 제거한다.

'대마초에 대한 태도'를 측정하는 써스톤척도를 만드는 과정을 예를 들어보자. 다음은 써스톤척도를 개발하기 위해 수집한 문항의 예이다.

- 대마초도 나름대로 쓸모가 있다.
- 개인이 대마초를 피우는 것은 비극의 시작일 수 있다.
- 대마초는 건강에 매우 좋으며, 당연히 합법화되어야 한다.
- 대마초는 대부분의 사람에게는 별 탈이 없지만, 몇몇 사람에게는 문제가 된다.
- 대마초는 사람을 타락시킨다.
- 나는 대마초가 무섭고 퇴폐적이라고 생각한다.
- (……)

(이하 생략)

둘째, 평가자들에게 문항의 적합성을 평가하도록 요청하는데, 보통 50명 이상 300명 정도의 평가자들에게 각 문항에 응답하도록 요청한다.

평가자들에게 제공되는 문항은 대개 11점 척도로 구성되는 것이 보통이다. 즉, 평가자들은 매우 부정적(비판적)인 것(1점)에서 매우 긍정적(호의적)인 내용(11점)을 담고 있는 11점 척도를 사용하여 자신의 의견을 표출하도록 요청받는다. 이때 중간 수준의 의견(부정적이지도 않고 긍정적이지도 않은 상태)은 6점에 해당한다. 척도지에는 양극단(매우 부정적인 지점과 매우 긍정적인 지점)과 중간 지점(중립 지점)에만 해당 위치에 관한 설명이 기록되어 있는데, 이것은 응답 범주를 구성하는 10개의 계급 구간(1점과 11점 사이에는 10개의 계급 구간이 있음) 사이의 거리가 동일하다는 가정에 바탕을 두고 있다. 예를 들면, '대마초에 대한 태도'를 측정하는 문항의 적합성을 평가하기 위해서 평가자들에게 다음과 같은 문항이 제시된다.

<상자 2-27> 써스톤척도의 개발을 위한 평가표(예시)

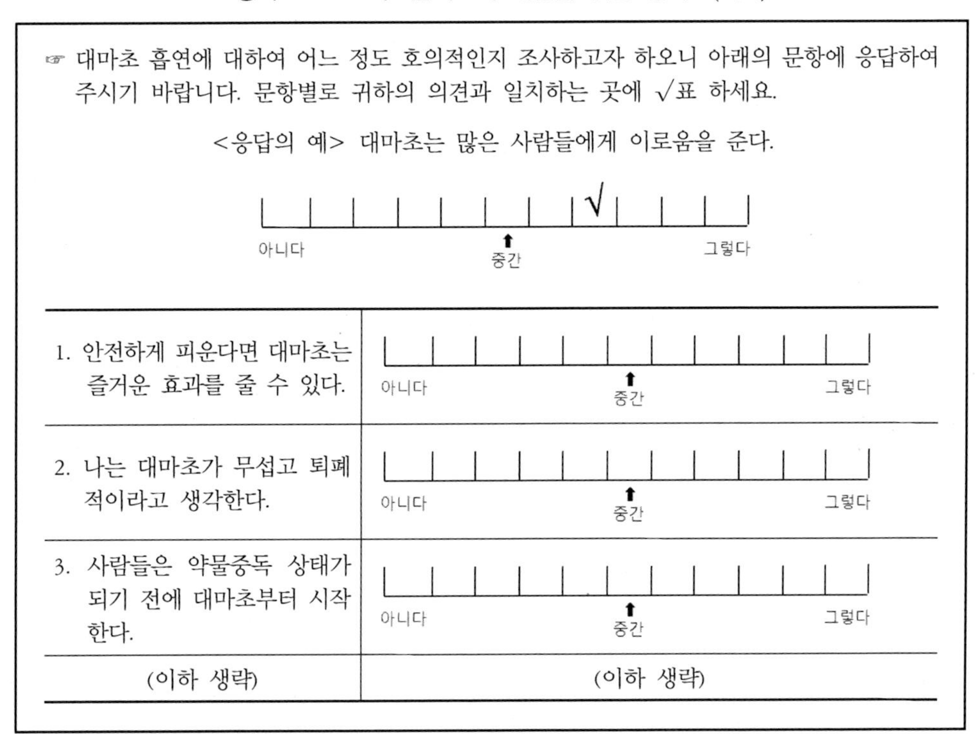

☞ 대마초 흡연에 대하여 어느 정도 호의적인지 조사하고자 하오니 아래의 문항에 응답하여 주시기 바랍니다. 문항별로 귀하의 의견과 일치하는 곳에 √표 하세요.

<응답의 예> 대마초는 많은 사람들에게 이로움을 준다.

아니다 … 중간 … 그렇다

1. 안전하게 피운다면 대마초는 즐거운 효과를 줄 수 있다.	아니다 … 중간 … 그렇다
2. 나는 대마초가 무섭고 퇴폐적이라고 생각한다.	아니다 … 중간 … 그렇다
3. 사람들은 약물중독 상태가 되기 전에 대마초부터 시작한다.	아니다 … 중간 … 그렇다
(이하 생략)	(이하 생략)

셋째, 각 문항의 평균 점수(가중치)를 결정한다. 개별 문항은 평가자에 의해 1점(가장 비판적인 상태) 내지 11점(가장 호의적인 상태)의 점수를 부여받았다. 각 문항의 가중치는 평가자들에 의해 받은 점수의 평균값이다. 즉, 문항별로 총점을 계산한 후 평정자의 수로 나눈 값이 바로 그 문항의 가중치이다. 예를 들어, 20명의 평가자가 응답한 문항 1, 2, 3의 평균 점수가 각각 8.9, 1.6, 4.9일 경우, 이 값들이 각 문항의 가중치(척도치)이다.

문항	20명의 평가자로부터 얻은 평균 점수 (1점: 매우 비판적, 11점: 매우 호의적)
1. 안전하게 피운다면 대마초는 즐거운 효과를 줄 수 있다.	8.9
2. 나는 대마초가 무섭고 퇴폐적이라고 생각한다.	1.6
3. 사람들은 약물중독 상태가 되기 전에 대마초부터 시작한다.	4.9

만약 평가자들의 점수 분포가 지나치게 분산되어 있는 문항은 응답자의 태도를 명확하게 측정하지 못한 것으로 판단되므로 원칙적으로 제거되어야 한다. 대개는 내용이 불명확한 경우가 이에 해당된다. 예를 들면, "대마초에 많은 세금을 부과하여야 한다"라는 문항은 대마초를 바라보는 시각 자체가 모호하므로 척도의 문항 풀(pool)에서 제거되는 것이 마땅하다. 왜냐하면 어떤 사람들은 이 문항이 대마초의 합법화를 주장하는 것이므로 대마초에 호의적인 문항이라고 해석하는 반면, 다른 사람들은 이 문항이 대마초에 무거운 세금을 매겨야 한다고 주장하는 것이므로 대마초에 대한 비판적인 문항이라고 생각할 것이기 때문이다.

써스톤척도를 실제로 활용하는 방법을 예로 들어보자. 아래의 써스톤척도는 척도 개발 과정을 거쳐 완성된 척도이다. 응답자는 10개의 문항 가운데 자신이 동의하는 문항들에 한하여 응답하여야 한다. 문항의 가중치는 각 문항의 말미에 있는 괄호 안에 있다(단, 조사대상자에게 배포되는 설문지의 문항에는 가중치가 제시되어 있지 않다). 이 척도에서 점수가 높을수록 대마초에 대한 태도가 호의적이라는 의미이다.

☞ 이 척도는 대마초에 대한 귀하의 태도를 측정하기 위한 것입니다. 귀하가 동의하는 문항을 있는 대로 골라 모두 √표 하시기 바랍니다.

___1. 나는 대마초가 당신을 비정상적인 심리상태에 놓이게 하므로 찬성할 수 없다. (3.0)
___2. 대마초도 나름대로 쓸모가 있다. (7.1)
___3. 대마초는 사람을 타락시킨다. (2.2)
___4. 대마초는 많은 사람들에게 이로움을 준다. (7.9)
___5. 나는 단 한 번도 대마초를 피워본 적이 없기 때문에 그것이 무슨 효과가 있는지 모르겠다. (6.0)
___6. 안전하게 피운다면 대마초는 즐거운 효과를 줄 수 있다. (8.9)
___7. 나는 대마초가 무섭고 퇴폐적이라고 생각한다. (1.6)
___8. 사람들은 약물중독 상태가 되기 전에 대마초부터 시작한다. (4.9)
___9. 대마초는 건전하며 합법화되어야 한다. (10.0)
___10. 개인이 대마초를 피우는 것은 비극의 시작일 수도 있다. (4.1)

써스톤척도의 점수를 계산하려면 조사대상자가 체크한 문항들의 가중치의 평균값을 구하여야 한다. 즉, 조사대상자가 체크한 문항들의 가중치를 모두 더한 후 체크한 문항 수로 나누면 써스톤척도의 점수가 계산된다. 예를 들어, 응답자 A가 문항 3, 7, 8을 체크하였다고 가정하자. 이 경우, 이 세 문항의 가중치를 모두 합하면 (2.2+1.6+4.9=8.7)이 되며, 이

값을 문항 수 3으로 나누면 (8.7÷3=2.9)가 된다. 즉, 응답자 A의 점수는 2.9점인데, 이것은 1∼11점의 척도에서 대마초에 대한 태도가 매우 비판적임을 알려주는 점수이다.

아래 <상자 2-28>은 교육에 대한 태도를 측정하는 써스톤척도의 예이며, 이어서 이 척도를 구성하는 각 문항의 가중치가 제시되고 있으며, 이 척도의 점수를 계산하는 방법이 설명되어 있다.

<상자 2-28> 써스톤척도(1)

지시사항: 아래 문항들을 읽고 귀하의 교육에 대한 태도와 일치하는 문항들을 있는 대로 골라 √표 하시오.

___1. 나는 교육에 대한 관심이 매우 크다.
___2. 나는 학교에 가도록 강요받기 때문에 어쩔 수 없이 학교에 간다.
___3. 나는 교육에 관심이 있지만, 남들은 교육에 대해 너무 염려하지 말아야 한다.
___4. 나는 공부보다 스릴러물을 읽거나 게임을 하는 것이 더 좋다.
___5. 교육은 인생에서 가장 중요하다.
___6. 나는 간혹 교육이 필요하다고 느끼기도 하고 불필요하다고 느끼기도 한다.
___7. 나는 시험에 합격할 필요가 없다면 공부를 열심히 하지 않겠다.
___8. 교육은 사람을 속물로 만드는 경향이 있다.
___9. 나는 공부가 시간의 낭비라고 생각한다.
___10. 대학 가는 것보다 18세에 직장을 갖는 것이 더 좋다.
___11. 교육이 세상을 도와왔다는 말은 믿기 어렵다.
___12. 나는 교육과 관련 있는 어떤 일도 하고 싶지 않다.
___13. 우리는 교육 없이는 훌륭한 시민이 될 수 없다.
___14. 교육예산을 늘려야 한다.
___15. 나는 내가 받은 교육이 졸업 후에 유용하게 쓰일 것이라고 생각한다.
___16. 나는 항상 교육에 관한 신문기사를 읽는다.
___17. 교육은 득보다 실이 많다.
___18. 나는 교육에 가치를 두지 않는다.
___19. 교육은 우리 생활의 단조로움을 덜어준다.
___20. 나는 숙제에 쏟아 부어야 하는 시간 때문에 교육을 싫어한다.
___21. 나는 학교에서 가르치는 과목들은 좋아하나, 출석은 싫어한다.
___22. 교육은 앞으로 득보다 실을 더 많이 가져올 것이다.
___23. 교육받지 못하는 일은 모든 악의 근원이다.
___24. 교육을 통해 우리 생활을 최대로 유용하게 만들 수 있다.
___25. 오지 교육받은 사람들만이 인생을 최대한도로 즐길 수 있다.
___26. 교육은 손해보다 이익이 많다.
___27. 나는 선생님을 좋아하지 않으며 따라서 교육을 싫어한다.
___28. 적당한 교육은 좋다.
___29. 읽고 쓰고 덧셈하는 방법만 배우면 충분하다.
___30. 내가 편안하게 살 수 있는 한 나는 교육에 관심이 없다.
___31. 교육은 신을 망각하게 만들며, 기독교를 경멸하게 만든다.
___32. 교육을 통해 좋은 성격을 만들 수 있다.
___33. 교육에 너무 많은 돈이 들어가고 있다.
___34. 어느 편이냐 하면, 나는 교육을 조금 싫어하는 편이다.

위 써스톤척도의 문항별 가중치는 다음과 같다. 물론 전술한 바와 같이, 실제 설문조사 과정에서 응답자들에게 문항별 가중치는 제시되지 않는다.

(1.0) 1. 나는 교육에 대한 관심이 매우 크다.
(10.0) 2. 나는 학교에 가도록 강요받기 때문에 어쩔 수 없이 학교에 간다.
(4.2) 3. 나는 교육에 관심이 있지만, 남들은 교육에 대해 너무 염려하지 말아야 한다.
(6.4) 4. 나는 공부보다 스릴러물을 읽거나 게임을 하는 것이 더 좋다.
(0.5) 5. 교육은 인생에서 가장 중요하다.
(5.4) 6. 나는 간혹 교육이 필요하다고 느끼기도 하고 불필요하다고 느끼기도 한다.
(6.9) 7. 나는 시험에 합격할 필요가 없다면 공부를 열심히 하지 않겠다.
(8.4) 8. 교육은 사람을 속물로 만드는 경향이 있다.
(10.1) 9. 나는 공부가 시간의 낭비라고 생각한다.
(7.9) 10. 대학 가는 것보다 18세에 직장을 갖는 것이 더 좋다.
(5.7) 11. 교육이 세상을 도와왔다는 말은 믿기 어렵다.
(10.9) 12. 나는 교육과 관련 있는 어떤 일도 하고 싶지 않다.
(1.3) 13. 우리는 교육 없이는 훌륭한 시민이 될 수 없다.
(2.2) 14. 교육예산을 늘려야 한다.
(3.7) 15. 나는 내가 받은 교육이 졸업 후에 유용하게 쓰일 것이라고 생각한다.
(3.0) 16. 나는 항상 교육에 관한 신문기사를 읽는다.
(9.3) 17. 교육은 득보다 실이 많다.
(11.4) 18. 나는 교육에 가치를 두지 않는다.
(3.3) 19. 교육은 우리 생활의 단조로움을 덜어준다.
(7.4) 20. 나는 숙제에 쏟아 부어야 하는 시간 때문에 교육을 싫어한다.
(4.5) 21. 나는 학교에서 가르치는 과목들은 좋아하나, 출석은 싫어한다.
(10.5) 22. 교육은 앞으로 득보다 실을 더 많이 가져올 것이다.
(2.3) 23. 교육받지 못하는 일은 모든 악의 근원이다.
(0.3) 24. 교육을 통해 우리 생활을 최대로 유용하게 만들 수 있다.
(1.2) 25. 오지 교육 받은 사람들만이 인생을 최대한도로 즐길 수 있다.
(2.7) 26. 교육은 손해보다 이익이 많다.
(7.1) 27. 나는 선생님을 좋아하지 않으며 따라서 교육을 싫어한다.
(4.9) 28. 적당한 교육은 좋다.
(5.8) 29. 읽고 쓰고 덧셈하는 방법만 배우면 충분하다.
(8.9) 30. 내가 편안하게 살 수 있는 한 나는 교육에 관심이 없다.
(9.9) 31. 교육은 신을 망각하게 만들며, 기독교를 경멸하게 만든다.
(1.8) 32. 교육을 통해 좋은 성격을 만들 수 있다.
(8.6) 33. 교육에 너무 많은 돈이 들어가고 있다.
(6.7) 34. 어느 편이냐 하면, 나는 교육을 조금 싫어하는 편이다.

만약 응답자 B가 문항 1, 13, 26, 32에 체크하였다면 그의 척도 점수는 이 네 문항의 가중치를 더한 후 문항 수(4)로 나눈 값[(1.0+1.3+2.7+1.8)/4=1.3점]이다.

15) 비언어적 척도

자료를 효과적이고 효율적으로 수집하기 위해서는 비언어적인 수단을 사용하여 척도를 구성하는 것이 바람직한 경우도 있다. 비언어적 수단은 조사연구자와 조사대상자 사이에서 의사전달의 효과성을 높일 수 있는 유용한 도구가 될 수 있다(Sanchez, 1992). 예를 들어, 나이가 매우 어린 어린이들은 글자를 해독하거나 숫자척도를 이해하는 능력이 매우 제한적이므로 이들로부터 직접 자료를 얻기 위해서는 특별한 도구가 필요하다. 또한 문자와 숫자를 모르는 사람이나 설문조사의 언어를 제대로 이해하지 못하는 조사대상자도 어린이들과 마찬가지 입장에 놓여 있다. 이처럼 글자를 읽지 못하거나 일반 척도를 제대로 이해하지 못하는 조사대상자들을 대상으로 자료를 수집하기 위하여 개발된 것이 바로 비언어적 척도이다.

(1) 그림척도

설문조사에서는 조사자의 자료수집 욕구에 따라 다양한 유형의 그림척도가 사용되고 있다. 일반적으로 그림척도의 예로는 표정, 파이 조각, 세로 막대, 세로 선 등을 들 수 있다.

먼저, 그림척도 가운데 가장 대표적인 것이 표정 척도이다. 표정 척도는 연령이 낮아 아직 글자를 알지 못하는 어린이들을 위하여 개발된 척도의 일종이다. 웃는 모습과 찡그린 모습, 또는 기쁜 표정과 화난 표정은 나이 어린 어린이들에게도 매우 익숙한 그림이다. 어린이들이 글자나 숫자 혹은 다른 기호를 이해하지 못한다 할지라도 그림척도의 표정은 쉽게 이해할 수 있다는 것이 그림척도 사용의 기본전제이다.

표정 척도는 대면설문조사에서 사용되는 척도이다. 우편설문조사나 전화설문조사에서는 그림척도에 대한 이해의 정도를 확인할 수 없으므로 표정 척도를 사용하기 어렵다.

표정 척도를 사용하는 첫 단계는 먼저 조사자가 어린이의 그림척도에 대한 이해의 정도를 판단하는 것이다. 조사자는 어린이에게 가장 기쁜 얼굴(또는 즐거운 얼굴)을 고르도록 지시하고, 이어서 가장 화난 얼굴(또는 슬픈 얼굴)을 고르도록 말한다. 어린이가 표정의 의미를 제대로 이해하고 있다고 판단되면, 다음 단계는 조사자가 어린이를 대상으로 문항별로 설문조사를 직접 실시한다. 어린이들이 특정행동을 하여야 할 경우 어떤 느낌이나 생각이 들 것인지 척도상의 표정을 선택하도록 요청한다. 어린이를 대상으로 한 표정 척도로 측정할 수 있는 항목의 예로는 학교 가기, TV 만화영화 보기, 놀이터에서 놀기 등을 들 수 있다.

그림척도는 후술하는 그래프척도와 비슷한 특성을 지니고 있으므로 척도를 작성함에 있어서 주의하여야 할 점도 크게 다르지 않다. 자신의 설문조사에서 그림척도나 그래프척도를 사용하려고 하는 조사연구자는 척도의 구상 단계에서 다음과 같은 사항을 유념하여야 한다(Alreck & Settle, 2004; Brace, 2004).

첫째, 그림척도나 그래프척도는 무엇보다도 먼저 응답자들이 쉽게 이해할 수 있도록 만들어져야 한다. 쉽게 이해하기 어려운 그림척도나 그래프척도는 존재의 이유를 상실한 것과 다름없다.

둘째, 그림척도나 그래프척도는 응답자들이 매우 친근하게 느끼는 특정 현상에 기반을 두어야 한다. 예를 들면, 표정이나 병에 물이 담긴 정도를 나타내는 모습은 응답자들이 일상적으로 자주 보는 모습이기 때문에 친근성을 가지고 있다.

셋째, 그림척도는 측정의 대상이 되는 속성을 대표할 수 있어야 한다.

끝으로, 그림척도나 그래프척도는 그리거나 만들기 쉬워야 한다. 구상하고 실제로 그리는 데 너무 많은 시간이 걸리는 척도는 결코 좋은 척도라고 할 수 없다.

다음은 가상적인 그림척도의 예이다. 이 척도들에서는 표정, 파이 조각, 세로 막대, 세로선 등의 그림이 사용되고 있다.

<상자 2-29> 그림척도(1): 표정

아래에는 감정을 표현하는 표정이 여러 개 그려져 있습니다. 각 얼굴 그림 아래에는 번호가 붙어 있습니다.

어느 표정이 노인장기요양보험 재가급여 서비스 가운데 **요양보호사의 방문요양 서비스**에 대한 여러분의 느낌을 가장 잘 표현하고 있는지 그 번호를 말씀해주시기 바랍니다.

<상자 2-30> 그림척도(2): 표정

〈다문화 수용성〉

○ 아래에는 감정을 표현하는 표정이 여러 개 그려져 있습니다. 각 얼굴 그림 아래에는 번호가 붙어 있습니다.

○ 얼굴척도 중에서 적절한 번호를 골라 아래의 각 문항의 빈칸에 적어주세요.

1 2 3 4 5 6 7

Q 1. ( ) '어느 국가든 다양한 인종, 종교, 문화가 공존하는 것이 좋다'에 대한 귀하의 감정을 가장 잘 표현하는 얼굴은 어느 것입니까?

Q 2. ( ) '인종, 종교, 문화적 다양성이 확대되면 우리 사회에 도움이 된다'에 대한 귀하의 감정을 가장 잘 표현하는 얼굴은 어느 것입니까?

Q 3. ( ) '외국인 이주자가 늘면 우리나라 문화는 더욱 풍부해진다'에 대한 귀하의 감정을 가장 잘 표현하는 얼굴은 어느 것입니까?

Q 4. ( ) '한국이 단일민족 혈통을 유지해온 것은 자랑스러운 일이다'에 대한 귀하의 감정을 가장 잘 표현하는 얼굴은 어느 것입니까?

Q 5. ( ) '여러 민족을 국민으로 받아들이면 국가의 결속력을 해치게 된다'에 대한 귀하의 감정을 가장 잘 표현하는 얼굴은 어느 것입니까?

Q 6. ( ) '단일민족 국가라는 사실은 국가경쟁력을 높이는 데 도움이 된다'에 대한 귀하의 감정을 가장 잘 표현하는 얼굴은 어느 것입니까?

<상자 2-31> 그림척도(3): 파이 조각

아래에는 서로 다른 사람들의 생활을 나타내는 동그라미(파이 조각)들이 제시되어 있습니다. 동그라미 8 안에는 플러스(+) 기호만 들어 있으며, 이것은 외국인 노동자들이 좋은 일만 한다는 것을 의미합니다. 반면에, 동그라미 0 안에는 마이너스(-) 기호만 들어 있는데, 이것은 외국인 노동자들이 나쁜 일만 한다는 것을 의미합니다. 동그라미 8과 동그라미 0 사이에 있는 다른 동그라미들은 플러스 기호와 마이너스 기호의 수로 좋은 일과 나쁜 일의 정도를 표현하고 있습니다.

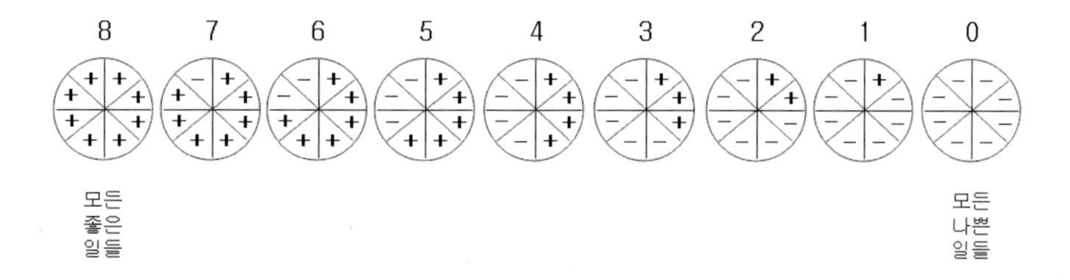

Q 1. 위의 동그라미 중에서 외국인 노동자에 대한 귀하의 생각을 가장 잘 설명하는 동그라미는 몇 번입니까? 그 번호를 적어주시기 바랍니다. ( )

Q 2. 외국인에 대한 생각을 가장 잘 설명하는 동그라미를 선택하도록 요구하였을 때, 우리나라 사람들이 가장 많이 선택하는 동그라미는 몇 번일 것이라고 보십니까? 그 번호를 적어주시기 바랍니다. ( )

<상자 2-32> 그림척도(4): 파이 조각

○ 아래의 동그라미가 **귀하의 대학생활**을 나타내고 있다고 가정하시기 바랍니다. 동그라미 안의 파이 조각은 귀하의 대학생활의 여러 부분을 나타냅니다. 따라서 그림에서 보는 바와 같이 귀하의 생활은 8개의 부분으로 나누어져 있습니다.
○ 귀하의 8개의 대학생활 부분 가운데 좋은 부분에는 플러스 기호(+)를 적어 넣으시기 바랍니다.
○ 귀하의 8개의 생활 부분 가운데 좋지도 않고 나쁘지도 않은 부분에는 영(0)을 적어 넣으시기 바랍니다.
○ 귀하의 8개의 생활 부분 가운데 나쁜 부분에는 마이너스 기호(-)를 적어 넣으시기 바랍니다.

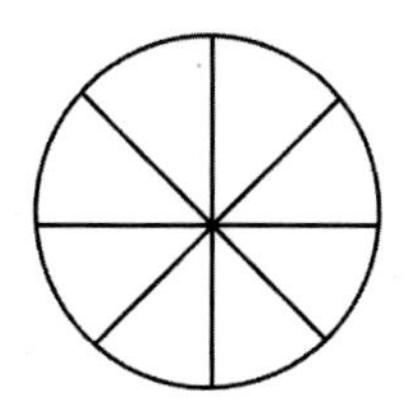

(2) 그래프척도

설문조사에서는 여러 가지 유형의 그래프척도가 사용된다. 구체적으로, 병, 계단, 수평평가, 수직평가, 표정 수직평가, 표정 수평평가, 온도계, 수직 온도계, 표정 온도계, 사다리, 카드 등을 사용한 여러 가지 유형의 척도를 그래프척도의 예로 들 수 있다.

어느 정도 나이를 먹은 어린이나 성인들에게는 병척도(bottle scale)의 사용이 권장되는 경우가 있다. 병척도와 같은 그래프척도를 이용하면 그림척도보다 더 유용한 측정 자료를 얻을 수 있다. 왜냐하면 그래프척도는 양극단을 가지고 있으며, 한쪽 끝은 해당 속성이 100% 또는 전부 존재한다는 것을 의미하는 반면, 다른 쪽 끝은 해당 속성이 아무 것도 존재하지 않는 상태를 의미한다는 것을 시각적으로 잘 알려주는 척도이기 때문이다.

계단척도(stair-step scale)는 어느 정도 나이가 든 어린이 또는 교육을 거의 받지 못했거나 인지기능에 손상을 입어 언어 및 숫자척도에 제대로 응답하기 어려운 성인을 위하여 개발된 척도이다.

병척도의 경우와 마찬가지로, 계단척도의 공간 또는 거리는 숫자 의미를 가지고 있으며, 따라서 코드화(coding) 및 재코드화(recoding)가 가능한 자료이다.

<상자 2-33> 그래프척도(1): 병

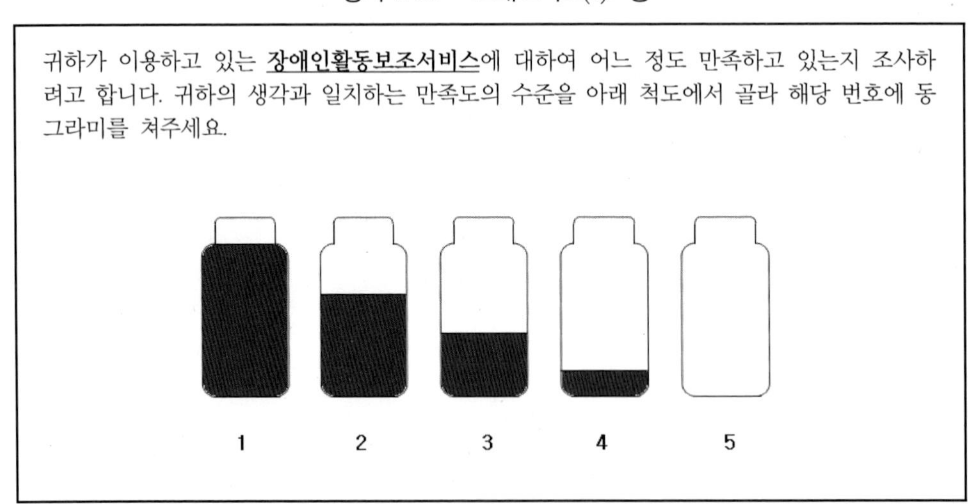

<상자 2-34> 그래프척도(2): 계단

귀하가 거주하는 지역의 **노인장기요양보험 등급판정**에 대하여 어느 정도 만족하고 있는지 조사하려고 합니다. 귀하의 생각과 일치하는 만족도의 수준을 아래 척도에서 골라 해당 번호에 동그라미를 쳐주세요.

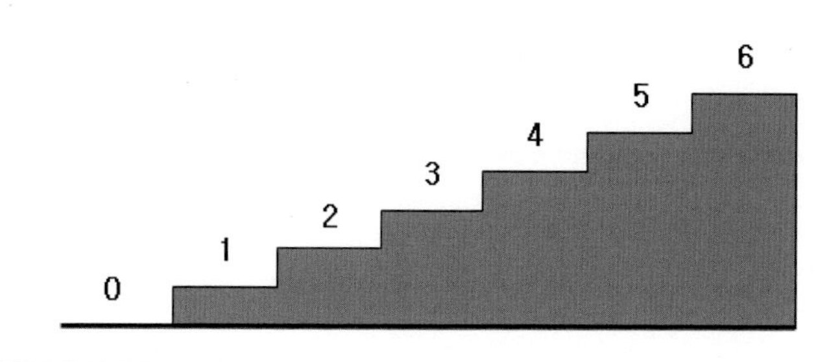

<상자 2-35> 그래프척도(3): 수평평가

A 지역 **사회복지 공동모금회**의 활동에 대한 귀하의 생각을 아래 척도에 표시하여 주시기 바랍니다. 마우스를 사용하여 귀하의 생각에 해당하는 위치를 클릭하시기 바랍니다.

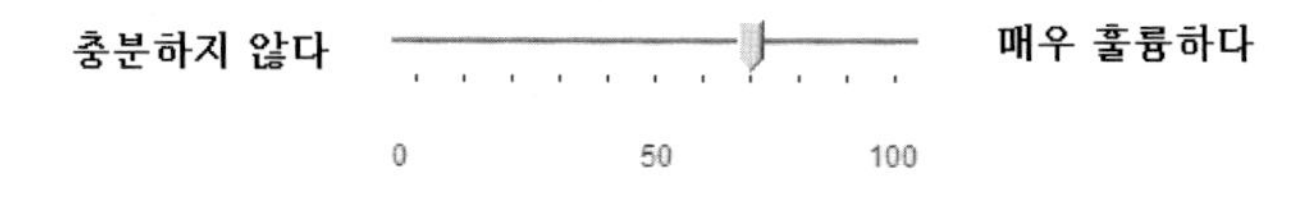

<상자 2-36> 그래프척도(4): 수직평가

귀하가 이용하는 **장애인활동보조서비스**에 대한 귀하의 생각을 아래 척도에 표시하여 주시기 바랍니다. 마우스를 사용하여 귀하의 생각에 해당하는 위치를 클릭하시기 바랍니다.

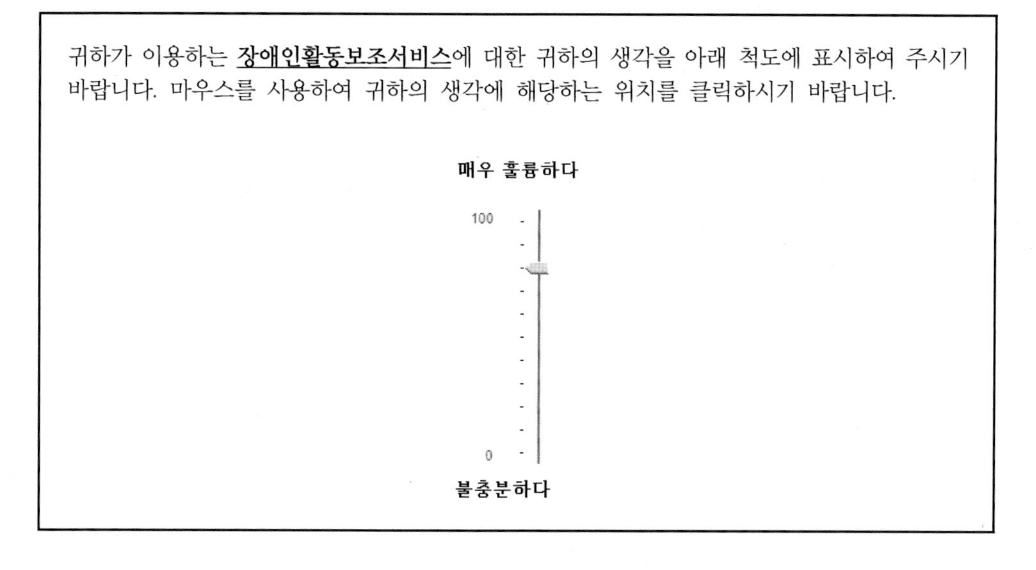

<상자 2-37> 그래프척도(5): 표정 수평평가

○ 2014년 1월 1일부터 **도로명 주소**가 전면 시행되었습니다. 귀하가 도로명 주소를 사용해 본 결과 어느 정도 만족하고 있는지 조사하고자 합니다.
○ 도로명 주소에 대한 귀하의 만족도를 아래 척도에 표시하여 주시기 바랍니다. 마우스를 사용하여 귀하의 생각에 해당하는 위치를 클릭하시기 바랍니다.

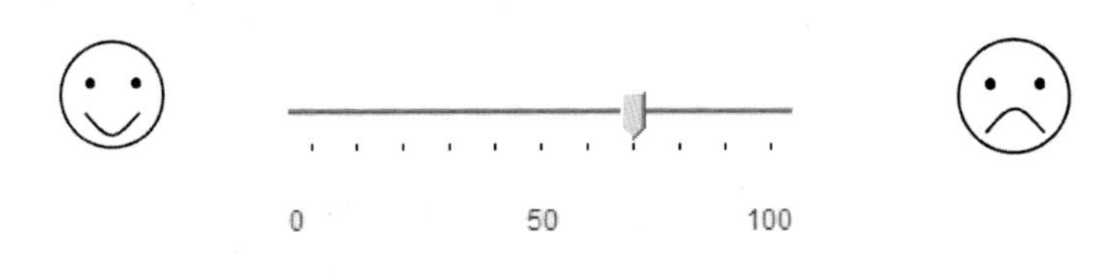

<상자 2-38> 그래프척도(6): 표정 수직평가

한국과 중국 사이의 자유무역협정 체결에 대한 귀하의 생각을 아래 척도에 표시하여 주시기 바랍니다. 마우스를 사용하여 귀하의 생각에 해당하는 위치를 클릭하시기 바랍니다.

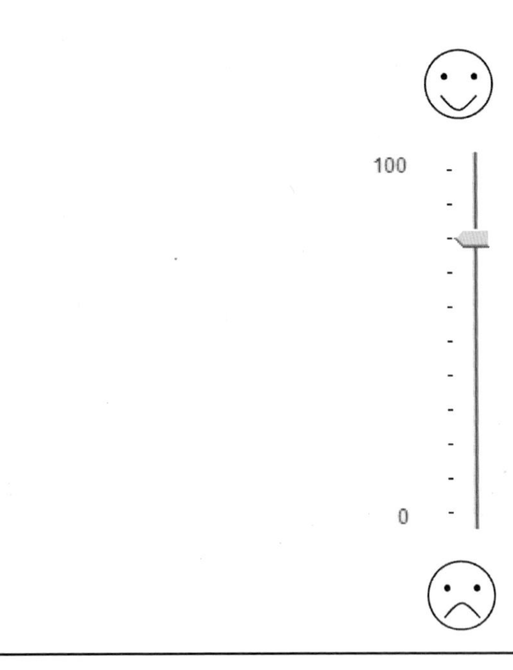

<상자 2-39> 그래프척도(7): 수직 온도계

○ 전반적으로 볼 때, 귀하는 우리나라의 **국민건강보험제도**를 어떻게 평가하십니까? 귀하의 생각을 아래 온도계 척도에 표시하여 주시기 바랍니다. 마우스를 사용하여 귀하의 생각에 해당하는 위치를 클릭하시기 바랍니다.

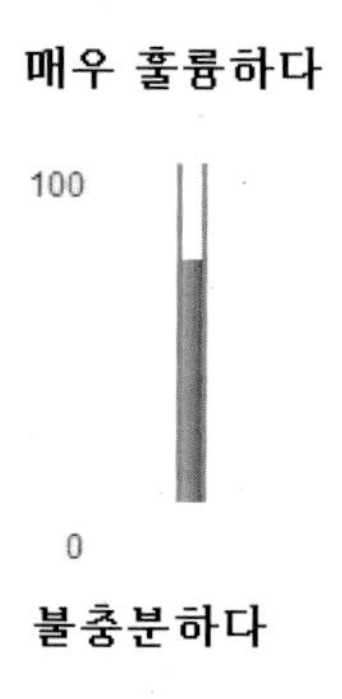

<상자 2-40> 그래프척도(8): 표정 온도계

귀하가 장차 노후에 받게 될 것으로 예상되는 **국민연금의 월 수령액**에 대한 귀하의 생각을 평가해주세요. 아래 온도계 위의 해당하는 위치를 클릭하시면 귀하의 평가점수가 온도계 위에 나타나며 동시에 숫자로도 표시됩니다.

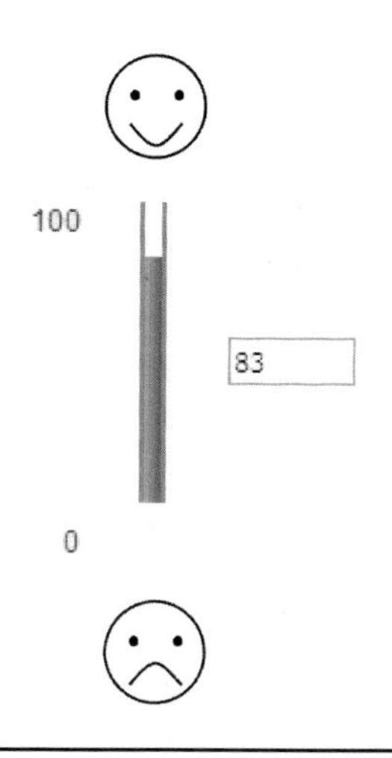

5. 척도의 선택

척도는 조사대상자가 지닌 특정 속성을 점수로서 구별하거나 판별하기 위해 만들어낸 측정수단이다. 지금까지 항목 척도를 개발하는 방법, 특히 다양한 유형의 척도의 장단점과 그러한 척도를 만들 때 유념하여야 할 사항을 중심으로 논의를 전개하였다. 이와 같은 논의를 바탕으로 효과적인 항목 척도를 만드는 방법에 대하여 고찰한다.

1) 척도의 선택기준

앞서 조사연구자는 새로운 척도를 만들어 사용하기보다는 만약 다른 학자나 연구자들에 의해 개발되어 널리 사용되고 있는 여러 가지 유형의 기존 척도들이 존재하다면 그중에서 자신의 정보 욕구를 충족시켜 줄 수 있는 최적의 척도를 선택하는 것이 보다 중요하다는 점에 대하여 언급한 바 있다. 기존의 척도는 척도의 개발 당시는 물론이고 후속 연구에서 이미 '시간의 검증'을 견뎌냈기 때문에 신뢰도와 타당도가 검증되었다고 인정할 수 있기 때문이다. 그러나 신뢰도와 타당도가 확보된 기존의 척도가 존재하지 않는 경우에는 연구자가 새로운 척도를 개발할 수밖에 없는 상황에 처하게 된다.

그런데 연구자가 새로운 척도를 제작하거나 기존의 척도를 선택할 때 여러 상황에 두루 적용할 수 있는 보편타당한 기준이 존재하지 않는다는 점에 주목할 필요가 있다. 다시 말해, 연구자의 정보 욕구를 해결할 수 있는 새로운 척도나 문항을 만들거나 기존의 척도를 선택할 때 적용할 수 있는 명확한 단일 기준이 존재하지 않는다. 즉, 연구자가 처한 상황에 따라 이러이러한 척도를 사용하여야 한다고 규정하는 규칙을 만드는 일은 거의 불가능에 가깝다.

다만, 어떤 척도는 일선 현장의 조사연구자들이 공통의 정보 욕구와 질문을 다루는 데 유용하게 사용될 수 있는 잠재적인 도구로 인정되는 반면, 다른 척도는 동일한 상황에서 사용하기 부적당한 것으로 평가되는 경우가 있다. 척도의 유용성에 관한 판단은 연구자의 직관에 크게 의존한다. 요컨대, 조사연구자는 다양한 척도의 목적과 장단점 및 제한점을 제대로 이해하고 자신이 수행하는 조사연구의 목적 및 상황조건을 감안하여 최적의 척도를 선택하거나 새로 개발하여야 한다는 사실을 인식하는 것이 중요하다.

2) 효과적인 척도의 작성

조사연구자가 척도를 새로 개발하거나 기존의 척도 가운데서 최적의 척도를 선택하려는 경우에 그의 창의성과 효과성을 제약하는 규칙은 없다. 전통적인 척도는 대개 일반적인 조사연구에서 매우 효과적이다. 척도를 개발할 때 다음과 같은 점을 참고하는 것이 바람직하다.

첫째, 가능한 한 단순한 척도를 만드는 것이 좋다. 만약 짧고 간결한 척도와 복잡하고 정교한 척도 가운데서 하나를 선택하여야 한다면, 당연히 전자를 선택하는 것이 더 바람직하다. 척도를 만들거나 선택한 후에도 연구자는 "이 척도보다 더 쉽고 단순한 척도는 없을까?" 등과 같은 질문을 계속 자문자답하는 것이 좋다.

둘째, 항상 응답자를 배려하며 응답자의 입장을 우선적으로 생각하는 마음가짐으로 척도를 개발하여야 한다. 비록 대다수의 응답자들이 매우 협조적이고 도움을 아끼지 않는다고 할지라도, 조사대상자들이 설문조사에 응답하는 행동은 사실 그들의 호의의 결과인 동시에 조사대상자들이 조사연구자의 부탁을 들어주는 것에 다름 아니다. 그러므로 응답자들이 가장 적은 시간을 들여서 가장 빨리 응답할 수 있는 척도를 새로 만들거나 기존의 척도 가운데서 고르는 것이 중요하다. 이것이 무응답 편향(nonresponse bias)을 줄이고 정확성을 높이는 길이기도 하다.

셋째, 응답의 차원(dimensions)을 명확하게 하여야 한다. 여러 주체 간에 특정 사안을 바라보는 차원이 항상 같을 수는 없기 때문에 척도에 대한 응답과 관련하여 어떤 공통점(commonality)이 만들어져야 한다. 응답자가 준거하고 있는 차원이 애매모호하거나 어려울 경우에는 해당 척도가 제 기능을 발휘할 수 없다.

넷째, 항상 도량형의 단위(denominations)를 명시하여야 한다. 조사대상자들이 잘 이해하고 있는 단위를 사용하는 것이 최선이다. 자료의 처리 단계에서 도량형의 단위는 비교적 수월하게 다른 단위로 전환할 수 있다. 예컨대, 피트나 인치로 측정된 자료는 미터법으로 바꿀 수 있으며, 분 단위로 측정된 단위는 시간 단위로 바꿀 수 있다.

다섯째, 척도 속의 범주의 범위를 명확하게 만드는 것이 좋다. 척도에서 사용하는 범주는 조사대상자들이 일상생활에서 사용하고 있는 범주와 동일한 폭을 가져야 한다. 일반적으로 응답자들은 사물을 대략 2개 내지 7~8개의 범주로 분류하기 마련이며, 10개 이상의 범주로 분류하는 일은 매우 드물다. 응답자들이 척도 문항에 응답함에 있어서 조사연구자가 원하는 만큼의 정확도를 가지지 못한다는 것을 유념하여야 한다.

여섯째, 꼭 필요하다고 인정하는 경우에 한하여 응답 대안을 범주화하여야 한다. 응답자가 단순하게 숫자로 응답할 수 있는 경우에는 절대로 응답 대안을 범주화하여 제시하면 안 된다. 숫자로 파악된 자료는 나중에 자료의 처리 단계에서 얼마든지 범주화할 수 있다. 그러나 넓은 범주로 측정된 자료는 나중에 더 자세한 자료로 바꿀 수 없다.

일곱째, 중립성(neutrality)의 문제는 매우 주의 깊게 다루는 것이 좋다. 중립성을 유지하는 문제는 응답 대안의 수와 밀접한 관련이 있다. 만일 응답자가 진실로 어느 쪽에도 치우치지 않는 중립적인 생각을 갖고 있는데도 응답 대안의 수가 짝수라면(이 경우 정확하게 중간을 나타내는 값이 존재할 수 없다) 그는 어쩔 수 없이 어느 한쪽을 편드는 선택을 할 수밖에 없게 된다. 물론 이러한 척도는 응답자의 심기를 불편하게 만들 것이다. 만약 응답자가 매우 강한 감정을 갖고 있지 않은 경우에 홀수 개의 응답 대안이 들어 있는 척도를 사용하면 다수의 응답자가 자신들의 약한 느낌을 무시한 채 중간에 위치하고 있는 응답 대안을 선택하는 결과가 나타날 수도 있다.

여덟째, 지시문(instructions)은 명확하게 작성되어야 한다. 지시문은 조사대상자 가운데 독해력이나 판단력이 가장 낮은 사람도 명확하게 이해할 수 있는 수준이어야 한다. 조사대상자들에게 전형적으로 어울리는 용어나 표현을 사용하여 지시문을 기술하여야 한다. 조사대상자들이 해야 할 일이 무엇인지, 그들이 어떤 순서에 따라 응답을 하여야 하는지에 대해 지시문은 아주 명확하게 언급하여야 한다. 지시문 속에 조사대상자들이 판단의 근거로 삼을 수 있는 기준을 제시하거나, 조사대상자들이 참조할 수 있는 예를 포함시키면 더욱 좋다.

아홉째, 조사연구자는 척도의 구성과 척도의 사용에 있어서 항상 유연성을 유지하여야 한다. 지금까지 소개한 다양한 척도의 유형은 모두 글자 그대로 예시에 불과하다. 조사연구자는 연구목적과 조사대상자의 특성에 맞추어 기존의 척도를 얼마든지 수정하거나 보완하여 새로운 척도를 만들어낼 수 있다. 더 나아가 조사연구자는 기존의 척도를 수정·보완하는 능력을 길러야 한다. 즉, 조사연구자는 자신의 설문조사와 관련한 욕구를 충족하기 위해 지시문, 형식, 어휘, 응답 대안의 수 등 척도에 관한 거의 모든 것을 자신의 의도대로 적절하게 수정할 수 있다. 척도는 그것을 처음 만들어 사용한 사람의 의도대로 계속 사용되는 것이 아니라, 조사연구자가 설정한 설문조사의 임무에 맞도록 다소간에 변형되어 사용되는 것이 보통이다.

끝으로, 조사연구자가 척도를 만든 다음에는 직접 파일럿 테스트를 실시하는 것이 바람직하다. 새로 만든 척도에 대해 조사대상자들이 제대로 응답할 수 있을 것인지 의문시되는 상황에서는 소규모의 비공식적인 파일럿 테스트가 아주 신속하고 저렴한 검증수단이 된다. 전체 설문지가 완성될 때까지 기다릴 필요는 없다. 설문지의 부분이라도 소수의 전형적인 조사대상자를 상대로 파일럿 테스트를 실시할 수 있다.

6. 비그넷(vignettes)의 사용[2)]

비그넷(vignette), 즉 시나리오(scenario)는 특별하게 설계된 구조화된 설문지의 일종이다. 조사연구자의 정보욕구를 충족시키기 위해 설문조사에서 비그넷 기법을 사용하는 것이 매우 효과적인 경우도 있다. 이 절에서는 비그넷의 정의, 사용 목적, 장점과 단점, 그리고 비그넷의 구성 요령에 대하여 고찰한다.

1) 비그넷의 정의

최근 들어 비그넷이 소수의 질적인 연구에서 사용된 바가 있지만, 아무래도 비그넷은 양적인 설문조사에서 많이 사용되는 기법이다(Hughes, 1998). 양적 연구이건 질적 연구이건 간에 선행연구에서 발견되는 여러 학자의 비그넷의 정의는 상당히 유사하다.

- 응답자의 의사결정 과정이나 판단과정에서의 가장 중요한 요인이라고 간주되는 사항에 대한 정확한 설명을 담고 있는, 어떤 사람이나 사회적 상황에 관한, 짧은 기술(Alexander & Becker, 1978, p.94)
- 응답자가 응답하도록 요구받는 구체화된 상황의 가설적 특성에 관한 짧은 이야기(Finch, 1987, p.105)
- 응답자가 의견 또는 코멘트를 제공할 수 있도록 구성된, 사람들과 그들의 행태에 관한, 구체적인 사례(Hazel, 1995, p.2)
- 인지, 믿음, 태도의 연구에서의 중요한 요점과 관련이 있는 개인과 상황에 관한 이야기(Hughes, 1998, p.381)

비그넷은 응답자가 개인과 상황에 관한 가상의 이야기에 대하여 응답하거나 코멘트하도

---

2) 비그넷의 사용에 관한 부분은 김경호, 2007a, pp.218-222의 내용을 수정·보완한 것임.

록 함으로써 그 응답자의 인식, 믿음, 의견과 태도를 추출하는 자료수집 방법 가운데 하나이다. 응답자는 주어진 특정 상황(즉, 비그넷 속의 이야기)에서 스스로 어떻게 행동할 것인지, 또는 제3자가 어떻게 행동할 것이라고 예상하는지에 대하여 응답하는 방식을 취한다. 모든 비그넷에서는 가설적 상황(hypothetical situation)이 설정되는 것이 일반적이다(Rahman, 1996).

2) 비그넷의 목적

연구자들은 다양한 목적을 달성하기 위하여 비그넷을 사용한다. 사회연구에서 비그넷이 사용되는 목적은 크게 나누어 세 가지이다(Barter & Renold, 1991).

첫째, 특정 상황조건을 탐구하고 그 상황에 영향을 미치는 변수가 무엇이며 변수들 간에는 어떤 관계가 있는지 설명하는 자료를 얻기 위해 비그넷이 사용된다. 즉, 비그넷은 상황이라는 맥락 속에서 특정 행동과 사건을 해석하기 위해 사용되는 도구다.

둘째, 비그넷을 사용하는 목적 가운데 하나는 사람들의 판단을 명확하게 이해하는 데 있다. 즉, 비그넷은 설문조사 연구의 영역에서 구체적으로 사용되는 실험설계(experimental design)의 일종으로 보아야 한다(Singleton et al., 1993). 보다 구체적으로 보면, 비그넷은 가상적인 상황에 포함된 다양한 특성을 체계적으로 변화시키고 이에 응답하게 하는 방법을 취함으로써 조사대상자들의 판단의 결과를 분석할 수 있는 유용한 방법이다(Alexander & Becker, 1978).

셋째, 비그넷은 잠재적으로 매우 민감한 주제를 탐색하는 데 특히 유용한 도구이다(Barter & Renold, 1999). 비그넷 기법이 아니라면 조사대상자들이 참여하지 않을 성질의 사안도 비그넷의 특성상 조사연구의 대상이 될 수 있는 것이다. 비그넷의 사용이 권장되는 연구주제의 범주에는 통증(pain), 자살, 성적 표준(sexual standards), 약물남용, 관계 폭력(relationship violence), 일탈행위(deviance) 등이 포함되는데, 이러한 주제는 모두 매우 민감한 것이라고 말할 수 있다. 일반적으로 자기가 직접 경험한 것을 이야기하는 것보다 비그넷 속의 가상적인 상황에 대하여 응답하는 것이 훨씬 더 자유롭다. 왜냐하면 전자보다 후자가 더 사사롭지 않을뿐더러 민감하지도 않기 때문이다. 따라서 조사대상자에게 있어서 비그넷을 통한 가상적인 상황에 관한 응답은 직접적인 경험에 관한 응답보다 훨씬 덜 위협적이라고 할 수 있다.

3) 비그넷의 장단점

설문조사에서 비그넷을 사용하기 위해서는 먼저 비그넷의 장점과 단점을 이해하는 것이 중요하다. 비그넷은 여러 측면에서 장점을 가지고 있다.

첫째, 비그넷은 연구자가 용이하게 해석할 수 있는 일반화된 자료를 수집할 수 있다. 연구자는 설문조사의 여러 유형 가운데 어느 특정 형식으로 문항을 개발할 수 있다(Finch, 1987). 응답자는 보다 추상적인 입장에서 자신의 의견을 피력하기 위해 가설적인 상황 속의 구체적인 상황을 이용할 수 있다(Hazel, 1995). 이처럼 비그넷을 사용하면 일반화된 자료이긴 하지만 해석하기 어려운 일련의 자료를 생산하는 일을 미리 막을 수 있다.

둘째, 응답자로 하여금 가설적인 제3자와 관련된 구체적인 상황에 대하여 응답하게 하는 일은 응답자에게 주어진 상황과 어느 정도 거리를 둔 채 해당 상황에 대한 광범위한 해석을 할 수 있는 기회를 제공하는 것이다(Hughes, 1998). 그뿐만 아니라, 응답자는 응답할 때 사적 경험과 개인적 상황조건의 제한을 받지 않는다(Finch, 1987).

셋째, 비그넷은 성격이 전혀 다른 여러 집단 간의 인식의 차이를 비교하는 데 매우 쓸모 있는 도구이다. 즉, 비그넷은 서로 다른 집단을 대상으로 동일한 상황에 대한 해석이 어떻게 달라지는지를 비교하는 데 유용하다(Barter & Renold, 1999).

끝으로, 비그넷은 다른 자료수집 방법과 함께 사용할 수 있는 보충적인 자료수집 기법이다(Hazel, 1995). 우리가 이해하고자 하는 사회나 현상을 보다 균형적인 시각에서 이해하기 위해서는 통상의 자료수집 방법으로 수집한 자료 외에 비그넷으로 수집한 자료가 보충적으로 필요한 경우가 있다(Hughes, 1998). 비그넷은 기존의 데이터를 보강하기 위한 자료수집 방법으로 사용되기도 하고, 면접이나 관찰 등과 같은 여타의 연구방법으로 얻기 어려운 자료를 수집하기 위해 사용되기도 한다.

한편, 비그넷의 사용에는 단점도 수반된다. 비그넷에 대한 비판 가운데 하나는 비그넷이 현실 생활과 직접적인 관련을 맺고 있지 않으므로 비현실적인 자료를 생산한다는 지적이다(Faia, 1979). '주어진 상황에서 제3자는 어떻게 행동하여야 한다고 믿는가?'라고 묻는 질문과 '주어진 상황에서 귀하는 어떻게 행동할 것인가?'라는 질문은 전혀 다르다(Finch, 1987). 또한 위의 첫 번째 질문이 응답자가 실제 상황에 놓였을 때 실제로 어떻게 행동할 것인가를 예측할 수 있는 수단이 될 수도 없다. 마찬가지로, 어느 응답자가 가상적인 상황에서 취할 것이라고 비그넷상에서 응답한 행동과 실제 상황에 처했을 때 현실적으로 취하는 행동이 상당히 다를 것이라는 지적도 가능하다(Neff, 1979).

이런 맥락에서, 비그넷이 때로는 신뢰도가 낮은 측정수단이 될 수 있다는 비판도 있다. 즉, 상황이라는 맥락을 반영하는 변수가 때로 응답자로 하여금 실제상황 또는 이상적 상황에서 비그넷 관련 정보를 더 부주의하게 다루도록 유인하는 경향이 있다는 것이다(Stolte, 1994).

그러나 비그넷에 근거한 정보가 현실 생활의 정보와 다르다는 비판에 대한 반론도 있다(Hughes, 1998). 이 입장은 비그넷이 유용한 측정도구인가, 아닌가 하는 판단은 그것을 사용하려는 논리가 무엇이냐에 달려 있다고 주장한다.

> 만약 현실생활의 경험을 찾아내기 위하여 비그넷을 사용하려 한다면, 비그넷의 사용에는 적지 않은 제한점이 뒤따른다. 그러나 만약 현실세계를 해석하는 도구를 만들어 그것을 조사대상자에게 상황적 맥락을 부여하는 방법을 통해 제시하는 데 비그넷 사용의 목적이 있다면, 비그넷은 연구방법론에 대한 아주 유용한 기여라고 간주될 수 있다. 비그넷은 현실세계 가운데 선택된 부분에 초점을 맞추며, 광범위한 영역에 걸친 사회적 이슈에 대한 개인들의 인식, 믿음, 태도를 파악할 수 있다. 비그넷과 응답자와의 상대적인 거리는 이러한 일을 보다 쉽게 만든다(Hughes, 1998, p.384).

이와 같은 주장의 연장선상에서, 몇몇 선행연구는 많은 사람들이 실제 상황에서 응답하는 것과 거의 동일한 방법으로 비그넷 문항에 응답한다는 결론을 내리고 있다는 점을 유념할 필요가 있다(Barter & Renold, 1999).

4) 비그넷의 설계

비그넷의 장단점 논쟁에도 불구하고 비그넷은 널리 사용되고 있다. 비그넷을 구성하는 과정에서 참고할 수 있는 몇 가지 기본적인 원칙에 대해 살펴보자.

첫째, 비그넷은 대개 가설적인 이야기의 형식으로 꾸며지기 때문에 응답자의 입장에서 그 이야기가 설득력을 얻기 위해서는 그럴싸해 보이고, 적절해야 하며, 사실적이어야 한다(Finch, 1987). 비그넷 속의 이야기를 사실적이고 적절하게 만듦으로써 이른바 비그넷의 '거짓분위기(atmosphere of make-believe)'를 최소화시킬 수 있다(Neff, 1979). 거짓분위기는 자칫 응답자들이 비그넷 시나리오에 응답하는 방식에 좋지 않은 영향을 미칠 수 있기 때문에 적을수록 좋다.

둘째, 비그넷 속의 가설적인 이야기는 가급적이면 사람들의 현실생활과 밀접한 관련이 있거나 상당히 유사한 내용이어야 한다. 따라서 가설적인 이야기에는 되도록 괴짜 인물

(eccentric characters)나 재난사고(disastrous events)가 들어가지 않아야 하며, 대신에 세속적인 사건이 포함되는 것이 좋다(Finch, 1979). 그러나 경우에 따라서는 조금 특별한 사건을 가설적 이야기를 통해 다루는 것이 여러 가지 측면에서 유리할 때도 있다.

셋째, 비그넷 속의 이야기는 응답자가 쉽게 이해할 수 있고, 내적으로 일관성을 유지하며, 너무 복잡하지 않아야 한다(Barter & Renold, 1999). 이러한 요소들은 모두 설문지에 포함된 비그넷 문항의 수와 묘사의 구체성의 정도에 따라 달라진다. 물론 비그넷 문항의 수와 묘사의 구체성은 조사연구의 목적에 따라 결정된다.

요컨대 비그넷은 사람들의 인식, 믿음, 의견, 태도 등을 탐구하는 가치 있는 기법으로 간주되고 있다. 특히 다른 자료수집 방법으로는 다루기 어려운 민감한 연구주제에 관한 자료를 수집하는 데 있어 비그넷의 필요성과 유용성이 강조된다. 그러나 설문조사에서 비그넷 기법을 사용할 때는 사람들의 믿음과 행동 간의 관계와 관련된 여러 가지 문제점에 대해서도 특별한 주의를 기울일 필요가 있다는 점을 간과해서는 안 될 것이다. <상자 2-41>은 가상적인 비그넷의 예이다.

<상자 2-41> 비그넷의 예

<가상사례>
A 씨(여, 75세)는 남편과 사별한 후 우울증 증세를 보이고 있으며 정서적으로 불안정한 상태이다. A 씨는 1년 전에 출가한 딸의 집으로 들어갔다. A 씨는 자주 고함을 치거나 비명을 지르며 닥치는 대로 물건을 던진다. 어느 날 딸이 손님을 초대하여 저녁식사를 하고 있을 때, A 씨는 고함을 쳐서 모두를 당황하게 만들었다. 그 후 손님을 초대할 때마다 A 씨의 딸은 의사가 처방해준 좋은 약이라고 속이면서 A 씨에게 진정제를 먹인다.

Q 1. 귀하는 위의 사례에서 노인이 학대를 받고 있다고 생각하십니까?
① ( ) 학대가 전혀 아니다.
② ( ) 학대가 아닌 것 같다.
③ ( ) 학대인 것 같다.
④ ( ) 학대가 확실하다.

Q 2. 귀하는 위의 사례를 노인보호전문기관이나 사법 당국에 신고해야 된다고 생각하십니까?
① ( ) 신고할 필요가 전혀 없다.
② ( ) 신고할 필요가 별로 없다.
③ ( ) 신고할 필요가 약간 있다.
④ ( ) 신고할 필요가 매우 많다.

7. 사회적 요망성 편향

조사연구자가 아무리 주의 깊게 설문지를 작성한다 할지라도 그 설문지를 통해 수집되는 자료의 정확성은 응답자가 각 문항에 대해 얼마나 정확하게 응답하느냐에 달려 있다. 즉, 중요한 것은 응답의 정확성이다. 그런데 응답자들이 부정확한 응답을 할 가능성은 작지 않다. 응답자들은 그들만의 특수한 이유에 의해 또는 그들이 부정확한 정보를 제공하고 있다는 사실을 의식하지 못한 채 부정확한 답변을 하게 되는 경우가 있다. 조사연구자는 이와 같은 부정확성의 존재 가능성을 인식하고, 그것을 최소화시킬 수 있도록 노력하여야 하며, 필요한 경우에는 자료 속에 개입되어 있는 편향(bias)과 부정확성을 탐지하고 시정하려는 노력을 게을리하여서는 안 된다. 응답의 편향과 부정확성에 영향을 미치는 대표적인 요인은 사회적 요망성이다. 이 절에서는 사회적 요망성 편향의 개념, 유형, 탐지 요령, 대처방법 등에 대해 고찰한다.

1) 사회적 요망성 편향의 개념

사회적 요망성 편향(SDB: social desirability bias)은 응답 편향(response bias)의 일종이다. 학자에 따라서는 사회적 요망성 편향이라는 표현 대신에 '사회적으로 바람직한 응답(SDR: socially desirable responding)'이라는 어구를 선호하는 경우도 있다(Paulhus & Reid, 1991). 사회적 요망성 편향은 응답자가 자신의 실제 모습과 다르게 보이려는 응답을 하기 때문에 발생한다. 즉, 사회적 요망성 편향은 사람들이 자기 자신에 관하여 보고할 때(즉, 응답할 때), 사회적으로 받아들여질 수 있는 방향으로(in a socially acceptable direction) 질문에 응답하는 경향을 말한다(Lewis-Beck et al., 2004). 달리 표현하면, 사회적 요망성 편향은 사람들이 사회적으로 바람직하지 않은 자질(traits)이나 속성(qualities)은 부인하는 반면, 사회적으로 바람직한 자질이나 속성은 인정하는 경향을 지칭한다(Phillips & Clancy, 1972).

사회적 요망성 편향은 다음과 같은 다양한 이름으로 불린다. 참고로, 한국통계학회(1997)의 『통계학용어집』에서는 'social desirability bias'를 '사회적 요망성 편향'이라는 용어로 번역하여 사용하고 있다.

- 사회적 요망성 편향(social desirability bias)
- 사회적으로 바람직한 응답(socially desirable responding)
- 사회적 소망 편향
- 사회적 소망 편의
- 사회적 바람직성에 의한 편향
- 사회적 바람직성 편견
- 사회적 선호도 편향

사회적 요망성 편향이라는 응답 편의는 개인적으로 또는 사회적으로 민감한 내용을 다루는 항목 또는 문제에서 주로 발생한다. 사회적 요망성은 개인에 따라 변하는 일종의 퍼스낼리티 변수(personality variables)이다. 따라서 모든 개인이 다 사회적 요망성 편향을 갖고 있는 것은 아니다.

사회적 요망성 편향은 의식적으로 또는 잠재의식적으로 발생한다. 첫째, 사회적 요망성 편향은 조사대상자들이 설문의 응답을 통해 자신들이 사회적 책임을 다하고 있다는 인상(impression)을 주거나 증가시키려고 할 때 의식적으로 발생한다. 둘째, 사회적 요망성 편향은 조사대상자들이 자신들을 실제와 다르게 믿고 있기 때문에 잠재의식적으로 발생하기도 하는데, 이 경우에는 대개 어떤 사실을 부인(denial)하는 답변으로 나타난다.

사회적 요망성 편향에 의해 조사대상자의 응답은 때로는 과장 응답으로 나타나기도 하고 때로는 과소 응답으로 나타나기도 한다. 사회적 관점에서 보아 바람직한 것으로 여겨지는 주제에 대한 응답은 실제보다 과장되어 나타나는 반면, 그 반대의 성격을 가진 주제에 대한 응답은 실제보다 낮은 빈도나 강도로 나타난다.

다음은 사회적으로 바람직한 행동으로 간주되기 때문에 과장 응답으로 나타날 가능성이 높은 행동의 예이다(Bradburn et al., 2004).

◇ 좋은 시민이 되기

· 선거명부에의 등록 및 실제 투표에의 참여

· 정부 공무원과의 교류활동 및 상호작용

· 다양한 지역사회 활동에의 참여 및 역할 담당

· 현재의 주요 이슈에 대한 인식의 정도

◇ 정보통의 교양 있는 시민이 되기

· 신문 · 잡지 · 책 읽기와 도서관의 이용

· 음악회 · 연극 · 미술관 등 문화행사에의 참여

· 각종 교육활동에의 참여

◇ 도덕적 · 사회적 책임의 완수

· 자선행사 참여 및 소외계층 돕기

· 가족행사 및 자녀양육에의 적극 참여

· 취업활동

이와 대조적으로 응답자들이 실제보다 낮추어서 응답하려는 경향을 보이는 경우도 존재하는데, 다음은 그러한 과소 응답이 일어날 가능성이 높은 행동이나 조건의 예이다(Sudman & Bradburn, 1982).

◇ 질병과 장애

· 암

· 성병

· 정신병

◇ 불법적 또는 반규범적인 사적 행동

· 교통법규 위반 등 각종 규칙 위반 혹은 범죄

· 탈세

· 약물의 사용

· 알코올 제품의 소비

· 성 행동(sexual practices)

◇ 재정 상태

· 소득

· 저축 및 기타 자산

위에 예시된 목록이 암시하듯이, 과거에는 사회적 요망성 편향이 주로 사회연구(social research)에 중요한 영향을 미치는 요인으로 간주되었다. 그러나 최근 들어 사회적 요망성 편향은 더 이상 사회연구자들의 전유물이 아니며 사회과학의 다양한 영역의 학자들에 의해서 다루어지고 있다.

2) 사회적 요망성 편향의 유형

의식적 혹은 잠재의식적으로 존재하는 사회적 요망성 편향은 다양한 모습으로 나타난다. 사회적 요망성 편향의 유형으로는 인상관리(impression management), 자아 방어 및 자기기만(ego defence and self-deception), 도구화(instrumentation) 등을 들 수 있다(Brace, 2004).

(1) 인상 관리

가장 흔히 접할 수 있는 사회적 요망성 편향은 이른바 '인상 관리(impression management)'라고 부르는 현상이다. 인상관리는 조사대상자가 바람직한 행동은 과잉 보고하고 바람직하지 않은 행동은 과소 보고하는 경향을 지칭한다(Booth-Kewley, Edwards & Rosenfeld, 1992). 인상관리는 의식적·의도적으로 남을 속이는 행동이며(Lautenschlager & Flaherty, 1990), 사람들이 특정 목적을 달성하기 위하여 그들의 이미지를 다른 사람들에게 어떻게 제시하는지를 다루는 Goffman(1959)의 인상관리이론(Impression Management Theory)에 바탕을 둔 개념이다. 인상관리는 응답자가 대외적으로 승인(approval)을 받고자 하는 욕구와 밀접한 관련이 있다. 한마디로 말해, 인상관리의 기본적인 목표는 사회적 승인의 획득이다.

인상관리는 한편으로는 응답자 개인의 함수이며 다른 한편으로는 설문 문항의 함수인데, 이 두 가지 함수의 조합에 의해 인상관리의 발생 빈도가 영향을 받는다. 어떤 사람들은 몇몇 문항에 대해서는 정직하게 응답하지만, 사회적 승인을 받고 싶어 하는 다른 몇몇 문항에 대해서는 그렇게 하지 않는다. 그렇다면 사람들이 어떤 질문이나 주제에 대해 대외적으로 승인을 받고 싶어 하는 것일까? 이 질문에 대한 대답은 '사람들이 승인을 받고자 하는 질문이나 주제는 사람마다 다르다'이다. 특정 연구에 있어서 인상관리는 대다수의 문항에서가 아니라 여러 응답자에게 공통적으로 해당하는 오직 소수의 문항에서 발생할 가능성이 매우 높다.

(2) 자아 방어 및 자기기만

자신의 존경(esteem)을 유지하려는 욕구가 편향(bias)을 야기하는 또 하나의 원인이 되는 경우도 있다. 이 경우 편향의 원인은 인상 관리가 아니라 자기 확신이다. 즉, 응답자의 의도는 면접자나 연구자 등 제3자를 대상으로 자신에 관한 좋은 인상을 관리・유지하려는 것이 아니라, 응답자 스스로에게 자신이 사회적으로 책임 있는 방식으로 생각하고 행동하고 있다는 확신을 심어주려는 것이다. 이러한 현상이 의식적으로 이루어질 경우에는 자아 방어(ego defence)라 부르고, 무의식적으로 이루어질 때는 자기기만(self-deception)이라 이른다.

자아 방어나 자기기만은 응답자의 미래 행위와 관련된 응답에서 정직하지만 과장된 응답의 형태로 나타난다(Booth-Kewley et al., 1992). 응답자가 비록 현재로서는 사회적으로 바람직한 방식으로 행동하거나 생각하고 있지 못하고 있음을 인정하지만, 미래의 행동을 묻는 설문 문항의 응답에 있어서는 자신이 장차 사회적으로 바람직한 방식으로 행동할 것이라고 스스로 확신하면서 응답하게 된다.

(3) 도구화

사회적 요망성 편향을 일으키는 다른 하나의 편향은 도구화(instrumentation)인데, 이것은 응답자가 의식적으로 만들어내는 효과이다. 도구화는 응답자가 자신의 의견을 바탕으로 사회적으로 소망스러운 성과를 달성할 것으로 예상되는 답변을 만들어내는 현상을 지칭하는 용어이다. 응답자들은 자신들이 특정 행동을 하거나 특정 상품을 구입할 의사가 거의 없거나 매우 낮다는 것을 알고 있음에도 불구하고, 정작 설문의 응답에서는 그러한 행동을 하거나 상품을 구입하겠다는 의사를 피력한다.

복권사업의 이윤이 공익사업비와 복권사업운영비에 각각 어떤 비율로 배분되어야 하는지를 묻는 설문조사는 도구화 효과를 보여주는 좋은 예가 될 수 있다. 설문조사에서 응답자들은 의도적으로 복권사업운영비에 할당되는 이윤의 비중을 낮추고 공익사업에 할당되는 비중을 높여야 한다고 응답한다. 왜냐하면 그들은 다수 국민의 뜻이 복권사업의 이윤 가운데 많은 부분이 복권사업자의 이익을 위해서가 아니라 복지사업 등 공익 분야에 배분되어야 한다는 점으로 집약될 경우 이러한 조사 결과가 입법부 등 정책결정의 권한이 있는 주체들에게 영향을 미칠 것이라고 믿기 때문이다.

도구화 현상은 인상관리와 동시에 발생할 수도 있고, 인상관리 대신에 발생할 수도 있다. 인간은 생각, 행동, 태도의 표현에 있어서 매우 복잡한 생명체이다. 사람들은 설문조사 응답을 통해서 다른 사람이나 기관의 의사결정에 어느 정도 영향을 미칠 수 있다는 것을 인식하고 있는 '생각하는 갈대'이다.

3) 사회적 요망성 편향의 탐지

응답자들의 사회적 요망성 편향이 설문조사 응답에 어떤 영향을 미쳤는지를 판단하는 일은 쉽지 않다. 사회적 요망성 편향의 존재 여부를 확인하는 일은 그러한 문제점을 치유하거나 체계적으로 대처하기 위한 선행 단계의 임무이다. 사회적 요망성 편향의 존재 여부를 찾아내는 방법으로 다음과 같은 여러 가지 방안이 거론되고 있다(Brace, 2004).

(1) 대응집단

사회적 요망성 편향을 확인하고 그에 대처하는 한 가지 방법은 두 개의 대응집단(matched cells)을 만들어 비교하는 방법이다. 이것은 표본의 일부를 통제집단(control cell)으로 삼고 그 통제집단을 대상으로 동일한 질문을 보다 직접적인 방식으로 묻는 방식이다. 통제집단은 나머지 표본과 여러 가지 중요한 비교기준에 있어서 서로 유사하여야 하며(즉, 대응관계에 놓여야 함), 두 집단 간의 차이가 통계적으로 유의하려면 충분한 표본 크기를 갖추어야 한다. 만약 통제집단의 응답이 나머지 표본의 응답과 유의하게 다르다면, 이것은 응답자들이 사회적 요망성 편향을 가지고 있음을 암시하는 것이라고 해석한다. 따라서 설문지 작성자는 사회적 요망성 편향에 대처하는 과업을 수행하여야 한다.

이 방법은 사회적 요망성 편향을 확인하는 과정에서 표본의 상당 부분을 희생시킬 수밖에 없다는 한계점을 가지고 있다. 따라서 차라리 사회적 요망성 편향이 언제나 존재할 것이라고 가정하고, 애초부터 그러한 문제점을 줄이려는 문항제작 기술을 사용하는 것이 더 낫다고 하겠다.

(2) 알려진 사실과의 대조

설문조사의 응답결과를 다른 출처에서 나온 자료의 응답결과와 교차 비교(cross-check)할 수 있다면, 이것은 사회적 요망성 편향을 찾아내는 효과적인 방법이 될 수 있다. 교차 비교가 상대적으로 쉬운 대상은 사실이나 행동에 관한 자료이며, 교차 비교가 어려운 대상은 태도에 관한 문항이다. 그러나 사실에 관한 자료라 할지라도 정의(definitions)와 기간(time periods) 등이 다를 경우 외부 자료와 설문조사 자료를 대조시키기가 쉽지 않다. 간혹 설문조사 자료를 통해 내부적인 교차비교(internal cross-checking)를 할 수 있는 경우도 있다.

태도에 관한 자료 속에 어느 정도의 사회적 요망성 편향이 내재되어 있는지 확인하기 위해 응답자의 친구나 지인을 면접 조사하는 방법이 있다. 즉, 응답자의 지인이나 친구들로 하여금 특정 사안에 대한 해당 응답자의 태도를 평가하도록 요청하는 방법이 그것이다. 그러나 현실적으로 이 방법을 사용하기에는 매우 많은 어려움이 뒤따를 것으로 생각된다. 연구자의 입장에서는 응답자의 친구나 지인의 정확한 평가를 기대하는 것도 어렵고 또 응답자의 친구나 지인의 입장에서는 이 문제에 개입하여야 할 적절한 동기를 찾기도 어렵기 때문이다.

(3) SDB 탐지용 척도의 사용

특정 표본이 가지고 있는 사회적 요망성 편향을 탐지하기 위해 태도를 측정하는 일련의 척도를 고안하는 방법도 생각해볼 수 있다. 이 척도에는 '대다수의 모집단 구성원들이 가지고 있는 사회적으로 바람직하지 않은 행동'을 측정하는 문항들과 '소수의 모집단 구성원들이 가지고 있는 사회적으로 바람직한 행동'을 측정하는 문항들이 포함된다.

만약 어느 응답자의 점수가 위의 첫 번째 문항 집단의 경우에는 일관되게 낮은 것으로 나타나고(이것은 사회적으로 바람직하지 않은 행동이 일어나는 정도가 낮다는 것을 암시함), 두 번째 문항 집단의 경우에는 일관되게 높게 나타난다면(이것은 사회적으로 바람직한 행동이 일어나는 정도가 높다는 것을 암시함), 해당 응답자가 모집단 중에서 소수의 '천사 같은' 집단에 소속되어 있다고 보거나 아니면 그의 응답 안에는 사회적 요망성 편향이 내재되어 있다고 보아야 한다. 연구자는 개별 응답자들 가운데 위와 같은 응답패턴을 가진 사람들을 구별해낼 수 있을 것이다. 만약 다른 주제에 대해서도 그 표본이 기대되는 것보다 높은 수준의 바람직한 행동을 보여주거나 기대되는 것보다 낮은 수준의 바람직하지 않은 행동을 보여주는 결과를 보이면 연구자는 해당 표본이 전반적으로 사회적 요망성 편향을 가지고 있다고 결론을 내리게 된다.

결론적으로, 잘 고안된 척도를 사용하면 사회적 요망성 편향을 탐지할 수 있다. 실제로 여러 선행연구에는 사회적 요망성 편향을 확인하기 위해 설문지 설계의 단계에서 활용할 수 있는 일련의 척도가 소개되어 있다(Paulhus & Reid, 1991).

(4) 응답자의 생리적 신호에 주목하기

사회적 요망성 편향을 찾아내기 위해 응답자의 생리적 신호에 주목하는 방식도 검토해 볼 만하다. 면접 설문조사에서 응답자가 면접자를 오도하려는 시도를 할 경우, 자신도 모르는 사이에 생리적 신호가 나타나는 경우가 있다. 응답자의 안면 근육의 움직임, 전기 피부 반응(galvanic skin response), 동공의 확장(pupil dilation) 등이 그러한 생리적 신호의 예이다. 이와 같은 응답자의 생리적 신호에 주목하여 사회적 요망성 편향을 탐지하는 방법이 있다. 그러나 심지어 실험실 조건을 갖춘 경우에도 응답자의 생리적 신호를 해석하는 일에 대해서는 논란의 소지가 매우 많을 것이라고 여겨진다. 하물며 실험실 밖에서는 응답자의 생리적 신호를 얻거나 해석하는 일 자체가 불가능하거나 무의미한 일이 될 것이다.

설문지를 작성함에 있어서 사회적 요망성 편향을 확실하게 제거하는 방법은 거의 없다고 해도 과언은 아닐 것이다. 중요한 것은 설문지 작성자가 사회적 요망성 편향의 개입 가능성을 인식하는 일이다. 사회적 요망성 편향으로부터 자유스럽지 않다는 점을 망각하지 않는다면 연구자는 사회적 요망성 편향을 최소화할 수 있는 설문지를 만들어내려는 노력을 계속할 것이며 장차 분석 결과를 논의하는 단계에서의 해석상의 오류도 줄어들 것이다.

4) 사회적 요망성 편향에의 대처 방법

설문 문항을 작성할 때는 조사연구자는 언제나 자신이 만들고 있는 일련의 문항들 가운데 어느 영역에서 사회적 요망성 편향이 개입할 가능성이 있는지 확인하려는 노력을 기울여야 한다. 만약 조사연구자가 사회적 책임 요소(social responsibility component)와 같은 특정 주제에 관한 태도나 행동을 묻는 문항들을 다루고 있다면 편향(bias)의 개입을 최소화시키는 가장 좋은 방법이 무엇인지 알아내려고 심사숙고하여야 한다. 단순히 문항의 전후 또는 내부에 응답자의 솔직한 응답을 요청한다는 당부의 말씀만을 기록하는 것은 거의 효과가 없다(Phillips & Clancy, 1972).

응답자는 실정법에 의해 응답 내용의 비밀을 보장받고 있는데, 통계법 제33조와 제34조는 비밀의 보호와 통계종사자 등의 의무를 규정하고 있다. 또한 민감한 문항을 작성할 때는 서두에서 미리 응답내용의 비밀을 보장한다는 내용을 삽입하기도 한다. 그러나 이러한 조치가 거의 효과가 없거나 오히려 응답자의 협조를 저해한다는 연구결과가 있다(Singer, Hippler & Schwarz, 1992). 응답자의 협조 저하는 응답자에게 재차 비밀유지의 약속을 이행하겠다고 강조하는 것이 오히려 응답자에게 해당 문항이 매우 민감한 내용이라는 것을 새삼 일깨워주고 그래서 응답자가 그 문항에 대하여 응답하는 것을 두렵게 만들기 때문인 것으로 보인다. 그래서 단순히 정직성에 호소하거나 비밀유지를 약속하는 것만으로는 불충분하다. 보다 긍정적이고 적극적인 대처방안이 필요한데, 다음은 몇 가지 예이다.

(1) 설문조사에서 면접자의 배제

응답자는 자신의 체면을 세우기 위해 자신이 본연의 모습보다 사회적으로 더 책임 있는 존재라는 인상(impression)을 만들려는 경향이 있다. 이것은 응답자가 조사자 또는 눈에 보이지 않는 연구자를 의식하기 때문에 일어난다. 많은 응답자들은 면접 설문조사에서는 오직 면접자만이, 그리고 자기기입식 설문조사에서는 자료를 코딩하여 입력하는 사람들만이 응답자 개인 수준의 자료를 확인할 수 있다는 점(즉, 다른 사람들은 응답자의 개인정보를 알 수 없다는 사실)을 분명하게 인식하지 못한다. 응답자들이 남을 의식하는 이러한 행태는 일견 별문제가 없는 것처럼 보인다. 그러나 응답자들이 좋은 인상을 남기려고 의식하는 상대가 다름 아닌 면접자일 경우에는 설문조사 결과가 왜곡될 소지가 크다.

자기기입식 설문지(self-completion questionnaire)의 사용은 인상 관리의 문제를 해결하는 하나의 대안이다. 다시 말해, 응답자의 면전에서 면접자를 배제함으로써 응답자의 인상관리라는 문제점이 해소된다. 그러나 설문조사에서 면접자를 배제한다고 할지라도 자아 방어(ego defence)나 자기기만(self-deception)의 문제는 근본적으로 해결되지 않는다.

그런데 응답자의 면전에서 면접자를 배제하는 방법이 과연 사회적 요망성 편향을 제거 또는 감소할 것인지에 대하여 선행연구의 결과는 단정적이지 않다(Lautenschlager &

Flaherty, 1990). 자기기입식 설문조사 방식을 사용함으로써 사회적 요망성 편향이 감소되었다는 연구결과가 존재하는가 하면, 별다른 효과를 보지 못하였다는 연구결과도 존재한다.

자기기입식 설문지는 응답자들이 아주 민감하게 여기거나 답변하기 거북한 주제를 다루기에 아주 적합한 조사도구이다. 따라서 자기기입식 설문지를 사용함으로써 연구자는 인상관리에 의한 응답 편향 등 많은 편향을 제거할 수 있다고 본다. 그러나 연구자는 자기기입식 설문지를 사용하여 얻은 자료 속에 다른 종류의 편향이 있을 수 있다는 점을 유념해야 한다.

(2) 무작위 응답 기법

무작위 응답 기법(random response technique)은 Warner(1965)에 의해 처음 개발된 조사방법이다. 이것은 답변하기 거북한 행위 또는 심지어 불법적인 행위에 대하여 설문조사를 할 경우에, 응답자가 그런 행동을 하였다는 사실을 누구도 알지 못하게 하면서 동시에 응답자로 하여금 정직하게 응답할 수 있게 만드는 기제(mechanism)를 제공하는 방법이다.

이것은 응답자에게 두 개의 대안적인 질문이 주어지기 때문에 가능하다. 하나의 질문은 매우 민감한 내용이며, 다른 하나는 전혀 민감하지 않다. 응답자가 두 개의 질문 가운데 어떤 질문에 응답하였는가는 오직 응답자만이 알 수 있다.

무작위 응답 기법의 예를 하나 들어보자. 이것은 응답자에게 두 개의 질문을 동시에 제시하고 그중 하나의 질문에 대한 응답을 직접 기입하게 하는 방식이다. 이 두 개의 질문은 동일한 응답 범주(응답 코드)를 가지고 있다. 하나의 질문은 매우 민감하거나 답변하기 거북한 내용에 관한 것이며, 다른 하나의 질문은 민감하지도 않고 자극적이지도 않은 내용이다. 응답자들은 무작위 방법에 의해 이 두 가지 질문 가운데 어느 하나에 응답하도록 결정되는데, 그 결정 내용은 면접자가 알 수 없다. 즉, 면접자는 각 응답자가 두 개의 질문 중에서 어느 질문에 응답하였는지 알 수 없으며, 따라서 응답자는 면접자의 눈치를 보지 않고 솔직하게 자신의 의견에 따라 질문에 응답할 수 있게 된다. 응답자에게 질문을 배정하는 무작위 방법으로는 모자 안에 두 가지 색깔의 공을 집어넣은 다음에 응답자들에게 하나씩 꺼내도록 하여 그 공의 색깔에 따라 질문을 배정하는 방법을 생각할 수 있다. 물론 특정 응답자가 무슨 색깔의 공을 꺼냈는지, 그래서 그가 어떤 질문에 응답하도록 결정되었는지를 면접자가 알아서는 안 된다. 다른 방법으로는 응답자로 하여금 면접자가 보지 않는 곳에서 동전을 던지게 한 다음에 앞면과 뒷면 가운데 어느 면이 나왔느냐에 따라 응답자에게 질문을 배정하는 방식이 있다. 이 두 가지 방법은 실행하기 어려운 것은 아니지만, 대부분의 면접 설문조사 현장에서 사용하기에는 귀찮고 번거로운 면이 있다는 단점을 가지고 있다. 반면에, 설문조사에 현장에서 응답자나 면접자는 카드를 뽑거나 구슬을 꺼내는 행위를 즐기며, 이것이 오히려 응답자의 협조를 이끌어내는 계기로 작용한다는 견해도 있다(Bradburn et al., 2004).

다른 하나의 무작위 응답 기법은 다음 <상자 2-42>에서와 같은 응답방식을 사용하는 것이다. 이 방식은 인터넷설문조사에서도 널리 활용되고 있다.

<상자 2-42> 무작위 응답 기법의 예

아래에는 두 개의 질문과 하나의 응답범주가 마련되어 있습니다.
만약 귀하의 생일이 11월이나 12월이라면 질문에 A에 응답하여 주시기 바랍니다.
만약 귀하의 생일이 1월 내지 10월이라면 질문 B에 응답하여 주시기 바랍니다.
귀하가 질문 A와 질문 B 가운데 어느 질문에 응답하였는지는 아무도 알 수 없기 때문에 귀하의 응답 내용은 철저하게 비밀에 부쳐질 것입니다. 따라서 귀하께서 솔직하게 응답하여 주실 것을 당부 드립니다.

질문 A: [귀하의 생일이 11월 또는 12월에 속한다면 아래 질문에 응답하시기 바랍니다.]
귀하의 자택의 전화번호는 맨 끝자리가 홀수입니까? 그렇다면 '예', 아니면 '아니요'에 응답하세요.
질문 B: [귀하의 생일이 1월 내지 10월에 속한다면 아래 질문에 응답하시기 바랍니다.]
귀하는 지난 12개월 동안에 단 한 번이라도 대마초(marijuana)를 피운 적이 있습니까?

예: □
아니요: □

자료: Brace, 2004, p.187 일부 수정.

우리는 상식적으로 전체 국민 중에서 11월과 12월에 태어난 사람이 전체 인구의 6분의 1, 즉 17% 정도를 차지할 것이라는 사실을 이미 알고 있다. 만약 우리가 다루는 표본의 크기가 충분히 크다면, 이와 같은 결과를 우리의 표본조사에서 그대로 활용할 수 있다. <상자 2-42>의 무작위 응답 기법의 예에서, 응답자들이 두 개의 질문 가운데 어느 질문에 응답하였는지 알 수 없도록 하기 위해 한 세트의 응답 범주만이 제시되어 있음을 알 수 있다.

이 예에서, 만약 표본의 크기가 1,000명이라면 그중 830명(전체의 83%)은 생일이 1월 내지 10월에 속할 것이므로 이른바 민감한 질문(질문 B)에 응답하게 될 것이며, 나머지 170명(전체의 17%)은 민감하지 않은 질문(질문 A)에 응답하게 될 것이다. 또한 확률적으로 보아, 그 170명 가운데 절반(85명)은 '예'에, 그리고 나머지 절반(85명)은 '아니요'에 응답하게 될 것이다.

만약 전체 응답자 가운데 '예'라고 응답한 사람이 X명이라면, 그로부터 지난 12개월 동안에 한 번이라도 대마초를 피운 사람의 수를 계산할 수 있다. 전화번호의 끝자리가 홀수이기 때문에 '예'라고 응답한 사람이 85명이므로, 대마초 흡연 여부를 묻는 질문에 '예'라고 응답한 사람의 수는 (X-85)명이 된다. 결국 지난 12개월 동안에 대마초를 흡연한 사람의 비율(즉, 질문 B에 '예'라고 응답한 비율)은 (X-85)/830이라는 결론에 도달하게 된다.

이 무작위 응답 기법을 통해 연구자는 개별 응답자의 익명성을 완전하게 보장하면서 그 응답자가 속한 특정 집단의 바람직하지 않은 행태를 추정할 수 있다. 그러나 이 방법으로는 응답자의 개인별 특성과 개인의 행동을 연결시킬 수 없다. 즉, 개인의 수준에서 표준적인 회귀분석의 절차를 사용할 수 없다. 만약 표본의 크기가 매우 크다면, 집단의 특성에 따라 무작위 응답기법으로 얻은 추정 값 사이의 관계를 분석할 수 있다. 예를 들면, 젊은 여성의 응답을 분석한 다음에 그것을 남성 집단 그리고 노인 집단의 응답과 비교할 수 있다. 결론적으로 무작위 응답 기법은 많은 자료를 상실하는 자료 수집 기법 가운데 하나임은 분명하다. 이러한 이유로 인해 이 기법은 연구자들 사이에서 그리 많이 사용되고 있지 않다(Bradburn et al., 2004).

이 방법에는 그 밖에도 여러 가지 제한점이 따른다. 무작위 응답 기법으로 얻은 정보의 정확성은 응답자들이 기꺼이 문항의 지시문에 따랐는지, 절차를 제대로 이해하였는지 그리고 익명을 보장받는 대신 진실을 이야기하였는지에 달려 있다. 그런데 응답자들이 문항의 지시문에 따라 응답하여야 할 질문을 올바르게 선택하였고 또 그 질문이 민감한 내용에 관한 것인데도 그러한 질문에 정직하게 답변하였을 것이라고 순진하게 가정하는 것은 매우 위험한 발상이다. 위의 예에서, 만약 사람들이 민감하거나 위협적인 질문을 회피하고 싶다면 그들은 단지 그들의 생일이 속하는 달을 자신에게 속임으로써 그 목적을 달성할 수 있다. 또한 응답자들이 지시문을 전적으로 무시한 채 무작정 민감하지 않은 질문을 선택하는 것을 조사연구자가 막을 방법도 거의 없다. 어떤 응답자는 자신이 어떤 질문에 응답하였는지 조사연구자가 알지 못한다는 사실을 믿으려 들지 않거나 개인의 답변 내용에 관한 비밀이 유지될 것이라는 연구자의 약속을 믿지 않고서 사실과 다른 응답을 하는 경우도 있을 수 있다. 여하튼 응답자들이 지시문을 제대로 이해하였는지 또는 지시문에 제대로 따랐는지 여부를 조사연구자가 직접 확인하는 일은 불가능하다. 복잡한 지시문의 내용을 도저히 이해할 수 없는 지적 수준을 가진 응답자는 질문 자체가 무의미하다고 단정 짓고서는 질문에 아예 응답하지 않거나 지시문을 무시하고 자기 마음대로 응답할 가능성도 있다.

무작위 응답 기법은 응답자에게 익명성의 보장을 통해 정직하게 응답할 기회를 제공하며, 따라서 인상 관리(impression management)의 문제를 해결하기 위한 대안이 될 수 있다. 그러나 이 기법은 자기기만(self-deception)의 문제까지 해결하지는 못한다(Brace, 2004).

선행연구에 의하면, 무작위 응답 기법은 상대적으로 위협적이지 않은 주제를 다루기 적합한 방식이며, 보다 위협적인 주제에 관해서는 이 기법이 행위의 결과를 상당히 과소 추정하는 것으로 나타났다(Sudman & Bradburn, 1982; Bradburn et al., 2004). 그런데 이 기법을 사용하면 사회적으로 바람직한 행동을 과대 보고하는 경향이 나타나므로 그러한 행동을 묻는 문항을 다루는 적절한 절차가 아니라는 주장에 귀를 기울여야 할 것이다(Bradburn et al., 2004). 한편, 무작위 응답 기법은 위협적이거나 민감한 주제를 다루는 문항에 있어서 사회적으로 바람직하지 않은 행태(예: 음주운전, 마약복용 등)를 과소 보고하는 경향이 있다고 보고되고 있다.

(3) 면목을 세우는 질문

면목을 세우는 질문(face-saving questions)은 응답자가 왜 사회적으로 바람직하지 않은 행동을 할 수밖에 없었는지 그 이유를 포함하고 있기 때문에 응답자의 체면을 세워주는 역할을 한다. 예를 들면, 얼마나 많은 사람들이 최근에 개정된 도로교통법을 읽었는지 설문조사를 통해 조사하려고 할 때, 다음과 같은 두 가지 유형의 질문이 가능할 것이다.

첫째 질문은 다음과 같다: "귀하는 최근에 개정된 도로교통법을 읽어보셨습니까?" 이것은 직설적인 질문이며, 응답자는 개정된 도로교통법을 읽어봄으로써 변경된 교통법규의 내용을 당연히 알고 있어야 한다는 뉘앙스를 풍긴다. 또한 이 질문은 응답자를 방어적인 입장으로 몰아넣거나 개정된 법률을 읽지 않았다는 죄의식을 느끼게 만들 수도 있다. 따라서 응답자는 아직 개정된 도로교통법을 읽어보지 못하였음에도 불구하고 그것을 읽었다고 거짓으로 응답할 가능성이 있다.

둘째 질문은 다음과 같다: "귀하는 최근에 개정된 도로교통법을 읽어볼 짬을 낼 수 있었습니까?" 이 질문은 응답자들이 당연히 개정된 도로교통법을 읽어보아야 한다는 사실을 알고 있으며 따라서 앞으로 시간이 나면 그것을 읽겠다는 전제를 바탕으로 하고 있다. 따라서 이 질문은 상대적으로 직설적인 성격이 약하며, 아직 개정 법률을 읽지 못하였다는 죄의식을 완화시키고, 무엇보다도 응답자들이 아직도 개정 법률을 읽지 못하고 있다는 사실을 스스로 더 쉽게 인정하도록 만들어준다.

미국에서 이루어진 일련의 선행연구 결과에 의하면, 면목을 세우는 질문을 통해 응답자들이 '사회적으로 바람직한 지식(socially desirable knowledge)'을 갖추고 있다고 과다하게 주장하는 현상을 줄이는 효과를 거둘 수 있는 것으로 나타났다. 사회적으로 바람직한 것으로 간주되는 지식의 예로는 지구온난화, 보건의료서비스 관련 법, 무역협정, 현안사항 등을 들 수 있다. 또한 이러한 유형의 질문을 통해 응답자들이 '사회적으로 바람직하지 않은 행동(socially undesirable behavior)'을 하지 않는다고 과소하게 주장하는 현상을 줄이는 것으로 밝혀졌다. 사회적으로 바람직하지 않은 행동의 예로는 속임수, 들치기(shoplifting), 문화재 파괴(vandalism), 쓰레기 투기(littering) 등을 들 수 있다. 그러나 선행연구의 결과에 의하면, 면목을 세우는 질문이 자원 재활용, 학업, 음악회 참석 등과 같은 '사회적으로 바람직한 행동(socially desirable behavior)'에 대하여 어떠한 효과를 나타내는지 단정적으로 말할 수 없다. 요컨대 설문조사에서 응답자에게 바람직한 지식을 묻는다거나 바람직하지 않은 행동을 측정하는 경우에 면목을 세우는 질문을 사용하여 사회적 요망성 편향을 줄일 수 있다. 그러나 응답자가 바람직한 행동을 과다하게 주장하는 현상을 줄이기 위해 설문조사에서 면목을 세우는 질문을 사용하는 일은 매우 신중을 기하여야 할 것이다.

설문지 작성자는 면목을 세우는 질문을 작성할 때 '이중으로 장전된 문항(double-barreled questions)', 즉 이중 문항이 만들어지는 일이 없도록 특별한 주의를 기울여야 한다. '귀하는 매일 신문을 읽습니까?'라는 질문은 사회적으로 바람직한 행동에 관한 질문이므로 사회적 요망성 편향에 의해 과다 응답의 효과가 나타나기 쉽다. 따라서 이 질문은 '귀하는 매일 신문을 읽을 수 있는 시간을 갖고 계십니까?'라는 질문으로 바꿀 수 있다. 그러나 이 두 번째 질문은 이른바 이중 문항으로서 하나의 질문 안에 두 개의 요소를 포함하고 있다. 하나의 요소는 신문을 읽는다는 사실이며, 다른 하나의 요소는 시간적인 여유가 있다는 사실이다. 어떤 응답자들은 비록 그들이 매일 신문을 읽지는 않으나 그럴 수 있는 시간을 가지고 있다고 믿기 때문에 이 질문에 긍정적으로 응답할 것이다. 반면에, 다른 응답자들은 비록 그들이 매일 신문을 읽는 것은 사실이지만 자신들이 매일 신문을 읽을 수 있을 정도로 충분한 여유시간을 가지고 있다고 생각하지는 않기 때문에 이 질문에 부정적인 응답을 할 것이다. 여하튼 설문지 작성자는 이러한 이중적인 요소가 포함된 질문을 만들지 않는 것이 좋다.

(4) 간접 질문

질적 연구에서 자주 사용하는 기법으로 이른바 '간접 질문(indirect questioning)'이 있다. 이것은 응답자에게 특정 주제에 대하여 어떻게 생각하는지 직접 묻는 것이 아니라, 응답자에게 다른 사람들이 그 주제에 대하여 어떻게 생각할 것으로 믿고 있는지 묻는 방식이다. 이 방식의 바탕에는 간접 질문을 통해 응답자로부터 보다 솔직한 응답을 이끌어낼 수 있을 것이라는 전제가 깔려 있다. 질적 연구에서는 조사자 또는 면접자의 역할이 중요하다. 그는 질문에 대한 개인의 응답 내용이 특정 주제에 관한 응답자의 개인적인 견해인지, 아니면 응답자가 다른 사람들의 견해라고 믿고 있는 내용을 단지 보고하고 있는 것인지에 관하여 주관적인 판단을 할 수 있다.

양적 조사에서도 간접 질문의 방식을 사용할 수 있다. 그러나 양적 조사는 질적 조사보다 더 구조화된 형식으로 진행되기 때문에, 그리고 조사자와 응답자 간의 상호작용이 매우 어렵기 때문에 조사자의 주관적인 판단에 의해 간접질문의 효과를 분석하기가 곤란하다. 결국 양적 조사를 수행하는 조사자는 전체 응답자 가운데 진실하게 자신의 생각을 털어놓은 사람의 비율이 얼마나 되는지, 그리고 다른 사람의 생각을 그대로 정직하게 보고한 사람의 비율이 얼마나 되는지 정확하게 알 수 없기 때문에 매우 불확실한 상황에 직면한다. 양적 조사에서는 이와 같은 간접 질문의 제한점을 인식하고 활용 여부를 검토하는 일이 중요하다.

(5) 질문의 강화

설문지 작성자가 사회적 요망성 편향을 최소화하기 위해 사용할 수 있는 다른 몇 가지 수단이 있다. 다음에 제시하는 몇 가지 대안은 질문의 강화(question enhancements)를 통해 그와 같은 목적을 달성할 수 있는 몇 가지 사례이다.

① 조사하려는 행동이 유별한 것이 아니라는 점을 인식시킬 것

사람들이 특정 행동과 관련하여 사실이 아닌 내용을 응답할 우려가 있다면, 그러한 행동이 유별난 행동 또는 특이한 행동이 아니라는 점을 질문 속에 포함시키는 것이 응답자로부터 정직한 답변을 이끌어내는 데 도움이 된다. 이것은 응답자가 어떤 응답을 하건 간에 그

는 면접자 또는 조사자로부터 정상적인 행동을 한 것으로 받아들여질 것이라고 안심시키는 것이다.

다음은 그러한 예이다: "어떤 사람들은 일주일 내내 매일 신문을 읽는다고 합니다. 다른 사람들은 일주일 가운데 며칠만 신문을 읽는다고 합니다. 그리고 어떤 사람들은 전혀 신문을 읽지 않는다고 합니다. 이 세 가지 범주 가운데 귀하는 어느 범주에 속하는가요?" 이 질문에는 우리 주변에는 신문을 전혀 또는 거의 읽지 않는 사람이 상당수 존재하므로 신문을 읽지 않는다고 응답하는 것이 유별난 것이 아님을 강조하고 있다. 물론 이렇게 함으로써 사회적 요망성 편향으로부터 유래되는 과소 보고를 줄이려는 효과를 노리고 있다.

② 프롬프트상의 응답범주의 수를 늘릴 것

자발적인 질문(spontaneous questions)은 외부로부터 자극이나 권유를 받지 않고 머릿속에 떠오르는 생각에 의해 즉시 응답하는 문항을 지칭하며, 프롬프트 질문(prompted questions)은 응답자에게 사진, 브랜드 로고, 아이콘, 카드 등 프롬프트 자료(prompt material)를 제시함으로써 응답의 편의를 도모하는 문항이다.

프롬프트상의 응답범주의 범위를 상당히 넓게 만드는 일은 응답자들에게 자신들의 극단적인 행동이 유별나거나 특이한 것이 아니라는 인상을 심어줄 수 있으며, 따라서 보다 정직한 응답을 이끌어내는 데 도움이 된다. 조사대상자의 음주량(알코올 섭취량)을 조사하는 예를 들어 보자. 연구자는 프롬프트 위에 일반인들이 정상적이라고 생각하는 범위보다 훨씬 더 넓은 범위의 응답범주를 적어 넣는 방안을 고려할 수 있다. 이렇게 함으로써 비교적 많은 양의 알코올을 마시는 응답자도 자신이 프롬프트상의 응답범주의 중간영역에 속한다는 것을 알게 되므로 보다 편안한 심리상태에서 솔직한 응답을 하게 된다. 즉, 술을 많이 마시는 응답자라도 이러한 프롬프트 방식에 의해 자신의 음주행태를 정상적인 알코올 소비 행태의 일환으로 이해하게 되며, 따라서 그만큼 더 음주에 관하여 과소 보고할 가능성이 낮아진다.

한편, 위와 같은 방식에도 문제점이 수반된다. 평소에 술을 매우 적게 마시는 응답자는 응답범주의 범위가 지나치게 넓은 프롬프트를 보고 그것이 음주행태를 측정하기에는 부적당한 도구라고 치부해버리거나 자신의 음주행태를 보고하면서 실제보다 과장하여 응답할 가능성이 전혀 없는 것은 아니다.

③ 문자나 번호(code)로 응답하기

면접 설문조사에서 응답자가 면접자에게 응답내용을 구체적으로 말하는 것은 응답편향을 유발할 가능성이 높다. 따라서 응답내용을 구체적으로 설명하는 대신에 응답자가 프롬프트상의 각 응답범주를 나타내는 문자나 숫자를 언급하는 방식은 이러한 문제점을 완화시킬 수 있는 대안이다.

<상자 2-43>은 면접 설문조사에서 응답내용을 구체적으로 답변하는 대신에 문자를 사용하여 응답할 수 있도록 고안된 프롬프트 카드의 예이다. 즉, 응답자는 면접자에게 응답내용을 구체적으로 말하지 않고, 응답내용과 관련이 있는 프롬프트상의 문자나 숫자만을 읽으면 된다. 구체적으로 보면, "나의 연간 총소득이 1,000만 원 이상 2,000만 원 미만의 범주에 속한다"고 말하는 대신에 "나의 소득은 범주 N에 속한다"고 응답하는 방식이다.

<상자 2-43> 코드 문자를 사용하는 쇼 카드(show card)의 예

각종 세금과 사회보험료 등 공제액을 제외하기 전의 귀하의 연간 총소득은 얼마입니까? 이 카드에 적혀 있는 소득 범위 중에서 귀하는 어느 범주에 해당하는지 해당되는 문자를 크게 읽어주세요.

J	1,000만 원 미만
N	1,000~2,000만 원 미만
D	2,000~3,000만 원 미만
P	3,000~4,000만 원 미만
W	4,000~5,000만 원 미만
K	5,000~6,000만 원 미만
G	6,000만 원 이상

문자나 번호로 이야기하는 것은 응답자로 하여금 면접자와 응답자 사이에 어느 정도의 비밀보장이 유지되고 있다는 것을 직접 느끼게 만들 것이다. 물론 조사자는 문자나 번호가 구체적으로 어떤 응답범주에 해당되는 것인지 알고 있지만, 적어도 조사 현장에서 조사자와 응답자는 그러한 구체적인 정보를 명시적으로 주고받지는 않는다. 이것은 그만큼 더 응답편의를 줄일 수 있는 조사방법이 될 것이다.

(6) 가짜 파이프라인

현실 세계에서 자주 사용되는 것은 아니지만 참고삼아 소개할 만한 다른 하나의 방법이 있다. 그것은 가짜 파이프라인(bogus pipeline)이라고 불리는 조사기법이다.

응답자들은 어떤 장치(apparatus)와 물리적으로 연결되어 설문조사를 받게 된다. 조사자는 그 장치가 사람의 감동이나 감정을 측정할 수 있다는 설명을 해주면서, 각 문항에 대하여 솔직하게 응답하여 줄 것을 당부한다. 이 경우 조사대상자가 해당 장치의 성능을 의심하면서 일부러 거짓 응답을 할 이유는 없다고 본다. 그러나 사실 해당 장치에 그런 기능이 있을 리 만무하며, 그 장치는 이른바 가짜 파이프라인에 불과하다.

가짜 파이프라인의 사용과 관련하여 논의되어야 할 점이 있다. 설령 가짜 파이프라인이 응답자의 반응에 영향을 미친다고 할지라도, 그것은 그들이 진실해지려고 노력하였기 때문이라기보다는 가짜 장치를 의식하여 보다 주의 깊게 또는 보다 신중하게 응답하였기 때문이라는 비판이 있다.

요컨대 일반 주민(즉, 응답자)을 속일 수밖에 없는 윤리적인 문제, 장치의 도입 및 관리·운영에 따르는 기술상의 문제, 금전적 비용의 문제 등의 사유로 말미암아 가짜 파이프라인은 사회적 요망성 편향을 줄일 수 있는 적절한 도구가 되기 어렵다는 평가를 받고 있으며, 현실적으로 그리 널리 활용되고 있지 않다(Brace, 2004).

제3장

설문지의 설계

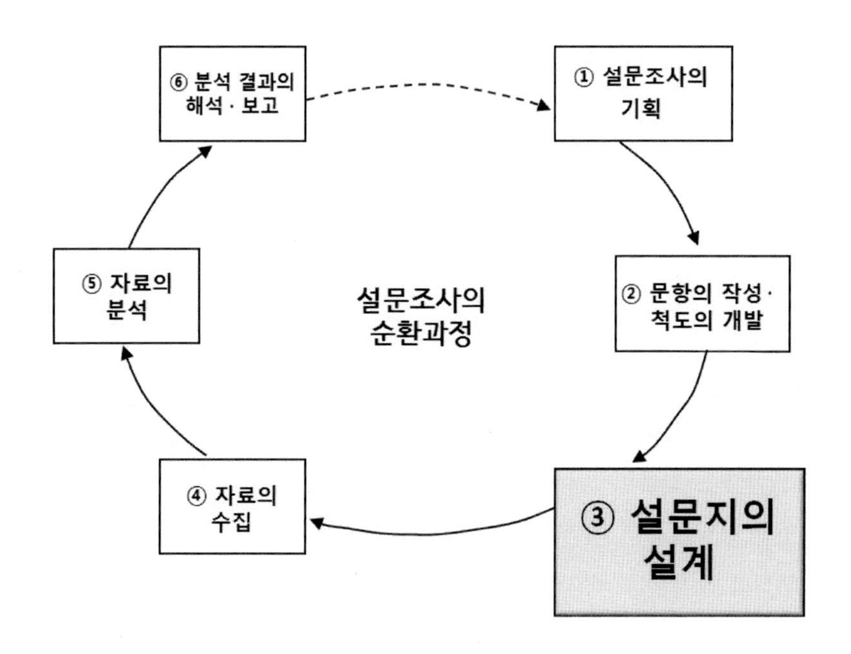

학습 목적

앞 장에서 설문조사를 위한 문항의 작성과 척도의 개발에 대하여 학습하였는데, 이 문항과 척도를 담는 그릇이 바로 설문지이다. 설문지는 설문조사의 가장 중요한 조사도구이다. 설문조사의 성패는 얼마나 신뢰할 수 있고 타당한 설문지를 만들었느냐에 달려 있다 해도 과언이 아닐 것이다. 이 장에서는 좋은 설문지를 만드는 방법에 대하여 학습한다.

주요 내용

○ 설문지의 구성
○ 문항의 분류 및 설문지 하위영역의 편성
○ 응답 흐름의 관리
○ 설문지 결론 부분의 구성
○ 인구통계학적 문항
○ 설문지의 사전 코딩 및 예비조사

1. 설문지의 구성

1) 문항의 배열 순서

설문지상에서 문항의 배열 순서가 응답자의 응답에 영향을 미쳐 잘못된 결과나 편파적인 결과로 이어지는 현상을 질문의 오염(contamination of question)이라 한다(박도순, 2004). 조사연구자는 질문의 오염이 나타나지 않도록 문항의 배열 순서에 특히 주의하여야 한다.

일반적으로 설문지의 초반, 중반, 종반에 질문을 배치하는 원칙이 있다(박도순, 2004). 설문지의 초반부에는 설문조사의 취지를 간략하게 전달하되 응답자의 흥미와 관심을 불러일으킬 수 있는 문항들을 먼저 배치하는 것이 좋다. 설문지의 중반부에는 조사의 목적과 관련 있는 핵심적인 질문을 배치한다. 끝으로 설문지의 종반부에는 민감하거나 예민한 문항 그리고 응답자의 개인적 배경에 관한 문항을 배치한다. 또한 '일반적인 것에서 구체적인 것으로', '과거에서 현재로', '친근하지 않은 것에서 친근한 것으로', '먼 것에서 가까운 것으로' 등의 논리적 순서에 따라 문항을 배열하는 것이 좋다.

2) 설문지의 구성 체제

문항을 올바르게 배열함으로써 질문의 오염이 나타나지 않도록 하기 위해서는 먼저 설문지의 구성 체제를 이해할 필요가 있다. 설문지는 표지 편지(cover letter)와 더불어 도입부(초반), 몸체(중반), 결론(종반)의 세 부분으로 이루어져 있다. 물론 설문지의 각 부분은 담당하고 있는 역할 또는 기능이 서로 다르다.

설문지의 도입부는 무대를 마련하는 자리이며, 앞으로 어떤 종류의 질문이 계속될 것인지를 암시하는 역할을 한다. 도입부는 설문지를 통해 구하고자 하는 정보의 유형을 알려주며 응답 임무가 무엇인지 알려준다. 여기에는 모든 조사대상자에게 두루 적용되는 매우 일반적인 질문을 배치한다. 즉, 모든 응답자가 다 응답하여야 하는 질문으로서 재빨리 쉽게 응답할 수 있는 질문이 도입부에 나와야 한다. 응답자가 위협을 느낄 수 있는 민감한 질문은 절대로 도입부에 배치되어서는 안 된다. 도입부는 미묘한 질문을 놓는 자리도 아니고 민감한 정보를 수집하는 자리도 아니다. 여기에서 응답자들은 일련의 질문에 대해 빠르고 쉽게 응답하였다는 느낌을 얻을 수 있어야 한다. 일단 시작하면, 그들은 설문조사에 계속 참여하기 마련이다.

설문지의 몸체는 설문지의 중간 부분이다. 일반적으로 이 부분은 도입부나 결론 부분보다 더 길다. 여기에서는 설문조사의 실질적이고 세부적인 내용이 다루어진다. 일반적으로 일련의 질문들이 논리적이고 의미 있는 순서에 따라 응답자에게 제시된다. 하나의 주제 또는 논점으로부터 다음 주제 또는 논점으로 순탄하게 이동하는 것이 보통이다. 응답자의 준거틀에 있어서의 갑작스러운 흐름의 단절이나 극적인 변화를 일으키는 일은 바람직하지 않다.

설문지의 결론 부분에는 두 가지 종류의 질문이 배치된다. 하나는 가장 민감하고 미묘한 질문, 즉 응답자에게 위협이 될 수 있는 주제나 논점에 관한 질문이며, 다른 하나는 응답자의 속성이나 특성을 측정하는 질문이다(박도순, 2004). 특히 후자는 인구통계학적 질문(demographic questions) 또는 전기적(傳記的) 질문(biographic questions)이라고 부르는데, 거의 예외 없이 설문지의 맨 마지막에 위치한다. 그 이유는 다음과 같다. 첫째, 설문조사의 후반부에 이를 즈음에는 응답자는 문답에 어느 정도 익숙해져 있으며 또한 가장 높은 수준의 신뢰감(rapport)이 형성되어 있을 것이다. 이때 개인 신상에 관한 질문을 하는 것이 초반에 그런 민감한 질문을 하는 것보다 더 낫다. 초반부에 비해 후반부에서는 응답자들이 설문조사에 대해 더 많은 믿음을 갖게 되고, 설문조사에 대한 회의적인 생각이 줄어들며, 결과적으로 설문조사에 협조하지 않는 사람들도 줄어들 것이다. 둘째, 몇몇 응답자는 이 단계에서 민감한 개인 정보(예: 소득에 관한 자료)를 제공하지 않겠다고 결심하고 설문조사에의 참여를 중단할 수도 있다. 그렇다 할지라도 그 응답자가 지금까지 응답한 내용(즉, 설문지의 도입부와 중간 부분에 있는 문항들에 대한 응답)은 그 자체로서 가치가 있으며, 조사연구자는 이러한 자료를 분석에 활용할 수 있다.

3) 설문지의 도입부의 중요성

설문조사의 성패는 응답자들의 자발적 참여에 달려 있다. 조사대상자 가운데 설문조사에의 참여를 거부하는 사람들은, 대면(in person)이나 전화 또는 우편 가운데 어떤 방식으로 설문조사에의 참여를 요청받았든지 간에, 그러한 요청을 받자마자 즉시 거부의사를 나타내는 것으로 알려져 있다. 반면에, 설문조사에 참여하기로 일단 동의한 사람들은 대개 설문지의 마지막 문항까지 응답하기 마련이며, 도중에 참여 의사를 철회하는 사람은 그리 많지 않다. 일단 시작하면, 대부분의 응답자가 설문조사를 완료한다.

설문지의 도입부(introduction)를 잘 만들어야 하는 이유는 무엇일까? 설문지의 도입부는 설문조사의 첫인상을 결정하는 곳일 뿐만 아니라 설문조사의 취지를 설명하는 곳이기도 하다. 만약 응답자에게 설문조사의 취지가 제대로 소개된다면 응답률이 높아지고 설문조사의 신뢰성과 타당성도 높아질 것이다. 그러나 조사대상자가 설문조사의 취지를 제대로 이해하지 못하면 설문조사에의 참여를 거부하거나 개별 문항에 응답하지 않는 사람이 늘어날 가능성이 커진다. 이것은 결국 오류와 편향으로 이어지며, 자료의 신뢰성과 타당성이 저하되는 현상이 초래될 것이다.

2. 문항의 분류 및 설문지의 하위영역의 편성

일반적으로 설문지는 서론, 본론, 결론으로 구성되지만, 좀 더 구체적으로 들여다보면, 설문지에 수록된 문항의 특성과 본질에 따라 그룹핑(grouping)된 여러 개의 하위영역(sections)으로 구분되어 있다. 설문 문항 수는 설문조사 또는 설문지에 따라 변이가 매우 심하다. 10개 남짓의 소수 문항으로 구성된 설문지가 있는가 하면, 전형적인 설문지는 50개, 100개, 심지어는 그 이상의 문항을 포함한다. 설문지의 문항을 그룹핑하여 하위영역별로 정리하는 일은 조사자와 응답자 모두에게 도움이 된다. 특히 잘 정리된 설문지는 응답자가 응답 임무를 단순하고 쉬운 일로 느끼게 만드는 효과가 있으며, 실제로 질서정연한 설문지가 응답자의 응답 부담을 덜어줄 뿐만 아니라 응답자의 협조를 더 쉽게 이끌어낸다. 설문지의 문항들이 하위영역별로 그룹핑이 잘 될수록 설문지의 효과성과 효율성은 그만큼 더 증가할 것이다.

1) 주제별 문항 분류

설문지의 문항을 분류하는 가장 흔한 방법은 주제별로 분류하는 것이다. 하나의 설문조사에서 단 하나의 주제만을 다루는 경우는 매우 드물며, 대개는 여러 개의 주제 또는 이슈를 동시에 조사하는 경우가 많다. 설령 단일의 주제를 다루는 경우라 할지라도 그 주제를 구성하는 하위영역이 여러 개 존재하는 것이 보통이다. 여하튼 주제나 이슈별로 분류하여 동일한 주제나 이슈에 관련된 설문 문항들은 같은 구역에 배치되는 것이 바람직하다.

예를 들어, 사회복지사에 대한 클라이언트 폭력(client violence)의 유형과 빈도를 측정하는 설문조사를 수행한다고 가정해보자. 이론적 고찰 및 선행연구의 검토 결과에 의하면, 사회복지사에 대한 클라이언트 폭력의 유형은 크게 나누어 '신체적 공격', '재산상 피해', '정서적 공격', '감염 등의 기타 피해'로 나눌 수 있다. 따라서 설문지 안에 클라이언트 폭력의 유형과 빈도를 측정하는 다수의 문항을 무작정 흩뜨려놓을 것이 아니라, 위에서 제시된 4개의 구역에 구체적인 폭력 유형과 관련된 문항들을 한데 모으는 방식이 가장 효율적이다. 예컨대, '신체적 공격'의 구역에는 '밀치기, 움켜쥐거나 붙잡기, 멱살 잡기, 뺨 때리기, 깨물기, 할퀴기, 침 뱉기, 목 조르기, 물건 던지기, 주먹질하기, 발로 차기, 원치 않는 신체적 접촉(껴안기, 더듬기 등), 칼 겨누기, 성기 노출, 성추행 시도, 칼로 찌르기' 등과 같은 내용을 측정하는 개별 문항을 넣을 수 있을 것이다. 반면에, '재산상 피해'의 구역에는 '물품 훔치기, 물품 빼앗기, 물품의 파손' 등에 관한 문항을 넣을 수 있을 것이다.

다른 예로서, 사회복지사의 소진을 측정하는 설문조사를 예로 들어보자. 선행연구 및 이론적 고찰 결과, 사회복지사의 소진은 정서적 고갈, 비인격화, 성취감 감소라는 세 개의 하위영역으로 구성되어 있다. 따라서 이 세 가지 영역에 관련된 여러 개의 설문 문항을 만들되, 설문지 안의 세 개의 독립된 구역에 각각 관련 있는 문항들을 한데 모아 배치하는 것이 좋다. 이것이 주제 또는 이슈에 따라 문항을 분류하는 방식이다.

요컨대, 주제나 이슈에 따라 문항을 배치하는 것이 보다 의미 있는 설문지 구성 방식이다. 문항의 그룹핑이 없다면 응답자들은 이 질문에서 저 질문으로 전혀 성격이 다른 문항 사이를 오가면서 응답해야 하는데, 이러한 상황은 응답자가 생각을 정리하여 차분하고 체계적으로 응답하는 일을 방해할 위험성이 매우 크다.

2) 척도화 기법별 문항 분류

여러 문항이 동일한 척도화 기법을 사용하는 경우가 종종 있다. 이 경우 설문지의 특정 영역에 동일한 척도화 기법을 사용한 문항들을 한데 모으는 것이 실제적이고 효율적이다. 예를 들면, 리커트 5점 척도(매우 불만족, 대체로 불만족, 보통, 대체로 만족, 매우 만족)를 사용하는 모든 문항을 한 구역에 모은 뒤, 리커트척도는 그 구역의 맨 윗부분에 한 번만 제시하는 방식이 매우 효율적이다. 다음 구역은 언어빈도척도(항상, 자주, 가끔, 드물게, 전혀 아님)를 사용하는 모든 문항을 한데 모으는 곳이다. 이와 같은 척도 유형에 의한 그룹핑은 응답자의 시간과 노력을 절약할 수 있는 방법이며, 응답자로 하여금 보다 쉽게 응답할 수 있도록 만든다. 응답자는 지시문을 한 번 읽어보면 응답 요령을 알 수 있게 되며 척도에 익숙하게 된다. 따라서 응답자는 동일한 척도를 사용하는 후속 문항들에 대하여 보다 정확하고 쉽게 응답할 수 있을 것이다.

3) 주제별 · 척도화 기법별 문항 분류

주제와 척도 유형이라는 두 가지 기준에 의하여 설문지의 문항이 분류되는 경우도 드물지 않다. 공통의 주제를 다루는 여러 개의 문항들이 동일한 척도화 방법을 사용하고 있는 경우가 그것이다. 이것은 매우 바람직한 상황이다. 왜냐하면 문항들 사이에 논리적인 순서가 존재하며, 척도 작성에 소요되는 시간을 절약할 수도 있을 뿐만 아니라, 설문지 공간을 매우 효율적으로 사용할 수도 있기 때문이다. 응답자 역시 이렇게 분류된 문항에 대하여 보다 짧은 시간에 효과적으로 응답을 마칠 수 있다는 장점이 있다.

설문지는 조사연구자와 응답자 사이에 모종의 대화(conversation)가 오가는 장소로 이해되는 것이 바람직하다. 응답자들은 그러한 대화가 하나의 주제에서 다른 주제로 갑자기 건너뛰는 것을 원하지 않을 것이다. 설문지 안의 각 구역은 통합성과 일관성을 유지하여야 한다. 조사연구자와 응답자 사이의 대화의 흐름을 원활하게 유지하기 위해서는 하나의 구역과 다른 구역을 이어주는 교량(bridge)이 필요하다.

3. 응답 흐름의 관리

일반적으로 설문지 안의 문항은 전체 응답자를 위하여 준비된 것이지만, 모든 문항이 항상 그런 것은 아니다. 어떤 문항들은 특정 응답자들에게만 해당되고 다른 응답자들에게는 해당되지 않는 경우가 있다. 응답자의 입장에서 볼 때도 마찬가지이다. 어떤 응답자는 전체 문항 가운데 일부 문항들만 응답하고 다른 문항들에 대해서는 응답하지 않아야 하는 경우가 있다. 남성과 여성이 모두 포함된 표본을 대상으로 이루어지는 설문조사에서 어떤 문항에는 여성들만 응답하고 다른 문항에는 남성만 응답하는 경우가 그 예이다. 또한 응답자가 앞에 나온 문항에 대하여 어떻게 응답하였는가에 따라 그 뒤 문항에 응답하여야 할지, 아니면 그 문항을 건너뛰어야 할지가 결정되는 경우도 있다.

위에서 언급한 바와 같이, 설문지 작성자가 문항과 응답의 흐름을 의도적으로 관리하는 일을 분지(分枝, branching)라고 지칭한다. 분지는 특별한 기준에 따라 설문지 작성자와 응답자 사이의 대화의 흐름을 제어하는 것이다.

1) 조건적 분지

앞 문항에 대한 응답 결과에 따라, 뒤 문항이 일부 특정 응답자에게만 적용되고 그 밖의 다른 응답자에게는 적용되지 않는 경우가 종종 있다. 이 경우 설문지 작성자는 조건적 분지(conditional branching)라는 절차를 통해 다음 문항에 응답할 필요가 없는 특정 응답자에게 그 문항을 건너뛰도록(skip) 알려주는 일을 한다. 조건적 분지는 대개 '○번 문항으로 가시오'와 같은 지시문을 통해 표현된다. 이것을 조건적 분지라고 하는 이유는 응답자가 앞 문항에 대하여 어떤 특정 대답을 한다는 조건(condition)이 충족되면 그것을 계기로 질문의 흐름이 나뭇가지처럼 갈라지기(branch) 때문이다.

<상자 3-1> 조건적 분지의 예

함축적 분지
귀하는 사회복지시설에 기부행위를 하고 계십니까? 예.( ) 아니요.( )
만약 그렇다면, 그것은 규칙적인 기부행위입니까? 예.( ) 아니요.( )

명시적 분지 및 '바로 가기' 지시문
귀하는 사회복지시설에 기부행위를 하고 계십니까? 예.( ) 아니요.( )
[**만약 아니라면, 30번 질문으로 가세요.**]

명시적 분지 및 '건너뛰기' 지시문
귀하는 사회복지시설에 기부행위를 하고 계십니까? 예.( ) 아니요.( )
[**만약 아니라면, 20번 질문을 건너뛰세요.**]

명시적 분지 및 다수의 '바로 가기' 지시문
귀하는 사회복지시설에 기부행위를 하고 계십니까? 예. ( ) 아니요. ( )
만약 그렇다면, 어떤 종별의 사회복지시설에 가장 많은 금액을 기부합니까?
노인복지시설( ) .... (**30번 질문으로 가세요.**)
장애인복지시설( ) .... (**35번 질문으로 가세요.**)
아동복지시설( ) .... (**40번 질문으로 가세요.**)
다문화복지시설( ) .... (**45번 질문으로 가세요.**)
없음.( ) .... (**50번 질문으로 가세요.**)

<상자 3-1>은 설문지에서 사용되는 4가지 유형의 조건적 분지 방법을 설명하는 예인데, 각 방법이 약간의 차이를 보이고 있다. 설문지가 자기기입식 우편설문조사인지, 아니면 대면 또는 전화설문조사인지에 따라 지시문이 약간 다른 형태를 취하고 있다. 그러나 어느 경우일지라도, 기본 개념은 동일하다. 조사연구자는 사회복지시설에 대한 기부행위에 관하여 하나 또는 둘 이상의 질문을 제시하려는 의도를 가지고 있다. 기부행위를 하지 않는 사람을 대상으로 세부적인 내용을 추가적으로 질문하는 것은 이치에 맞지 않다. 그러므로 먼저 사회복지시설을 대상으로 기부행위를 하는지 여부를 묻는 것이 급선무이다. 만약 사회복지시설에 대하여 기부행위를 하고 있다면, 추가적인 질문이 이어져야 한다. 만약 사회복지시설에 대한 기부행위를 하지 않는다면, 거기서 기부행위에 대한 질문을 끝내고 다음 주제 또는 다음 구역으로 넘어가야 한다.

<상자 3-1>의 첫 번째 예에는 명시적인 분지 지시문이 제시되어 있지 않으므로 이러한 유형을 함축적 분지(implied branching)라 부른다. 이것은 가장 단순한 형태의 분지이다. 이 예의 두 번째 질문의 서두에 있는 '만약 그렇다면'이라는 어구가 앞의 질문(첫 번째 질문)에 '예'라고 응답한 사람만이 이 질문에 응답할 자격이 있음을 함축적으로 알려주고 있다. 다시 말해, 이 어구는 앞의 질문에 '아니요'라고 응답한 사람은 이 두 번째 질문에 응답하여서는 안 된다는 점을 암시하고 있다. 함축적 분지는 응답자의 입장에서 보면 단순하고, 빨리 응답할 수 있고, 이해하기 쉽기 때문에 자기기입식 설문지에서 아주 빈번하게 사용된다. 비록 지시문을 오해하여 특정 질문에 응답하지 말아야 할 사람이 응답하였다 하더라도, 시간과 노력의 낭비가 비교적 적은 편이며, 자료의 처리 및 분석과정에서 그런 응답을 비교적 쉽게 발견하여 제거할 수 있다.

<상자 3-1>의 두 번째 예는 전형적인 명시적 분지(explicit branching)의 예로서, 단 하나의 '바로 가기' 지시문이 붙어 있는 경우이다. 이 유형은 면접조사자 또는 응답자에게 특정 질문으로 바로 가도록 요구하는 명시적인 지시문을 대괄호([ ]) 안에 넣어 분명하게 표현하기 때문에 명시적 분지라고 부른다. 따라서 이 지시문과 지목된 특정 문항 사이에 있는 모든 문항은 건너뛰어야 할, 즉 응답하지 않아야 할 문항들이다. 특정 문항을 지목하는 대신에 특정 페이지로 가라고 요구하는 경우도 있다. 또한 바로 가기의 대상을 명확하게 가리키기 위해 문항 번호 대신에 어떤 기호나 표지를 사용할 수도 있다. 예를 들면, 면접 설문조사에서 면접자에게 적용되는 '만약 아니라면, 아래 X 구역으로 가세요'라는 지시문이 그러한 예이다.

<상자 3-1>의 세 번째 예도 명시적 분지의 일례이지만, 앞의 예와는 달리, '건너뛰기' 지시문이 붙어 있는 경우이다. 이 예를 보면, 질문 다음에 제시된 대괄호([ ]) 안에 '만약 아니라면, 20번 질문을 건너뛰세요'라는 분지 지시문이 명확하게 표현되어 있다. 이와 같은 분지 방식은 건너뛰어야 할 질문의 수가 한두 개에 불과할 때 효과적이다. 건너뛰어야 할 문항의 수가 많아지면 이 분지 방식은 체계적으로 응답하기가 어려워지고 따라서 응답자의 혼란을 자아낼 우려가 있다. 또한 건너뛰어야 할 질문(들)은 지시문 바로 다음에 배치되어야 한다. 만약 응답하지 말고 건너뛰라고 지시하는 문항(들)이 지시문과 멀리 떨어져 있다면 설문조사에 관심이 별로 없는 응답자 가운데 어느 누가 그것을 제대로 기억하겠는가?

<상자 3-1>의 마지막 예는 다수의 '바로 가기' 지시문이 붙어 있는 명시적 분지의 사례이다. 이 예는 먼저 사회복지시설에 대하여 기부행위를 하는지를 묻고, 이어서 기부행위자에 한하여 어떤 종별의 사회복지시설에 대하여 '가장 많은 금액'을 기부하는지 묻는 질문이 이

어지며, 그에 대한 응답범주로서 5개의 문항이 달려 있는 형식이다. (이 질문은 가장 많은 금액을 기부받는 사회복지시설의 종별 하나만을 선택하는 문항이다. 만약 이 질문이 응답자의 기부를 받는 모든 종별의 사회복지시설을 선택하는 문항이라면, 두 개 이상의 사회복지시설을 선택하는 경우도 생길 것이며, 이 경우 분지가 너무나 복잡해지고 난잡해질 것이다.) 이러한 유형의 분지 지시문은 면접 설문조사에서 사용할 수 있는 것이며, 너무 복잡하기 때문에 응답자가 스스로 기입하는 우편설문조사에서는 사용하기 적당하지 않다. 앞의 두 번째 예제와 마찬가지로, 바로 가기의 대상 문항을 반드시 문항번호로 표시할 필요는 없다. 그 대신에 '구역 A, B, C, ……' 또는 '구역 Ⅰ, Ⅱ, Ⅲ, ……' 또는 페이지 번호 혹은 다른 의미 있는 기호를 사용할 수 있다. 또한 문항 작성자는 바로 가기의 대상 문항을 명확하게 표시하기 위하여 해당 구역이나 페이지에서 컬러 문자나 음영 또는 다른 수단을 사용하여도 무방하다.

2) 무조건적 분지

무조건적 분지는 설문지의 특정한 위치까지 도달한 모든 응답자에게 다른 특정 위치로 가도록 일괄적으로 지시하는 것을 말한다. <상자 3-1>과 <상자 3-2>를 사용하여 무조건적 분지를 예로 들어보자. <상자 3-1>의 네 번째 예(명시적 분지 및 다수의 바로 가기 지시문)의 경우, 면접 설문조사에서 몇몇 응답자들이 가장 많은 기부금액을 기부하는 사회복지시설로 '노인복지시설'을 선택하였다고 가정하자. 이 응답자들을 조사하는 면접자는 지시문에 따라 질문 30으로 옮겨가게 되며, 이어서 30번 질문부터 34번 질문까지 5개의 질문에 연속적으로 응답할 것이다(<상자 3-2> 참조).

<상자 3-2> 무조건적 분지의 예시

30. 귀하는 ○○ 노인복지시설에 자원봉사를 하고 계십니까?	예.( )	아니요.( )
31. 귀하는 ○○ 노인복지시설을 방문한 경험이 있습니까?	예.( )	아니요.( )
32. 귀하는 ○○ 노인복지시설로부터 소식지를 전달 받습니까?	예.( )	아니요.( )
33. 귀하는 ○○ 노인복지시설의 후원자의 밤에 참석하였습니까?	예.( )	아니요.( )
34. 귀하는 ○○ 노인복지시설로부터 감사 카드를 받았습니까?	예.( )	아니요.( )
(50번 질문으로 가세요.)		

<상자 3-2>의 예에서 35번~49번 질문은 가장 많은 기부금액을 받는 사회복지시설로 노인복지시설이 아닌 다른 종별의 사회복지시설을 선택한 응답자를 조사하기 위하여 준비된 항목들이다. 따라서 30번 질문부터 34번 질문까지의 항목들에 응답한 응답자들은 50번 질문으로 가도록 지시를 받는다. 즉, <상자 3-2>의 '(50번 질문으로 가세요)'라는 지시문이 바로 무조건적 분지이다.

조건적 분지의 경우와 마찬가지로, 무조건적 분지에서도 반드시 문항번호만으로 '바로 가기'의 대상을 표시할 필요는 없다. 무조건적 분지를 보다 명확하게 나타내기 위해 설문지에서 문자, 기호, 표지 외에 다양한 컬러나 음영을 사용하여 바로 가기의 대상 문항을 시각적으로 두드러지게 표현하면 좋다.

3) 분지의 제약요인

설문지를 구성하다 보면 분지 지시문이 매우 유용하다는 것을 알게 되며, 경우에 따라서는 어떤 형식의 분지이든 간에 그것을 사용하지 않을 수 없는 상황에 직면하기도 한다. 그러나 다른 한편으로는, 분지의 사용을 최대한 제한하여야 할 이유도 충분하다. 분지로 인해 면접자의 조사 업무와 응답자의 응답 임무가 매우 복잡해진다. 분지 지시문이 너무 많아지면(즉, 분지에 관한 문항이 너무 많아지면) 편향이 개입되고 오류가 발생할 가능성이 커지며, 이로 인해 조사결과의 신뢰성과 타당성이 저하되는 상황이 초래될 수 있다. 자기기입식 우편설문조사에서는 지적 수준이 낮은 응답자들이 종종 분지의 내용을 제대로 이해하지 못해 혼동을 겪거나 어리둥절하며 결과적으로 잘못된 응답을 하게 된다. 응답자들은 자발적으로 설문조사에 참여하는 사람들이다. 만약 분지로 인해 설문 응답이 너무 복잡하거나 어렵게 될 경우 무슨 일이 벌어질 것인지 짐작하기 어렵지 않다. 적지 않은 시간과 노력을 투자하여 응답을 완수하는 응답자들보다 중도에 응답을 포기하고 설문지를 쓰레기통에 던져버리는 응답자들이 더 많아질지도 모른다.

일반적으로 분지는 면접설문조사 또는 전화설문조사에서 많이 사용하는 방법이지만, 그 경우에도 제한점이 없는 것은 아니다. 설문지 작성자들은 면접자들이 지시문을 제대로 이해하고 충실히 따를 것이라고 너무 낙관적으로 생각하는 경향이 있다. 즉, 면접자의 능력과 의향을 과대 추정하는 것이다. 또한 설문지를 만드는 단계에서는 장차 과연 어떤 상황조건하에서 대면 인터뷰 또는 전화 인터뷰가 이루어질지 짐작하기 어렵다. 실제 조사단계에서 응답자의 주의를 유도하고 그들이 흥미를 잃지 않도록 이끌면서 동시에 응답 내용을 적시에 기록하고 분지 지시문을 읽어주며 분지 지시문에 따라 다음 구역이나 문항으로 이동한다는 것이 말처럼 쉬운 일은 아니다. 그러므로 소수의 질문에만 분지를 붙이는 것이 좋다. 분지의 수가 너무 많아지면 응답 임무가 너무 복잡해진다. 미리 응답자를 선별하여 그룹핑한 다음에 집단마다 다른 유형의 설문지를 배포하는 것이 하나의 대안이 될 수 있다.

4) 지시문 만들기

자기기입식 설문지이건 면접자용 설문지이건 간에, 설문지에는 어딘가에 지시문(instructions)이 포함되기 마련이다. 지시문은 면접조사자나 응답자에게 조사 요령 또는 응답 방법을 알려주는 역할을 한다. 하나의 지시문이 한 세트의 질문(즉, 여러 개의 문항)에 공통적으로 적용되는 경우가 적지 않다. 예를 들면, 여러 개의 문항이 하나의 척도를 공동으로 사용하여야 하는 경우가 있는데, 이때 지시문에서 그 공동 척도를 사용하는 방법에 대하여 설명하는 경우가 그런 예이다.

(1) 척도의 사용에 관한 지시문

척도가 사용되는 대부분의 문항에서는 거의 예외 없이 지시문이 함께 제시된다. 즉, 척도의 사용을 설명하는 지시문은 가장 흔히 볼 수 있는 지시문이다. 척도화 기법(scaling technique)이 복잡할수록, 그리고 응답자 집단의 지적 능력이 낮을수록 지시문을 더 정교하게 만들어야 한다.

일반적으로 리커트척도(Likert scale)의 지시문은 매우 단순하고 이해하기 쉬우며 따라서 응답자에게 특별하게 어려운 응답 부담을 지우지는 않는다고 생각된다. 그러나 어의차이척도(semantic differential scale), 어의거리척도(semantic distance scale), 고정합계척도(fixed sum scale)의 지시문은 상당히 어려워 응답자에 따라서는 제대로 이해하기 어려울 수도 있다.

척도의 복잡성뿐만 아니라 응답자의 지적 수준도 지시문의 난이도를 결정하는 중요한 요인이다. 설문조사의 대상자가 누구인가에 따라 지시문의 난이도를 조정할 필요가 있다. 예컨대, 일반 공중(general public)을 상대로 한 설문지에서는 전문직업인을 대상으로 하는 설문지에서보다 지시문을 더 자세하고 쉽게 작성하여야 하며, 그러자면 더 많은 시간과 노력, 그리고 더 넓은 설문지 공간이 소요될 것이다. 결론은 간단하다. 조사대상자 가운데 가장 지적 수준이 낮은 사람도 쉽게 이해할 수 있도록 지시문을 만들라는 것이다.

(2) 지시문의 구성요소

일반 공중을 대상으로 하는 설문조사에서 척도 사용에 관한 지시문 속에 반드시 포함시켜야 할 요소는 다음과 같다.

- 평가 대상: 무슨 항목이나 요소를 대상으로 등급을 매길 것인가?
- 평가 기준: 무슨 기준을 사용하여 평가할 것인가?
- 척도의 사용: 척도를 어떻게 사용할 것인가?
- 응답의 기록: 평가결과를 어디에 어떻게 기록할 것인가?

다음 <상자 3-3>은 설문지에 포함되어 있는 가상적인 지시문의 예이다. 첫 번째 예제의 지시문에는 필요한 몇몇 정보가 누락되어 있는 반면, 두 번째 예제의 지시문에는 필요한 정보가 모두 수록되어 있다.

첫 번째 예제는 응답자가 문항 속에 제시된 '5개의 사회복지 분야를 대상으로' 개별적으로 중요도를 평가해야 한다는 것을 명시하지 않고 있다. 혹시라도 응답자들 가운데는 문항 속에 열거된 5개의 사회복지 분야 가운데 오직 하나만을 선택하여 중요도를 평가하는 사람이 나올 수도 있을 것이다. 또는 질문을 잘못 이해하여 전체 목록을 하나의 세트로 생각하고, 그 전부에 대하여 중요도를 한꺼번에 평가하는 경우가 생길 수도 있다. 더 중요한 것은, 이 지시문은 항목을 평가할 때 바탕으로 삼아야 할 기준(criterion), 표준(standard), 근거(basis)를 제시하지 않고 있다는 점이다. 반면에, 두 번째 예제에는 '귀하가 지역사회복지계획을 수립하는 담당자라고 가정하고……'라는 어구를 통해 지역사회복지계획이 판단의 근거가 되어야 한다는 것을 명문으로 설명하고 있다. 문항에 제시된 사회복지 분야 치고 중요하지 않은 것이 어디 있겠는가! 그러나 실제로 지역사회복지계획을 수립할 때 어떤 영역을 가장 중요하게 다루어야 하는가를 묻게 되면 대답이 달라지는 경우가 많을 것이다.

<상자 3-3> 지시문의 예

<좋지 않은 지시문>

Q. 다음에 제시된 5개의 사회복지 분야의 중요성을 평가하시기 바랍니다.

척도

중요하지 않음 1 2 3 4 5 중요함

________ 저소득층복지서비스
________ 노인복지서비스
________ 아동복지서비스
________ 장애인복지서비스
________ 한부모가족복지서비스

<좋은 지시문>

Q. 아래에는 5개의 사회복지 분야가 제시되어 있습니다. 귀하가 지역사회복지계획을 수립하는 담당자라고 가정하고, 귀하의 지역사회복지계획의 수립단계에서 어느 분야를 가장 우선적으로 다룰 것인지 그 중요성을 평가하시기 바랍니다. 만약 전혀 중요하지 않은 분야라면 아래 척도 중에서 낮은 숫자를 골라 해당 분야 앞에 있는 빈칸에 적어주세요. 마찬가지로, 매우 중요한 분야라면 높은 숫자를, 그리고 중간 정도의 중요도라면 중간 영역의 숫자를 골라 해당 분야 앞에 있는 빈칸에 적어주세요.

척도

중요하지 않음 1 2 3 4 5 중요함

________ 저소득층복지서비스
________ 노인복지서비스
________ 아동복지서비스
________ 장애인복지서비스
________ 한부모가족복지서비스

또한 첫 번째 예제는 척도의 사용법을 전혀 설명하지 않고 있다. 문항을 살펴보면, 이 척도는 5점 척도이며, 이 척도의 측정 대상이 되는 항목은 5개이다. 즉, 우연히 5라는 숫자가 겹친다. 그러나 이 점이 바로 응답자의 오해를 불러일으킬 원인이 될 수 있다. 조사연구자의 의도는 분명히 사회복지 분야 5개를 대상으로 5점 척도를 사용하여 각각의 중요도를 평가하는 것이다. 즉, 어떤 사회복지 분야가 매우 중요하다면 5점, 중간 정도의 중요도라면 3점, 아주 중요하지 않다고 생각하면 1점을 부여하는 방식이다. 이것은 등급을 매기는 일

(rating)이다. 그러나 일부 응답자가, 조사연구자의 의도와는 전혀 달리, 5개의 사회복지 분야를 대상으로 중요도에 따라 우선순위를 매기는 평가할 가능성도 배제할 수 없다. 즉, 가장 중요하다고 생각되는 항목 옆에 1을, 가장 중요하지 않다고 생각되는 항목 옆에 5를 적어 넣는 경우가 그것이다. 이것은 순위결정(ranking)이다. 물론, 등급화와 순위결정은 전혀 성격이 다른 평가이다.

끝으로, 첫 번째 예제는 응답 결과를 어디에 어떻게 기록할 것인지에 대하여 함구하고 있다. 따라서 어떤 응답자는 빈칸에 숫자를 적어 넣을 것이며, 다른 응답자는 숫자에 동그라미를 칠 것이다. 또 다른 응답자는 빈칸에 글자로 '중요하지 않음'이나 '중요함'이라고 적어 넣을지도 모르겠다. 응답자들이 현명하기 때문에 그런 경우는 거의 생기지 않을 것이라고 예단하는 것은 너무 순진한 생각이다. 실제 설문조사에서는 지시문이 완벽할 정도로 명확하지 않으면 상상할 수 없을 만큼 다양한 응답이 나타나는 것이 사실이다.

설문조사에서는 빈약한 지시문 때문에 다양한 편향과 오류가 발생하는 경우가 드물지 않다. 빈약한 지시문은 제 역할을 하지 못한다. 지나치게 간단한 지시문보다는 지나치게 자세한 지시문이 차라리 더 낫다는 말이 있다. 지시문은 상세한 내용을 명확하게 담아야 한다. 지시문이 자세하면, 지적 수준이 높은 응답자들은 그 질문을 훑어보거나 질문의 서두만 보아도 무엇을, 어떻게, 어디에 응답할 것인지 알아차린다. 그뿐만 아니라, 자세한 지시문은 지적 수준이 낮은 응답자에게도 질문 전체를 천천히 음미할 수 있는 재료로서의 역할을 할 것이다.

(3) 특별 지시문

특별 지시문은 응답자들에게 특별한 상황조건을 부여한 후 그에 맞추어 응답하는 방법을 알려주는 문장이다. 특별 지시문이 필요한 이유는 상황에 따라 다르다. 다음 <상자 3-4>는 특별 지시문의 예이다.

상황 A에서 응답자는 주어진 여러 개의 문항을 오직 한 번만 읽도록 요청받고 있다. 조사목적은 특정 사안에 대한 응답자의 첫인상을 파악하는 것이다. 따라서 각 문항을 여러 번 반복해서 읽거나 문항에 대해 심사숙고하거나 여러 개의 문항을 서로 비교하는 것은 허용되지 않는다.

상황 B는 이른바 '무조건적 포함(unconditional inclusion)'이다. 지금까지 다른 브랜드의 의류를 가끔 구입하였든지 아니든지 간에 상관하지 말고, 응답자는 자신이 가장 선호하는 브랜드를 무조건 평가의 대상에 포함시켜야 한다.

상황 C에서 응답자는 자신에 관해서가 아니라 자신의 배우자에 관해서 각 질문에 응답하도록 지시받고 있다. 공통 척도가 주어졌으므로 그 척도에서 적절한 번호를 골라 각 문항의 빈칸에 적어 넣으면 될 것이다.

<상자 3-4> 특별 지시문의 예시

A. 다음 각 문항을 한 번만 읽고 나서, 귀하의 의견을 적어주시기 바랍니다. 귀하의 첫인상을 조사하려고 한다는 점을 유념하여 주시기 바랍니다.

B. 비록 가장 선호하는 브랜드의 의류 외에 가끔 다른 브랜드를 구입하는 경우가 있다고 할지라도, 귀하가 가장 선호하는 브랜드를 대상으로 다음 질문들에 응답하여 주시기 바랍니다.

C. 귀하의 배우자가 다음 각각의 행위(일)를 얼마나 자주 하는지 주어진 척도에서 적절한 번호를 골라 각각의 빈칸에 적어주세요.

D. 귀하가 지금 사용하고 있는 SNS에 대하여 어느 정도 만족하고 있는지 각각 등급을 매겨주세요. 귀하가 사용하고 있지 아니한 SNS는 응답하지 말고 빈칸으로 남겨놓으시기 바랍니다.

E. 앞으로 몇 주일 이내에 귀하가 새 스마트폰을 구입하기로 결정하였다고 가정하시기 바랍니다. 어떤 브랜드의 스마트폰을 가장 우선적으로 고려하고 계십니까?

F. 만약 귀하의 자녀 가운데 한 명이 낮 동안에 갑자기 응급의료서비스가 필요하게 되었다면 귀하는 그 자녀를 어디로 데리고 가겠습니까?

상황 D는 '조건적 배제(conditional exclusion)'이다. 응답자가 사용하고 있지 않는 SNS는 평가의 대상에서 제외된다는 조건이 부가되어 있으므로, 이 유형은 일종의 함축적 분지(implied branching)이다.

상황 E는 응답자에게 응답과 관련된 가정(assumption)을 제시하고 그에 대한 반응을 조사하는 상황이다. 이 상황에서는 특정한 가정이 첫 번째 문장에 명시되어 있는데, 앞으로 몇 주일 내 스마트폰을 새로 구입한다는 시나리오가 그것이다.

상황 F도 상황 E와 마찬가지로 응답자에게 특정한 가정을 제시하면서 그에 대한 반응을 조사하는 경우이다. 여기에서는 '자녀 가운데 한 명이 낮 동안에 갑자기 응급의료서비스가 필요하게 되었다면'이라는 조건절을 사용하여 특정 가정을 부여하고 있다.

응답자에게 특별한 가정을 부여할 때, 응답자가 다른 사람을 대신하여 응답하도록 할 때, 어떤 특정한 기준에 근거하여 응답하도록 요구할 때, 또는 그 밖의 특별한 방식으로 행동하거나 응답하도록 욕구할 때는 특별 지시문을 사용하여야 한다. 특별 지시문이라고 하여 특별할 것은 없다. 일반 지시문을 작성할 때 적용되는 문법, 어휘, 문체 등이 특별 지시문의 경우에도 그대로 적용된다. 일반 지시문과 마찬가지로 특별 지시문도 응답자의 명확한 이해가 무엇보다 중요하다. 따라서 특별 지시문의 주요 단어나 핵심 어구에는 밑줄을 긋거나 다른 방법을 통해 그 부분을 두드러지게 보이도록 만드는 것이 좋다.

(4) 면접조사자에 대한 지시문

면접설문조사나 전화설문조사에서는 종종 면접조사자를 위한 특별한 지시문이 설문지 안에 포함되는 경우가 있다. 당연한 이야기이지만, 면접조사자에게만 적용되는 특별 지시문은 응답자에게 그 내용이 알려져서는 곤란하다. <상자 3-5>는 면접설문조사의 경우에 면접조사자에게만 적용되는 특별 지시문을 예시하고 있다.

<상자 3-5>의 예제 A, B, C는 일반적인 설문지에서 자주 사용되는 분지(branching)의 예이지만, 이 예제에서의 지시문은 모두 응답자가 아니라 면접조사자에게만 적용된다는 점에 주목하는 것이 좋다. 조사면접자용 지시문을 만들 때 유념할 사항은 다음과 같다. 첫째, 이러한 지시문은 시각적인 면에서 질문 문항과 구별되어야 한다. 따라서 지시문을 대괄호나 소괄호 안에 넣거나, 고딕체로 쓰거나(영어의 경우, 대문자로 쓰거나), 아니면 다른 방법을 사용한다. 둘째, 무엇보다도 중요한 것은 표현의 일관성이다. 설문지 작성자는 지시문이 면접조사자만을 위한 것이기 때문에 응답자에게 읽어주어서는 안 된다는 것을 명확히 하기 위해 전체 문항에 걸쳐 하나의 일관된 규칙을 고수해야 한다. 지시문을 만들면서 괄호, 기호나 도형, 밑줄이나 음영 등 어느 것을 사용하건 간에 그것은 설문지 작성자가 자유롭게 결정할 원칙이지만, 일단 결정하면 그것을 끝까지 고수하여야 한다. 즉, 설문지의 처음부터 끝까지 표현의 일관성을 상실하지 않도록 노력하여야 한다.

분지(branching)는 가능한 한 적게 사용하는 것이 좋다. 일부 조사연구자들은 실천현장에서 설문조사를 직접 수행하는 면접조사자의 지적 수준과 참여 동기를 실제보다 과대평가하는 경향을 보인다. 이 때문에 자기기입식 설문지보다 면접 설문지에 포함되는 분지 지시문이 어느 정도 더 정교해지고 상대적으로 더 복잡해지는 것 같다. 면접조사자들은 실제

조사를 수행하려 실천현장에 투입되기 전에 필요한 교육·훈련을 받는다. 그들은 설문조사를 시작하기 전에 설문지를 완벽하게 검토할 기회를 갖는 셈이다. 그럼에도 불구하고, 조사연구자는 면접조사자가 응답자보다 더 높은 지적 수준을 갖고 있다고 가정하는 것은 바람직하지 않다.

<상자 3-5> 면접조사자에게만 해당되는 지시문의 예시

A. [**만약 '예'라면:**] 귀하는 어떤 종별의 사회복지시설에 기부행위를 하고 있습니까?

B. [**만약 응답자가 여자라면, 4쪽으로 넘어가세요.**]

C. [**만약 응답자가 기혼자라면, 위의 ◉로 돌아가 응답자의 배우자에 관하여 각 문항을 질문하세요.**]

D. [**응답자에게 파란색 등급카드를 건네주기 바랍니다.**]

E. [**아래의 범주들 가운데 해당되는 곳에 체크하시오. 응답자에게는 대안들을 읽어주지 마시오.**]

F. 다른 이유가 있습니까? [**다른 이유가 있는지 추가 조사하시오(probe).**]

G. [**아래에 국제결혼 이주여성의 인종/민족적 배경을 기록하시오. 절대 묻지 마세요.**]
_____ 백인 _____ 흑인 _____ 동양인 _____ 남미계
_____ 기타 (구체적으로 기입하시오: __________)

<상자 3-5>의 예제 D에는 응답자에게 등급카드라는 시각적 보조수단을 건네주라는 매우 단순한 지시문이 들어 있다.

예제 E는 면접조사자에게 응답자의 응답내용을 기록하는 방법을 설명하는 지시문이다. 또한 응답자에게 응답 대안을 읽어주지 말라는 지시사항도 포함되어 있다. 반대로, 경우에 따라서는 응답자들에게 응답 대안을 읽어주라는 지시문이 들어갈 수도 있다. 금지의 지시사항을 강조하기 위하여 '**마시오**'라는 단어를 진한 고딕체 글씨로 만든 다음에 밑줄을 쳤음을 주목하기 바란다.

예제 F는 이른바 추가조사(probing)에 관한 예이다. 이것은 일반적인 질문을 끝낸 다음에 추가적으로 질문할 내용이 생기면 면접조사자가 계속 질문을 하여 자세한 내용을 알아내라는 지시문이다. 대개 면접조사자는 설문조사 현장에 투입되기 전에 추가조사의 방법에 관하여 교육을 받는다. 설문지의 지시문은 추가조사를 실시할 시점만을 알려주는 것이다

예제 G는 대면설문조사에 해당되는 사례이다. 면접조사자가 응답자를 보는 순간에 그의 인종·민족적 배경을 알 수 있으므로 그것을 그대로 기록하되, 응답자에게는 절대로 인종·민족적 배경을 직접 묻지 말라는 내용이다. 이것은 인종을 묻는 행위가 일부 응답자에게는 어느 정도 위협적인 질문이 될 수 있기 때문이다. '**절대 묻지 마세요**'라는 어구는 진한 고딕체이며 그 밑에는 밑줄이 그어져 있음을 주목하기 바란다.

지금까지 예로 든 것은 면접조사자에게만 해당되는 소수의 특별 지시문이다. 그 밖에도 조사연구의 목적에 따라 다양한 유형의 특별지시문을 만들어 사용할 수 있다. 일반 지시문에 적용되는 명확성과 단순성에 관한 원리나 규칙이 모두 면접조사자용 특별지시문에도 그대로 적용된다.

(5) 면접 설문조사에서 사용하는 등급 카드

설문조사에서 응답자들은 주어진 척도를 사용하여 어떤 현상이나 상태를 측정한다. 자기기입식 설문지의 경우에는 척도가 설문지 안에 직접 삽입된다. 면접 설문조사의 경우에는 설문지가 아닌 별도의 카드에 인쇄된 척도가 응답자에게 건네지며, 응답자는 카드상의 척도를 보고 각 문항을 평가한다. <상자 3-6>에는 면접 설문조사에서 사용되는 세 종류의 등급카드가 예시되어 있다.

<상자 3-6>의 어느 경우든 간에, 면접조사자가 해당 등급카드를 응답자에게 건네주라는 지시문이 먼저 등장할 것이다. 세 종류의 등급카드는 시각적으로 쉽게 구별될 수 있도록 서로 다른 색깔의 종이를 사용하거나, 서로 다른 색깔의 글자나 기호로 카드의 내용을 표시하는 것이 좋다. 카드 한 장에 두 개 이상의 척도를 넣는 것은 권장할 만한 방법이 아니다. 일반적으로 카드 안의 글자는 충분히 커서 응답자 모두가 한눈에 읽을 수 있어야 한다. 특히 노인계층이나 시력이 낮은 사람들이 곤란을 겪지 않도록 글자 크기를 미리 고려하여야 한다.

<상자 3-6>의 A는 선형숫자척도, B는 언어빈도척도를 예시한 것이다. C는 연간 가구소득을 나타내는 지표의 형식을 취하고 있는 척도이다. 일반적으로 개인이나 가구의 소득을 측정하는 문항은 민감한 질문으로 간주된다. 많은 응답자들이 이 문항에 대한 답변을 거부하는 경우도 발생할 수 있다. 만약 이 문항이 연소득을 구체적인 금액으로 물어보면, 소득이 매우 높은 사람들은 실제 소득보다 줄여서 말할 수 있으며, 반대로 소득이 매우 낮은 사람은 실제 소득보다 높여서 말할 수도 있다. 그러므로 무작위 숫자를 사용하여 소득

을 측정하면 보다 신뢰성 있는 자료를 얻을 수 있으며, 카드 C는 그와 같은 목적을 달성하기 위하여 고안된 조사도구이다. 즉, 면접조사자는 응답자에게 연간 가구소득이 얼마인지 그 금액을 구체적으로 말하도록 요구하는 것이 아니라, 카드에 있는 어떤 문자가 응답자의 소득을 제대로 나타내는지 그 문자만을 말하도록 요청하면 된다.

<상자 3-6> 면접 설문조사에서 사용하는 응답자용 등급 카드의 예

<A. 선형숫자척도 카드>

척도

중요하지 않음. 1 2 3 4 5 중요함.

<B. 언어빈도척도 카드>

1=항상
2=자주
3=가끔
4=드물게
5=전혀 없음.

<C. 연간 가구소득 지표>

R	=	1,000만 원 미만
G	=	1,000~2,000만 원 미만
L	=	2,000~3,000만 원 미만
W	=	3,000~4,000만 원 미만
F	=	4,000~5,000만 원 미만
Q	=	5,000만 원 이상

4. 설문지 결론 부분의 구성

설문지의 결론 부분은 두 가지 성격의 문항을 배치하기 위해 유보해둔 자리이다. 첫째, 본질상 또는 성격상 미묘하거나(delicate) 민감한(sensitive) 문항, 즉 응답자에게 위협적인 문항은 설문지의 말미에 배치하여야 한다. 둘째, 응답자에 관한 일반적인 사항, 다시 말해, 응답자의 인구통계학적 정보를 묻는 문항들은 설문지의 후반부에 배치하여야 한다. 그런데 어떤 응답자에게는 개인정보를 묻는 문항이 곧 위협적인 문항으로 간주되는 경우도 종종 있다. 자신의 신분이 노출될 것을 두려워하는 응답자들 또는 자신에 관한 신상정보를 밝히기를 꺼려하는 응답자들이 바로 그들이다.

1) 위협이나 협박의 최소화

응답자들이 민감하게 여기는 질문 또는 위협적이라고 느끼는 질문에는 어떤 것이 있을까? 이에 대한 답변은 설문조사가 시행되는 맥락조건이 어떠한가에 따라서, 즉 사회제도 및 문화적 환경에 따라서 변이가 매우 클 것이다. 다음과 같은 질문은 응답자에게 위협적으로 느껴질 가능성이 큰 것으로 알려져 있다(Bradburn et al., 2004; Frankfort-Nachmias & Nachmias, 2000; Sudman & Bradburn, 1982).

첫째, 응답자의 재정 상태를 묻고 있는 질문인가? 현대사회는 개인이 얼마나 벌고 무엇을 소유하고 있는지, 즉 경제력을 기준으로 개인을 평가하려는 경향이 있으며, 대부분의 사람은 세무 당국(국세청이나 지방세 담당 행정조직)이나 사회보험료 징수기관을 두려워한다.

둘째, 개인의 정신적 또는 기술적 기능이나 능력을 묻고 있는 질문인가? 사람들은 자신의 눈에 그리고 남의 눈에 자신이 무능하거나 아둔하게 보이는 것을 두려워한다.

셋째, 응답자가 자각하고 있는 결점이나 단점을 들추어내는 질문인가? 사람들은 자신들이 개인적으로 또는 사회적으로 바람직한 목적을 달성하지 못하고 있다는 사실에 대해 매우 민감하게 반응한다.

넷째, 질문이 응답자의 사회적 지위를 나타내는 지표와 관련이 있는가? 학력, 직업, 거주지 등의 여러 측면에서 열등한 위치에 있는 사람들은 그러한 질문에 대하여 방어적인 태도를 취할 것이다.

다섯째, 성(sexuality), 성 정체성(sexual identity), 성 행태(sexual behavior)에 초점을 맞추고 있는 질문인가? 성은 매우 개인적인 주제이며, 많은 사람들은 심지어 성(sex)이라는 단어를 듣거나 보기만 해도 당황스러워한다.

여섯째, 질문이 알코올 소비나 불법적인 약물의 사용에 관한 내용인가? 많은 사람들이 그런 질문에 대하여 부인하는 답변을 하거나 과소 응답을 할 것이다. 또는 질문을 통해 알코올이나 약물 남용에 관한 제언을 받으면 모욕감을 느낄 수 있다.

일곱째, 질문의 주제가 개인적인 습관에 관한 것인가? 많은 사람들이 좋은 습관을 갖지 못하거나 반대로 나쁜 습관을 버리지 못하고 있다는 사실을 인정하기 싫어한다.

여덟째, 정서적 또는 심리적인 장애(emotional or psychological disturbance)를 다루고 있는 질문인가? 응답자에게 정신적 질병은 신체적 질병보다 더 위협적일 수가 있다.

아홉째, 노화과정과 관련이 있는 질문인가? 노화과정을 보여주는 지표가 포함된 질문은 노인계층뿐만 아니라 거의 모든 연령대의 성인 응답자에게 두려움과 불안을 줄 수 있다.

끝으로, 사망 또는 임종과 관련이 있는 질문인가? 사망률, 유병률 등은 금지된 주제이며, 많은 사람들은 그들 자신 또는 사랑하는 사람의 죽음을 심지어 생각조차 하지 않으려는 경향이 있다.

위에서 언급한 바와 같이, 개인의 재정 상태에 관한 정보를 묻는 문항은 응답자들이 가장 위협적으로 느끼는 대표적인 질문이다. 소득과 재산은 개인의 지위를 알려주는 중요한 지표 가운데 하나일 뿐만 아니라 거의 모든 사람은 국세청이나 사회보험료 징수기관을 두려워하기 때문이다. 설문지 작성자로서는 응답자들이 민감하게 여기는 그 밖의 다른 요인이 무엇인지 쉽게 알기 어려운 경우도 많다. 예를 들어, 응답자들은 자신들이 이해하기 어려운 지시문, 질문, 척도 등과 조우할 때 자신들이 무식하다거나 무능하다고 여기게 되며, 따라서 이러한 문항은 응답자에게 위협적이라고 할 수 있다. 어떤 목적(예: 체중 감소, 악기 다루기, 집 안의 청결)을 달성하지 못한 상태를 묻는 문항도 역시 응답자에게는 위협적이 된다.

사회경제적 지위가 낮은 사람들 가운데 일부는 사회적 지위를 나타내는 지표에 대하여 방어적인 태도를 취하는 경우도 있다. 사회경제적 지위를 나타내는 대표적인 지표로는 그들이 몰고 있는 승용차나 화물차부터 그들의 배우자가 고등학교 중퇴자라는 사실까지 실로 다양한 예를 들 수 있다. 즉, 그러한 사실을 측정하려는 문항은 해당 응답자에게는 매우 위협적이다. 일반적으로 사람들은 성, 알코올, 불법적인 약물 등을 묻는 질문에 대하여 저항하는 태도를 보이거나 방어적인 태도를 갖는다. 사회적으로 바람직한 것으로 간주되는 개인적 태도(예: 건강한 식습관, 운동, 청결, 정돈 등)도 적지 않은 사람에게 민감한 이슈이다. 마찬가지로, 사회적으로 바람직하지 않다고 간주되는 개인적 습관(예: 흡연, 손톱 물어뜯기, 안절부절못함 등)을 타파하지 못하는 상태를 묻는 문항도 강한 방어적 감정과 반응을 야기한다.

우리 사회에서 응답자들이 숨기거나 회피하거나 손을 떼고 싶어 하는 주제는 그 밖에도 여러 가지가 있다. 정신적 질환이나 감정적 장애를 묻는 질문은 응답자의 저항을 불러일으킨다. 노화와 관련된 문항(예: 이중초점렌즈, 보청기, 틀니 등의 사용)은 부정적 반응이나 신뢰감이 떨어지는 응답을 야기한다. 마찬가지로, 죽음이나 임종은 다수의 사람들에게 금단의 영역이다.

만약 지금까지 설명한 잠재적으로 민감하거나 위협적인 주제들 가운데 어느 하나라도 설문지에 포함시키고자 할 경우, 편향의 발생을 최소화하기 위하여 해당 주제와 관련 있는 문항은 매우 세심하게 표현되어야 한다. 문항을 작성하는 단계에서 민감한 문항들을 찾아 그룹핑하고 적절한 구역에 배치하여야 하며 그 구역을 설문지의 후반부에 배치하여야 한다. 그것이 라포(rapport)를 형성하는 최선의 방법이며, 응답자들의 거짓 응답이나 저항을 줄일 수 있는 좋은 방법이다.

2) 인구통계학적 정보에 관한 구역

거의 모든 설문지에는 응답자의 지위를 조사하는 문항들이 포함되어 있는데, 이러한 일련의 질문을 인구통계학적 문항(demographic items)이라고 부른다. 인구통계학적 질문은 다음과 같은 세 가지 목적을 달성하기 위하여 사용된다. 첫째, 인구통계학적 문항들은 표본의 본질을 있는 그대로 보여주는 역할을 한다. 둘째, 만약 모수치가 알려져 있다면 표본의 인구통계학적 윤곽(profile)과 모집단의 그것을 서로 비교할 수 있다. 셋째, 연령・성별・기타 기준에 따라 표본을 하위표본으로 세분하려면 인구통계학적 문항을 사용하여 얻은 자료가 필요하다.

인구통계학적 문항들은 설문지의 한 구역에 집합적으로 제시되는데, 일반적으로 설문지의 후반부에 배치된다. 다음은 설문조사에서 자주 조사되는 인구통계학적인 항목들이다(Bradburn et al., 2004; Pan, 2003).

- 응답자의 성별
- 가족 구성원의 성별
- 응답자의 연령
- 남성/여성 가구주의 연령
- 가족 구성원들의 연령

- 동거하는 가장 어린 자녀의 연령
- 응답자의 학력
- 남성/여성 가구주의 학력
- 응답자의 고용상태
- 남성/여성 가구주의 고용상태
- 현 직장에서의 근무기간
- 생애 전체에서의 직장 근무기간
- 응답자의 직업
- 남성/여성 가구주의 직업
- 응답자의 연소득
- 남성/여성 가구주의 연소득
- 가구의 연소득
- 전반적인 건강상태
- 정신건강(예: 우울증)
- 질병
- 응답자의 혼인상태
- 응답자의 국적
- 응답자의 인종 또는 민족적 배경(예: 한국인)
- 남성/여성 가구주의 인종 또는 민족적 배경(예: 베트남인)
- 응답자의 종교
- 남성/여성 가구주의 종교
- 거주 형태(예: 노인부부만, 미혼자녀와 동거)
- 출생지
- 우편번호 또는 거주지
- 취미
- 사회경제적 지위(SES: socioeconomic status)(예: 중간)

5. 인구통계학적 문항

인구통계학적 문항의 작성은 조사연구자뿐만 아니라 다른 연구자들에게도 매우 관심 있는 임무이다. 조사연구자가 인구통계학적 문항들을 직접 작성할 때 또는 다른 연구자들이 사용한 인구통계학적 문항을 평가할 때 유념하여야 할 사항은 다음과 같다(Bradburn et al., 2004).

첫째, 인구통계학적 문항을 작성하는 데는 적지 않은 시간과 노력이 필요하다. 따라서 조사연구자가 자신의 아이디어를 바탕으로 직접 인구통계학적 문항을 만드는 것보다 선행연구에서 사용된, 이른바 '시간의 검증'의 거쳐낸 문항을 찾아내어 그대로 사용하든지 아니면 조사연구자의 연구목적에 맞추어 약간 수정하여 사용하는 것이 더 좋을 수도 있다.

둘째, 인구통계학적 문항이 어느 정도의 정밀성(precision)을 갖출 것인지 미리 결정하여야 한다. 무턱대고 문항의 정확도만 높이는 것이 능사는 아니다. 선행연구에서 사용된 인구통계학적 문항을 조사연구자의 정보 욕구(information need)와 비교하여 정밀성을 높이거나 낮추도록 일부 수정하는 방안이 권장된다.

셋째, 인구통계학적 문항들은 설문조사의 과정에서 다른 문항들보다 늦게 응답자에게 제공되는 것이 일반적이다. 즉, 면접 설문조사의 경우 면접자가 응답자에게 인터뷰 후반부에 인구통계학적 질문을 읽어주며, 자기기입식 설문조사의 경우는 설문지의 후반부에 인구통계학적 질문이 배치된다. 그러나 예외적으로 설문조사의 초반부에 인구통계학적 질문을 먼저 묻는 경우도 있다. 조사대상자 가운데 일부 집단을 미리 골라낼(screen) 필요가 있는 경우가 그에 해당된다. 예컨대, 표본집단 중에서 55세 이상만을 먼저 골라내고 싶은 경우에는 명시적 분지의 방식으로 인구통계학적 질문을 먼저 배치하는 것이 좋다.

끝으로, 설문조사의 응답자가 자신의 정보뿐만 아니라 자신의 가족에 관한 정보를 제공하는 정보제공자(informant)의 역할을 하여야 하는 경우가 종종 있다. 인구통계학적 문항의 경우는 특히 그러하다. 설문지 작성자는 응답자와 가구 구성원이 명확히 구분되도록 문항을 구성하여야 한다. 일반적으로 설문지에서 응답자를 호칭할 때는 '귀하' 또는 '선생님' 등의 단어를 사용하며, 다른 가구 구성원은 응답자와의 관계(예: '미혼 자녀')나 일상적으로 사용되는 호칭(예: '가구주')을 사용한다.

1) 가구의 크기 및 가구의 구성

조사연구자는 종종 연구 목적상의 실제적인 필요에 의해 또는 자료의 가중치를 평가하는 데 필요한 정보를 얻기 위해 특정 가구가 몇 명의 가족으로 구성되어 있으며 가족들 간의 상호관계는 어떠한지 알고 싶어 한다. 가구에 관한 질문은 효율적으로 묻기 어려운 질문에 해당한다. 가구에 관한 질문을 면접 설문조사의 초반에 제기하면 이른바 신뢰감의 문제(rapport problem)가 발생할 수 있다.

다음은 노인을 대상으로 실시된 전국 차원의 면접 설문조사에서 노인의 가족 및 친구관계를 파악하기 위해 포함된 문항의 예이다(정경희 외, 2005).

※ 조사원: 어르신의 가족 중 따로 떨어져 사는 가족에 관한 질문입니다. 현재 해외에 거주하고 있는 자녀도 포함하여 질문하십시오(행방불명은 제외).

1. 현재 따로 살고 있는 생존자녀가 있습니까? (결혼한 자녀와 양자를 모두 포함하여 주십시오.)

⓪ 없다 → (질문 4로 가시오.)

① 있다 → (남:_____명, 여:_____명, 계:_____명)

※ 조사원: 가구조사표의 가구원 사항과 <질문 1>을 참조하여 총 자녀 수를 기록하시오.

자녀 수	남	여	소계
1) 동거자녀 수			1)-1 미혼_____ 1)-2 기혼_____
2) 비동거자녀 수			2)-1 미혼_____ 2)-2 기혼_____
3) 총 자녀 수			3)-1 미혼_____ 3)-2 기혼_____

외국의 예를 들자면, 다음은 미국 인구조사국(U.S. Census Bureau)이 인구센서스에서 사용한 가구 구성에 관한 질문이다(Bradburn et al., 2004).

Q. 지난밤에(날짜 기입) 이 집[아파트/이동식 집]에서 몇 명이 머물렀습니까?
  * 다음 인원은 포함시킬 것: 수양아들딸, 룸메이트 또는 동거인, 다른 거처가 없으며 지난 밤을 이곳에서 지낸 사람, 다른 거처는 있지만 일 때문에 이 집에서 주로 거처하는 사람.
  * 다음 인원은 제외시킬 것: 대학에 다니기 위해 따로 나가 살고 있는 대학생, 지난밤에 교도소·노인요양원·정신병원에 있던 사람, 군 입대자 또는 군무원, 생활의 대부분을 다른 곳에서 보내는 사람.

위 질문은 단지 전체 가구원의 수를 묻는 문항이므로 가구 구성원 전원의 이름을 조사하는 문항보다 상대적으로 민감성이 낮은 질문이다. 만약 조사 목적상 필요하다면 이 문항에 이어서 가구 구성원의 이름을 조사하는 문항이 계속되어야 할 것이다. 응답자들은 법적인 처벌이나 급여의 상실을 우려하기 때문에 사회복지대상자, 불법체류자, 미혼동거인 등의 존재를 의도적으로 숨기려 하는 경향이 있다.

Q. 지난밤에(날짜)에 이곳에서 기거한 모든 사람의 이름 또는 이니셜(initials)을 말씀해주세요. 이 집[아파트, 이동식 집]을 소유하고 있거나 구입할 예정이거나 임대하고 있는 사람부터 시작해주세요(만약 그러한 사람이 없다면, 이곳에 살고 있는 어떤 성인을 먼저 말해도 무방합니다).

오늘날 비전통적인 가구 형태가 꾸준히 늘어나고 있다. 시대 상황의 변화에 부응하여 가구 구성원 간의 관계를 정의하는 새로운 범주가 고안될 필요가 있다.

2) 성별

성별을 묻는 문항은 자기기입식 우편설문조사와 온라인설문조사 등에서 자주 사용된다. 성별은 내재적 척도(implicit scale)이며, 그 자체로서 명확한 의미를 지니므로 성별에 관한 보충 설명은 필요하지 않다. 다음은 성별을 묻는 문항의 예이다.

Q. 귀하의 성별은?
  ① ( ) 남성
  ② ( ) 여성

대면설문조사에서는 면접자가 직접 육안으로 응답자의 성별을 확인할 수 있으므로 성별 문항을 묻지 않고 곧바로 설문지의 해당 문항에 기록하면 된다. 드물기는 하지만, 성명이나 목소리 또는 옷차림 등만으로는 남녀 구분이 안 되는 경우가 있는데, 이때는 조심스럽게 성별에 관한 질문을 던지는 것이 좋다.

3) 연령

연령은 내재적 척도로서 측정하려는 내용이 자명하므로 그것을 자세히 설명할 필요는 없다. 응답자의 연령을 정확하게 파악하기 위하여, 그리고 오류의 발생을 최소화하기 위하여 다음과 같은 두 개의 질문이 사용되는 경우가 많다.

Q. 오늘(날짜) 현재 귀하는 몇 살입니까? 만 ( )세
Q. 귀하의 생년월일은 언제입니까? ( )년 ( )월 ( )일

가장 정확한 나이 정보를 얻는 방법은 이처럼 나이를 묻는 질문과 생년월일을 묻는 질문을 동시에 제시하는 것이다. 면접 설문조사에서는 면접자가 인터뷰 도중에 이 두 질문에 대한 응답을 대조할 수 있으며 따라서 혹시라도 생길 수 있는 나이 정보의 오류를 곧바로 수정할 수 있다. 이렇게 하면 부주의하게 응답하거나 나이를 한두 살 줄이려는 시도를 미연에 방지할 수 있다.

나이를 묻기 위해 단 하나의 질문을 사용한다면, 나이를 묻는 질문보다는 태어난 연도를 묻는 것이 더 좋다. 왜냐하면 응답자의 입장에서는 나이를 묻는 문항보다 출생연도를 묻는 문항이 상대적으로 덜 위협적이기 때문이다.

간혹 응답 범주를 5년 단위 또는 10년 단위로 구분한 후 하나를 선택하도록 요구하는 범주형 질문을 사용하는 경우가 있는데 별로 권장하고 싶지 않은 방식이다. 연령은 개방형 질문으로 묻는 것이 좋다. 그렇게 하면, 자료의 분석 단계에서 얼마든지 다양한 간격으로 연령구간을 범주화할 수 있기 때문이다.

4) 혼인상태

한국종합사회조사(KGSS: Korean General Social Survey)의 설문지는 조사대상자의 혼인상태를 ① 기혼, ② 사별, ③ 이혼, ④ 별거, ⑤ 미혼, ⑥ 동거로 조사하고 있다. 자료분석 단계에서는 다양한 분석이 가능하겠지만, 일례를 들면, '혼인상태 유지(기혼+동거)'와 '혼인상태 아님(사별, 이혼, 별거, 미혼)'이라는 두 범주로 통합하여 통계분석을 실시할 수 있을 것이다.

Q. 귀하의 혼인상태는?
( ) 기혼
( ) 사별
( ) 이혼
( ) 별거
( ) 미혼
( ) 동거

한편, 우리나라 정부가 주관하는 인구주택총조사의 인터넷조사 사이트에서는 개인의 혼인상태를 ① 미혼, ② 배우자 있음, ③ 사별, ④ 이혼의 4개 범주로 나누어 조사하고 있다. 이 조사에서는 법적인 상태와 관계없이 실제 혼인상태를 표시하도록 안내하고 있다.

오늘날 상당히 많은 사람들이 법적인 의미의 결혼을 하지 않은 채 동거하면서 가구의 소득과 비용을 공유하고 있다. 조사연구자의 연구목적에 따라 이 사실혼 집단을 별도의 범주로 구분하거나, 기혼자의 집단과 통합하거나, 아니면 전적으로 무시하는 방법이 있다.

5) 학력

설문조사에서 학력에 관한 문항을 작성할 때 조사대상자의 학력 분포를 미리 예상해보는 일이 매우 중요하다. 노인집단을 대상으로 한 조사에서는 현재의 노인세대 가운데 학교를 다니지 못하였거나 학력이 낮은 사람이 많다는 점을 감안하여야 한다. 따라서 무학에서 최상급 학력에 이르는 연속선의 개념에 따라 학력의 응답 범주를 구성하는 것이 좋다. 다음은 노인복지관 이용 노인을 대상으로 한 설문조사에 포함된 학력 문항의 예이다.

Q. 어르신은 학교를 어디까지 다니셨습니까?
① ( )무학(미취학)
② ( )초등학교 졸업 또는 중퇴
③ ( )중학교 졸업 또는 중퇴
④ ( )고등학교 졸업 또는 중퇴
⑤ ( )대학교 이상 졸업 또는 중퇴

다음은 노인을 대상으로 실시된 전국 차원의 설문조사에 포함된 노인의 학력에 관한 문항이다.

Q. 어르신은 학교를 어디까지 다니셨습니까?
① ( )글자 모름
② ( )무학이나 글자 해독
③ ( )서당
④ ( )초등학교
⑤ ( )중학교
⑥ ( )고등학교
⑦ ( )전문대학
⑧ ( )대학
⑨ ( )대학원

한편, 사회복지사를 대상으로 한 설문조사에서는 무학(미취학), 초등학교 또는 중학교 졸업자를 조사할 필요가 거의 없다는 점을 참고하는 것이 좋다. 현행 사회복지사 양성 제도에 의하면 사회복지사 자격증은 일정한 학력 등의 자격조건을 갖춘 자에게만 발급되기 때문이다. 아래는 사회복지사를 대상으로 학력을 조사하는 문항의 예이다.

Q. 귀하의 최종학력은?
① ( )고졸 이하
② ( )전문대 졸업
③ ( )대졸
④ ( )대학원졸(석사)
⑤ ( )대학원졸(박사)

6) 고용

일반적으로 개인의 고용형태를 측정하는 대표적인 문항은 정규직 여부를 묻는 문항이다.

Q. 귀하의 고용 형태는?
① ( )정규직
② ( )비정규직

한편, 외국의 예를 들면, 아래에 제시된 미국 인국조사국에서 사용하고 있는 고용 관련 질문은 다음과 같은 두 가지 목적을 가지고 있다. 첫째, 특정 조사대상자가 현재 고용상태인가, 아닌가를 조사하기 위해서이다. 둘째, 실업상태에 있는 조사대상자가 현재 직장을 구하려는 적극적인 노력을 하고 있는지, 아닌지를 파악하기 위해서이다.

Q 1. 귀하는 지난주에 유급으로 일한 경험이 있습니까?
( ) 예. (2번 질문으로 가세요.)
( ) 아니요. (3번 내지 7번 질문으로 가세요.)
Q 2. 귀하는 지난주에 몇 시간 동안 일을 하였습니까?
______시간
Q 3. (만약 아니라면): 귀하는 지난주에 일시해고(layoff) 중이었습니까?
( ) 예.
( ) 아니요. (건너뛰어 5번 질문으로 가세요.)
Q 4. 귀하는 앞으로 6개월 이내에 복직될 것이라는 통지를 받았거나 구체적인 복직 일자를 통보받았습니까?
( ) 예. (건너뛰어 7번 질문으로 가세요.)
( ) 아니요.
Q 5. 귀하는 지난주에 휴가, 일시적인 질병, 노사분규, 또는 다른 이유로 인해 일시적으로 결근하였습니까?
( ) 예.
( ) 아니요.
Q 6. 귀하는 지난 4주 동안 일자리를 구하려고 노력하였습니까?
( ) 예. (7번 질문으로 가세요.)
( ) 아니요.

만약 조사연구자가 고용상태를 조사하려는 목적을 가지고 있으나 구직의사의 파악에는 관심이 없다면, 질문 1과 질문 2만 있어도 충분하다.

7) 직업 및 직장

일반적으로 사회복지사가 근무하는 기관 유형은 매우 다양하다. 문항 작성자는 조사대상자의 기관 유형 분포를 미리 따져보고 그에 맞도록 조사대상자의 직장 혹은 근무처를 조사하는 문항의 응답 범주를 결정하는 것이 바람직하다.

Q. 귀하가 근무하는 사회복지시설(기관)은 다음 중 어느 유형입니까?

노인복지시설	(1) ( )노인주거복지시설(양로원, 노인복지주택) (2) ( )노인의료복지시설(노인요양원, 노인전문요양원) (3) ( )노인여가복지시설(노인복지관, 경로당, 노인교실) (4) ( )재가노인복지시설(가정봉사원 파견시설, 주간・단기보호시설) (5) ( )노인보호전문기관(노인학대예방센터)
아동복지시설	(6) ( )아동양육시설 (7) ( )아동일시보호시설 (8) ( )아동보호치료시설 (9) ( )아동직업훈련시설 (10) ( )자립지원시설 (11) ( )아동단기보호시설 (12) ( )아동상담소 (13) ( )아동전용시설 (14) ( )아동복지관 (15) ( )아동보호전문기관(아동학대예방센터)
종합사회복지관	(16) ( )가형 (17) ( )나형 (18) ( )다형
장애인복지시설	(19) ( )장애인생활시설 (20) ( )장애인지역사회재활시설(장애인복지관, 의료재활시설, 공동생활가정) (21) ( )장애인직업재활시설 (22) ( )장애인유료복지시설
모부자복지시설	(23) ( )모부자보호시설 (24) ( )모부자자립시설 (25) ( )미혼모시설 (26) ( )일시보호시설 (27) ( )여성복지관 (28) ( )모부자가정상담소
부랑노숙인시설	(29) ( )부랑인시설 (30) ( )노숙인쉼터 (31) ( )상담보호센터

가정폭력	(32) ( )가정폭력피해자보호시설
성폭력	(33) ( )성폭력피해자보호시설
행정기관	(34) ( )광역시청, 도청 (35) ( )시 · 군 · 구청 (36) ( )읍 · 면 · 동사무소

면접 설문조사에서 응답자의 직업에 관한 자세한 정보를 얻고 싶다면 다음과 같은 개방형 질문을 제시하는 것이 좋다. 개인의 직업에 관한 정확한 자료를 얻기 위해서는 네 개의 질문에 대한 응답을 코딩하는 복잡한 임무를 수행하여야 한다. 아마도 직업에 관한 문항과 관련된 가장 큰 어려움은 직업의 종류가 너무 다양하여 자료의 분석단계에서 코딩상의 어려움을 겪는다는 점일 것이다.

Q 1. 귀하의 고용주는 누구입니까?
Q 2. 이 일은 어떤 종류의 사업(business)이나 산업(industry)입니까?
(만약 1번 질문에서 명확한 답을 알 수 있다면 이 질문은 불필요함.)
Q 3. 귀하는 어떤 종류의 일을 하고 계십니까?
Q 4. 귀하가 담당하고 있는 가장 중요한 활동 또는 임무는 무엇입니까?

다음은 노인 대상의 전국 차원의 설문조사에서 노인의 과거 직업을 조사하는 문항의 예이다.

Q 5. 어르신께서 일생 동안 가졌던 직업(현 직업 포함) 중 가장 오래 종사하셨던 직업은 무엇입니까? (※ 평생 직업이 없는 경우는 비해당)

최장 종사직업: ________________

8) 소득

응답자의 소득은 정확하게 조사하기 어려운 항목 가운데 하나이다. 어떤 응답자는 사회적 요망성 편향(social desirability bias) 때문에 자신의 소득을 과장 응답하는 반면, 다른 응답자는 자기 소득을 고의로 과소 응답한다. 이러한 과장 또는 축소 응답이 의도적으로 생기는 경우도 있지만, 실제로 응답자가 가족들의 소득금액을 정확히 알 수 없거나 다양한 소득의 원천을 제대로 기억하지 못하기 때문에 부정확한 응답을 할 수밖에 없는 경우도 있다.

소득을 묻는 문항은 두 가지 유형으로 나눌 수 있다. 하나는 월평균 개인소득 또는 가구소득을 묻는 형식의 문항이고, 다른 하나는 소득을 미리 구간별로 범주화한 다음에 하나의 범주를 선택하도록 하는 문항이다. 전자는 후자보다 개인의 사생활 정보를 노출한다는 측면에서 더 위협적이므로 응답 거부가 나타날 가능성이 더 높다. 따라서 아래와 같이 선택형 문항이 널리 사용되고 있다.

Q. 귀하 가구의 월평균 가구소득은 대략 얼마입니까?
① ( )100만 원 미만
② ( )100~150만 원 미만
③ ( )150~200만 원 미만
④ ( )200~250만 원 미만
⑤ ( )250~300만 원 미만
⑥ ( )300만 원 이상

다음은 조사대상자의 주관적 경제력을 재는 문항의 예이다. 구체적으로, 보건사회연구원에서 전국 노인의 생활실태 및 복지욕구를 조사하기 위하여 실시한 설문조사에 포함되었던 문항이다.

Q. 동년배의 다른 노인들에 비해 어르신의 경제적 형편은 어떤 편이십니까?
① 매우 좋다.
② 약간 좋다.
③ 보통이다.
④ 약간 나쁘다.
⑤ 매우 나쁘다.

소득을 묻는 문항에는 무응답이 많다. 예를 들면, 미국 인구조사국의 조사의 경우, 소득에 관한 질문의 내용이 너무 세부적이고 응답하는 데 적지 않은 시간이 걸리기 때문에 응답자들의 응답 거부가 많은 편이라고 한다. 현재 약 20% 정도의 응답자들이 세부적인 내용을 묻는 소득 질문에 대하여 응답을 거부하고 있으며, 상대적으로 덜 세부적인 소득 질문에 대해서도 약 5~10% 정도가 응답을 거부하고 있다고 한다(Bradburn, 2004).

9) 종교

설문조사를 통해 조사대상자의 종교 현황을 조사하는 일은 어려운 과업일 뿐만 아니라 미묘한 사안이기도 하다. 한국 사회의 종교 상황은 '종교백화점'이나 '종교시장'으로 표현되고 있으며, 한국 사회는 '다종교사회'로 불릴 정도로 종교의 종류가 많기 때문일 것이다. 문화관광체육부가 발주한 '2011년 한국의 종교현황' 연구조사에 의하면 우리나라에는 2011년 현재 566개의 교단・교파가 활동하고 있는 것으로 조사되었다(고병철, 강돈구, 박종수, 2012).

설문조사의 구조화된 조사 항목에 어떤 종교를 포함시키고 어떤 종교를 제외할 것인가는 설문지 작성자가 결정하여야 할 문제이다. 설문지 작성의 단계에서 한국의 종교별 교세 현황을 참고할 수 있을 것이다.

문화관광체육부가 발주한 '2011년 한국의 종교현황' 조사 결과에 의하면, 2005년 현재 신도 수가 3,700여 명 이상인 종교는 불교, 개신교, 천주교, 유교, 천도교, 원불교, 대종교로 나타났으며, 우리 사회의 3대 종교는 불교, 개신교, 천주교임이 밝혀졌다. 또한 이 조사에서는 유교를 종교의 범주에 넣고 있다(<상자 3-7>).

<상자 3-7> 한국의 종교별 교세현황

종교별	2011년 총단체 수(개)	수치 파악			신도 수(명)		
		2011년 교당 수(개소)	2011년 교직자 수(명)	비고	인구 및 주택센서스 집계('05.11.1)	인구 및 주택센서스 집계('95.11.1)	인구 및 주택센서스 집계('85.11.1)
불교	265	26,791	46,905	137개 종단	10,726,463	10,321,012	8,059,624
개신교	232	77,966	140,483	118개 종단	8,616,438	8,760,336	6,489,282
천주교	1	1,609	15,918	성당 수	5,146,147	2,950,730	1,865,397
유교	1	234	235	향교 수	104,575	210,927	483,366
천도교	1	105	630		45,835	28,184	26,818
원불교	1	550	1,979		129,907	86,823	92,302
대종교	1	22	11		3,766	7,603	11,030
그 밖의 종교	64	2,391	26,650	20개 종단	197,635	232,209	175,477
계	566	109,668	232,811		24,970,766	22,597,824	17,203,296

* 단체 수, 교당 수, 교직자 수: 2012.3.20까지 각 종단 협조 자료의 수치를 집계한 것임.
* <'95.11.1 기준 통계청 집계 우리나라 전체 인구수: 44,553,710>
* <'05.11.1 기준 통계청 집계 우리나라 전체 인구수: 47,041,434>

자료: 고병철 외, 2012, p.9.

종교 현황을 조사하는 문항의 예를 들어보자. 이 문항에서는 불교, 개신교, 천주교만을 구체적인 조사항목으로 적시하고 있으며 다른 종교는 직접 거명하는 대신에 해당 종교의 명칭을 적는 방식을 취하고 있다.

Q. 귀하의 종교는?
① ( )불교
② ( )개신교
③ ( )천주교
④ ( )다른 종교(구체적으로: ____________________)
⑤ ( )종교 없음.

일반적으로 설문조사에서 종교 현황을 파악하는 가장 중요한 목적은 종교별 신도 수를 비교하려는 것이 아니라 조사자가 측정하려는 조사대상 항목의 종교별 현황 비교일 것이다. 간혹 조사대상 항목의 값을 비교함에 있어서 종교별 비교보다 종교의 유무에 따른 비교가 더 유용한 경우가 있다. 2005년 통계청의 조사 자료에 의하면, 전 국민 가운데 약 53% 이상이 스스로를 종교인으로 인식하고 있다(고병철 외, 2012). 반대로 말하면, 전 국민의 47% 정도는 스스로를 종교인으로 인식하지 않다는 뜻이다. 이는 종교별 항목 비교와 더불어 종교 유무에 따른 비교가 더 바람직한 경우가 있을 수 있음을 암시한다. 따라서 조사자는 설문조사의 단계에서는 종교별로 현황 조사를 한 후, 자료분석의 단계에서 종교가 있는 조사대상자 집단을 한데 합하고 이를 종교가 없는 집단과 비교하는 방법을 택할 수 있다.

10) 직접 만나는 빈도와 연락하는 빈도

한국종합사회조사(KGSS)의 설문지에서는 아래와 같은 문항을 사용하여 성인남녀가 부모와 직접 만나거나 연락을 취하는 빈도를 조사하고 있다,

Q. 귀하는 부모님과 얼마나 자주 직접 만납니까?
(00) 같은 집에 살고 있다.
(01) 거의 매일
(02) 일주일에 몇 번
(03) 일주일에 한 번 정도
(04) 한 달에 한 번 정도
(05) 일 년에 몇 번
(06) 일 년에 한 번 정도
(07) 일 년에 한 번 미만

Q. 귀하는 전화, 편지, 이메일 등을 통해 부모님과 얼마나 자주 연락합니까?
(00) 같은 집에 살고 있다.
(01) 거의 매일
(02) 일주일에 몇 번
(03) 일주일에 한 번 정도
(04) 한 달에 한 번 정도
(05) 일 년에 몇 번
(06) 일 년에 한 번 정도
(07) 일 년에 한 번 미만

다음은 보건사회연구원이 전국의 노인을 대상으로 생활실태 및 복지욕구를 조사하기 위하여 실시한 설문조사에 포함된 문항들이다.

Q. 지난 1년간 그 자녀와 얼마나 자주 만나셨습니까? (방문한 경우, 방문 오는 경우 모두 포함)
① 거의 매일(하루 1회 이상)
② 주 2~3회 정도
③ 주 1회 정도
④ 2주에 1회 정도
⑤ 월 1회 정도
⑥ 3개월에 1회 정도
⑦ 6개월에 1회 정도
⑧ 연 1회 이하
⑨ 전혀 만나지 않음.
⑩ 기타(구체적으로:________)

Q. 지난 1년간 그 자녀와 얼마나 자주 연락(전화, 편지 등으로 상호연락)을 주고받았습니까? (방문한 경우, 방문 오는 경우 모두 포함)
⓪ 매일 만나기 때문에 연락할 필요가 없다.
① 거의 매일(하루 1회 이상)
② 주 2~3회 정도

③ 주 1회 정도
④ 2주에 1회 정도
⑤ 월 1회 정도
⑥ 3개월에 1회 정도
⑦ 6개월에 1회 정도
⑧ 연 1회 이하
⑨ 전혀 만나지 않음.
⑩ 기타(구체적으로:________)

6. 설문지의 사전 코딩 및 예비조사

1) 사전 코딩

사전 코딩(precoding)은 설문지에 포함된 모든 질문을 대상으로 장차 통계분석에 대비하여 문항번호를 부여하고 필요한 경우에는 각 응답범주에 숫자를 배정하는 것을 말한다. 개별 문항을 작성하는 단계에서 이미 각 문항에 문항번호를 부여하였거나 각 응답범주에 숫자를 배정하였다면 이미 사전 코딩이 이루어졌으므로 별다른 추가 작업이 필요하지 않을 것이다. 그러나 각 문항에 문항번호가 없다거나(이 경우 문자나 기호를 사용하여 질문들을 구분함) 각 응답 범주에 번호가 붙어 있지 않은 경우에는 사전 코딩이 반드시 필요하다.

각 응답 범주를 서로 구분하기 위하여 붙여진 숫자는 응답 코드(response code)라 부른다. 응답 코드는 자료수집이 끝난 다음에 수집된 자료를 컴퓨터의 통계분석패키지에 입력하는 단계에서 사용된다.

사전 코딩은 설문지를 대량으로 인쇄하기 전에 마무리되어야 한다. 일단 설문지를 인쇄한 다음에 수백 수천 부의 설문지를 대상으로 개별적으로 사전 코딩을 한다는 것은 어불성설이기 때문이다. 사전 코딩은 양적 분석에서 시간과 노력을 절약할 수 있는 가장 능률적인 방법이다. 구조화된 설문지를 사용하는 가장 큰 이유 가운데 하나가 바로 사전 코딩이 가능하다는 점 때문이다.

사전 코딩하는 방법, 즉 문항의 응답 범주에 응답 코드를 부여할 때 참조할 수 있는 지침은 다음과 같다(Alreck & Settle, 2004). 첫째, 응답 코드는 반드시 숫자이어야 한다(예:

①, ②, ③, ……). 문자(예: ⓐ, ⓑ, ⓒ, …… 또는 ㉮, ㉯, ㉰, ……)는 언젠가는 다시 숫자로 변환시켜야 하므로 권장할 수 없다.

둘째, 'OX', '남/여', 또는 '예/아니요'를 묻는 이항적 항목(dichotomous items)에는 별도로 응답 코드를 부여할 필요가 없다. 이러한 유형의 질문에서는 응답 자체가 바로 컴퓨터에 입력할 수 있는 자료이기 때문이다.

셋째, 선형숫자척도처럼 숫자 자료를 생산해내는 질문에는 응답 코드를 붙일 필요 없다. 즉, 연속변수 자료(예: 연령, 교육연수, 소득금액 등)는 그 자체가 컴퓨터에 바로 입력할 수 있는 자료이므로 사전 코딩이 불필요하다. 반면에, 일반적으로 범주형 문항은 사전 코딩이 꼭 필요하다.

넷째, 응답코드는 응답자에게는 큰 의미가 없고 조사연구자에게만 범주 식별의 의미를 제공하므로 너무 부각되지 않아야 한다. 따라서 원문자(예: ①, ②, ③, ……)나 괄호 문자(예: (1), (2), (3), ……) 등으로 처리하는 것이 적당하다.

사전 코딩(precoding)은 사후 코딩(postcoding)에 대비되는 개념이다. 참고로, 사후 코딩은 자료수집이 완료된 후 자료의 분석 단계에서 사전 코드(precode)가 배정되지 않은 응답에 대하여 범주 번호로서의 숫자를 부여하는 것을 의미한다. 예를 들면, 자료수집이 끝난 다음에 개방형 질문에 대한 응답을 통계적으로 분석하기 위하여 문항별로 한 세트의 응답범주를 구성하고 각 응답범주를 서로 구별하기 위하여 각각에 숫자를 부여하는 과정이 사후 코딩이다. 사전코딩이건 사후코딩이건 코딩(부호화)이 필요한 이유는 통계분석패키지에는 오직 숫자만을 자료로서 입력할 수 있기 때문이다.

응답 코드의 작성 단계에서는 엄밀한 검사(acid test)의 중요성을 아무리 강조해도 지나치지 않을 것이다. 조사연구의 초심자들은 반드시 사전 코딩이 제대로 수행되었는지 확인하고 재차 확인하여야 한다. 심지어 경험 많은 조사연구자라 할지라도 사전 코딩의 중요성을 망각해서는 안 되며, 혹시라도 사전 코딩 과정에서 오류가 발생하지 않았는지 확인하는 것이 좋다. 사전 코딩의 정확성을 확인하는 데 그리 많은 시간이 걸리지는 않지만, 그로 인하여 사전 코딩의 오류를 찾아내 고칠 수 있다면 조사연구자가 기대할 수 있는 편익은 실로 막대하다.

2) 설문지의 예비조사

설문지 시안(초안)이 완성되었을 때(즉, 모든 문항의 구역별 배치가 완료되었고, 모든 구역의 배치가 완료되었으며, 모든 지시문이 적소에 삽입되었을 뿐만 아니라, 사전 코딩을 끝마쳤을 때), 그것을 곧바로 인쇄하는 것은 결코 현명하지 않다. 먼저, 설문지에 대한 예비조사(pretest)가 필요하다. 예비조사와 관련된 주요 논점은 다음과 같다(Hunt, Sparkman & Wilcox, 1982).

- 구체적으로 어떤 항목들에 대하여 예비조사를 실시할 것인가?
- 예비조사는 어떤 방법으로 실시할 것인가?
- 누가 예비조사를 실시할 것인가?
- 누구를 대상으로 예비조사를 실시할 것인가?
- 어느 정도의 표본 크기가 적절한가?

설문지 시안을 20~30부 정도 인쇄한 뒤 이른바 '전형적인 응답자들(typical respondents)'에게 배포하여 응답하도록 요청하는 것이 좋다. 자기기입식 설문지 초안에 응답할 때 또는 면접설문조사에서 면접자의 질문을 접하였을 때, 응답자들이 어떠한 반응을 보이는지 확인하기 위해서 예비조사가 필요하다. 그들이 질문, 척도, 지시문을 제대로 이해하고 있는지 확인하는 일도 중요하다. 만약 지시문에 분지(branching)가 포함되어 있다면 응답자들이 그것을 제대로 이해하고 지시대로 준수하는지도 확인하여야 한다. 설문조사를 마칠 때까지 시간이 얼마나 소요되는지 확인하는 일도 빼놓을 수 없는 주요 과업이다. 예비조사를 마친 다음에는 설문의 내용과 형식에 대하여 응답자들의 반응과 제안을 청취하는 일도 권장할 만하다. 설문지를 개선하는 데 활용할 수 있는 좋은 정보를 얻을 수 있기 때문이다. 그다음에는 예비조사를 마친 설문지들을 모두 수거한 후 그 응답 자료를 컴퓨터의 통계분석패키지에 실제로 입력하여 보아야 한다. 아마도 몇 가지 오류가 드러날 것이다. 이 오류를 수정하는 일, 그것은 장차 가래로 막을 일을 지금 호미로 막는 일이 아닌가!

요컨대, 예비조사에서는 전형적인 응답자들이 설문지에 어떤 반응을 보이는지 주의 깊게 살펴보아야 한다. 특히 예비조사에서는 다음 사항을 확인하는 것이 좋다. 첫째, 응답자들이 질문, 척도, 지시문을 완벽하게 이해하고 있는지 점검하라. 둘째, 분지(branching)가 있는 문항이라면, 응답자들이 분지를 얼마나 정확하게 따르고 있는지 관찰하라. 셋째, 설문지에 수록된 모든 문항에 대한 응답을 완료하는 데까지 시간이 얼마나 걸리는지 확인하라. 끝으로, 응답을 마친 응답자들에게 설문지에 대한 그들의 반응과 제언에 관하여 질문하는 것이 좋다.

제4장

자료의 수집

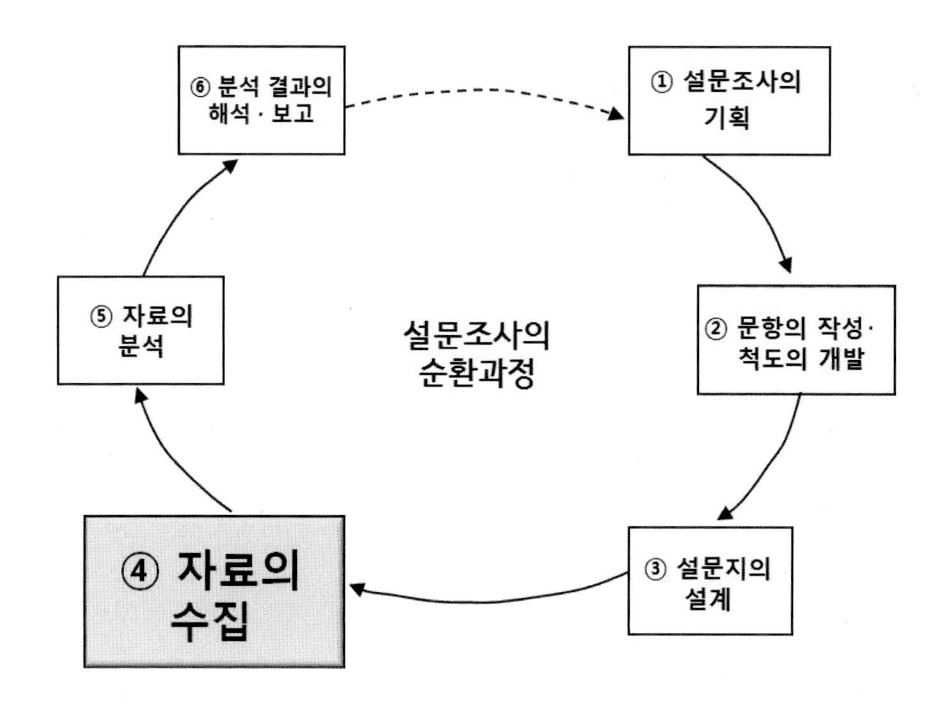

학습 목적

설문조사 프로젝트에서 설문 자료는 여러 가지 방식으로 수집된다. 이 장에서는 설문조사의 자료수집 방식에 대하여 학습한다. 구체적으로 설문조사 방식별로 특성과 장단점, 표집 요령, 응답률의 영향요인, 조사 단계에서 개입할 수 있는 오류와 편향 등에 대하여 고찰한다.

주요 내용

- 우편설문조사
- 대면설문조사
- 전화설문조사
- 온라인설문조사

1. 우편설문조사

우편설문조사는 금전 비용이 적게 소요되지만 회수율이 낮다는 특성을 지니고 있는 대표적인 자료수집 방법이다. 이 절에서는 우편설문조사의 개념, 우편물 만들기, 응답률의 영향요인 및 평가, 응답유인 등에 대하여 고찰한다.

1) 우편설문조사의 개념

우편설문조사는 다른 자료수집 방법과 구별되는 나름의 특성을 지니며, 그로부터 장단점이 파생된다. 우편설문조사의 특성을 올바르게 이해하고 그 장단점을 정확하게 인식하는 것은 우편설문조사 활용의 전제조건이다.

(1) 우편설문조사의 특성

우편설문조사(mail survey)는 자기기입식 설문지(self-administered)를 사용하는 가장 대표적인 자료수집 방법이다. 반면에, 대면설문조사나 전화설문조사의 경우, 전적으로 조사연구자(면접자)에 의하여 응답 자료가 수집된다. 따라서 우편설문조사의 경우에는 설문지 등 도구의 외양(겉모습)이 상대적인 면에서 매우 중요하다. 우편설문조사에서 우편물(mailing piece)은 조사연구자와 응답자를 이어주는 유일한 접촉수단이다. 결론적으로 우편설문조사에서는 우편물이 효과적인 기능을 수행하여야 한다.

우편물은 조사대상자가 필요로 하는 일체의 정보가 완비된(self-contained) 그릇이다. 다시 말해, 우편물 외에는 다른 전달수단이 없으므로 우편물에는 조사대상자에게 필요한 모든 정보가 다 담겨 있어야 한다.

우편물은 다양한 기능을 수행한다. 우편물은 조사대상자의 협조를 이끌어내고, 자료를 얻어내며, 그 자료를 조사연구자에게 전달하는 역할을 한다. 일단 설문지와 우편물의 제작을 완료하고 그것을 조사대상자들에게 우송하고 나면, 더 이상 그것을 수정하거나 보완할 기회는 없다. 일단 우편물이 발송되고 난 이후부터는 조사연구자가 조사도구와 설문조사 과정에 속박되는 것이나 마찬가지이다. 따라서 나중에 실수나 오류가 발견되는 일이 없도록 설문조사의 준비와 우편물의 발송이 매우 주의 깊게 이루어져야 한다. 여러 번의 검토와 수정, 그리고 파일럿 조사가 필요한 이유가 여기에 있다.

(2) 우편설문조사의 장단점

우편설문조사는 조사대상자들에게 우편을 통해 설문지를 전달하여 응답하도록 한 다음에 응답이 완료된 설문지를 우편으로 회송 받는 조사방법이다. 우편에 의한 자료수집이라는 비대면적 관계의 특성으로부터 우편설문조사의 장점과 단점이 나타난다(김영종, 2007; 최성재, 2005; Frankfort-Nachmias & Nachmias, 2000).

우편설문조사는 저렴한 비용, 면접자 편향의 부존재(不存在), 익명성의 보장, 사려 깊은 응답, 접근성 증대 등의 장점을 갖고 있다.

① 저렴한 비용

우편설문조사는 다른 자료수집방법에 비해 비용이 적게 들어가는 조사방법이다. 자료의 수집 및 분석에 있어서 우편설문조사는 가장 경제적이다. 먼저 자료수집 단계를 보면, 우편설문조사는 대면설문조사나 전화설문조사와 달리 면접요원들을 사용하지 않기 때문에 조사자 수당이나 전화요금 등과 같은 각종 비용이 불필요하다. 우편설문조사에서는 설문지의 작성 및 인쇄, 우편물의 발송 및 회수 등에 소요되는 요금이 전체 비용의 대부분을 차지한다. 자료분석의 단계에서도 설문지를 이용하여 수집한 자료는 면접을 통해 수집한 자료보다 사후코딩의 부담이 상대적으로 더 적기 때문에 그에 수반되는 비용도 그리 많지 않은 편이다.

② 면접자 편향의 부존재

우편설문조사에는 면접자가 존재하지 않기 때문에 면접자 편향(interviewer bias)이 발생하지 않는다. 즉, 면접자의 성향 차이로 인한 편견과 그로부터 유래하는 오류를 줄일 수 있다. 반면에, 대면설문조사나 전화설문조사의 경우에는 면접자와 응답자 사이의 상호교류 과정에서 편향과 오류가 개입될 가능성이 크다. 특히 면접자의 수가 많은 경우에는 개인별 성향을 완전하게 통제하기 어렵기 때문에 면접자 편향의 문제는 더욱 커진다.

③ 익명성의 보장

우편설문조사의 가장 큰 장점 가운데 하나는 응답자들의 익명성이 보장되며 따라서 그들로부터 보다 솔직하고 꾸밈없는 응답을 이끌어낼 수 있다는 점이다. 우편설문조사는 조사대상자들이 민감하거나 위협적이라고 느끼는 문제를 다루기에 적당하다. 또한 익명성의 보장은 응답률의 향상이라는 긍정적인 효과를 수반하기도 한다.

④ 사려 깊은 응답

우편으로 배달된 설문지는 조사대상자들에게 응답에 필요한 충분한 시간을 제공한다. 응답자들은 우송된 설문지를 보관하고 있다가 여유 있는 시간대를 선택하여 여러 논점에 대하여 충분하게 생각한 다음에 신중하게 응답할 수 있다. 경우에 따라서는 응답을 위해 필요한 자료를 찾아보거나 다른 사람과 상담을 할 수도 있다. 결론적으로 우편설문조사는 응답자의 협조가 가능한 경우에는 가장 질 높은 자료를 수집할 수 있는 조사방법 가운데 하나이다.

⑤ 접근성의 증대

우편설문조사의 가장 큰 장점 가운데 하나로 조사대상자에 대한 높은 접근성을 들 수 있다. 지리적인 면에서 또는 현실적으로 조사대상자에 대한 접근이 어려운 경우에 우편설문조사보다 더 효과적·효율적인 자료수집방법이 있을 수 없다. 예컨대, 조사대상자들이 지리적으로 널리 퍼져 분포할 때 우편 시스템은 조사대상자들에게 접근할 수 있는 가장 편리한 방법이다.

한편, 우편설문조사의 단점으로는 조사 주제의 제한성, 심층규명(probing)의 어려움, 응답자 통제의 어려움, 낮은 회수율 등을 들 수 있다(김영종, 2007; Dillman, 1991).

① 조사 주제의 제한성

우편설문조사에서는 설문지 위의 질문과 그에 대한 답변(숫자나 어구)을 통해 조사연구자와 조사대상자 간에 의사소통이 이루어진다. 따라서 우편설문조사에서 다룰 수 있는 주제는 조사대상자들이 이해할 수 있는 단순한 문제들로 제한된다. 다시 말해, 우편설문조사는 조사대상자들이 이해하기 어렵거나 응답하기 곤란한 주제를 다루기 곤란하며, 그와 같은 주제는 대면설문조사 또는 전화설문조사의 주제로 다루어지는 것이 좋을 것이다.

② 심층규명(probing)의 문제

우편설문조사는 응답 시점에서 조사자와 응답자 간에 쌍방향 의사소통이 이루어지지 않기 때문에 심층규명(probing)이 이루어질 수 없다는 본질적인 한계를 가지고 있다. 조사대상자가 질문에 응답하는 것으로서 조사가 완료되며, 해당 논점과 관련된 추가질문이나 불확실한 응답에 대한 보충질문이 불가능하다.

③ 응답자 통제의 문제

대면설문조사나 전화설문조사와 달리 우편설문조사에서는 조사연구자가 조사대상자의 응답 상황을 통제할 방법이 없다. 조사연구자는 우송된 설문지가 어떤 상황에서 응답되었는지 확인할 수 없다. 따라서 당초에 의도하였던 사람들이 응답하였는지, 아니면 대리인이 응답하였는지 확실히 알 수 없다는 문제점이 존재한다.

④ 낮은 회수율

우편설문조사의 가장 큰 한계는 아마도 낮은 회수율일 것이다. 전형적인 대면설문조사의 회수율은 90% 내외에 이르는 반면, 우편설문조사의 회수율은 20~40%에 불과하다(김영종, 2007). 낮은 회수율이 문제가 되는 것은 그것이 연구결과의 일반화를 저해하는 주된 요인이 되기 때문이다. 우편설문조사에 응답한 사람들과 응답하지 않은 사람들 사이에는 무언가 명백한 차이가 있을 것인데, 조사연구자는 그 차이가 무엇인지 알지 못한다. 응답을 한 사람들만의 특성이 연구결과에 반영되는 반면, 설문조사에 참여하지 않은 사람들의 특성은 전적으로 배제되는 경우에 설문조사의 일반화는 큰 제약을 받을 수밖에 없다.

2) 우편물 만들기

우편설문조사는 다른 설문조사 방법에 비해 상대적으로 응답률이 낮다는 점이 단점으로 지적되고 있다. 우편설문조사에서는 응답률을 높이기 위해 조사대상자에게 가능한 한 많은 조치를 취해야 할 당위성이 존재한다. 일반적으로 우편물의 외양과 내용이 응답률에 매우 큰 영향을 미치는 것으로 알려져 있다. 비록 연구책임자가 인쇄 및 출판 분야의 전문가가 되어야 할 필요는 없으나, 우편설문조사의 응답률을 높이는 방안을 마련하기 위해서는 우편물의 제작 및 발송에 관한 여러 대안을 이해하고 그중에서 가장 적절한 것을 고르는 지혜로운 선택의 중요성을 깨달아야 한다.

(1) 종이

종이는 설문조사의 매개체(vehicle)이며, 활자(printing)는 조사자의 목소리(voice)이다. 우편설문조사의 경우 조사연구자의 목소리가 담기는 매개체로서의 종이의 중요성을 인식할 필요가 있다.

① 지질

종이의 질은 우편설문조사에 대한 일반적인 인상에 영향을 미친다. 종이 값과 우편요금을 절약하기 위하여 매우 얇은 종이를 사용하는 것은 권장할 만한 일이 아니다. 설문지 종이는 뒷면이나 뒷장의 글씨가 보이지 않을 정도로 두텁고 불투명해야 한다.

한편, 종이의 질이 너무 매끄러울 경우 조사대상자들에게 학문적 내용의 설문지가 아니라 광고용 홍보물이라는 인상을 줄 위험도 있다.

개인 차원의 설문조사가 아니라 기관 차원의 설문조사라면 기관의 공식 용지에 표지 편지(cover letter)를 담는 것이 좋다. 즉, 표지 편지는 설문조사를 주관하는 기관의 심벌마크가 표시된 공식 용지(letterhead)를 사용하는 것이 좋다. 물론 설문지를 담는 봉투도 기관의 공식 봉투를 사용하는 것이 바람직하다.

② 색상

눈에 톡 띄는 색상의 종이를 사용하는 것은 별로 바람직하지 않다. 유별난 색깔이 사람들의 주의를 끄는 것은 사실이지만, 그런 색상을 사용하는 설문지는 긍정적인 효과보다 부정적인 효과가 더 많다고 보아야 한다. 화려한 색상의 우편물(봉투와 내용물)은 수취인에게 각종 후원금 모금, 물품 판매, 회원 가입 등을 홍보하는 우편물이라는 인상을 심어줄 위험이 있으며, 따라서 조사대상자들이 그런 우편물을 받자마자 바로 쓰레기통에 던져버릴 가능성이 있다.

설문지를 만들 때는 언제나 흰색 종이가 무난하다. 옅은 색상의 종이는 어느 정도 용인될 것이다. 그러나 진한 색깔의 종이는 정통 비즈니스의 품위가 결여된 것처럼 보이며, 따라서 설문지 작성에 널리 사용될 수 있는 종이는 아니다.

③ 크기

설문지 작성에는 통상적으로 A4 사이즈 용지를 쓰는 것이 좋다. 한 페이지에 많은 내용을 담기 위해 A4보다 조금 큰 용지를 사용하는 것은 권장할 만한 일이 아니다. A4 규격보다 큰 페이지를 사용하는 것보다는 A4 용지 한 페이지를 늘리는 게 더 낫다.

편지봉투는 A4 용지를 그대로 넣거나 접어서 넣을 수 있는 크기가 되어야 한다. 특히 반송용 봉투를 접지 않고 넣거나 알맞게 접어 넣을 수 있어야 한다.

(2) 인쇄

설문지를 인쇄하기에 앞서 미리 결정하여야 할 것은 글자의 색상, 글자체, 글자 크기이다. 최근에는 인쇄 및 컴퓨터 기술의 발달로 다양한 품질의 인쇄물을 생산할 수 있는 여러 방식이 사용되고 있다.

① 글자의 색상

글자의 색상은 검은색이 무난하다. 청색이나 남색의 글자 색상도 사용 가능하지만, 글자의 색상은 종이의 색상과 조화를 이루어야 한다. 설문지에서 빨간색의 글자는 제목이나 소제목 등에 매우 제한적으로 사용되는 것이 좋다.

② 글자체

대다수의 문서작업 프로그램은 매우 다양한 종류의 글자체(typeface), 즉 폰트(fonts)를 자체 제공하고 있다. 아주 전통적인 글자체에서부터 최근에 개발된 글자체까지 그 종류는 실로 다양하다. 설문지에서는 가능한 한 전통적인 글자체를 많이 사용하는 것이 좋다. 설문지의 본래 목적은 독자들이 질문의 내용을 잘 이해하여 올바르게 응답하는 데 있으므로 최신의 글자체를 사용하여 독자를 의아스럽게 만들거나 혼란을 조장할 필요는 없다.

③ 글자 크기

글자의 크기가 너무 작으면 글자를 읽기가 어렵고, 글자의 크기가 너무 크면 공간을 많이 차지한다. 대개 45세 내지 50세 이상의 연령층은 작은 글씨를 읽기가 어려워 돋보기안경을 사용하는 경우가 많다. 그들에게 배달된 우편설문지의 글씨가 너무 작을 경우 그들이 설문조사에 응하지 않을 가능성이 더 커진다. 이와 같은 무응답은 체계적(systematic)이므로 매우 심각한 문제이다. 왜냐하면 어떤 특정 연령층의 대상자가 설문조사에서 체계적으로 배제되는 결과를 초래하기 때문이다. 이 경우 표본추출의 오류(sampling error)가 증가할 뿐만 아니라 체계적 편향(systematic bias)이 더 커진다. 다시 말해, 조사결과의 신뢰도(reliability)와 타당도(validity)가 손상을 입게 된다.

(3) 페이지 레이아웃

설문지의 페이지 구성은 가볍게 결정될 사안이 아니다. 설문지를 수령한 사람들은 설문지의 내용을 보기 전에 먼저 설문지의 외양만을 보고 설문조사에 관한 전반적인 인상을 얻게 된다. 따라서 페이지 레이아웃은 조사대상자들에게 설문지의 내용에 관한 일종의 메시지를 미리 전달하는 역할을 수행한다.

① 형식(format)

자기기입식 설문지의 형식(format)은 설문지의 외양(겉모습)에 영향을 미칠 뿐만 아니라 조사대상자가 설문지를 작성하고 회송할 가능성에도 영향을 미친다. 문서 작성 프로그램에는 다양한 형식의 문서를 생산할 수 있는 여러 기능이 포함되어 있다. 예를 들면, 문단의 정렬(양쪽 맞추기 등), 단어 잘림 방지 기능, 글자 모양(이탤릭체, 볼드체, 밑줄) 등을 잘 활용하면 보기 좋고 이해하기 쉬우며 응답하기도 편한 설문지를 만들 수 있다.

② 배치(layout)

조사대상자에게 배달되는 전체 우편물의 외양, 즉 장식적 측면은 응답률과 편향(bias)에 영향을 미치는 요인이기 때문에 매우 중요하게 고려되어야 한다. 표지 편지나 설문지 본문 또는 봉투는 모두 전통적인 관례에 따라 작성되는 것이 좋다. 가능한 한 단순하고 산뜻하여야 하며 전통적인 관습에 어긋나지 않아야 한다. 봉투에는 수신자와 발신자의 위치에 맞게 주소를 기록하여야 한다. 회송용 봉투의 경우도 마찬가지이다.

설문지에는 충분한 여백을 두어야 한다. 줄 간격을 너무 좁게 맞추면 내용이 너무 빡빡하여 답답하게 보인다. 반면에, 줄 간격을 넉넉하게 유지하면 응답 임무가 더 쉽고 간단하게 보인다. 이것은 응답률에도 긍정적인 영향을 미칠 뿐만 아니라 결과적으로 자료의 신뢰도와 타당도를 향상시킬 것이다.

3) 우편물의 구성요소

설문조사를 위해 우송되는 우편물은 보통 4~5개의 항목으로 구성되어 있다. 그것은 우편봉투, 표지 편지(cover letter), 설문지, 회송용 봉투(return envelope)이며, 경우에 따라서는 응답의 유인(inducement)이 포함된다. 우편물에 어느 특정 항목을 포함시킬 것인지의 여부는 다른 항목들과 함께 종합적으로 고려하여 결정할 문제이며, 어느 단독 항목만을 따져보는 것은 좋지 않다.

(1) 우편봉투

우편설문조사에서는 규격봉투를 사용하여야 한다. 봉투의 앞면에는 수신인의 주소와 성명, 발신인의 주소와 성명, 우표(또는 미터 스탬프 등)만이 기록되거나 부착되어야 한다.

(2) 표지 편지

표지 편지(cover letter)란 조사대상자에게 설문조사에 관하여 개략적으로 소개하는 대략 한 페이지짜리의 글을 말한다. 기술적인(technical) 의미에서는 표지 편지를 전달 편지(letter of transmittal)라고 부른다(Alreck & Settle, 1995). 우편설문조사에서는 조사자와 응답자 간에 개인적인 접촉과 대화가 없으므로 조사자는 표지 편지로 설문조사의 개요를 설명하고 조사대상자의 협조를 이끌어내야 한다. 표지 편지 외에는 이러한 목적을 달성할 수단이 전무하다. 따라서 표지 편지 안에는 여러 개의 기본 요소가 반드시 포함되어야 하며, 그를 통해 복합적인 목적을 달성해야 한다.

표지 편지는 너무 딱딱하거나 공식적이지 않아야 하며 너무 많은 것을 요구하지도 않아야 한다. 또한 표지 편지는 조사대상자에게 응답을 구걸하는 듯 너무 저자세로 일관하여서도 안 된다. 표지 편지가 가장 교육수준이 낮을 것으로 예상되는 조사대상자의 지적 수준을 넘어서도 곤란하다.

효과적인 표지 편지를 만들기 위해서는 몇 가지 고려할 사항이 있다. 첫째, 조사대상자들이 설문조사에 대해 궁금해할 것으로 여겨지는 질문을 상정하고, 표지 편지에 그 질문에 대한 답변을 모두 담는 것이 바람직하다. 둘째, 가장 지적 수준이 낮은 조사대상자들도 정확하게 이해할 수 있는 어휘와 문장 구조를 사용하여 표지 편지를 만드는 것이 좋다. 셋째, 표지 편지를 읽는 독자들에게 그들이 쏟는 시간과 노력에 대하여 감사의 뜻을 표하는 것이 좋지만, 그렇다고 하여 너무 많은 요구를 하거나 주제넘은 주장을 펼치는 것은 좋지 않다. 넷째, 표지 편지의 내용은 우호적이고 공손하여야 하며, 모든 조사대상자가 협조적일 것이라고 믿는 것이 좋다.

우편설문조사의 응답률을 높이는 방법 가운데 하나는 조사대상자들이 설문조사에 응답하는 일이 중요하고 의미 있는 행동이라는 것을 인식하도록 하는 것이며, 그러자면 표지 편지를 잘 활용하여야 한다. 설문지 작성자나 조사연구자마저 설문조사에 대한 응답을 변변치 않은 일, 귀찮은 일, 마지못해 도와주는 일 정도로 치부하는 것은 절대 바람직하지 않은 태도이며, 이는 응답률의 저하로 이어질 위험이 크다. 예를 들면, 다음 사례는 조사대상자의 응답 의향을 오히려 떨어뜨릴 수 있다는 점에서 좋지 않은 표지 편지의 예가 될 수 있다.

(……전략……) 설문내용의 응답에 대해서는 비밀이 보장됩니다. 따라서 선생님께서는 본인의 의견을 솔직하고 성의 있게 답해주시면 고맙겠습니다. 여러 가지 업무로 바쁘신 선생님들께 또 하나의 잡무를 더해 드리는 것 같아 대단히 죄송합니다. 설문에 응해 주신 데 대해 다시 한번 감사드립니다.

위의 예에서 조사연구자는 설문조사에 대한 응답을 하나의 잡무로 치부하고 있는데, 이것은 조사대상자에게 적극적으로 응답을 권장하는 태도가 아니다. 이 글을 읽은 조사대상자가 어떤 반응을 보일지 쉽게 짐작할 수 있을 것이다.

다음 <상자 4-1>은 표지 편지의 예시이다. 사회복지시설 종사자를 대상으로 한 가상의 설문조사에 포함되어 있는 설문지 표지 편지이다.

<상자 4-1> 설문지 표지 편지의 예시

관리 번호	

사회복지시설 종사자의 소진에 영향을 미치는 요인에 관한 연구

안녕하십니까?

이 설문지는 사회복지시설 종사자의 소진 실태 및 그에 영향을 미치는 요인을 파악하여 보다 안전하고 바람직한 직무환경을 조성하기 위한 기초자료를 수집하기 위하여 준비되었습니다. 소진은 실천 현장의 사회복지사의 전문성에 손상을 가져와 결국에는 서비스의 질을 저하시키고 사회복지사 본인의 삶의 질에도 부정적인 영향을 미친다는 점에서 사회복지영역의 중요한 이슈로 인정받고 있습니다. 선생님께서 응답해주신 자료는 사회복지시설 종사자의 소진 문제에 적절하게 대응할 수 있는 실천방안을 개발하는 데 매우 유용한 자료로 사용될 것입니다.

선생님의 응답 자료는 통계 처리되어 종합적으로 분석되므로 신분이 노출되지 않고 비밀이 보장될 뿐만 아니라, 응답내용은 조사연구 외의 다른 목적으로는 절대 사용되지 않을 것입니다.

이 설문조사에 응답하시는 데 대략 10~20분이 소요될 것입니다. 응답을 마친 설문지는 동봉된 반송용 봉투에 넣어 7월 20일까지 우체통에 투함하여 주시기 바랍니다. 설문에 성실히 응답해주실 것을 다시 한번 당부 드립니다.

대단히 감사합니다.

2013.7.15

연 구 자: ○○대학교 대학원 사회복지학과 홍길동
지도교수: ◇◇◇

연구자 연락처: 010-1234-5678, gdhong@hanmail.net

(3) 설문지

아마도 조사대상자가 우편물을 수령하고 나서 맨 처음 하는 일은 표지 편지(cover letter)를 읽는 일일 것이며, 두 번째 하는 일은 설문지 전체를 훑어보는 일이 될 것이다. 조사대상자가 설문지의 전문성과 중요성을 높게 인식할수록 조사대상자들이 설문지에 응답할 가능성이 더 커진다. 또한 조사대상자가 설문지 응답을 쉽고 곧바로 끝낼 수 있는 과업으로 인식할수록 그들이 설문조사에 참여할 가능성이 더 커진다. 요컨대 설문지의 외양과 조사대상자들이 느끼는 첫인상이 응답률을 높이는 데 중요한 역할을 한다.

설문지는 우편물의 핵심이다. 설문지는 질문을 제시하고 답변을 담아오는 도구이다. 우편설문조사의 질은 여러 요인에 의해 영향을 받지만, 가장 중요한 구성요인은 설문지 그 자체이다. 설문지의 최종 초안을 철저히 검증하는 일의 중요성은 아무리 강조해도 지나치지 않을 것이다. 대면설문조사나 전화설문조사의 경우, 자료수집이 시작된 후에도 조사연구자가 필요하다고 판단하면 설문지를 수정하거나 조사요원에게 추가적인 지시사항을 전달할 수 있다. 그러나 우편설문조사의 경우에는 사정이 전혀 다르다. 일단 조사대상자들에게 우편물이 발송되고 나면 조사대상자가 수정조치를 취하는 것이 거의 불가능하다. 따라서 설문지의 효과성에 관하여 조금이라도 의문이 있다면, 설문지를 발송하기 전에 몇 번이라도 검증을 하여 오류와 실수를 예방하여야 한다.

앞서 언급한 바 있는 설문지의 기본 요소와 주요 특성에 관한 설명을 여기에서 다시 한 번 강조하고자 한다. 조사대상자들이 우편물을 개봉하자마자 맨 처음 읽는 것이 표지 편지(cover letter)이며 그다음에 읽는 것이 설문지가 될 수 있도록 우편물을 구성하여 봉투에 넣어야 한다. 설문지의 첫 쪽은 조사대상자들의 호감을 끌 수 있어야 하는데, 첫눈에 응답하기가 쉬워 보이고 시간도 많이 걸리지 않을 것처럼 보이는 것이 최선이다. 여러 쪽으로 구성된 설문지는 안전하게 한 권으로 제본하여 각 쪽이 흩어지거나 분실되는 것을 예방하여야 한다. 두 장 이상으로 된 설문지는 반드시 쪽마다 쪽 번호(페이지 번호)를 넣어야 한다. 또한 설문지의 각 쪽의 맨 아래에 "(다음 쪽에 계속됨)" 또는 "(○쪽으로 가시오)"와 같은 안내말씀을 넣을 수도 있다.

설문지의 첫 번째 쪽의 상단 또는 모든 페이지의 상단에는 설문조사의 제목이 들어가야 한다. 또한 설문지의 맨 마지막 쪽의 하단에는 응답에 대한 감사의 말씀과 응답이 완료된 설문지를 회송용 봉투에 넣어 신속하게 우체통에 투함하여 줄 것으로 요청하는 내용의 언급이 들어가야 한다.

전체 설문지는 여러 개의 부품으로 구성된 일종의 패키지(package)이다. 만약 설문지의 어느 특정 부분을 수정할 경우에는 그와 관련이 있는 여러 하위 영역을 모두 수정하여야만 한다. 다시 말해, 사소한 오류나 실수를 발견하였을 경우 그 오류나 실수뿐만 아니라 그와 관련 있는 여러 군데를 수정하여야 한다. 많은 사람들이 반복되는 지루한 작업을 싫어한다. 사소한 문제점이 있을지라도 그냥 넘어가고 싶은 것이 인지상정(人之常情)일 것이다. 그러나 이것은 매우 좋지 않은 태도이다. 설문지를 수정할 것인지, 말 것인지를 결정하는 최종 판단은 조사연구자의 편리성이 아니라 응답의 명확성과 용이성에 근거하여야 한다. 조사대상자들이 보다 명확하게, 보다 쉽게 응답하는 데 기여한다면 설문지의 수정은 그만한 가치가 충분하다. 설문지 작성 단계에서 추가로 투입된 시간과 노력은 자료의 수집 및 분석 단계에서 몇 배의 가치를 나타낼 것이다.

설문지의 내부는 명확히 구분된 몇 개의 하위영역으로 구성되어야 한다. 다시 말해, 전체 응답 임무는 여러 개의 소규모 하위 임무로 세분할 수 있다. 응답자 입장에서 보면, 시간이 많이 걸리는 대규모의 응답 임무를 한 번에 감당하는 것보다 작은 규모의 응답을 여러 번 수행하는 일이 더 쉬워 보인다. 따라서 응답자의 협조를 이끌어내기가 더 쉽다.

너무 많은 내용을 담아 전체적으로 빽빽하거나 답답하게 보이는 설문지는 좋지 않다. 충분한 공간과 여백이 있는 설문지는 응답하기 더 쉬워 보이고, 응답하기 더 간단해 보이며, 시간도 더 짧게 걸릴 것처럼 느껴진다. 설문지의 레이아웃도 마찬가지이다. 언제나 응답자의 입장에 서서 판단을 내려야 하는데, 그러자면 응답 임무가 간단해 보이고 쉬워 보이고 빨리 마칠 수 있다는 인상을 심어줄 수 있도록 설문지의 레이아웃을 설정하는 것이 좋다. 또한 조사연구자는 다른 선행연구자들의 경험과 교훈을 놓쳐서는 안 된다. 다른 연구자들이 사용한 설문지를 참고하고 그들이 만들어놓은 여러 증거를 세밀하게 검토하는 것이 좋다.

(4) 회송용 봉투

회송용 봉투는 설문지 우송 봉투보다 조금 작아야 한다. 그렇지 않으면 처음부터 회송용 봉투를 접어서 설문지 우송 봉투에 넣는 것이 좋다. 회송용 봉투에는 조사연구자의 주소와 성명을 미리 기록해둔다. 주소와 성명을 손으로 기록하는 대신에 주소와 성명을 인쇄한 라벨을 붙일 수도 있다. 회송용 봉투에는 우표를 미리 붙어두어야 한다.

회송용 봉투에 우표를 붙이는 방식에 따라 응답률이 달라질 수 있다. 보통우편요금에 해당되는 우표를 붙이면 가장 높은 응답률을 기대할 수 있다. 어떤 사람들은 회송용 봉투에 우표를 붙이는 것에 대하여 회의적인 견해를 갖고 있는 경우도 있다. 혹시 수령인들이 우표만 떼어내어 개인적인 용도로 사용하고 설문지에는 응답하지 않을지도 모른다는 우려가 그것이다. 그러나 그런 일이 발생하는 경우는 흔치 않다고 한다. 전형적인 응답자들은 회송용 봉투로부터 우표를 떼어내는 일을 주저할 뿐만 아니라, 우표가 붙어 있는 회송용 봉투를 통째로 버리는 일도 주저한다. 따라서 우표가 첨부된 회송용 봉투는 조사대상자로 하여금 설문지에 응답한 다음에 그것을 회송용 봉투에 넣어 우체통에 넣어달라는 일종의 의무감을 부여하는 역할을 할 것이라고 기대할 수 있다.

회송용 봉투에 우표를 붙여 배포하는 방식에는 많은 비용이 수반된다. 따라서 무슨 수단을 강구해서라도 최대한 높은 응답률을 기록하여야만 하는 경우가 아니라면 권장하기 어렵다. 수신자 부담(business reply permits) 인영을 찍는 방식이 그 대안이 될 수 있을 것이다. 이 경우 회송된 설문지 부수만큼만 사후에 우편요금을 지불하면 된다.

4) 응답률

(1) 응답률에 영향을 미치는 요인

우편설문조사의 경우, 응답률은 조사결과의 일반화에 영향을 미치는 주된 요인이므로 적절한 수준의 응답률을 확보하는 것은 매우 중요한 일이다. 응답률에 영향을 미치는 요인은 다음과 같이 정리할 수 있다(김영종, 2007; Boynton, 2004; James & Bolstein, 1990; Matteson, 1974).

① 후원자 정보의 공개

설문조사가 누구의 후원이나 의뢰를 받아 실시되는 것이라면 조사대상자들에게 그 후원자나 의뢰자가 누구라는 것을 알리는 것이 그들로 하여금 보다 성의 있게 응답하도록 유인하는 효과를 거둘 수 있을 것이다. 따라서 설문조사의 후원자나 의뢰자에 대한 정보를 밝히는 것이 응답률을 높이는 긍정적인 효과를 거둘 수 있다면 해당 정보를 적극적으로 밝히는 것이 좋다. 일반적으로 설문지의 표지 편지(cover letter)나 첫 페이지에 설문조사의 의뢰자, 후원자, 학위과정의 지도교수 등을 기입한다. 응답자들은 설문조사의 후원자, 의뢰인, 지도교수 등을 확인함으로써 설문조사의 중요성과 정당성을 인지하게 될 것이며, 결과적으로 설문조사에 응답하려는 더 강한 의지를 갖게 될 것이다.

반면에, 설문조사의 의뢰자나 후원자에 대한 정보를 밝히는 것이 오히려 응답률을 떨어뜨리거나 편향된 응답을 유도하는 경우도 있다. 따라서 응답자에게 설문조사의 의뢰인 등을 밝히는 것이 응답에 부정적인 영향을 미칠 것으로 판단되는 경우에는 그에 맞는 다른 전략을 세워야 한다.

② 응답의 유인책

가능한 한 많은 조사대상자들이 설문조사에 참여할 수 있도록 유인책을 제공할 필요도 있는데, 응답의 유인책으로 거론되는 몇 가지 방법이 있다. 첫째, 응답자들의 선의에 호소하는 방법이 있다. 이것은 응답자들에게 솔직한 심정으로 도움을 요청하여 협조를 이끌어내는 방법이다. 둘째, 작은 선물이나 상품권 등과 같은 보상을 하는 방법이 있다. 이것은 의례적인 감사의 표시로 제공되어야 하며, 응답의 직접적인 대가라는 인상을 심어주게 되면 오히려 역효과를 일으킬 수도 있다. 셋째, 연구의 중요성을 확신시켜 자발적인 참여를 유도하는 방법이 있는데, 이것은 가장 효과적이며 바람직한 전략으로 여겨진다. 조사대상자들의 응답이 사회문제를 해결하거나 개선방안의 마련에 기여하게 되므로 그들이 설문조사에 참여하는 것이 정당하다는 논리를 적극 전개하여야 한다.

③ 설문지 양식

설문지의 양식과 모양은 응답률에 영향을 미칠 수 있다. 조사대상자들이 응답하기 편하고 쉬운 설문지를 만드는 일이 곧 응답률을 높이는 길이다(James & Bolstein, 1990). 또한 너무 저질의 종이를 사용하거나 활자의 크기를 너무 작게 하는 것은 모두 응답률을 떨어뜨릴 위험을 안고 있다. 설문지의 분량이 너무 많아도 응답률에 나쁜 영향을 미친다.

④ 표지 편지(cover letter)

표지 편지는 조사대상자에게 설문지의 첫인상을 안겨주는 역할을 한다. 표지 편지에는 설문지의 특성과 주요 내용이 함축적으로 표현되어 있다. 조사대상자들이 표지 편지를 읽고 나서 설문지에 대하여 응답할 것인지의 여부를 결정한다고 보아도 큰 무리는 아닐 것이다. 그렇다면 표지 편지는 응답률에 매우 큰 영향을 미치는 요인이 된다. 표지 편지에는 조사연구의 의뢰자 또는 후원자, 연구의 목적이나 취지, 조사대상자들이 응답하여야 하는 이유 및 중요성, 응답자에 대한 익명성과 비밀보장의 약속 등을 담는 것이 좋다.

⑤ 회송용 우편봉투의 동봉

조사대상자가 응답을 마친 설문지를 회송할 수 있도록 조사연구자의 주소가 명기되고 우표가 붙은 회송용 봉투를 제공하여야 한다. 이러한 회송용 봉투를 첨부하지 않은 경우에는 응답률이 현저하게 감소할 것이다. 조사대상자들이 설문지에 응답하고 회송용 봉투를 만들어 주소를 기입하고 자기 돈 들여 우표를 구입한 다음에 우체통에 투함하리라고 기대하는 것은 절대 금물이다.

⑥ 응답자의 성격에 따른 차이

응답자 집단이 동질적인 경우에는 그렇지 않은 경우보다 응답률이 더 높아지는 것으로 알려져 있다. 또한 설문조사의 주제와 직접적인 이해관계를 갖고 있는 집단의 구성원일수록 설문조사에 더 적극적으로 참여한다고 한다. 그뿐만 아니라 고학력일수록, 그리고 전문직일수록 응답률이 더 높다. 다만, 응답자들의 개인적 특성이나 배경은 조사연구자의 통제 밖에 있으므로 이들은 조사연구자가 응답률을 높이기 위한 조치를 시행하기가 거의 불가능한 변수들이다.

⑦ 후속 독촉(follow-up) 방법

후속 독촉은 우편설문조사의 응답률을 끌어올릴 수 있는 가장 대표적인 수단 가운데 하나이다(James & Bolstein, 1990). 설문지를 우송받았으나 아직 응답하지 않은 사람들을 지속적으로 독촉함으로써 회수율을 높여나갈 수 있다. 후속 독촉의 방법은, 첫 번째는 우편엽서를 통해 설문지에 응답하여 줄 것을 정중하게 요청하고, 두 번째는 독촉 우편엽서와 설문지를 재발송하며, 마지막으로는 독촉 우편엽서와 설문지를 다시 한 번 더 발송하는 것이다.

후속 독촉이 회수율을 제고하는 효과적인 방법이지만, 몇 가지 문제점이 있다. 첫째, 후속 독촉을 하기 위해서는 조사대상자 가운데 누가 응답하였고 누가 응답하지 않았는지 알아야 하는데, 이것은 자칫 조사대상자들에게 익명성의 약속이 지켜지지 않고 있다는 의심을 심어줄 소지가 있다(Fuller, 1974). 따라서 후속 독촉의 일환으로 설문지를 재차 발송할 때는 표지 편지 안에 아주 강한 어조(tone)로 익명성과 비밀보장을 약속하는 것이 좋다. 둘째, 후속 독촉을 통해 늦게 회수되는 설문지의 신뢰성에 관한 문제이다. 설문조사의 초기에 기꺼이 응답한 사람과 몇 번의 독촉을 받은 다음에 마지못해 응답한 사람 사이에는 어떤 의미 있는 차이가 있을지도 모른다. 따라서 회수된 설문지에는 회수일자를 기록하고 그에 따라 따로 분석하여 결과를 서로 비교할 필요도 있다.

(2) 응답률의 평가

낮은 회수율은 연구결과의 일반화에 부정적인 영향을 미친다. 회수율이 낮다는 말은 설문조사에 응답하지 않은 다수(비응답자)의 독특한 성향이 배제되었다는 뜻이며, 따라서 소수 응답자들의 특성에 관한 분석 결과만을 가지고 모집단 전체도 그러할 것이라고 추정할 수는 없다. 앞에서 언급한 바와 같이 학력이 높을수록 그리고 전문직업인일수록 응답률이 상대적으로 더 높은 것으로 알려져 있다. 회수율이 높은 경우, 전체 응답자 가운데 고학력자나 전문직업인이 그렇지 않은 사람들보다 더 많이 포함되었을 가능성이 높다. 따라서 이러한 설문지를 대상으로 학력, 계층, 직업 등을 분석하면 그 결과는 모집단의 평균보다 더 높은 학력, 계층, 전문직업인으로 나타날 가능성이 높다.

설문조사의 응답률이 높을수록 좋은 것은 사실이나, 우편설문조사에서 높은 회수율을 마냥 기대할 수는 없다. 오히려 우편설문조사를 기획할 때 미리 낮은 응답률을 예상하는 것이 더 바람직하다. 요컨대 우편설문조사에서 어느 정도의 응답률을 최저 선으로 삼을 것인지, 그리고 낮은 회수율에 대비한 전략은 무엇인지 미리 결정하여 두는 것이 상책이다. 조사연구자는 연구결과의 일반화에 결정적인 지장을 초래하지 않는 범위 내에서 용인할 수 있는 최저 응답률의 수준을 결정하여야 한다.

5) 응답의 유인

일반적으로 우편설문조사의 응답률은 비교적 낮다. 이것은 적어도 두 가지 측면에서 바람직스럽지 않다. 첫째, 응답률이 낮으면, 그만큼 설문지의 제작 및 발송에 많은 비용이 수반된다. 배포한 설문지 가운데 극히 일부만이 회수되는 것은 매우 비효율적이다. 응답률을 소정의 수준까지 끌어올리기 위해서는 막대한 비용이 들어가야 한다. 둘째, 낮은 응답률은 무응답 편향(nonresponse bias)이 발생할 가능성을 증가시킨다. 이것은 설문조사의 타당성을 감소시킨다. 우편설문조사의 경우 조사대상자들에게 보내는 우편물 속에 선물이나 답례품을 포함시키는 경우가 종종 있다. 그런데 응답을 권유하기 위해서 고가품을 제공하는 것은 좋지 않다. 조사연구자는 설문조사 응답자들에게 시간과 노력의 대가를 반드시 지불하거나 응답에 대한 보상을 반드시 지급할 필요는 없다. 응답의 유인은 단지 감사의 표시일 뿐이다. 응답의 유인은 조사대상자들에게 조사연구자 또는 설문조사 후원자의 호의(goodwill)를 보여주는 역할을 한다. 응답의 유인은 조사대상자들의 주의를 끌고 그 결과 설문조사에 응답하려는 적극적인 마음자세를 갖도록 유도한다. 우편물 속에 포함된 응답의 유인은 조사대상자에게 설문조사에 응답하고 회송하여야 한다는 일종의 의무감을 안겨주기도 한다.

응답이 완료된 설문지가 도착한 후에 응답자에게만 특정 답례품을 사후 지급하겠다는 약속을 표지 편지(cover letter)에 언급하는 것은 별로 권장할 만한 좋은 방법이 아니다. 그 이유는 여러 가지이다. 첫째, 약속대로 응답자 모두에게 답례품을 지급하자면 다시 한 번 우편발송 비용이 소요된다. 둘째, 그러한 답례품은 종종 조사대상자들에게는 응답의 대가로 여겨질 수 있으며, 따라서 어느 정도 값나가는 물품을 약속하여야 한다. 만약 너무 값싼 물건을 제시하면 오히려 응답률을 떨어뜨리는 결과가 초래될 수 있다. 셋째, 응답의 유인은 조사대상자들의 응답 방식에 영향을 미칠 가능성이 크며, 이것은 편향(bias)의 한 원천이 될 수 있다. 예를 들면, 어떤 사람들은 약속된 답례품을 받기 위해 가능한 한 긍정적인 응답을 하여야 한다고 생각하는 경우가 있을 수 있다. 따라서 특별한 이유가 있는 경우가 아니라면, 설문지에 응답을 완료한 사람에 한하여 사후에 답례품을 지급하겠다는 약속은 하지 않는 것이 좋다. 응답의 유인이 꼭 필요하다고 판단될 경우 최초의 우편물에 그것을 동봉하여 보내는 것이 최선이다. 응답의 유인의 종류는 너무 다양하여 사실상 제한이 없을 정도이다. 그러나 응답 유인의 종류에 따라 그것이 응답률에 미치는 영향의 차이는 심대하므로 조사연구자는 어떤 응답 유인을 선택할 것인지 심사숙고하여야 한다.

(1) 응답 유인의 선택 기준

일반적으로 조사연구자가 응답의 유인을 선택할 때 고려하여야 할 기준은 다음 여섯 가지이다. 어떤 응답 유인이 여섯 가지 기준을 동시에 모두 충족하기는 쉽지 않다. 그러나 가능한 한 많은 기준을 충족시키는 유인을 선택하는 것이 효과적이라는 점은 분명해 보인다.

① 경제성(economy)

수백 명 심지어 수천 명에게 배포되는 우편설문조사의 조사대상자에게 응답의 유인이 제공된다면 막대한 비용이 소요될 것이다. 따라서 그리 비싸지 않은 항목을 선택할 필요가 있다. 조사대상자들에게는 심리적으로 높은 가치를 갖는 항목이지만 비용을 부담하는 조사연구자나 설문조사 의뢰자에게는 경제적으로 그다지 큰 부담을 지우지 않는 항목이 그것이다.

② 비반응성(nonreactivity)

응답의 유인이 설문 문항에 대한 응답의 본질에 영향을 미쳐서는 절대로 안 된다. 응답의 유인이 설문조사의 주제나 논점 또는 설문조사의 의뢰인이나 후원자 등과 직접적인 관련이 있으며 그 결과 응답자들이 응답의 유인으로부터 영향을 받아 어떤 식으로든지 설문 문항에 반응하는 일이 일어나지 않아야 한다. 응답의 유인이 사람들의 응답 방식에 영향을 미치면 편향(bias)의 발생을 피할 수 없다. 예를 들면, 특정 브랜드나 상품의 품질을 평가하는 우편설문조사를 실시하면서 그 브랜드나 상품을 응답의 유인으로 제공하는 것은 있을 수 없는 일이다.

③ 독특함(uniqueness)

다른 곳에서는 구하기 어려운 독특한 것을 응답의 유인으로 제공하면 조사대상자들에게서 매우 좋은 반향이 나타나는 경우도 있다. 비록 값비싼 항목은 아니지만 다른 곳에서 쉽게 구입하거나 구할 수 없는 유인을 제공할 경우 조사대상자들은 그것을 아주 가치 있는 것으로 여긴다. 이것은 결국에는 응답률의 제고로 이어질 가능성이 매우 크다.

④ 가치(value)

비록 협조에 대한 감사의 표시로 제공되는 것이지만 응답의 유인은 설문조사의 중요성을 손상시키거나 품위를 떨어뜨리지 않을 정도의 가치를 갖고 있는 항목이어야 한다. 설문조사에 응답하기 위해서는 상당한 시간과 노력이 투입되는 것이 분명함에도 불구하고 조사대상자들에게 싸구려 물품을 감사의 선물로 제공하는 것은 협조보다는 반감을 야기하기 쉬우며, 따라서 그런 유인은 제공되지 않느니만 못하다. 그런데 응답의 유인을 꼭 화폐가치(monetary value)로만 따질 필요는 없다. 응답의 유인이 조사대상자들에게 개인적・사회적・심리적, 또는 정서적 가치를 지닐 경우에는 그 가치를 화폐가치로 따지는 것이 적절하지 않다.

⑤ 고급스러움(luxuriousness)

조사대상자들이 갖고는 싶으나 실제로 구입하기 쉽지 않은 항목을 응답의 유인으로 제공하면 그야말로 효과 만점이 될 것이다. 일상용품 중에서도 자기 돈 들여 사기에는 왠지 망설여지는 어느 정도 고급 브랜드나 사치품이 때로는 좋은 선물이 될 수 있다.

⑥ 개성화(individualization)

개성화된 선물이나 답례품을 만들거나 구입하기는 상당히 어렵겠지만, 그만큼 큰 효과를 지니고 있다. 만약 선물에 조사대상자들의 성명을 기록한다거나 직장 등 다른 특성을 기록하면 그 가치는 더욱 높아질 수 있다.

(2) 응답 유인의 유형

응답 유인의 유형은 너무 다양하여 사실상 어떤 제한이 없을 정도이다. 다양한 응답 유인의 유형을 여기에서 모두 다 검토할 수는 없는 일이다. 다른 연구자들의 교훈을 참고하고 비슷한 실수를 예방하기 위해서는 선행연구자들의 경험을 공유하는 일이 바람직하다. 주의할 점은 응답의 유인이 어떤 식으로든지 조사대상자들이 응답하는 방식에 체계적인 영향을 미쳐서는 안 된다는 사실이다. 그 경우 편향(bias)이 발생하기 때문이다.

① 현금

응답의 유인으로 현금을 지급하는 방법은 앞서 언급한 유인 선택의 기준에 대부분 맞지 않는다. 그럼에도 불구하고 우편설문조사에서 현금을 응답의 유인책으로 사용하는 경우가 전혀 없는 것은 아니다. 현금 지급의 단점은 여러 가지이지만, 가장 대표적인 것은 현금이 어떤 흔적도 남기지 않고 수령인의 주머니 속으로 사라진다는 사실이다. 다시 말해, 모든 돈은 동질적이며 일단 주머니에 들어오면 더 이상 그 출처를 따지지 않게 되므로, 수령인은 그것이 설문조사의 응답 유인이라는 것을 쉽게 망각하고 만다. 또한 현금을 응답의 유인으로 사용하는 경우, 그것이 마치 응답의 대가인 양 여겨질 수 있는데, 대개는 응답에 투입되는 시간과 노력에 비해 그 액수가 많지 않아 오히려 부정적인 효과를 낼 수도 있다.

그러나 몇 가지 단점이 있다고 해서 현금 지급을 응답 유인의 범주 안에서 완전히 제외시키는 것은 바람직하지 않다. 다른 잠재적인 응답 유인의 유형과 마찬가지로, 조사연구자가 얼마나 창의적으로 잠재적 조사대상자와 의사소통을 하느냐에 따라 현금 지급의 효과가 달라질 수 있다. 현금 지급이 효과를 발휘하는 경우도 얼마든지 있다. 실제로 미국에서는 현금 지급이 응답률과 응답의 질을 높인다는 사실이 여러 선행연구에서 밝혀진 바 있다(James & Bolstein, 1990). 그뿐만 아니라, 금전적인 인센티브가 열쇠고리나 볼펜 등과 같은 물질적 경품보다 응답률을 높이는 데 더 효과적이라는 연구결과도 있다(Hansen, 1980).

결론적으로, 현금 지급은 매우 신중하게 결정할 사안이다. 꼭 필요한 경우에만 현금을 지급하는 것이 좋다. 즉, 현금 지급이 매우 효과적일 것이라는 확신이 없다면 응답을 권유하기 위해 현금을 지급하는 일은 지양되어야 한다.

② 무료 이용권

대부분의 서비스 제공 기관은 서비스를 생산하여 공급하면서 매우 높은 고정비용(fixed costs)과 매우 낮은 가변비용(variable costs)을 부담하고 있다. 예를 들면, 영화관에서 후원자들에게 무료 관람권을 배포할 경우 추가적인 비용은 거의 들지 않는다. 만약 관람석이 꽉 차지 않은 상태에서 여유 있는 좌석을 무료로 제공한다면, 영화관에서 부담하는 비용은 거의 없다. 반면에, 관람객이 많아 관람석에 여유가 없는 경우에 무료 관람권을 배포한다면, 영화관은 무료 관람자의 수만큼의 입장료 수입의 감소를 감내하여야 한다. 영화관, 식당, 항공사, 대중교통회사 등 서비스 제공 기관들이 설문조사를 의뢰하거나 후원하는 경우에는 응답의 유인으로 서비스 무료 이용권(certificates or passes)을 제공하는 경우가 종종 있다. 이러한 응답의 유인은 서비스 제공기관에 거의 또는 전혀 비용부담을 지우지 않으면서도 수령자에게는 매우 가치 있는 상품이 된다.

③ 제비뽑기나 추첨권

설문조사에서 응답의 유인책으로 제비뽑기나 추첨에 참여하여 당첨될 기회를 제공하는 경우가 있다. 설문조사의 조사대상자가 제비뽑기나 추첨에 참여할 자격을 얻기 위해서는 반드시 설문지에 응답을 완료하고 그것을 우편으로 회송하여야 한다. 이런 방식에는 확실한 장점이 있는데, 소수의 당첨자에게만 실제로 상품이 지급되므로 총비용이 획기적으로 절약될 수 있다.

가장 중요한 점은 응답자들이 추첨에 참여하고 그 결과를 통보받기 위해서는 자신의 신분을 밝혀야 하며, 이것이 익명성의 원칙을 손상시킨다는 사실이다. 즉, 응답자들 스스로 익명성을 포기할 수밖에 없는 상황이 생기는 것이다. 그러나 이것은 양날의 칼과 같다. 조사연구자는 응답자들의 신분을 알 수 있기 때문에 아직 응답하지 않고 있는 사람들만을 대상으로 독촉 편지와 설문지를 다시 한 번 보낼 수 있다. 또한 응답자들의 신분을 알기 때문에 그들의 응답 내용과 기존에 확보한 다른 자료를 결합하여 새로운 분석을 시도할 수도 있다.

우편설문조사의 응답 유인으로 제비뽑기나 추첨을 사용할 때 직면하는 심각한 단점도

간과할 수 없다. 설문조사의 주제나 논점이 논쟁의 여지가 있는 사안이거나 비밀스러운 내용이라면 어떤 조사대상자들은 자신의 신분을 노출하지 않으려는 강한 의지를 갖게 되며, 그러한 조사대상자에게 익명성을 포기하도록 요청하는 것은 응답률을 낮추는 결과를 초래하게 될 것이다. 이것은 응답의 유인이 오히려 응답률을 낮추는 효과를 갖게 되는 것이다. 더욱 심각한 문제점은 이로 인해 체계적 편향(systematic bias)이 개입될 가능성이 있다는 점이다. 만약 제비뽑기나 추첨을 좋아하는 사람들과 그것을 싫어하는 사람들이 설문조사의 주제나 논점에 대하여 체계적으로 다른(systematically different) 견해를 가지고 있다면, 응답의 유인은 무응답 편향(nonresponse bias)을 야기하게 된다. 더욱 심각한 문제점은 조사대상자들이 제비뽑기나 추첨에 참여하기를 원하기 때문에 설문지에 응답은 하되, 그들이 신분이 노출된다는 사실을 알기 때문에 자신의 견해와는 달리 거짓으로 응답할 가능성이 있다는 사실이다. 이러한 현상은 응답 편향(response bias)을 증가시키며, 이것은 설문조사의 타당성을 위협하는 매우 심각한 요인이다.

④ 연구 결과물의 제공

설문조사의 주제와 직접 관련이 있는 분야에 종사하고 있는 조사대상자들에게는 설문조사 결과의 전부 또는 일부를 제공하겠다는 약속이 매우 효과적인 응답의 유인이 될 수 있다. 조사대상자들은 종종 자신들과 동일한 업종이나 비슷한 위치에서 일하고 있는 사람들이 어떤 의견과 태도를 갖고 있는지 궁금해하며, 자신들의 경험과 의견을 남들과 비교하고 싶어 한다.

연구결과물을 제공하겠다는 약속은 필요한 사람에게 한하여 매우 제한적으로 이루어져야 한다. 응답자들이 요청하기도 전에 먼저 연구결과물을 제공하겠다고 약속하는 것은 사려 깊지 않은 행동이다. 설문조사에 응답한 수백 명 또는 수천 명의 사람들에게 모두 연구보고서를 발송할 수는 없기 때문이다.

이러한 유형의 응답 유인도 응답자의 신분이 노출된다는 단점을 가지고 있다. 응답자에게 연구 결과물을 제공하기 위해서는 그의 주소와 성명을 알아야 하기 때문이다. 이러한 문제점을 어느 정도 경감시키는 방법이 있다. 조사연구자는 자신의 주소와 성명이 기록된 우편엽서를 우편물에 동봉하여 조사대상자들에게 배포하고, 조사대상자들은 연구결과물을 받기 원하는 경우에 한하여 그 우편엽서에 자신의 주소와 성명을 기록하되, 응답이 완료된 설문지와 별도로 우체통에 넣으면 된다. 제비뽑기나 추첨의 경우에 이 방법을 사용할 경우,

조사대상자들이 설문지에는 응답하지도 않고 우편엽서만을 발송하는 사례가 있을 수 있으나, 연구결과물을 받기 위해 설문지에 응답하지 않고 우편엽서만을 발송하는 사례는 거의 없다고 한다(Alreck & Settle, 2004). 우편엽서를 활용하는 방법은 응답자의 익명성을 보장하고 신분노출에 따른 부정적인 효과를 예방하는 효과를 기대할 수 있지만, 조사연구자 입장에서는 우편엽서의 구입, 처리, 발송, 회수 및 분석 등에 금전비용 및 노동비용이 추가로 소요된다는 점도 유념해야 한다. 한편, 연구결과물을 받기 원하는 응답자들이 자신의 주소와 성명을 직접 설문지에 기록하는 경우에는 조사연구자가 무응답자만을 대상으로 독촉편지와 설문지를 발송하는 데 도움이 된다. 또한 응답자의 신분을 알 수 있으므로 기존에 구축하여 놓은 자료를 활용하는 일도 가능하다.

우편설문조사에서 응답의 유인을 사용하기로 결정하였다면, 어떤 유형을 선택할 것인지는 발송 예정일 몇 주일 전부터 심사숙고하기 시작하여야 한다. 각종 행사의 선물이나 답례품을 전문적으로 취급하는 매장의 관계자로부터 적절한 자문을 받는 것도 좋은 대안 가운데 하나이다. 또한 조사대상자들에게 최초의 우편물을 보낼 때 응답의 유인을 동봉하는 것이 좋다. 설문조사에 참여한 사람에게 한하여 나중에 선물이나 답례품을 사후에 지급하겠다는 약속을 표지 편지에 담는 것은 바람직하지 않다. 선물(즉, 응답의 유인)은 조사대상자들에 의해 감사의 표시로 받아들여져야 하며, 설문조사를 도와주는 빈약한 대가로 인식되어서는 안 될 것이기 때문이다.

6) 발송 및 회수

우편설문조사를 실시하는 데 필요한 모든 우편물을 준비한 다음에는 그것을 조사대상자들에게 발송하여야 하며, 이어서 조사대상자들로부터 응답이 완료된 설문지가 가능한 한 빨리 회송되기를 기다려야 한다.

(1) 발송시기의 결정

우편물의 발송시기가 우편설문조사의 응답률에 영향을 미칠 수 있다. 여름 휴가기간과 같이 사람들이 집을 떠나 휴식을 취하는 기간이나 많은 양의 우편물을 받거나 매우 바빠서 설문조사에 응답할 짬을 갖기 어려운 시기에 설문지를 발송하면 일반적으로 응답률이 낮아질 가능성이 매우 크다. 이러한 기간에 배포되고 수집된 설문지에는 편향(bias)이 개입되기 쉬우며 따라서 설문조사의 타당성이 감소된다. 기업체나 조직을 대상으로 설문지를 우편으로 배포할 때는 월초나 월말보다는 중순경에 도착하도록 발송하는 것이 응답률을 높이는 데 기여한다. 발송 시기를 결정할 때는 응답이나 응답률에 영향을 미칠 수 있는 외부 사건이 무엇인지 세심하게 고려하는 것이 좋다. 예컨대, 정치적 의견을 묻는 설문조사의 경우 국내의 대형사건이나 국제적인 위기상황이 발발한 직후의 조사 결과는 그러한 사건이나 상황이 발생하기 몇 주일 전이나 몇 주일 후의 조사결과와는 매우 다를 것이다.

일반적으로 설문지를 발송한 며칠 후부터는 응답이 완료된 설문지들이 회송되기 시작한다. 처음 얼마간은 비교적 많은 양의 설문지가 되돌아오지만 시간이 지남에 따라 하루에 회송되는 설문지의 양이 점점 줄어든다. 마침내 어느 시점을 지나면 하루에 회송되는 설문지의 양이 너무 적어 더 이상 기다릴 필요가 없게 되는데, 바로 그 시점이 컷오프 일자(cutoff date)이다. 즉, 컷오프 일자가 지난 다음에 도착하는 설문지는 분석에 사용하지 말고 버리는 것이 좋다.

수취인 불명, 이사, 수취 거부 등의 다양한 사유로 말미암아 조사대상자에게 배달되지 못하고 조사연구자에게 반송된 설문지가 있을 수 있다. 조사연구자는 반송된 설문지의 수를 기록하여 두는 것이 좋다. 배포된 전체 설문지 가운데 반송된 설문지가 차지하는 비율은 우편물 발송대상자 명단(mailing list)의 질을 평가할 수 있는 중요한 지표가 된다. 오래 전에 작성되었거나 부정확하게 작성된 명단일 경우에는 많은 설문지가 반송되는 것이 일반적인 현상이다.

(2) 응답률의 계산

설문조사의 총 응답률(gross response rate)은 조사대상자들에게 배포된 전체 설문지 가운데 조사연구자에게 회수된 설문지가 차지하는 비율을 의미한다. 회수된 설문지들 가운데 일부는 응답이 불완전하거나 부적당하기 때문에 자료분석의 대상으로 사용할 수 없는 경우가 생긴다. 따라서 회수된 설문지 가운데 자료분석의 대상으로 사용할 수 있는 것만으로 응답률을 계산한 것이 순 응답률(net response rate)이다.

(3) 설문지의 재발송 및 응답의 독촉

전반적인 응답률을 예측하기 어렵거나 불가능한 경우에는 최초 발송 우편물의 응답률을 계산하는 것이 좋다. 예를 들어, 조사연구자는 응답이 완료된 300부의 설문지를 얻고자 기대하고 있다고 가정하자. 만약 최초에 발송한 2,000부의 설문지 가운데 200부가 회수되었다면, 최초 발송 설문지의 응답률은 10%이다. 조사연구자는 추가로 응답이 완료된 100부의 설문지가 필요한데, 이를 얻기 위해서는 응답률이 10%로 예상하여 1,000부의 설문지를 다시 한 번 발송하여야 한다.

설문지를 수령한 사람들에게 응답 임무를 일깨워주어야 할 필요가 있는 경우도 있다. 이것은 두 가지 방법으로 가능하다. 첫째, 조사대상자들에게 우편엽서를 보내 이미 수령한 설문지에 응답한 뒤 그것을 회송하여 줄 것을 당부하는 방법이 있다. 둘째, 설문지를 보낸 지 꽤 오래되어 대부분의 조사대상자들이 설문지를 분실하였거나 어디에 두었는지 기억하지 못할 것으로 판단되는 경우에는 설문지를 다시 한 번 발송하는 것이 좋다. 이 방법은 설문지에 응답자의 실명을 기록하는 경우에 한하여 사용할 수 있는 방법이다. 회수된 설문지들을 보면 현재까지 누가 응답하지 않고 있는지 알 수 있으며, 그들에게만 재차 설문지를 보낼 수 있다. 만약 익명의 조사라서 누가 응답하였는지 알 수 없는 조사에서는 중복 응답이 가능하므로 이 방법을 사용하면 안 된다.

(4) 육안검사에 의한 편집

조사대상자들로부터 응답이 완료된 설문지들이 도착하면 곧바로 자료의 입력 및 분석을 위한 조치를 취하여야 한다. 먼저 육안검사를 통해 자료의 분석에 사용할 수 없다고 판단되는 설문지를 골라내는 일을 한다. 육안검사는 조사연구자가 회수된 설문지를 한 부 한 부씩 직접 눈으로 확인하는 것을 말한다. 다음으로, 조사연구자는 육안검사 단계를 통과한 설문지를 대상으로 추가적인 편집과 사후코딩(postcoding)을 실시할 것인지 여부를 결정한다.

육안검사 편집(sight-editing)이 완료되면 설문지의 순 응답률(net response rate)을 계산한다. 순 응답률은 배포된 전체 설문지 가운데 자료분석이 가능한 설문지가 차지하는 비율을 의미한다. 설문지의 순 응답률은 측정의 효과성과 응답의 질을 평가하는 지표로 사용될 수 있다.

2. 대면설문조사

대면설문조사(face-to-face surveys)는 대인설문조사(in-person surveys) 또는 면접설문조사 등으로도 불리는데, 면접조사자가 조사대상자와의 대면적인 상호작용을 통해 자료를 수집하는 설문조사방법이다. 대면설문조사는 금전비용이 많이 소요되고 익명성이 낮다는 단점을 갖지만 회수율이 높다는 장점을 지니고 있다.

1) 대면설문조사의 개념

대면설문조사는 면접의 구조화 정도에 따라 설문조사의 유형이 분류된다. 또한 대면 인터뷰라는 방식으로부터 대면설문조사의 장단점이 나타난다. 또한 대면 인터뷰의 효과성을 담보하기 위해서는 고유한 원칙에 따라야 한다.

(1) 면접 기법의 종류

면접조사자들이 설문조사를 시행하는 과정에서 얼마나 많은 자율성을 가지고 있는지 그리고 얼마나 엄격한 스케줄을 갖추고 있는가에 따라 스케줄-구조화 면접, 비스케줄-구조화 면접, 비스케줄 면접으로 구분된다(김영종, 2007; 최성재, 2005; Frankfort-Nachmias and Nachmias, 2000). 구조화의 정도는 면접을 실시하기에 앞서 얼마나 정형화된 틀을 갖추는가에 따라 달라진다.

① 스케줄-구조화 면접(schedule-structured interview)

이것은 구조화의 정도가 가장 높은 면접이다. 질문, 어구, 표현, 순서 등이 고정불변이며 모든 응답자에게 동일하게 적용된다. 면접조사요원들이 나름대로 구사하는 사소한 표현의 차이도 응답자들에게는 다른 뉘앙스나 의미로 받아들여질 수 있기 때문에 이러한 위험을 예방하기 위해 철저히 구조화된 면접을 실시한다.

② 비스케줄-구조화 면접(nonschedule-structured interview)

이것은 구조화의 정도가 스케줄-구조화 면접보다는 약하지만 비스케줄 면접보다는 강하다. 면접조사요원들과 응답자들 사이의 상호작용이 구조화되어 있고 연구의 주요 부분도 미리 명시되어 있지만, 응답자들은 상당히 자유롭게 질문에 답할 수 있다. 면접조사요원들은 응답자의 개별화된 반응과 구체적인 감정까지 자세하게 관찰할 수 있다.

③ 비스케줄 면접(nonschedule interview)

이것은 가장 구조화의 정도가 낮은 면접이다. 사전에 구조화된 질문이 아예 없으며, 질문을 묻는 순서도 마련되어 있지 않다. 응답자들은 면접조사요원으로부터 어떤 안내나 지시도 받지 않아야 하며, 자신의 경험, 태도, 의견, 상황에 대한 정의, 사건에 대한 설명 등에 관한 응답을 한다. 면접조사요원들은 이것저것을 자유롭게 질문하거나 심층규명(캐묻기, probing)을 할 수도 있다.

(2) 대면설문조사의 장단점

대면설문조사는 대면 인터뷰(personal interview)를 담당하는 조사요원이 조사대상자와의 긴밀한 상호작용을 통해 설문조사를 실시하는 방법이며, 이러한 특징으로부터 장점과 단점이 나타난다.

대면설문조사의 장점은 유연성의 증대, 인터뷰 상황의 통제, 높은 응답률, 보충적인 정보의 수집 등이다(김영종, 2007).

① 유연성의 증대

대면설문조사는 우편설문조사 등 다른 자료수집 방법과 달리 조사자와 응답자 사이에 높은 수준의 긴밀한 상호작용이 가능하며, 따라서 질문과 답변이 상대적으로 더 유연하게 이루어진다. 유연성이 강할수록 덜 구조화된 면접이 가능하다. 불명확한 응답이 나오면 현장에서 직접 그 내용을 확인할 수 있고, 심층규명(probing)을 할 수 있으며, 상황에 따라 질문의 순서를 바꿀 수도 있다.

② 인터뷰 상황의 통제

대면설문조사에서는 전화설문조사나 우편설문조사보다 면접자가 면접 상황을 통제하기가 상대적으로 더 용이하다. 면접자는 인터뷰 시간 및 장소 등을 결정할 수 있으며, 또한 조사대상자 본인이 직접 면접에 응하고 있는지의 여부도 확인할 수 있다. 이처럼 가능한 한 모든 인터뷰 상황을 동질적으로 만들어야 환경의 차이에 의한 무작위적 오류들을 줄일 수 있다. 한편, 인터뷰 상황의 통제가 가능하지 않은 경우에는 그러한 상황을 기록하여 둠으로써 그러한 상황의 차이가 응답에 어떤 영향을 미치는지 분석할 수 있다.

③ 높은 응답률

대면설문조사의 응답률은 전화설문조사나 우편설문조사보다 높다. 우편물이 배달되기 어려운 위치에 있는 조사대상자들에게는 대면설문조사가 적절한 대안이 될 수 있다. 또한 글을 해독하지 못하거나 장애로 인해 글을 읽을 수 없는 조사대상자들에게도 대면설문조사를 통해 자료를 수집할 수 있다.

④ 보충적인 정보의 수집

대면설문조사에서는 설문지에 기입되는 정보뿐만 아니라 인터뷰 상황, 응답자의 성격, 우발적인 사건, 응답자의 반응 등 설문조사와 관련된 보충적인 자료를 수집할 수 있다. 즉, 면접조사자가 인터뷰 도중에 설문조사의 주제와 관련이 있다고 생각되는 보충적인 자료를 짬짬이 기록하여 두면 나중에 자료분석 과정에서 그것을 활용할 수 있다.

한편 대면설문조사도 나름의 단점으로부터 자유로울 수 없다. 대면설문조사의 단점으로는 높은 비용, 면접자 편향(interview bias), 익명성의 상실 등을 들 수 있다(김영종, 2007).

① 높은 비용

대면설문조사는 우편설문조사에 비해 훨씬 더 많은 비용이 든다. 면접조사자들을 선발하고, 훈련시키고, 감독하는 데 비용이 소요되며, 아울러 면접수당, 교통비, 식비 등 관련 비용이 수반된다. 또한 구조화되지 않은 인터뷰를 통해 수집한 자료를 정리하고 분석하는 데도 많은 비용이 들어간다.

② 면접자 편향

대면설문조사의 장점은 유연성에 있다지만, 다른 한편으로는 그것이 면접자 편향(interviewer bias)을 야기하는 단점이 될 수도 있다. 즉, 대면설문조사에서는 표준화된 자료수집 절차가 마련되지 않을 경우 자료수집 과정에 면접자의 개인적인 영향력이나 편견이 개입될 소지가 있다. 면접자 편향을 줄이기 위해서는 면접자에 대한 사전교육과 훈련을 실시하고 면접과정 내내 슈퍼비전을 강화하여야 한다. 그러나 대면설문조사는 응답과 답변이 조사자(면접자)와 응답자 사이의 긴밀한 대면적인 상호관계를 통해 이루어지기 때문에 면접자 편향을 통제하기가 쉽지 않다.

③ 익명성의 상실

대면설문조사는 익명성을 보장하지 못한다. 면접자가 조사대상자의 인적 사항(성명, 주소, 직장 및 직위, 전화번호 등)을 알고 있다는 것을 인식하면 조사대상자들의 응답은 왜곡되기 십상이다. 특히 응답자들이 민감하게 여기거나 위협을 느끼는 질문일수록 그런 현상이 더 심하게 나타날 것이다. 경우에 따라서는 매우 부자연스러운 응답을 하거나 아예 응답을 거부하는 상황이 발생할 수도 있다.

(3) 대면인터뷰 수행의 원칙

대면설문조사를 수행하기 위해서는 인터뷰를 실시하여야 하는데, 인터뷰가 성공하려면 무엇보다도 조사대상자들이 인터뷰에 적극적으로 임하도록 유도하는 일이 중요하다. 면접자가 인터뷰를 수행하는 원칙은 다음과 같다(김영종, 2007).

첫째, 면접자와 응답자 사이에 라포(rapport)를 형성하는 일이 매우 중요하다. 면접자는 응답자들이 불편하거나 두려워하지 않고 솔직하게 대화에 참여할 수 있도록 만들어주어야 한다. 따라서 면접자에게는 대화의 기술이 필요하다.

둘째, 응답자에게 설문조사의 주제가 가치 있는 것이라는 인상과 확신을 심어주어야 한다. 설문지를 통해 수집되는 자료가 응답자 개인뿐만 아니라 사회적으로도 매우 중요한 이슈이며 따라서 응답자는 우리 사회의 일원으로서 당연히 설문조사에 참여하여야 한다는 인식을 심어주는 것이 좋다. 면접자는 응답자의 협조가 매우 중요하고 유익하다는 것을 반복적으로 주지시킬 필요가 있다.

셋째, 잠재적인 응답의 장벽을 제거해주어야 한다. 응답자들은 설문조사가 상업적인 목적이나 특정 개인이나 집단의 이익을 추구하기 위해 실시되는 것이 아닌가 하는 의구심을 가질 수 있으며, 이 경우 응답자들의 자발적인 응답을 기대하기 어렵게 된다. 따라서 면접자는 응답자에게 연구의 목적, 표본추출의 방법, 인터뷰 내용의 비밀보장 등을 친절하게 설명해줌으로써 혹시라도 있을지 모르는 응답의 장벽을 제거하는 것이 좋다.

(4) 심층규명(probing)

대면설문조사에서는 심층규명(즉, 캐묻기 질문)의 기법이 종종 사용되는데, 인터뷰의 목적과 사용 기술에 따라 심층규명의 정도가 달라지는 것이 보통이다. 면접자는 어느 시점에서 어느 정도의 심층규명을 할 것인지 미리 결정하여야 한다.

심층규명(probing)이란 면접자와 응답자 사이의 대화를 활성화하고 더 많은 정보들 얻기 위해 면접자가 사용하는 캐묻기 질문을 말한다. 인터뷰에서 어떤 질문에 대한 응답이 부적절하거나 불충분할 경우 면접자는 설문조사의 목적을 달성하기 위해 추가적인 정보를 얻어야 하는데, 심층규명은 이와 같은 상황 아래서 면접자가 사용하는 기법이다.

심층규명은 다음과 같은 두 가지 중요한 기능을 수행한다(Frankfort-Nachmias & Nachmias, 2000; 김영종, 2007). 첫째, 면접자는 심층규명을 통해 응답자가 보다 명확한 대답을 하도록 동기부여하거나, 이미 제시한 대답에 대한 이유를 설명하게 만든다. 둘째, 심층규명은 특정 주제에 관한 대화가 궤도를 이탈하지 않도록, 즉 질문과 답변 과정이 구체적인 주제에서 벗어나지 않도록 통제하는 역할을 한다.

일반적으로 심층규명은 구조화되지 않은 면접에서 많이 활용되며, 실제로 심층규명을 통해 추가적인 정보를 많이 얻을 수 있다. 그러나 심층규명의 활용에도 문제점이 없는 것이 아니다. 개별 면접자들의 심층규명이 많아질수록 수집된 자료들은 일관성이 떨어진다. 또한 설문조사에 대하여 비협조적인 응답자들에게는 애초부터 심층규명을 사용하기가 어렵다는 한계도 있다(김영종, 2007).

2) 면접자 관리

소규모의 설문조사 프로젝트에서라면 단 한 명의 면접조사요원이 혼자서 모든 면접을 수행할 수도 있겠지만, 일반적으로 설문조사의 규모를 불문하고 여러 명의 면접조사요원이 공동으로 자료수집 임무를 담당하는 것이 보통이다. 그런데 면접조사요원이 많아지면 그들을 체계적으로 관리하는 문제가 조사연구자(즉, 연구책임자)의 중요한 임무로 대두된다. 따라서 조사연구자는 면접조사요원의 모집, 가장 적절한 자격을 갖춘 면접조사요원의 선발,

선발된 면접조사요원의 교육 및 훈련, 면접활동(자료수집)의 지도 및 감독, 생산성이나 다른 기준에 근거한 적절한 보상의 실시 등 일련의 임무를 수행하여야 한다.

(1) 면접자 모집

조사연구자는 대면설문조사에서 면접 및 자료수집을 담당할 요원으로 활용하기 위해 시간제 근로자(part-time employee)를 고용해야 한다. 조사연구자가 임시직・시간제 근로자를 구하기 쉬운 가장 대표적인 집단으로는 학생과 가정주부를 꼽을 수 있다. 학생과 주부는 연령과 성별에 있어서 매우 큰 변이를 보이는데, 이것은 또한 면접자 편향(interviewer bias)의 유형과 정도에 영향을 미치는 요인이기도 하다. 가능하다면 예상되는 응답자들과 같은 성별과 비슷한 연령대의 면접조사요원을 학생이나 주부 집단에서 선발하는 것이 좋다.

실제로 채용하려고 하는 인원보다 더 많은 수를 모집하여야 한다. 이것은 가장 적격자를 뽑을 수 있는 방법이며, 만약 중도에 포기하는 사람이 생길 경우에 대비하여 예비 명단을 유지하는 방법이기도 하다.

(2) 면접자 선발

지원자 중 잠재적 응답자와 인구통계학적 특성을 공유하는 사람을 면접조사요원으로 선발하는 것이 가장 좋다. 다시 말해, 예상되는 응답자들과 성별, 연령, 사회경제적 지위가 가장 비슷한 사람들을 면접조사요원으로 활용하는 것이 최선이다.

면접조사요원을 선발할 때 고려하여야 할 다른 중요한 요소는 그들에 대한 신뢰성이다. 대면설문조사의 효과성에 영향을 미치는 요인은 면접기술과 동기부여이며, 조사연구자는 이 두 요인을 갖춘 사람을 면접조사요원으로 선발하는 것이 좋다. 첫째, 면접조사요원은 조사연구자의 지시사항을 이해하고 그대로 준수할 수 있는 능력을 갖춘 사람이어야 한다. 둘째, 면접조사요원은 조사연구자의 지시사항을 그대로 이행하려는 의지를 갖춘 사람이어야 한다.

면접설문조사는 면접조사요원과 응답자 사이의 의사소통을 통해 이루어진다. 따라서 유능한 면접조사요원은 응답자에게 효과적인 질문을 제시하고 동시에 답변을 경청할 수 있는 사람이며, 또한 그들의 응답을 올바르게 인지하고 해석할 수 있을 뿐만 아니라, 그것을 정확하게 기록할 수 있는 사람이다. 다른 사람과의 접촉을 좋아하는 사교적이고 외향적인 퍼스낼리티를 가진 사람이 면접조사요원으로 적격이긴 하지만, 극단적으로 활달한 성격은 곤란하다. 만약 면접조사요원이 지나치게 말이 많으면 적당한 순간에 대화를 멈추거나 경청하면서 응답자의 답변이나 코멘트를 정확하게 기록하기 어렵다. 다시 말해, 응답자에게 완전하고 충분한 내용을 응답할 기회를 제공하지 못할 뿐만 아니라, 응답의 일부분을 구성하는 미묘한 언어적 또는 비언어적 실마리를 제대로 잡아내지 못할 수도 있다.

(3) 면접자 훈련

면접조사요원으로 선발된 사람들은 일반적인 면접조사의 성격과 해당 설문조사 임무의 특성에 관한 교육과 훈련을 받아야 한다. 유능한 임무 수행자가 되기 위해 면접조사요원이 알아야 할 두 가지 종류의 정보는 '어떻게(how)'와 '왜(why)'이다. 첫째, 면접조사요원은 조사대상자의 위치를 알아내어, 찾아내고, 접촉하여, 인사말을 나누고, 자격조건을 확인한 다음에, 질문을 하고, 응답을 기록하며, 설문조사를 종료하는 방법을 정확하게 알아야 한다. 둘째, 면접조사요원은 지시문에 따르고 면접절차를 준수하는 일이 왜 중요한 것인지 정확하게 인식하여야 한다.

(4) 면접자 감독

면접자의 감독에는 두 가지 측면이 있는데, 하나는 면접조사 과정을 모니터링하는 것이며 다른 하나는 조사 결과를 점검하는 것이다. 조사연구자는 면접조사 과정을 공공연히 또는 암묵적으로 모니터링하고 감독할 수 있어야 한다. 예를 들면, 슈퍼바이저가 면접조사의 초기 단계에서 면접조사요원과 현장에 동행하여 면접조사가 계획대로 제대로 이루어지고 있는지 점검할 수 있으며, 이후 면접조사가 진행됨에 따라 조사과정의 적절성 여부를 주기적으로 점검할 수 있다.

면접조사요원들은 자신들이 점검의 대상이 되고 있다는 것을 의식할 경우 평소와 달리 행동하는 경향이 있기 때문에 암묵적인 점검이 때로는 효과적인 방법이 된다. 만약 암묵적인 점검이 필요하다고 판단되는 경우, 조사연구자는 이 점에 대해 미리 면접조사요원들에게 통보해주어야 한다. 암묵적인 점검은 두 가지 방법으로 이루어질 수 있다. 첫째, 면접조사요원이 알지 못하는 협력자를 면접조사대상자 명단에 넣거나 면접 장소에 배치하고 그로 하여금 면접과정을 기록하거나 슈퍼바이저에게 결과를 보고하게 만드는 방법이 있다. 둘째, 면접조사요원이 눈치 채지 못하게 하면서 슈퍼바이저가 면접조사의 대화내용을 몰래 듣는 방법이 있다.

효과적인 점검은 조사과정뿐만 아니라 조사결과의 확인을 통해서도 이루어져야 한다. 조사결과의 점검은 가능한 한 빨리 그리고 가능한 한 자주 실시되는 것이 좋다. 가능하다면 일일점검이 최선이다. 즉, 모든 면접조사요원은 하루 일과가 끝나면 그날의 결과를 슈퍼바이저에게 보고하고 결과물을 제출하도록 하는 것이 좋다. 슈퍼바이저는 매일 수거되는 설문지를 면접조사요원의 면전에서 육안으로 편집하고 설문지의 응답 상태 및 완료 여부 등을 확인할 수 있다.

일반적으로 면접조사자의 감독이 면접조사의 잘못된 점에 초점을 맞추는 경향이 있는데, 이것은 좋지 않은 태도이다. 슈퍼비전은 면접설문조사의 부정적인 측면보다 긍정적인 측면을 더 강조하여야 한다. 부정적인 측면에 치우친 슈퍼비전은 면접조사요원들의 사기를 떨어뜨리고 동기부여의 수준을 감소시킨다. 슈퍼바이저는 면접조사요원에게 아낌없는 칭찬과 격려를 하여야 하며, 결코 비난을 가하거나 모욕을 주어서는 안 된다. 만약 개선되어야 할 점이 있다면 그것을 어떻게 고쳐나갈 것인가에 대하여 함께 궁리하고 함께 의견을 모으는 것이 좋다. 면접설문조사는 어려운 임무이지만 동기부여가 잘된 자신감 있는 면접조사요원은 그 임무를 훌륭하게 완수할 수 있다.

(5) 면접자에 대한 보상

면접조사요원은 보통 실적제 또는 시간제로 보수(수당)를 받는다. 실적제와 시간제는 모두 장단점을 갖고 있다. 또한 면접조사요원은 보수 외에도 각종 경비를 보상받는다.

실적제의 장점은 면접조사를 열심히 한 조사요원에게 가장 많은 수당이 돌아갈 수 있다는 점이다. 동료보다 더 빨리 면접임무를 수행하거나, 응답자의 협조를 더 빨리 이끌어내거나, 남보다 더 오래 일한 사람은 더 높은 수준의 보수를 받는다. 이러한 장점은 면접조사요원과 조사연구자 모두에게 이익이 된다. 또한 이 방식은 응답이 완료된 설문지 가운데 분석이 가능한 것만을 대상으로 수당을 지급하므로 면접조사의 품질을 향상시키는 데도 기여한다. 또한 설문지 부수에 근거하여 수당을 지급하므로 전체 비용의 계산이 용이하고 확실하다는 장점도 있다.

실적제의 단점으로는 이 방식이 면접조사요원들의 부정한 조사행위를 조장할 수 있다는 점을 들 수 있다. 즉, 실적에 급급한 면접조사요원들이 서둘러 면접을 마치거나 성급하게 응답을 기록할 수 있으며, 응답이 빠를 것으로 예상되는 사람만을 선별하여 면접조사를 치를 위험성이 있다. 따라서 조사연구자는 설문지 1부당 적정 수준의 보수가 얼마인지 결정하기 위하여 미리 면접 임무의 길이와 난이도를 정확하게 분석하여야 한다. 경우에 따라서는 응답자에 따라 면접의 길이와 난이도가 다를 수가 있는데, 이 경우 모든 설문지에 동일한 금액의 수당을 지급하는 것이 형평성에 어긋날 수도 있다.

한편 시간제의 장점은 실적제의 단점과 일맥상통한다. 면접조사에 소용되는 시간이 응답자마다 다를 경우에는 실적제보다는 시간제가 더 효과적인 보상의 수단이 된다. 또한 시간제의 경우에는 면접조사요원이 부정한 방법으로 조사를 수행할 이유가 별로 없다.

시간제의 단점은 전체 비용의 추계가 어렵다는 점을 꼽을 수 있다. 자료수집에 소요되는 전체 비용을 추산하기 위해서는 먼저 면접조사당 평균비용을 계산하여야 한다. 또한 시간제 보수지급 방식에서는 면접조사요원이 시간만 때우는 것을 방지하기 위해 훨씬 고차원의 슈퍼비전이 필요하다.

3) 면접의 오류 및 편향

대면 면접에는 오류와 편향이 존재할 수 있다. 조사연구자는 면접자 오류와 면접의 편향에 올바르게 대처할 수 있도록 준비하여야 한다.

(1) 면접자 오류

무작위 오류(random error)는 설문조사의 신뢰도(reliability)를 감소시키는 반면, 체계적 편향(systematic bias)은 조사결과의 타당도(validity)를 감소시킨다. 조사연구에 있어 무작위 오류와 체계적 편향은 매우 중요한 사항이다. 조사연구자는 면접에서 발생하는 오류와 편향의 원천이 무엇인지 그리고 그것을 어떻게 통제할 것인지 제대로 이해하여야 한다. 면접자 오류(interviewer error)의 원천은 매우 다양하다. 구체적으로 보면, 다음과 같은 다양한 원천으로부터 면접자 오류가 발생할 수 있다(김기원, 2001; Alreck & Settle, 2004).

① 지시문의 오류

면접조사요원들이 조사대상자들에게 설문지에 적혀 있는 그대로 정확하게 지시문을 제시하지 않는 경우에는 이른바 지시문의 오류(instruction error)가 발생한다. 지시문이 설문지에 기록된 대로 전달되지 않는 일은 매우 빈번하게 발생한다. 실제 설문조사 과정에서 면접조사요원들이 여러 조사대상자에게 지시문을 수십 번 또는 그 이상 읽어주다 보면 마침내 그것을 송두리째 외울 수 있게 된다. 지시문을 암기한 면접조사요원들은 이제 설문지를 보지 않고 자신의 기억에 의존하여 지시문을 제시한다. 간혹 기억에 의존하여 지시문을 전달할 경우, 조사대상자에게 전달된 지시문이 설문지의 지시문과 상당한 차이를 보이는 일이 발생할 수도 있다. 작은 차이가 모이면 큰 변화가 생기듯이, 이러한 과정이 반복적으로 이루어지면 설문지의 지시문과 아주 다른 지시문이 전달되는 경우가 생길 가능성을 배제할 수 없다.

② 질문의 오류

조사대상자마다 서로 다르게 표현된 질문은 이른바 질문의 오류(interrogation error)의 원인이 된다. 심지어 엄격한 사실 정보(factual information)를 묻는 경우에도 어떠한 어구를 사용하여 질문을 어떻게 구성하느냐에 따라 조사대상자들의 응답이 달라질 수 있다. 영어를 사용하는 문화권의 예를 들면, "귀하의 연령은?(What's your age?)"이라고 묻는 것보다 "귀하는 얼마나 늙었습니까?(How old are you?)"라고 물을 경우 평균적으로 조사대상자들의 연령이 더 낮게 나타난다고 한다. 질문에 포함된 '늙었다(old)'라는 단어가 조사대상자들에게 자신의 나이를 낮추어 응답하도록 유도한 것이라고 해석할 수 있다. 면접조사요원들은 질문을 구성하는 어구의 미묘한 차이가 조사대상자들의 응답에 얼마나 많은 영향을 미치는 것인지 거의 알지 못한다.

③ 응답 대안의 오류

면접조사요원들은 지시문에 따라 어떤 경우에는 조사대상자들에게 응답 대안을 읽어주어야 하며 어떤 경우에는 읽어주어서는 안 된다. 그러나 응답 대안을 읽어주어야 할 경우에 읽어주지 않거나, 반대로 읽어주어서는 안 될 경우에 읽어주는 것은 응답 대안의 오류(response option error)를 야기한다.

④ 척도 해석의 오류

척도 카드를 사용할 경우에 척도 해석의 오류(scale interpretation error)가 생길 가능성이 있다. 예를 들어, '절대로 동의한다'는 1점, '대체로 동의한다'는 2점, ……, '절대로 동의하지 않는다'는 5점으로 구성된 리커트척도를 사용한다고 가정하자. 만약 설문 문항과 척도 카드에 각각 번호와 설명(어구)이 동시에 제시되지 않았다면 응답의 기록에 있어서 오류가 발생할 가능성이 매우 크다. 면접조사요원이 어떤 응답자의 경우에는 번호(숫자)로 응답을 기록하고 다른 응답자의 경우에는 말(어구)로 응답을 기록하는 상황이 벌어질 수도 있기 때문이다. 특히 번호 없이 어구로만 표현된 문항의 경우에는 오류 발생의 가능성이 더 크다. 예를 들어, "절대로 동의하지 않는다"는 응답 범주에 번호가 달려 있지 않은 경우 어떤 면접조사요원은 1점을, 다른 면접조사요원은 5점을 부여할 가능성이 있다.

⑤ 기록의 오류

면접조사요원이 설문조사의 결과를 기록할 때 이른바 기록의 오류(recording error)가 발생할 가능성이 있다. 면접조사요원이 단순히 숫자나 문자를 적어야 하는 경우보다 응답내용을 응답자들의 표현 그대로 옮겨 적어야 하는 경우에 오류가 발생할 가능성이 더 커진다. 면접조사요원들은 필요에 의해 종종 응답자들의 응답내용을 축약하여 기록하는 경향이 있으며, 이 때문에 기록의 오류가 발생할 가능성으로부터 자유롭지 못하다.

⑥ 해석의 오류

면접조사 도중에 면접조사요원들이 응답을 해석하여야만 하는 경우, 해석의 오류(interpretation error)가 발생할 가능성이 있다. 예를 들면, 면접조사요원이 응답자들에게 응답 대안을 읽어주어서는 안 되며, 그 대신에 응답자들의 응답 내용을 듣고 나서 설문지의 응답 범주에 동그라미를 치거나 다른 표시를 하여야 하는 상황을 가정해보자. 응답자들의 응답 내용이 설문지의 응답 범주에 표현된 내용과 정확히 일치하는 경우가 매우 드물 것이며, 대개 표현이 비슷한 경우가 많을 것이다. 따라서 면접조사요원은 응답의 의미에 대하여 일종의 판단을 한 다음에 그것을 기록하여야 하는데, 이러한 판단은 해석의 오류로 이어질 수도 있다.

⑦ 면접자 통제의 오류

면접자 오류를 찾아내기 위해서는 조사 과정의 초기부터, 그리고 주기적으로, 전반적인 면접조사 과정을 세밀하게 모니터링하여야 한다. 슈퍼바이저는 면접조사요원이 지시문, 질문, 응답 대안을 다루거나 읽는 것을 지켜보면서 그것이 당초의 계획대로 이루어지고 있는지 확인하여야 한다. 면접조사요원이 설문지를 보면서 지시문이나 질문을 정확하게 읽는지, 아니면 단지 기억에 의존하여 개략적으로 말하고 있는지 점검하여야 한다. 이러한 제반 과정이 제대로 이루어지지 않으면 면접자 통제의 오류(controlling interviewer error)가 발생할 수 있다.

면접자의 질문 방식을 육안으로 확인하는 일은 기록의 오류를 찾아내지는 못한다. 슈퍼바이저는 면접조사요원과 조사대상자 사이의 대화를 모니터링하고 그것을 기록한 다음에, 그것을 실제로 면접조사요원이 면접조사 과정에서 기록한 것과 서로 비교하여 양자 간에 어떤 차이가 있는지 점검하는 것이 좋다. 이것은 면접조사요원이 빠르고 간단하고 쉽게 응답을 기록할 수 있도록 질문과 설문지를 만듦으로써 오류의 발생을 미연에 예방하기 위한 목적을 가지고 있다. 일반적으로 개방형 질문을 사용하는 것은 권장할 만한 일이 아니다. 불가피하게 개방형 질문을 사용할 수밖에 없는 경우에는 면접조사요원들을 대상으로 응답 대안의 선택 기준에 관하여 충분한 사전교육이 반드시 이루어져야 한다. 또한 면접조사 과정 내내 면접조사요원들이 일관성 있고 정확하게 응답내용을 해석하고 있는지 모니터링하여야 한다.

(2) 면접의 편향

앞서 설명한 면접의 오류는 설문조사의 결과에 무작위로 영향을 미친다. 무작위 오류는 자료의 신뢰도(reliability)를 감소시키며, 자료의 신뢰성의 감소는 자료의 타당도(validity)를 간접적으로 감소시킨다. 또한 면접에는 체계적 편향(systematic bias)을 야기하는 여러 가지 원천이 있다는 점에 주목할 필요가 있다. 편향(bias)은 자료의 타당도를 직접적으로 손상시킨다. 따라서 편향은 가장 심각한 문제라고 할 수 있다.

편향에 의해 설문조사 결과의 타당도가 감소되었을 경우 사실관계를 확인하기가 어려워진다. 조사연구자는 사실상 타당하지 않은 자료를 마치 그것이 타당한 것인 양 오판하고 그에 근거하여 결정을 내리게 된다. 따라서 면접의 편향(interviewing bias)을 최대한 통제하는 것이 필수적이다. 다시 말해, 자료수집을 마친 다음에 면접의 편향을 찾아내어 교정하려고 하지 말고 그것을 미리 예방하기 위하여 모든 노력을 경주하여야 한다.

① 응답 편향의 증폭

응답 편향(response bias)의 원천에 대해서는 앞 장에서 설명한 바 있다. 응답 편향의 문제는 자기기입식 설문지뿐만 아니라 대면조사용 설문지의 경우에도 중요한 논점이다. 그러나 응답자의 면전에 면접조사요원이 존재하고 있는 사실 그 자체가 추가적인 응답 편향을 야기하거나 증가시킬 가능성이 크다. 자기기입식 설문지의 경우, 응답자들은 높은 수준의 익명성을 갖는다. 대면설문조사에서는 면접조사요원과 응답자 사이에 상호작용이 이루어지기 때문에 응답 편향이 감소되기보다는 오히려 증폭될 가능성이 더 크다. 따라서 조사연구자는 대면설문조사에서 발생할 가능성이 큰 응답 편향에 적절히 대처하기 위하여 노력하여야 한다.

② 응답 편향의 생성

면접자가 면전에 존재하고 있다는 사실을 논외로 하더라도, 면접조사요원이 수행하는 전화면접이나 대면면접 행위 자체가 응답편향을 야기하거나 증가시킨다. 예를 들면, 만약 면접조사요원의 언어적 또는 비언어적 행동이 응답자들에게 위협적으로 느껴진다면, 위협 편향(threat bias)이 발생한다. 만약 면접조사요원이 무례하거나 지나치게 재촉할 경우에는 적대감 편향(hostility bias)이 발생한다. 면접조사요원으로부터 유래하는 응답 편향을 예방하기 위해서는 이들에 대한 적절한 훈련, 적당한 수준의 동기부여, 세밀한 모니터링이 필요하다. 한마디로 말해, 면접조사요원을 훈련시키고 조사과정을 모니터링할 때 훈련을 담당하는 사람이나 슈퍼바이저는 응답 편향의 다양한 원천에 대하여 완전히 이해하여야 한다.

4) 대면조사용 설문지

일반적으로 설문조사의 방식에 불문하고 설문지를 제작할 때 적용하는 원칙에는 큰 차이가 없다. 그러나 구체적으로 보면, 오직 대면설문조사의 경우에만 적용되는 원칙이나 설문지의 요소 등이 있는 것도 사실이므로 이에 대해 살펴보자.

(1) 대면설문조사의 인사말

대면설문조사의 인사말은 우편설문조사의 표지 편지와는 여러 면에서 상당히 다른 성격을 지니고 있다. 대면설문조사는 면접조사요원과 조사대상자 사이의 상호작용을 매개로 하여 이루어지는 반면, 우편설문조사는 조사연구자의 메시지가 우편을 통해 조사대상자에게 일방적으로 전달된다. 대면설문조사의 시작단계에서 면접조사요원이 조사대상자에게 건네는 인사말의 전형적인 유형은 <상자 4-2>와 같이 예시할 수 있다(Alreck & Settle, 2004).

<상자 4-2>의 ①과 ②는 먼저 조사대상자들이 자격기준을 충족하는지 여부를 확인하는 경우이다. 반면에, ③과 ④는 모든 조사대상자가 다 자격기준에 맞으므로 특별히 자격기준에 관한 질문을 하지 않는 경우이다.

우편설문조사의 표지 편지는 상당히 긴 분량이지만(표지 편지는 대개 한 페이지에 이름), 대면설문조사에서 인사말의 길이는 상대적으로 매우 짧은 것이 특징이다. 표지 편지에서는 설문조사의 주요 내용에 관하여 비교적 자세하게 설명하는 것이 일반적이지만, 대면설문조사의 인사말에는 설문조사의 내용에 관하여 거의 언급을 하지 않는 것이 바람직하다. 대면설문조사 수행의 원칙 가운데 하나는 면접조사요원의 인사말이 가능한 한 짧아야 한다는 점이다. 왜냐하면 조사대상자로 하여금 즉시 질문에 응답하도록 만드는 것이 중요하기 때문이다.

대면설문조사에서 반드시 준수하여야 할 대원칙은 "절대로 질문의 허락을 요청하지 말라"는 점이다. 만약 면접조사요원이 조사대상자에게 '귀하에게 제가 몇 개의 질문을 드릴텐데 응답해주실 시간이 있으십니까?' 혹은 '선생님께서는 이 설문조사에 참여하시기 위해 조금만 시간을 내주실 수 있나요?'와 같은 질문을 던진다면 아마도 거절의 답변이 나올 가능성이 적지 않다. 그런 유형의 질문은 응답의 거절을 유도하는 것이나 마찬가지라고 해도 과언이 아니다. 대면설문조사에서는 설문조사에의 참여 의사를 묻지 말고, 짤막한 인사말과 함께 곧바로 첫 번째 질문으로 들어가는 것이 응답률을 높이는 최선의 방법이다. 첫 번째 질문을 빨리 시작할수록 그만큼 더 응답을 유인하는 효과가 좋다.

<상자 4-2> 대면설문조사의 인사말(예시)

<u>자격기준의 확인이 필요한 경우</u>

① 안녕하세요? 저는 ○○○인데요, 우리 지역의 유권자들을 대상으로 ◇◇선거 출마자에 대한 지지도를 조사하고 있습니다. 선생님은 선거권을 가지고 계십니까?
[만약 선거권을 가지고 있다면, 면접조사를 계속할 것]
[만약 선거권을 가지고 있지 않다면, 면접조사를 종료할 것]

② 안녕하세요? 저는 ○○○이며, ㅁㅁ여론조사기관에서 근무하고 있습니다. 저는 자가용 자동차를 소유하고 있는 분들을 대상으로 몇 가지 짧은 질문을 준비하고 있습니다. 선생님의 차는 국산입니까, 아니면 외제차입니까?
[국산차를 적어도 한 대 이상 소유하고 있는 경우에는 면접설문조사를 계속할 것]
[외국차를 소유하고 있거나 차가 없으면 면접설문조사를 종료할 것]

<u>자격기준의 확인이 불필요한 경우</u>

③ 안녕하세요? 저는 ○○○이며, ◇◇연구소에서 일하고 있습니다. 선생님께서 시장 후보자 가운데 누구를 지지하고 계시는지 조사하려고 몇 개의 짧은 질문을 준비하였습니다.
[이어서 즉시 첫 번째 질문을 물을 것]

④ 안녕하세요? 제 이름은 ○○○입니다. 귀하께서 어떤 슈퍼마켓을 가장 선호하고 계시는지 조사하기 위하여 몇 개의 질문을 준비하였습니다.
[이어서 즉시 첫 번째 질문을 물을 것]

(2) 자격기준

표집틀(sampling frame)은 대면설문조사를 위한 표본이 추출되는 모집단을 말한다. 조사연구자는 표집틀로부터 표본추출 설계에 따라 개인 명단과 주소를 추출할 수 있다. 이때 실제 표본에 넣을 사람의 수보다 더 많은 대상자를 뽑는 것이 바람직한데, 이것은 선발된 사람 가운데 접촉이 불가능하거나 응답을 거부하는 사람이 나올 가능성에 대비하기 위한 조치이다. 추출된 모든 사람이 응답할 자격을 갖춘 사람들로 예상되는 경우 면접조사요원들은 자격기준의 확인이 필요 없는 인사말을 준비하여야 한다.

대다수의 설문조사에서 미리 개인의 명단과 주소를 선발하고 자격기준을 미리 평가하여 두는 것은 사실상 불가능하거나 실제적이지 않다. 결국 면접조사요원이 개별 응답자의 자격기준을 하나씩 평가하여야 한다. 따라서 면접조사요원에게는 어떤 대상자를 면접조사의 대상에 포함시키고 어떤 대상자를 면접조사에서 제외할 것인지에 관한 명확한 지침이 제공되어야 한다.

면접조사요원이 응답자를 육안으로 보거나 대화를 나누어보면 금방 응답자를 선발하는 자격기준의 충족 여부를 알 수 있는 경우가 있다. 예컨대, 여성만을 조사대상자로 하는 대면설문조사에서는 면접조사요원이 응답자를 만나는 순간에 바로 응답자의 성별을 알 수 있으며, 굳이 성별을 묻는 질문을 하지 않아도 된다. 그러나 대부분의 경우 면접조사요원은 간단한 인사말을 한 다음에 자격기준을 평가하기 위한 몇 가지 예비 질문을 하는 것이 보통이다.

응답자의 자격기준 평가와 응답자의 선발과정에 있어서 신뢰도와 타당도를 확보하려면 일관성(consistency)과 정확성(accuracy)이라는 두 가지 조건이 충족되어야 한다. 첫째, 대상자 선발을 여러 번 하더라도 그때마다 동일한 조건을 갖춘 사람이 조사대상자로 선발되는 경우에, 그리고 여러 사람이 따로따로 대상자 선발을 하더라도 그때마다 동일한 조건을 갖춘 사람이 조사대상자로 선발되는 경우에 그러한 평가 및 선발과정은 일관성을 갖추었다고 할 수 있다. 둘째, 자격기준을 갖춘 모든 사람이 모두 조사대상에 포함되는 경우에, 그리고 오직 자격기준을 갖춘 사람만이 조사대상에 포함되는 경우에 그러한 평가 및 선발과정은 정확성을 갖추었다고 할 수 있다. 요컨대 조사대상자 선발 과정의 일관성과 정확성은 면접조사요원에게 얼마나 명확한 지침을 내리느냐에 따라 그 성패의 정도가 달라진다.

(3) 조사대상자의 할당(quota specification)

일정한 기준에 따라 면접조사요원별로 조사대상자의 수를 미리 할당하는 방법은 자격기준을 심사하는 특별한 경우 가운데 하나이다. 할당(quota) 시스템을 사용하면 면접조사요원마다 그리고 잠재적 응답자마다 서로 다른 자격기준이 사용되거나 적용된다.

예를 들어, 연령, 성별, 결혼상태라는 자격기준에 따라 240명의 표본을 추출하는 경우를 상정해보자. 면접조사요원에게 할당되는 조사대상자의 수는 두 가지 방법으로 계산할 수 있다(<상자 4-3>).

첫째, <상자 4-3>의 ①에서처럼, 모든 변수를 독립적으로 고려하여 변수별로 조사대상자의 수를 정하는 방법이 있다. 이것은 면접조사요원들에게 조사대상자를 할당하는 매우 단순한 방법이긴 하지만, 그에 따른 문제점도 있다. 각 변수는 서로 독립적으로 고려하므로 경우에 따라서는 어느 한쪽으로 치우친 표본이 추출되는 경우가 생길 수 있다. 예를 들면, 20~34세 연령층의 대상자 가운데 80명의 표본을 추출하는 경우 80명 모두를 기혼 남성으로 뽑는 경우가 그것인데, 이것은 기혼 여성, 미혼 남성, 미혼 여성은 모두 배제된 표본추출의 결과이다. 물론 이 예는 극단적인 경우이지만, 일반적으로 독립적인 할당은 각 변수의 범주별로 비례적인 조사대상자 할당이 일어나기 어렵다는 한계를 가지고 있다는 점은 분명하다.

둘째, <상자 4-3>의 ②에서와 같이, 모집단을 구성하는 여러 집단의 크기를 비례적으로 나타낼 수 있는 표본을 만들기 위해 상호의존적인 할당의 방법을 사용하는 것이 바람직하다. 모집단에 적어도 두 개 이상의 변수가 있는 경우, 할당 변수들은 상호의존적인 변수들로 간주된다. <상자 4-3>의 ②에서는 총 240명의 조사대상자를 결혼상태, 성별, 연령의 범주별로 각각 20명씩 할당하는 방식을 취하고 있다.

만약 두 명 이상의 면접조사요원을 사용하는 경우에는 면접조사요원별로 조사대상 인원의 할당이 이루어져야 한다. 위의 예에서 만약 4명의 면접조사요원이 대면설문조사를 수행한다고 가정해보자. 상호의존적인 할당에 의해 계산된 전체 조사대상자를 개별 면접조사요원에게 배분하는 방법은 기본적으로 세 가지이다.

첫 번째 방법은 모든 면접조사요원이 동시에 대면설문조사를 진행하면서 자격기준을 갖춘 설문조사를 완료할 때마다 슈퍼바이저에게 통보하고 슈퍼바이저는 전체 진행상황을 기록・유지하는 방식이다. 정해진 조사대상자 수에 도달하는 순간 슈퍼바이저는 모든 면접조사요원에게 더 이상 설문조사를 수행하지 말도록 지시한다. 이것은 가장 적은 수의 조사대상자를 접촉하면서 소기의 목적을 달성할 수 있다는 장점을 가지고 있지만, 슈퍼바이저가 모든 면접조사요원을 긴밀하게 통제하고 면접조사결과를 기록・유지하여야만 한다는 단점도 있다. 전화설문조사와 달리, 현장에 널리 퍼져 있는 대면설문조사의 면접조사요원들과 긴밀한 접촉을 유지한다는 것이 쉬운 문제가 아니기 때문이다.

<상자 4-3> 조사대상자의 할당

① 독립적인 할당(independent quotas)

	변수	집단	인원(명)
1.	결혼상태	기혼 미혼	120 120
2.	성별	남성 여성	120 120
3.	연령	20~34 35~49 50~99	80 80 80

② 상호의존적인 할당(interdependent quotas)

	결혼상태	성별	연령	할당 인원(명)
1.	기혼	남성	20~34	20
2.	기혼	남성	35~49	20
3.	기혼	남성	50~99	20
4.	기혼	여성	20~34	20
5.	기혼	여성	35~49	20
6.	기혼	여성	50~99	20
7.	미혼	남성	20~34	20
8.	미혼	남성	35~49	20
9.	미혼	남성	50~99	20
10.	미혼	여성	20~34	20
11.	미혼	여성	35~49	20
12.	미혼	여성	50~99	20

두 번째 방법은 면접조사요원들이 모두 각 쿼터의 일정한 비율을 동일하게 배분받는 방식이다. 위의 예에서, 각 쿼터는 모두 20명으로 구성되어 있는데, 면접조사요원이 4명이므로 모든 면접조사요원에게 쿼터별로 5명(20명÷4명)씩 조사대상인원을 배분하면 개인별로 60명의 조사대상인원을 갖게 되며, 전체적으로는 240명의 조사대상자에 대하여 대면설문조사를 실시할 수 있게 된다. 이 방법은 슈퍼바이저가 전반적인 면접조사 진행상황을 관리하지 않아도 된다는 장점이 있다.

세 번째 방법은 면접조사요원들이 누구나 각각 세 개의 응답자 범주를 조사하도록 차례로 배정하는 방식이다. 즉, 첫 번째 면접조사요원에게는 처음 세 개의 응답자 범주를 조사하도록 배정하고(예를 들면, 위 <상자 4-3>의 ②에서는 기혼 남성의 세 개 연령집단을 배정함), 두 번째 면접조사요원에는 그다음 세 개의 응답자 범주를 조사하도록 배정하며(예를 들면, 위 <상자 4-3>의 ②에서는 기혼 여성의 세 개 연령집단을 배정함), 세 번째 이하의 모든 면접조사요원에게도 마찬가지로 방법을 적용한다. 이 방법은 아주 간단한 방법이지만 몇 가지 고려하여야 할 점도 있다. 이 방법에 의하면 아무리 잘 훈련된 면접조사요원이라 할지라도 체계적 편향(systematic bias)을 개입시킬 가능성이 있다는 단점을 들 수 있다. 이 경우 분석결과에 나타나는 어떤 차이가 응답자의 특성의 차이가 아니라 면접조사요원의 차이에 기인하게 된다. 예를 들어, 특정 면접조사요원이 모든 기혼남성을 조사하고 다른 특정 면접조사요원이 모든 기혼여성을 조사한 경우, 분석결과의 차이가 응답자들의 특성의 차이 때문인지, 아니면 면접조사요원의 차이 때문인지, 아니면 두 가지 모두가 원인인지 단정하기 어렵다. 즉, 분석자는 응답자의 성별의 차이가 응답에 영향을 미쳤는지 아닌지 알 수 없다.

(4) 대면조사용 설문지의 형식

자기기입식 설문지의 외양(겉모습)은 응답의 질과 응답률에 영향을 미치기 때문에 매우 중요하다. 일반적으로 면접조사요원은 응답자에게 설문지를 읽어주고 응답을 받아 적으므로 설문지의 외양이 그리 중요하지 않다고 볼 수 있다. 그러나 다른 한편으로는 대면용 설문조사는 면접조사요원들이 사용하기 편리하게 만들어야 한다. 면접조사요원이 면접조사 도중에 문항을 찾아 이리저리 헤맬 정도로 복잡한 설문지로는 조사임무를 성공적으로 완수할 수 없다. 따라서 설문지 작성자는 실제로 면접조사가 이루어지는 상황 조건을 염두에 두고 설문지를 구성하여야 한다. 특히 면접조사요원이 설문조사를 실시하는 도중에 멈춤이나 망설임 같은 중단 사태가 생기지 않도록 설문지를 작성하는 것이 좋다.

5) 대면설문조사의 과정

대면설문조사에는 적용되지만 전화설문조사에는 적용되지 않는 몇 가지 특성이 있는 반면, 전화설문조사에는 적용되지만 대면설문조사에는 적용되지 않는 특성들도 있다. 이하에서는 대면설문조사에 고유한 특성에 대하여 고찰한다.

(1) 면접 시기의 결정

면접 시기는 응답률과 응답의 본질에 영향을 미칠 가능성이 크다. 따라서 일주일 중 어느 요일에, 그리고 하루 중 어느 시각에 대면설문조사를 할 것인지를 결정하는 것은 매우 중요하다. 예를 들면, 가정방문 설문조사는 오전 9시부터 아무리 늦어도 오후 9시 사이에 이루지는 것이 바람직하다. 그뿐만 아니라 가능하다면 식사시간에는 가정방문을 하지 않는 것이 좋다. 가정방문 면접이 주중에 이루어질 경우 가정주부나 은퇴자들이 직장인들보다 면접조사의 대상자로 포함되기 더 쉽다. 따라서 직장인들이 퇴근 후 집안에 있는 시간대, 즉 저녁 시간이나 주말에 어느 정도의 면접조사를 실시할 필요가 있다. 조사연구자 또는 슈퍼바이저는 면접조사요원들이 미리 정해진 시간에 면접조사를 실시하도록 명확한 지시를 하고, 아울러 철저히 모니터링하여야 한다. 면접조사요원들이 응답자보다 자신들의 편의를 우선적으로 고려하는 경향이 있을 수 있다는 점에 유의하여야 한다.

(2) 면접의 장소

조사연구자는 면접조사의 장소를 신중하게 결정하여야 할 뿐만 아니라, 면접조사요원들이 정해진 면접 장소에서 조사를 수행하고 있는지 수시로 모니터링하여야 한다. 면접조사요원들은 면접 장소가 응답에 영향을 미친다는 사실을 모를 가능성이 크다. 일반적으로 면접조사가 실시되는 장소는 응답자의 가정, 직장, 역이나 터미널, 백화점 등 매우 다양하다. 가정방문 면접조사가 적어도 몇 분 이상 걸릴 것으로 예상될 경우 면접조사요원은 먼저 집주인에게 집안으로 들어가도 좋은지 승낙을 받아야 하며 집안에 들어가서는 면접조사요원과 응답자가 테이블을 사이에 두고 서로 마주 앉는 것이 좋다. 정중한 예의를 갖추면 보다 자세하게 질문할 수 있고 보다 정확하게 기록할 수 있을 것이다.

백화점이나 쇼핑몰 등 여러 사람이 자유스럽게 왕래하는 다중이용시설은 겉으로는 공공장소처럼 보이지만 사실은 특정 개인이나 회사의 사유재산이다. 이러한 장소에서 면접설문조사를 실시하기 위해서는 사전에 소유주의 승낙을 받아야 한다. 사전 허가를 받지 않은 면접조사요원들은 종종 면접조사 도중에 제지를 당하거나 심지어 강제로 건물 밖으로 밀려나기도 한다.

(3) 산만과 방해(distractions and interruptions)

면접조사요원들은 면접 도중에 다른 사람이 끼어들거나 면접을 잠깐 동안 중지해야만 하는 상황에 어떻게 대처할 것인지에 대하여 미리 알고 있어야 한다. 예를 들면, 조사연구자는 면접조사요원들에게 면접조사를 진행하고 있는 장소에 제3자가 찾아와 질문과 답변 내용을 듣는 상황이 발생하였을 때 과연 면접조사를 계속할 것인지, 아니면 중단할 것인지에 관한 명확한 지침을 미리 주어야 한다. 또한 조사연구자는 면접조사요원들에게 불가피한 사유로 면접이 중단되었을 때 과연 몇 분 정도나 기다려야 할 것인지에 대해서도 명확한 지침을 미리 주어야 한다. 일반적으로 면접조사가 5분 이상 중단될 경우 면접조사를 종료하고 그때까지 수집한 자료는 버리는 것이 좋다.

(4) 등급 카드와 시각적 보조재료

면접조사에서 등급 카드(rating cards)나 다른 시각적 보조재료 등이 사용되는 경우가 있는데, 면접조사요원들은 그 사용 방법을 숙지하고 있어야 한다. 예를 들면, 면접조사요원은 그러한 보조재료를 단지 조사대상자에 보여주어야만 하는지, 아니면 그것을 건네주어도 무방한지 분명하게 알아야 하며, 언제 그러한 보조재료를 회수하거나 제거하여야 하는지에 대해서도 분명하게 알고 있어야 한다.

조사대상자들이 시각적 보조재료에 대해 갖는 인식 수준이 응답에 영향을 미칠 수 있다. 따라서 시각적 보조재료의 외양은 매우 중요하다. 대개는 동일한 시각적 보조재료를 여러 조사대상자에게 반복적으로 사용하는 것이 바람직하다. 또한 대면조사용 설문지의 맨 마지막 부분에는 면접조사요원이 면접조사의 종료와 동시에 응답자로부터 시각적 보조재료를 반드시 회수할 것을 지시하는 내용의 지시문을 포함시키는 것이 일반적이다.

(5) 관찰 내용 및 응답의 기록

면접조사요원이 관찰한 내용을 기록하여야 할 경우에는 관찰한 자료를 분류하거나 범주화하는 명확한 기준이 제시되어야 한다. 일관성(consistency)과 정확성(accuracy)은 가장 중요한 기준이다. 면접조사요원들이 조사대상자의 응답 내용을 기록할 때 응답범주에 √ 표시를 하거나 번호에 동그라미를 치거나 아니면 번호를 기입하도록 설문지를 설계하는 것이 최선이다. 대면조사용 설문지에 비구조화된 문항, 즉 개방식 문항이 포함된 경우에는 미리 면접조사요원들에게 조사대상자들의 응답 내용을 기록하는 방법에 대하여 명확한 지시를 내려주어야 한다. 예컨대, 응답자들의 응답 내용을 응답자들의 구어체 표현 그대로 기록할 것인지, 아니면 핵심 단어나 어구만을 선별하여 기록할 것인지 미리 면접조사요원에게 알려주어야 혼란이 일어나지 않는다. 또한 면접조사요원들은 누가 면접조사를 실시하였는지 알 수 있도록 자신에 관한 사항을 기록하여야 하며, 아울러 면접조사를 실시한 시각과 장소를 기록하여야 한다.

3. 전화설문조사

전화설문조사는 여론조사 등 다양한 목적을 달성하기 위해 널리 사용되고 있는 자료수집 방법이다. 이 절에서는 전화설문조사의 특성과 표본추출방법, 그리고 전화설문지의 구성에 대하여 고찰한다.

1) 전화설문조사의 특성

전화설문조사(telephone survey; telephone interview)를 기획하는 조사연구자가 가장 걱정하는 문제 중의 하나는 많은 사람들이 응답을 거절하는 상황이 발생하는 것이다. 실제로 전국적인 규모로 이루어지는 일반 공중을 대상으로 하는 전화설문조사에서는 조사대상자의 응답 거부가 매우 빈번한 것으로 알려져 있다. 그러나 시야를 좁혀 지역사회의 거주자를 조사대상자로 하는 소규모의 전화설문조사에서는 응답자들의 참여수준이 상대적으로 높다고 한다. 예컨대, 지역아동센터를 이용하고 있는 어린이들의 부모를 대상으로 공부방 프로그램의 만족도를 전화로 설문조사한다거나 지역사회의 도서관을 후원하고 있는 주민들을 대상으로 도서관 이용의 만족도를 측정하는 전화설문조사를 실시할 경우 조사대상자들의 응답 거부가 그렇게 많지는 않을 것이다. 전화설문조사는 나름의 장점과 단점을 가지고 있다.

(1) 장점

전화설문조사는 조사결과의 신속한 도출, 질 높은 자료의 수집, 면접자의 상황 통제, 저렴한 비용 등과 같은 장점을 가지고 있다(김영종, 2007; 최성재, 2005; Salant & Dillman, 1994).

① 신속한 조사결과의 도출

전화설문조사의 가장 큰 장점은 다른 어떤 조사방법보다 자료의 분석 및 결론의 도출이 신속하다는 점이다. 대규모 여론조사기관은 전화설문조사를 통해 하루나 이틀 정도면 전국 규모의 여론조사를 실시하고 그 결과를 공표할 수 있을 정도이다. 작은 규모의 조사기관 역시 전화설문조사를 통해 자료분석 및 결과도출에 있어서 신속성을 발휘할 수 있다.

전화설문조사가 다른 조사방법보다 신속하게 진행될 수 있는 몇 가지 이유가 있다. 첫째, 전화설문조사에서는 주어진 시간 안에 대면설문조사보다 더 많은 사람을 대상으로 전화 인터뷰를 할 수 있다. 전화설문조사는 대면설문조사에서처럼 조사대상자의 집이나 사무실로 직접 찾아가는 시간이 소요되지 않으며, 따라서 그렇게 절약되는 시간을 활용하여 전화로 면접조사를 할 수 있기 때문이다. 둘째, 일반적으로 전화설문조사는 여러 대의 전화를 갖춘 중앙통제센터에서 이루어지는데, 현장에서 발생하는 제반 어려움이나 문제점을 전화설문조사의 슈퍼바이저가 즉시 처리할 수 있기 때문에 신속한 진행이 가능하다. 만약 조사대상자로부터 설문조사와 관련한 특별한 질문이 나온다거나 조사대상자들이 면접조사자가 아닌 다른 누군가와 통화를 원할 경우 슈퍼바이저가 적절하게 개입하여 대응할 수 있다. 만약 대면설문조사나 우편설문조사에서 그러한 상황이 발생하였다면 문제점을 해결하는 데 며칠 또는 몇 주일이 걸릴지 모를 일이다.

② 자료의 질의 향상

전화설문조사를 통해 대면설문조사보다 질 높은 자료를 수집할 수 있는 경우도 있다. 즉, 전화설문조사에서는 훈련받은 면접자들이 슈퍼바이저의 중앙집중식 통제하에서 일관된 인터뷰 방식에 따라 자료를 수집하므로, 통제되지 않은 상황에서 면접자들이 각자 인터뷰를 수행하는 대면설문조사보다 더 일관된 자료를 얻을 수 있다.

③ 면접 상황의 통제

전화설문조사에서는 면접자가 전반적인 상황을 통제할 수 있는데, 이를 면접자 통제(interviewer control)라고 부른다. 우편설문조사의 경우와 달리, 전화설문조사에서 면접자는 조사대상자와 직접 대화를 나눌 수 있으며, 모든 질문에 응답하도록 독려할 수 있고, 집안이나 직장에 있는 다른 사람의 영향을 배제시킬 수 있다.

④ 저렴한 비용

전화설문조사의 비용은 대면설문조사와 우편설문조사 비용의 중간 정도이다. 전화설문조사의 비용 가운데 가장 비중이 큰 것은 면접자 인건비와 전화요금이다. 대면설문조사는 상대적으로 많은 면접자가 필요하므로 전화설문조사보다 더 많은 인건비가 소요된다. 우편설문조사는 면접자가 없으며 조사대상자가 직접 설문지에 기입하는 방식을 취하므로 전화설문조사보다 더 적은 인건비가 들어간다.

(2) 단점

전화설문조사는 대면설문조사에 비해 일정한 장점을 가지고 있으며, 대면설문조사나 우편설문조사 등에 대한 보조 수단으로 사용되고 있다. 그러나 전화설문조사에도 적지 않은 단점이 존재한다. 전화설문조사의 단점은 다음과 같다(Salant & Dillman, 1994; 김영종, 2007).

① 적용범위의 제한

전화설문조사의 단점 가운데 가장 대표적인 것은 오직 전화를 가진 사람만이 설문조사의 대상에 포함될 수 있다는 점, 즉 적용범위(coverage)의 제한의 문제이다. 오늘날 전화의 보급 속도가 매우 빨라 많은 사람들이 전화를 가지고 있지만, 지금도 사회의 일각에는 전화를 갖지 못한 사람들이 있다. 전화를 소유하지 않은 사람들은 전화설문조사의 대상에서 자동적으로 배제되는 결과를 초래한다. 특히 전화를 갖지 못한 사람들이 특정 지역에 모여 살거나, 학력이 낮다거나, 소득수준이 낮다거나, 실업상태에 놓여 있는 상황 등과 같이 전화소유와 다른 변수들 간에 직간접인 관련이 있다고 판단되는 경우에는 조사의 실시 및 결과의 해석 단계에서 특별한 주의를 요한다.

한편, 최근에는 휴대전화의 보급과 사용이 일반화되었는데, 휴대전화 사용자의 선발과 관련하여 편향이 개입되거나 오류가 발생할 소지가 크다.

② 불완전한 전화번호부

전화번호부는 전화설문조사에서 가장 간편하게 표본을 추출할 수 있는 목록이다. 전화설문조사의 단점으로는 불완전한 전화번호부에서 조사대상자를 추출하여야 한다는 점을 들 수 있다. 현대사회의 특징 가운데 하나는 국민의 유동성이 높다는 점, 많은 개인이나 가구들이 이사를 가고 온다는 점이다. 따라서 전화번호부가 본질적으로 주민들의 주소이동 상황을 모조리 반영하기 어렵다. 그뿐만 아니라, 어떤 사람들은 일부러 전화번호부에 자신의 이름을 등재하려 하지 않는다. 한편, 한 집에서 둘 이상의 전화회선에 가입하고 있으며 따라서 전화번호부에 두 명 이상의 명단이 등재되는 경우도 점점 더 많아지고 있다. 이러한 상황은 조사대상자 모두가 표본으로 뽑힐 수 있는 동일한 확률을 가져야 한다는 확률표본의 대원칙에 위반되는 것이다. 불완전한 전화번호부 문제를 해결하기 위해 다양한 컴퓨터 프로그램이 개발되어 사용되고 있는데, 대표적인 것으로는 무작위 전화 걸기 프로그램(RDD: random digit dialing)과 새 번호로 전화 걸기 프로그램(add-a-digit dialing) 등이 있다(Salant & Dillman, 1994).

③ 유능한 슈퍼바이저

전화설문조사가 제대로 수행되려면 조사과정을 전반적으로 지휘할 수 있는 유능한(knowledgeable) 슈퍼바이저가 필요하다. 특히 다수의 면접자들이 과거에 면접자로서 전화설문조사에 참여해본 경험이 없는 경우에는 유능한 슈퍼바이저의 역할이 더욱 강조된다. 전화설문조사의 초기단계에서는 면접자들로부터 "이런 경우에는 어떻게 처리해야 합니까?"라는 질문이 끊임없이 나오는 것이 일반적이다. 이러한 질문에 적절히 대처하지 않고는 전화설문조사를 원만하게 수행하기 어렵다. 그러나 유능한 슈퍼바이저를 구하는 일이 언제나 가능한 것은 아니다.

④ 측정의 오류

전화면접은 오직 화자와 청자 사이의 목소리 교환을 통해 이루어진다. 질문의 내용을 정확히 이해하기 위하여 조사대상자는 모든 단어와 어구에 정신을 집중하여야 한다. 전화로 질문을 읽어주고 그에 대하여 평정을 내리도록 요청하는 일은 측정의 오류(measurement error)가 발생할 가능성을 내포하고 있다. 전화면접에서는 지도나 다이어그램, 등급카드 등과 같은 시각적 보조 재료를 사용할 수도 없다. 그뿐만 아니라, 면접자는 조사대상자의 표정과 몸짓 등 반응을 볼 수 없으므로 과연 그가 질문을 제대로 이해하였는지 알 수 없다. 이 모든 상황은 측정의 오류가 발생하는 데 기여하는 요인으로 작용할 수 있다. 한편 특정한 주제들은 전화설문조사의 대상으로 적절하지 않다는 점을 유념하여야 할 것이다. 예를 들면, 개인의 경제적인 문제나 정치적인 태도 등은 전화설문조사를 통해 의견을 묻기가 쉽지 않은 영역이다. 다른 하나의 문제점은 전화를 거는 시간대에 따라 응답하는 사람들의 성향이 달라질 수 있다는 점이다. 낮 시간에 가정으로 전화를 하면 대부분 전업주부들이나 직장에 출근하지 않는 남성들이 전화를 받을 가능성이 높다.

⑤ 조사상황의 관리 곤란

전화설문조사에서는 면접자가 전반적인 상황을 통제할 수 있는 반면, 그와는 정반대로 응답자가 인터뷰 상황을 통제하려고 시도하는 경우가 생길 수 있다. 여러 가지 사유로 말미암아 인터뷰 도중에 응답자가 일방적으로 전화를 끊어버리는 경우가 그런 예이다. 대면설문조사의 경우에는 이러한 현상이 매우 드물게 발생한다.

⑥ 면접자의 영향력

전화설문조사의 경우 응답자들이 면접자의 유도 질문(leading questions)이나 면접자의 음조의 변화(voice inflections) 때문에 왜곡된 답변을 할 수 있다. 또한 소득, 종교, 약물남용, 교육수준, 문화생활 등과 같은 주제가 설문조사의 대상으로 포함된 경우에는 사회적 요망성 편향(social desirability bias)이 개입될 소지가 있다.

2) 전화설문조사의 표본추출

전화설문조사는 면접자와 응답자 사이의 준대면적인(semipersonal) 상호관계를 통해 정보를 수집하는 자료수집방법이다. 얼마 전까지만 해도 전화설문조사의 타당성을 의심하는 시각이 많았는데, 가장 큰 이유는 전화설문조사의 경우 표본추출의 편향(sampling bias)이 심각하다는 사실 때문이었다. 과거에는 전화의 소유가 곧 부(富)의 상징이었다. 오늘날에는 전화보급률이 매우 높아지고 전화의 사용이 보편화됨에 따라 전화설문조사는 사회과학 분야의 자료수집방법의 하나로 널리 인정되고 있다. 전화설문조사에서 표본을 추출하는 방법은 여러 가지가 있는데, 그중 몇 가지를 소개하면 다음과 같다(Salant & Dillman, 1994).

(1) 무작위번호 전화 걸기(random digit dialing: RDD) 프로그램

전화설문조사에서는 전화번호부를 표집틀(sampling frame)로 사용하는 것이 일반적이다. 그러나 이사, 등재되지 않은 번호, 사업용과 주택용의 혼재 등의 이유로 말미암아 전화번호부를 표집틀로 사용하는 것이 적당하지 않을 경우가 있다. 이때 대안으로 사용하는 방법이 무작위번호 전화 걸기(RDD, random digit dialing)이다.

RDD 프로그램은 시스템이 자동으로 전화를 걸고 연결이 되면 조사자가 설문조사를 실시하는 방식을 취한다. 먼저 전 지역을 지역별로 층화한 후(우리나라의 경우에는 시・도별로 층화함), 다음에 국번을 임의로 선택하고, 이어서 4자리 전화번호를 체계적(systematic)으로 선택하여 전화를 건다. RDD 방법으로는 Mitofsky-Waksberg 방법과 Donelly Quality Index 방법이 있다. 전자는 전화번호의 마지막 4자리 숫자를 임의로 다이얼링하는 방식이다. 그중 어떤 번호, 예를 들면, 7123번이 거주용 전화번호로 밝혀지면, 일단 xxx-7000번부터 xxx-7999까지를 일차 추출단위(sampling unit)로 간주하고 거기서 임의로 전화번호를 선택한다. 후자는 거주 가구용 전화번호 데이터베이스를 사용하여 시스템이 임의추출의 방법으로 전화를 거는 방식이다.

통화 중이거나 부재중인 경우에는 다시 전화를 건다. 조사기관마다 자체적으로 재시도 규정을 두고 있다. 전화를 받은 사람이 설문조사에의 응답을 거부한 경우에도 조사기관마다 각각 다른 대처방식을 갖고 있다.

(2) CATI(Computer-Assisted Telephone Interviewing)

컴퓨터를 사용한 전화설문조사는 일반 전화설문조사보다 기능적인 장점을 지니고 있다. CATI는 조사항목을 미리 프로그램화시켜 컴퓨터 화면에 보여주며, 조사자가 응답자에게 화면에 보이는 설문대로 질문하고 그에 대한 답변을 컴퓨터에 입력하는 방법이다. 조사대상자를 선정할 때는 RDD(random digit dialing) 프로그램을 사용한다.

구입비용 등 경제적인 부담이 수반되지만 CATI는 여러 가지 장점을 가지고 있다. CATI를 사용하면 무엇보다도 컴퓨터로 정교한 표본추출을 할 수 있으며, 다양한 표본추출방법을 사용할 수 있다. 자동으로 전화를 걸어주는 편리함도 무시할 수 없다. 실제 전화면접단계에서는 복잡한 구조의 질문을 자동으로 분지(branching)시킴으로써 면접조사원의 실수를 막아줄 수 있다.

한편, CATI는 응답항목의 순서를 자동으로 순환시킨다거나 면접조사원의 응답 표기 오류를 막아주는 장점도 가지고 있다. 또한 조사자가 인터뷰를 진행하는 동안에 필요한 검색을 할 수 있으며 제공된 메뉴를 통해 일련의 질문을 논리적인 순서로 전개할 수 있다. 그뿐만 아니라, 특정 질문에 접근하여 인터뷰 도중 잘못된 부분을 수정할 수도 있다. 면접이 끝난 직후 응답결과가 자동으로 저장되기 때문에 언제든지 시간의 구애를 받지 않고 조사연구자가 원하는 시각에 자료를 처리할 수 있다.

중앙집권화된 CATI는 주 컴퓨터와 조사자들이 연결되어 있어 이와 같은 일련의 과정을 통제하고 모니터링할 수 있다. 연구책임자가 면접조사원들의 면접 상황을 언제라도 체크할 수 있으며 따라서 면접원의 통제와 관리가 용이하다. 또한 컴퓨터를 활용하여 조사일정을 조정하고 조사과정을 모니터링할 수도 있다.

3) 전화설문지의 구성

이 절에서는 전화설문지를 작성하는 요령에 대하여 고찰한다. 구체적으로 보면, 전화설문지의 특성, 문항의 작성, 전화설문지의 도입부의 중요성, 문항의 배열 순서, 첫 번째 질문, 전이(transition), 페이지 설계, 설문지의 인쇄, 예비조사(pretesting) 등에 대하여 살펴본다(Salant & Dillman, 1994).

(1) 전화설문지의 특성

눈을 위한 설문지와 귀를 위한 설문지는 서로 다른 특성을 지니고 있다. 전자가 우편설문조사용 설문지라면 후자는 전화설문조사용 설문지를 지칭한다. 전화설문지는 전적으로 면접조사자와 응답자 사이의 언어 의사소통(verbal communication)에 의존하므로 설문지의 외양보다 말로 전달되는 메시지가 더 중요하다. 전화설문지 자체는 응답자에게 보여줄 수 없으나 면접조사요원이 가능한 한 쉽게 조사 임무를 수행할 수 있도록 설문지를 작성하는 것은 매우 중요하다. 전화설문지의 경우 응답자가 설문지를 직접 볼 수 없으므로 응답자의 이해를 돕기 위해 질문의 내용을 매우 구체적으로 구성하여야 한다. 우편설문지에는 질문 다음에 응답 범주들이 배치되지만, 전화설문지의 경우에는 우편설문지의 응답범주에 관한 내용을 질문에 포함시켜야 한다. 다음은 전화설문지 문항의 예이다.

Q 1. 선생님의 결혼상태를 묻고자 합니다. 선생님께서는 미혼, 기혼, 이혼, 별거, 사별 가운데 어느 경우에 해당되십니까?

미혼 ----------------------- 1
기혼 ----------------------- 2
이혼 ----------------------- 3
별거 ----------------------- 4
사별 ----------------------- 5
응답 거부 또는 무응답 --------- 99

우편설문조사의 경우 설문지의 내용이 응답자에게 시각적으로 전달되지만, 전화설문조사에서는 그것이 반드시 언어에 의한 질문의 형식으로 표출되어야 한다. 따라서 설문지에 실린 질문들이 모든 조사대상자에게 동일한 표현의 언어로 전달되고 동일한 의미로 해석될 수 있도록 전화설문지가 마련되어야 한다. 면접조사요원들이 전화면접 도중에 질문의 내용을 임의로 해석하거나 내용을 추가하는 일이 생겨서는 안 된다.

(2) 전화설문지의 문항의 작성

전화설문지를 작성할 때 유념하여야 할 대원칙 가운데 하나는 문항이 짧고 단순하여야(short and simple) 한다는 점이다. 간혹 문항에 따라서는 아주 많은 수의 응답 범주(선택 대안)를 갖고 있는 경우가 있는데, 7점 척도나 9점 척도가 응답 범주로 달려 있는 문항을 그 예로 들 수 있다.[3] 전화설문조사에서 응답자에게 7점 척도를 읽어주는 것은 결코 현명하지 않다. 만약 7점 척도가 "굉장히 만족한다, 매우 만족한다, 대체로 만족한다, 중간이다, 대체

3) 물론 전화설문지에는 응답 범주가 필요 없으며 그 내용을 질문에 담아야 한다. 여기서는 편의상 응답 범주가 있는 것으로 가정한다.

로 불만족이다, 매우 불만족이다, 굉장히 불만족이다"로 구성되었다면, 이것을 응답자에게 그대로 읽어주는 것은 바람직하지 않다. 한 가지 대안은 두 단계로 나누어 전화면접조사를 실시하는 것이다. 모든 응답자를 대상으로 먼저 만족인지 불만족인지를 조사한 다음에, 만족하는 응답자만을 대상으로 다시 어느 정도 만족하는지 구체적으로 조사하면 된다. 마찬가지로 불만족이라는 응답에 대해서도 구체적으로 어느 정도의 불만족인지 구체적으로 조사하면 된다.

전화설문지에는 우편설문지에 없는 선택 대안(응답 범주)이 있는데, 그것은 "모르겠음"이나 "응답 거부"이다. 전화면접조사에서 전화면접조사요원이 이러한 선택 대안을 읽어주지는 않지만, 모른다는 응답이나 답변하지 않겠다는 응답이 나올 수 있으므로 이런 선택 대안을 준비해둘 필요가 있다.

(3) 전화면접 조사요원의 자기소개

전화면접 조사요원과 응답자가 처음으로 대화를 나누는 처음 몇 분간의 시간은 전화설문조사의 성패를 가름하는 매우 중요한 시간이다. 사람들은 전화를 받은 직후 대화를 통해 얻은 정보에 근거하여 전화설문조사에 참여할 것인지의 여부를 즉각 결정한다. 따라서 전화면접 조사요원은 처음부터 중립적인 시각을 견지하고 적당한 대화 속도를 유지하는 것이 좋다. 전화면접 조사요원은 자기소개(introductions)를 통해 다음과 같은 정보를 응답자에게 알려줌으로써 그들의 협조를 유도하여야 한다.

- 면접조사요원의 성명
- 소속기관 및 전화를 거는 장소
- 설문조사의 개요 설명
- 예상되는 전화면접의 소요 시간

전화면접 조사요원의 자기소개를 듣고 나면 잠재적인 응답자는 누가 무슨 이유로 전화면접을 하는지 알 수 있다. 잠재적 응답자들은 전화면접 조사요원의 자기소개를 통해 그들의 신분을 신뢰할 수 있고, 그들이 전화로 상품을 파는 업자나 기부금을 모금하는 사람들이 아니라는 점도 확인할 수 있다. 자기소개의 말미에는 응답자들이 설문조사에 자발적으로 참여할 수 있으며 그들의 신분과 응답내용은 철저히 비밀에 부쳐진다는 설명도 추가되어야 한다. 다음과 같은 비공식적인 질문을 통해 직접적인 질문으로 자연스럽게 들어가는 것이 바람직하다.

"만약 선생님께서 답변하기 곤란하거나 답변하기 싫은 질문이 나올 경우 제게 말씀만 해주세요. 그러면 즉시 다음 질문으로 넘어가겠습니다. 이런 방식이 괜찮습니까?"

이런 질문은 전화면접의 속도를 늦추고 편안한 분위기에서 전화면접이 진행될 수 있도록 돕는 역할을 할 수 있다.

(4) 문항의 배열 순서

전화설문지의 문항 배열 순서는 우편설문지의 경우와 크게 다르지 않다. 설문지의 초반부에 조사대상자들이 응답하기 어려운 문항을 배치해서는 안 된다. 수많은 응답 대안이 달린 문항, 조사대상자들이 민감하게 생각하는 주제에 관한 문항, 긴 응답이 필요한 문항 등은 적절하지 않다.

전화설문지의 작성자는 전화면접대상자, 즉 응답자의 입장을 이해하려고 노력하여야 한다. 아무런 시각적인 도구의 도움 없이 언어만으로 전달되는 질문을 이해하고 답변하는 일이 쉬운 것은 아니다. 실제로 조사를 수행하다 보면 전화면접 자체를 싫어하거나 별로 할 말이 없다는 응답자를 만나는 일이 그리 드문 일이 아니다. 따라서 응답자들의 협조를 이끌어내기 위해서는 전화면접의 초반에 응답자들이 잘 알고 있거나 답변하기 쉬운 주제에 관한 문항을 다루어야 한다.

모든 문항은 주제별로 분류되어 논리정연하게 배치되어야 한다. 이것은 질문을 통해 응답자들에게 논리적으로 접근하는 것과 마찬가지이다. 특히 응답자가 한 번 답변하였던 내용을 다시 묻는 경우가 생기지 않도록 노력하는 것이 좋다.

(5) 첫 번째 질문

전화설문조사의 첫 번째 질문은 일반적으로 2~3개의 응답 범주가 달린 폐쇄형 문항

(closed-ended)이 적당하다. '예/아니요' 문항이 가장 대표적인 예가 될 수 있다. 반면에, 두 번째 또는 세 번째 문항은 개방형 문항이어도 무방하다. 이렇게 하면 응답자가 편안한 마음가짐으로 전화면접에 응할 수 있으며, 전화면접이 적당한 속도로 진행될 수 있다.

전화설문조사에서는 전화면접을 진행하는 속도(pace)가 중요하다. 경험이 적은 면접조사요원이나 응답자가 초조함을 느낄 경우 면접조사가 매우 빠른 속도로 진행될 위험이 크다. 전화면접 조사요원은 매우 빠른 속도로 질문을 읽어주고, 응답자는 조사에 협조하려는 마음에 조급히 응답할 수밖에 없는 상황에 놓인다. 이러한 상황을 만들지 않기 위해서는 전화면접조사를 한두 개의 폐쇄형 문항으로 시작하고 그다음에 곧 개방형 질문을 제시하는 것이 좋다. 폐쇄형 질문은 응답자에게 전화설문조사가 어떤 형식으로 진행될 것인지를 알려주는 역할을 할 수 있을 것이다. 그다음에 이어지는 개방형 질문은 전화면접의 속도를 늦추고 면접조사요원과 응답자 사이에 자연스러운 대화 분위기가 이루어지는 데 기여할 수 있을 것이다.

전화설문지의 맨 처음에 가장 중요한 질문을 넣는 것은 결코 좋은 방법이 아니다. 혹시라도 가장 중요한 질문을 중간 부분에 넣을 경우, 전화면접이 해당 질문에 이르기도 전에 응답자가 여러 이유 때문에 전화를 끊어버릴 수 있기 때문에 우선 가장 중요한 질문부터 응답을 받아놓고 보자는 논리인 것 같다. 한마디로 말해, 이것은 옳지 않은 생각이다. 응답자는 처음 몇 분 동안은 전화면접 조사요원의 질문에 집중하기 어려운데, 이 시간을 잘 넘기도록 유도하는 것이 매우 중요하다. 경험 많은 장거리 육상선수들은 아무런 워밍업 없이 경기가 시작되자마자 곧바로 전속력을 달리는 우를 범하지 않는다. 전화설문조사도 마찬가지 상황이다. 전화면접이 시작되면 어느 정도의 워밍업이 필요하다.

(6) 전이(transition)

응답자에게 갑자기 질문을 던지는 것보다 미리 예고의 신호를 보내는 것이 좋다. 마찬가지로 하나의 질문이나 주제가 끝나고 다른 질문이나 주제가 시작될 때도 미리 예고의 신호를 보내는 것이 현명하다. 하나의 질문에서 다른 질문으로, 혹은 하나의 주제에서 다른 주제로 옮겨갈 때 사용하는 예고의 신호를 전이(transition)라 한다. 응답자가 예고의 신호를 받게 되면 지금 면접조사가 어느 방향으로 진행되고 있다는 것을 이해하기 쉬울 뿐만 아니라 질문을 이해하기도 더 쉬워진다. 주제가 바뀐다는 것을 알려주는 전이의 예는 다음과 같다.

"선생님의 현재 가족상황에 관한 질문은 모두 끝났습니다. 이제 노인장기요양보험에 대한 선생님의 의견과 태도를 파악하기 위해 질문을 몇 개 드리려고 합니다."

전이는 전화면접의 어조(tone)와 속도(pace)에 긍정적인 영향을 미친다. 전이는 면접조사요원과 응답자 사이의 라포(rapport) 형성에 도움이 되고, 어색한 침묵을 대체하는 역할도 한다.

(7) 페이지 설계

전화조사용 설문지와 우편조사용 설문지의 조사대상자는 서로 다르므로 양자의 외양은 매우 다르다. 우편설문지의 경우 설문지 작성자는 조사대상자가 질문을 올바르게 이해하고 쉽게 응답할 수 있도록 설문지를 어떻게 만들 것인가를 생각한다. 반면에, 전화설문지의 경우 설문지를 보고, 읽어주며, 응답을 기입하는 사람은 조사대상자가 아니라 전화면접 조사요원이다. 전화면접 조사요원은 전화면접을 진행하는 도중에 대화를 너무 길게 끌지 않으면서 설문지 페이지를 넘기거나 응답자가 매우 빠르게 응답하는 내용을 정확하게 적어 내려가야 하는 어려운 과업을 수행해야 한다.

좋은 구조와 외양을 갖춘 설문지를 만드는 일은 전화면접 조사요원들의 임무 수행에 필수적이다. 설문지를 훌륭하게 설계하여야만 하는 이유는 자명하다. 전화면접 조사요원들이 응답자들의 말씀을 경청하고, 추가 정보가 필요한 경우에는 그것을 얻기 위해 심층질문을 던지며, 얻은 정보를 정확하게 기록하기 위해서는 설문지의 구조와 외양이 좋아야 한다. 전화면접 조사요원이 조사 도중에 즉흥적으로 설문지를 수정하거나 보완하는 일이 일어나서는 절대 안 된다.

전화설문지의 페이지를 설계할 때 글자체 사용의 일관성을 유지하는 것이 매우 중요하다. 전화면접조사요원이 모든 응답자에게 반드시 읽어주어야 할 질문이나 어구, 응답자 가운데 일부에게만 읽어주어야 할 질문이나 어구, 그리고 면접조사요원이 참고할 사항이므로 응답자들에게 절대로 읽어주어서는 안 되는 질문이나 어구가 명확하게 구분되도록 서로 다른 글자체를 사용하는 것이 좋다.

우편설문지와 달리, 전화설문지에는 별도의 응답범주가 필요하지 않다. 조사대상자가 선택하여야 할 응답의 목록을 모두 질문에 포함시켜야 하며, 이것을 조사대상자에게 읽어주어야 한다. 물론 질문 다음에는 면접조사요원이 응답내용을 기록할 수 있도록 응답 대안이 제시되는 것이 바람직하지만, 이것은 어디까지나 면접조사요원의 편의를 위한 것이다.

하나의 질문이나 주제에 관하여 대화를 나누는 도중에 페이지를 넘기는 일이 생기지 않도록 페이지를 설계하는 것이 좋다. 하나의 질문이나 주제를 한 페이지에 담다 보면 경우에 따라서는 페이지의 여백이 많이 생기는 일도 있다. 하나의 질문을 두 페이지로 쪼개는 것보다는 그러한 여백을 남기는 것이 더 낫다.

(8) 설문지의 인쇄

전화설문지의 주 사용자는 전화면접 조사요원들이다. 그들이 전화면접을 하면서 편리하게 다룰 수 있도록 설문지를 만들어주는 일은 매우 중요하다. 만약 설문지의 분량이 많다면 소책자(booklet)로 만드는 것이 좋다. 적은 분량의 설문지는 스테이플러(stapler)로 찍어 한데 묶는 것이 좋다.

조사대상자 집단을 구성하고 있는 여러 개의 하위집단을 명확하게 구분하는 것이 전화면접 조사요원들이 편리하게 일하는 데 도움이 된다면 설문지의 표지를 여러 색깔로 구분하는 것이 바람직하다. 마찬가지로 설문지의 분량이 많을 경우에는 주제별로, 영역별로, 또는 하위집단별로 서로 다른 색깔의 간지(間紙)를 사용하여 구분하는 것도 하나의 대안이 될 수 있다.

(9) 예비조사(pretesting)

전화설문지의 예비조사(사전검사)는 우편설문지의 예비조사만큼이나 중요하다. 예비조사를 실시하는 목적은 다음과 같다. 첫째, 측정하려고 의도하는 것을 제대로 측정할 수 있도록 설문지가 작성되었는가를 확인한다. 둘째, 응답자들이 설문지를 제대로 이해할 수 있는지 그리고 모든 질문에 쉽게 응답할 수 있는지를 확인한다. 셋째, 전화면접 조사요원들이 설문지를 편리하고 효율적으로 다룰 수 있는지 확인한다.

전화설문지의 예비조사는 반드시 직접 전화면접을 수행하는 방식으로 진행되는 것이 바람직하다. 마치 우편설문지처럼 육안으로 보면서 응답을 기록하는 것은 좋은 예비조사 방식이 아니다. 전화면접에서 나타날 수 있는 문제점을 찾아내기 위해서는 실제 응답자 가운데 일부를 표본으로 골라내어 그들을 대상으로 전화면접을 직접 실시하는 것이 가장 효과적일 것이다.

여러 번 언급한 바와 같이, 전화면접 조사요원이야말로 전화설문지를 가장 주로, 가장 많이 사용하는 사람이다. 따라서 여러 명의 전화면접 조사요원을 예비조사에 참여시키는 것이 중요하다. 예비조사에 참여하는 전화면접 조사요원의 수가 많을수록 실제 전화면접조사의 과정에서 발생할 수 있는 문제점을 더 많이 찾아낼 수 있을 것이다. 요컨대 전화면접 조사요원들의 전화면접 예비조사를 통해 서투른 표현, 너무 난해한 분지(branching) 지시문, 매끄러운 진행을 방해하는 요소 등을 미리 찾아내 수정하고 보완하는 일은 매우 중요하다.

4) 전화설문조사의 자료수집

전화설문조사는 상대적인 면에서 저렴한 비용으로 신속하게 처리할 수 있는 자료수집방법 가운데 하나이다. 전화설문조사를 통해 응답자를 어느 정도 통제할 수 있고 정확한 정보를 얻는 일도 가능하다. 그러나 전화면접조사는 복잡하고 많은 시간과 노력을 필요로 하는 과업이기 때문에 효과성을 담보하기 위해서는 철저한 사전준비 작업이 필요하다.

(1) 사전준비

전화설문조사의 사전준비 작업으로는 전화면접조사 장소의 예약, 설문조사 재료의 준비, 전화면접 조사요원의 선발 및 훈련, 설문조사 일정계획의 수립 등을 들 수 있다(Salant & Dillman, 1994).

① 장소

전화설문조사의 효과성과 효율성을 담보하기 위해서는 중앙통제센터의 역할을 하는 장소를 마련하는 것이 최선의 방법이다. 또한 이곳에 전화면접조사에 필요한 일체의 시설과 장비를 구비하여야 한다. 이 장소에서 모든 전화면접 조사요원과 슈퍼바이저가 함께 임무를 수행한다. 전화설문조사의 여러 단계에서 예기치 않게 발생하는 문제를 즉시에 현장에서 해결하기 위해서는 이보다 더 좋은 방법이 없다.

② 설문조사의 재료

전화설문조사를 효과적·효율적으로 수행하기 위해서는 시설과 장비(중앙통제센터, 전화기 등) 외에도 여러 가지 재료가 필요하다. 전화설문조사를 수행하는 데 필요한 재료로는 다음과 같은 항목들을 들 수 있다.

- 성명과 주소가 기입된 전화설문조사 예고 편지(advance letter)
- 개인 식별 정보와 통화기록을 적어 넣을 수 있는 표지가 있는 설문지
- 전화면접 조사요원용 도움말 카드(help sheets)

③ 전화면접 조사요원의 선발 및 훈련

잠재적 전화면접 조사요원들은 유급조사원이든지 아니면 자원봉사자이든지 간에 질문을 유창하게 읽고 응답자들과 언어적 의사소통을 원활하게 할 수 있는 능력에 따라 평가되고 선발되어야 한다. 유능한 전화면접 조사요원은 주저하거나 더듬거리지 않고 질문을 크게 읽을 수 있어야 한다. 또한 그들은 면접의 흐름을 끊지 않으면서 냉정함을 유지한 채 응답자의 질문에 신속하게 응답할 수 있는 능력을 갖추어야 한다. 이러한 전화면접 조사요원을 선발하는 좋은 방법은 먼저 지원자들에게 해당 설문지를 검토하게 한 다음에 실제로 모의 전화면접을 실시하게 하면서 그들을 직접 평가하는 것이다.

선발된 전화면접 조사요원을 훈련시키는 일은 선택이 아니라 필수이다. 훈련을 통해 전화면접 능력을 향상시킬 수 있다. 전화면접조사는 오로지 언어적 의사소통에 의존하는 방식이다. 훈련과 연습 없이는 전화면접조사의 능력을 향상시키기 어렵다.

새로 선발된 전화면접 조사요원들은 설문지에 대한 공부뿐만 아니라 설문조사 프로젝트의 여러 측면에 대한 공부도 필요하다. 일반적으로 전화면접 조사요원들이 알아야 할 사항으로는 다음과 같은 것을 들 수 있다.

- 설문조사에 관한 일반적인 배경 정보나 지식
- 적절한 면접 기술에 관한 기초 지식
- 전화를 거는 요령 및 통화 기록을 관리·유지하는 방법
- 조사가 완료된 설문지를 편집하고 보존하는 방법

④ 전화설문조사의 시기

전화설문조사를 실시하기 위해 전화를 거는 시점은 전적으로 어떤 내용의 조사인가에 따라 달라진다. 슈퍼바이저와 전화면접 조사요원은 언제 전화를 걸어야 조사대상자가 전화를 받을 확률이 가장 높은가를 판단하여야 한다. 일과 관련된 내용은 낮 동안의 근무 시간에 전화를 거는 것이 좋다. 일반 국민을 대상으로 하는 조사는 평일의 저녁시간대나 주말에 전화를 거는 것이 좋다.

(2) 전화설문조사의 실행

사전 준비의 효과는 설문조사가 시작되면 비로소 나타나기 시작할 것이다. 조금만 행운이 따라준다면, 모든 상황 조건이 유리하게 전개되어 설문조사가 순조롭게 진행된다. 그러나 경우에 따라서는 전혀 예기치 못하였던 문제에 봉착할 수도 있다. 이때 가장 중요한 역할을 담당하는 사람이 바로 설문조사의 슈퍼바이저이다. 슈퍼바이저는 전화면접 조사요원들의 진행 상태를 끊임없이 모니터링하여야 한다. 구체적으로 슈퍼바이저는 전화면접 조사요원과 응답자 사이의 대화를 경청하고, 하나의 전화조사가 끝나고 다음 전화조사가 시작되기까지의 시간에는 전화면접 조사요원과 대화를 나누며, 조사가 완료된 설문지를 점검하여야 할 뿐만 아니라, 미처 조사가 완료되지 못한 설문지를 제대로 관리하여야 하는 임무를 수행한다.

슈퍼바이저의 다른 임무는 응답을 거부하는 사람을 처리하는 일이다. 이것은 응답을 거부한 대상자에게 다시 전화를 걸어야 할 것인가를 결정하는 것을 의미한다. 결론부터 말하자면, 슈퍼바이저는 상황에 따라 다른 결정을 내려야 한다. 만약 조사대상자가 설문조사에 대한 간략한 설명을 듣고 상황을 이해한 다음에 명시적으로 거부의 의사를 표현하였다고 판단되면 그 사람에 대한 더 이상의 접촉은 바람직하지 않다. 그러나 설문조사의 목적을 들어보지도 않고 바로 전화를 끊어버린 사람에게는 며칠 뒤에 다시 한 번 전화를 걸어 설문조사에의 참여를 종용할 수 있다.

4. 온라인설문조사

최근 정보통신기술의 비약적인 발달과 더불어 인터넷을 활용하여 설문조사를 실시하려는 시도가 학계, 정부기관, 전문조사기관, 기업체 등에 의해 점차 확산되고 있다. 이제 인터넷을 활용한 설문조사는 전통적인 설문조사 방법의 새로운 대안으로 확실하게 자리매김하고 있다고 해도 과언이 아닐 것이다. 이 절에서는 온라인 설문조사의 특성, 유형, 과정 등에 대하여 고찰한다.

1) 온라인 설문조사의 특성

확산일로를 걷고 있는 인터넷설문조사는 경제성, 신속성, 정확성 등의 측면에서 많은 이점을 가져다줄 것으로 기대되고 있지만 아직은 조사현장에 도입된 역사가 일천하여 많은 방법론적 장애를 가지고 있다는 평가도 있다. 온라인 설문조사를 올바르게 활용하기 위해서는 나름의 특성을 이해하는 것이 중요하다.

(1) 정의

온라인 설문조사(on-line survey)는 전자설문조사(electronic survey), 인터넷설문조사, 웹(web)상에서의 설문조사, 전산망 설문조사 등의 다양한 명칭으로 불린다. 모두 인터넷에 직접 설문지 파일을 탑재하거나 인터넷 가입자들에게 인터넷을 통하여 설문지 파일을 보내고 그 응답 파일을 인터넷 또는 e-mail을 통해 받는 방식으로 진행되기 때문에 이와 같은 이름이 생긴 것으로 생각된다.

온라인 설문조사는 인터넷 사용자들을 대상으로 웹 또는 e-mail을 이용하여 설문을 진행하고 응답하는 일련의 행위를 말한다(문숙경, 2001; 최성재, 2005). 전통적인 설문조사가 신원이 파악된 조사대상자들에게 종이 설문지를 우편이나 인편(人便) 등을 통해 배포하고 수거하거나 전화로 설문조사를 하는 방식으로 이루어진 데 반하여, 온라인 설문조사는 하이퍼텍스트(hypertext)라는 웹페이지 형태의 설문지를 사이버 공간에 위치시킴으로써 인터넷을 이용하는 전 세계의 이용자에게 설문내용을 공개하는 조사방법이다.

인터넷이라는 수단을 이용하여 설문지 작성, 응답자의 선정, 자료의 수집 및 통계분석 등의 과업을 모두 수행하므로 one-stop 설문조사의 개념을 조사연구의 영역에 도입한 통합적인 방법이라고 할 수 있다.

(2) 장점

대면설문조사, 우편설문조사, 전화설문조사와 같은 전통적인 설문조사 방식에 비해 온라인 설문조사는 다음과 같은 장점을 가지고 있다(문숙경, 2001; 김영종, 2007).

① 경제성

온라인 설문조사에서는 설문지의 발송과 회수에 따른 비용이 거의 들지 않는다. 조사요원을 따로 선발하여 훈련시킬 필요도 없으므로 설문조사의 인건비도 절약된다. 또한 표본의 크기가 아무리 증가하여도 별도의 추가비용이 전혀 소요되지 않는다는 점도 온라인 설문조사의 장점이다.

② 조사기간의 단축

온라인 설문조사는 기존의 설문조사방법에 비해 조사기간이 짧다는 장점이 있다. 온라인 설문조사는 기상 상태의 영향을 받지 아니하며, 인터넷의 특성상 24시간 설문조사가 가능하므로 조사 시간대의 제약을 받지도 않는다.

③ 다양성과 편리성

온라인 설문지를 제작할 때 그래픽, 음성, 동화상 등을 삽입할 수 있으며, 이를 통해 응답자의 이해를 증진시키고 응답률을 높일 수 있다. 회수되는 설문 자료들에 대한 데이터 입력이 전자파일의 형태로 자동으로 이루어지며, 따라서 자료의 입력에 별도의 시간과 경비가 들어가지 않는다.

④ 접근성

광범위한 지역, 특히 지구촌 사회를 대상으로 설문조사를 실시할 수 있다. 온라인 설문조사의 경우, 조사연구자와 응답자 사이의 의사소통을 원활하게 함으로써 정성적인 자료를 수집할 수 있고 심층규명(캐묻기, probing)이 가능하다. 고수입 집단, 기술자 집단, 전문가

집단 등 특정집단에게 쉽게 접근할 수 있다는 장점도 있다. 또한 시간이나 지역의 제약을 극복할 수 있다는 점도 빼놓을 수 없다. 한편, e-mail 등을 통한 추적 독촉이 가능하므로 후속 독촉(follow-up)이 용이하다.

(3) 단점

전통적인 설문조사 방식의 새로운 대안으로 떠오르고 있는 온라인 설문조사는 다음과 같은 한계를 가지고 있다(박도순, 2004; 문숙경, 2001).

① 표본의 대표성 문제

인터넷 표본은 전체 모집단을 대표하기 어려우므로 온라인 설문조사에서는 이른바 표본의 대표성 문제가 제기된다. 이것은 인터넷을 사용하고 있는 사람만이 표본에 포함될 수 있기 때문에 발생하는 문제이다. 또한 온라인 설문조사에서는 모집단을 대표할 수 있는 표본추출 틀(sampling frame)을 얻을 수 없는 경우가 많다. 이와 같은 제한점으로 인해 온라인 설문조사에서는 인터넷을 이용하는 집단과 이용하지 않는 집단 간의 특성이 다를 수 있으므로 이에 대한 별도의 분석이 필요하다. 아직까지 온라인 설문조사는 조직이나 기관에 대한 고정적인 설문조사에서는 그 유용성이 인정되지만, 일반 공중을 대상으로 하는 자료수집방법으로서는 어느 정도 적용상의 한계가 있다.

② 고정비용

온라인 설문조사에서는 설문 문항의 작성 및 설문지의 제작, 자료의 수집 및 분석 등 제반 시스템을 구축하려면 상당한 수준의 고정비용이 들어간다.

③ 기술적인 문제 및 인터페이스 환경

컴퓨터 간의 호환성의 제한이 있을 수 있다. 즉, 조사 도구 또는 컴퓨터 운영 체제와 브라우저에 따라 파일을 읽어오지 못하는 경우가 생길 위험이 있다. 또한 e-mail을 송수신할 때 발생할 수 있는 cyber-junk 및 스팸메일의 문제도 온라인 설문조사의 사용을 제약하는 기술적인 문제점이 될 수 있다.

④ 응답자의 확인 문제

온라인 설문조사에서는 설문조사에 자발적으로 참여하는 사람들이 본인인지 아니면 대신 참여한 사람인지 확인할 수 없다. 또한 무응답자에 대한 보조적인 자료수집의 수단도 없다. 주어진 기간 내에 응답하지 않을 경우 설문지를 반복적으로 전송하는 것과 응답의 재촉은 가능하지만 설문지의 수신이나 분실 여부에 대한 확인은 불가능하다.

⑤ 보안 문제

온라인 설문조사는 응답자들의 사생활과 비밀스러운 사항들이 공공연히 노출될 위험성이 매우 크다는 문제점을 가지고 있다. 인터넷상에서의 개인정보 보호 장치가 미흡한 경우에는 특히 응답자들의 사생활이 침해받을 가능성이 작지 않다.

2) 온라인 설문조사의 유형

온라인 설문조사는 다양한 기준에 의해 여러 가지 방법으로 분류가 가능하다. 앞으로 정보통신기술이 지속적으로 발전하면서 새로운 형식의 전자설문조사 방식이 개발되거나 기존의 방식이 개선과 보완을 거듭하게 될 경우 현행 전자설문조사의 분류체계가 시의성을 잃을 가능성도 없지 않다고 본다. 아래에서는 자료의 수집방법에 의한 분류, 표본추출 틀의 특성에 따른 분류, 인터넷 환경의 특성에 따른 분류로 나누어 고찰한다(문숙경, 2001; 김영종, 2007).

(1) 자료의 수집방법에 의한 분류

온라인 설문조사는 크게 보아 이메일을 통하여 설문지를 주고받거나, 웹을 이용하여 설문조사를 실시하는 방식으로 구분할 수 있다. 특히 웹을 이용하는 방식은 HTML 문서를 사용하거나 인터넷 포커스 그룹을 대상으로 설문조사를 실시할 수 있다.

① e-mail(전자메일)을 통한 설문조사

조사연구자가 설문조사 대상자들의 e-mail 주소를 확보할 수 있는 경우에는 e-mail을 통한 설문조사가 가능하다. 설문지의 표지 편지(cover letter)는 e-mail의 주 내용에 담고 설문지는 e-mail의 첨부파일(attachment file)로 붙여서 발송한다. 설문지를 e-mail로 받은 조사대상자는 첨부파일을 열어 설문지를 읽고 자신의 응답을 기록하여 컴퓨터에 저장한 후 그것을 다시 조사연구자에게 e-mail의 첨부파일로 되돌려 주면 된다.

e-mail 방식의 설문조사는 설문의 형식과 주고받는 방식이 우편설문조사와 다르지만 내용 면에서는 크게 다르지 않다. 조사연구자와 설문조사의 대상자들이 모두 인터넷 및 전자우편의 사용법, 기본적인 컴퓨터 파일 조작법, 문서편집기의 사용법 등에 대한 기초지식을 갖추고 있어야 이 방법을 사용할 수 있다.

② HTML에 기반을 둔 설문조사

이것은 웹(www; world wide web)을 사용하는 설문조사방식을 말한다. 정적인 또는 동적인 HTML 문서로서의 인터넷설문지는 사용자의 DNS와 IP 주소, 브라우저, 운영체제, 응답자의 주소, 설문조사의 시작시간 등을 수집할 수 있는 장점을 지니고 있다. 조사연구자는 웹의 멀티미디어 속성을 살려 응답자들의 흥미를 유발시키는 설문지를 개발하여 응답률을 높일 수 있다. 이 방법을 사용하면 응답자들이 웹 화면에서 설문에 응답하는 순간에 곧바로 조사자의 컴퓨터에서 자료로 입력되므로 조사연구자의 입장에서는 자료의 수집, 정리 및 입력 등에 드는 비용을 획기적으로 줄일 수 있다. 지금까지 단순 HTML 형태의 설문조사나 CAWI(computer assisted web interviewing) 방식의 설문조사가 많이 사용되었으나 최근에는 JAVA 기반의 설문조사방법이 점차 널리 사용되고 있다.

③ 인터넷 포커스 그룹(internet focus group) 설문조사

인터넷 포커스 그룹 설문조사는 인터넷상에서 이루어지며, 공간적인 제약이 없는 참여가 가능하고, 익명성이라는 인터넷의 장점을 활용할 수 있는 방법이다. 일반적으로 인터넷 포커스 그룹은 수명이 짧다는 특징을 가지고 있다.

인터넷 포커스 그룹을 활용한 조사방법은 전통적인 포커스 그룹의 중재자의 역할이 없고, 참여자 모두가 가명을 사용하며, 응답의 신뢰성을 확인하기 어렵다는 단점을 지니고 있다는 지적도 있다.

(2) 표본추출 틀의 특성에 따른 분류

온라인 설문조사에 참여하는 표본을 선발하기 위해서는 먼저 모집단의 리스트를 확보해

야 한다. 모집단의 리스트를 확보하는 방법을 중심으로 전자설문조사를 분류하면 회원 조사, 방문자 조사, 전자우편조사, 전자설문조사로 구분할 수 있다.

① 회원 조사

회원 조사(membership survey)는 사전에 가입된 회원들의 데이터베이스(DB)를 표본추출틀(sampling frame)로 사용하는 방식이다. 회원들에게는 먼저 우편, 전화, e-mail 등을 통해 설문조사 실시를 공지하고, 설문지를 웹 문서로 작성하여 홈페이지에 탑재한다. 이 방식은 표본추출의 대표성이 가장 큰 문제이며, 평소에 회원을 관리하지 않은 경우에는 회원 조사가 쉽지 않다는 단점이 있다.

② 방문자 조사

방문자 조사(visor survey)는 인터넷 홈페이지를 자발적으로 방문한 사람들을 대상으로 설문조사를 실시하는 방법이다. 먼저 인터넷상에 특정한 사이트를 개설하고 설문지를 탑재한 후 인터넷 광고 또는 오프라인 광고를 통해 방문자를 모집한다. 설문지의 길이가 짧을수록 응답률이 높아진다. 설문조사의 대상이 되는 이슈에 대하여 관심이 크거나 이해관계를 갖고 있는 사람들이 많이 응답하는 경향이 있으므로 설문조사 참여자의 대표성이 문제가 된다. 따라서 중복 응답자를 식별하는 방법과 같은 대책이 마련되어야 할 필요가 있다.

③ 전자우편조사

전자우편조사(e-mail survey)는 텍스트 파일 형식의 설문지를 작성하여 이메일로 주고받는 방식이다. 전자우편조사를 실시하기 위해서는 e-mail 주소록의 확보가 관건이나 일반적으로 그것이 쉽지 않은 것이 현실이다. 그뿐만 아니라 표본추출의 대표성 문제도 전자우편조사의 제한점이라고 할 수 있다.

④ 전자설문조사

전자설문조사(electronic survey)는 좁은 의미의 온라인설문조사를 말한다. 이것은 회원 조사와 방문자 조사의 중간 유형으로 볼 수 있다. 가입자 DB에 있는 사람들을 대상으로 설문조사를 실시하는 점은 회원 조사와 유사하고, 설문지를 탑재하고 응답자를 모집하는 것은 방문자 조사와 비슷하다.

(3) 인터넷 환경의 특성에 따른 분류

컴퓨터 하드웨어의 사양과 소프트웨어의 수준은 대표적인 인터넷 환경이다. 인터넷 환경의 특성에 따라 온라인 설문조사는 Flat 파일 형식, Interactive 형식, On-line Chat 형식으로 구분할 수 있다.

① Flat 파일 형식

Flat 파일 형식은 웹 페이지에 설문지를 탑재하고 방문자를 대상으로 정보를 수집하는 방식이다. 네티즌에게 익숙한 형식이며, 개발 및 유지비용이 저렴하고 절차가 간단하다는 장점이 있다.

② Interactive 형식

이것은 서버 사용자와 조사대상자를 interactive 프로그램으로 연결하는 방식이다. 이 방법을 사용하면 질문 순서의 조정이나 응답 내용의 수정이 가능하다. 전송 속도와 신뢰성 문제 때문에 복잡하고 비밀스러운 사항을 조사하기 곤란하다는 단점이 있으나, 앞으로 인터넷 기술 및 소프트웨어의 발달과 더불어 더 많이 활용될 것으로 예측된다.

③ On-line Chat 형식

On-line Chat 형식은 네트워크로 연결된 컴퓨터를 이용하여 개인들 사이에 메시지를 상호 교환하면서 대화 방식으로 설문조사를 수행하는 방식이다. 이 방식을 사용하면 질적 연구의 심층면접이 가능하다. 질적인 자료를 수집할 경우 심층조사를 위한 심층규명(캐묻기, probing)이 가능하다. 시청각 보조 장비와 인터넷 기술의 발달과 더불어 앞으로 활용 전망이 높다.

3) 온라인 설문조사의 과정

온라인 설문조사의 과정은 여러 면에서 기존의 설문조사와 유사하나, 몇 가지 면에서는 차이점이 있다. 온라인 설문조사는 설문조사의 기획, 설문지의 작성, 설문지의 탑재, 자료수집 및 분석 등에서 기존의 설문조사방법과 차별성이 인정된다(문숙경, 2001).

(1) 조사의 기획

온라인 설문조사를 기획할 때 고려하여야 할 사항은 크게 두 가지이다. 설문조사의 실시를 결정하기 전에 검토할 사항과 실시하기로 결정한 후에 검토하여야 할 사항이 그것이다.

온라인 설문조사를 실시하기 전에 검토하여야 할 점은 보안성과 조사의 복잡성의 정도이다. 첫째, 웹에 탑재할 질문이나 자료가 개인적으로 민감한 사항이나 비밀 사항이 아닌지 검토하여야 한다. 만약 보안성의 문제가 있다고 판단되면 보안성을 갖춘 중앙통제방식의 조사방법을 사용하는 방안을 고려하는 것이 바람직하다. 둘째, 온라인 설문조사의 과정이 복잡하고 장시간이 소요될 것으로 예측된다면, 온라인 설문조사를 보완해주거나 대체하는 다른 방법을 사용하는 방안을 검토하여야 할 것이다.

온라인 설문조사를 실시하기로 결정한 다음에 검토하여야 할 사항은 다음과 같다(문숙경, 2001).

- 조사기간 및 장소(사이트)를 미리 결정한다.
- 목표 모집단과 표본추출 틀 간에 차이가 있을 경우에는 표본추출방법을 보완하거나 수정하여야 한다.
- 응답자의 자격기준을 명시하여야 한다.
- 응답자의 시각(미적 감각)을 중시하는 것이 좋다.
- 웹을 이용한 설문조사에 전화설문조사방식을 그대로 적용하는 것은 그다지 좋지 않다.
- 온라인 설문조사방식과 일반적인 설문조사방식을 혼용하는 것이 좋다.
- 조사대상자들이 응답할 수 있는 충분한 시간을 주는 것이 좋다.
- 응답자의 브라우저 타입과 통신 속도에 따른 응답의 차이를 감안하는 것이 좋다.
- 응답자의 성명과 이메일 주소 등 개인정보를 보호하고 존중해야 한다.

(2) 표본추출

온라인 설문조사는 표본추출, 표본의 대표성, 데이터의 타당성 및 신뢰성 등의 측면에서 여러 가지 제한점을 가지고 있다. 특히 온라인 설문조사의 표본추출은 일반적인 설문조사의 경우와 마찬가지로 확률표본추출과 비확률표본추출로 나뉜다(문숙경, 2001).

① 확률표본추출

온라인 설문조사의 경우 확률표본을 얻기 위한 적절한 표본추출 틀(sampling frame)의 확보가 현실적으로 매우 어렵다. 인터넷에서는 센서스 목록과 같은 사용자들의 전체 목록을 작성할 수 없기 때문이다. 또한 e-mail 주소는 매우 다양하므로 e-mail 목록을 체계적으로 구성하는 일이 사실상 불가능하며 결국 e-mail 주소를 이용한 확률표본추출은 이루어지기 어렵다. 그뿐만 아니라 일반인을 대상으로 하는 온라인 설문조사의 경우 인터넷의 접속이 선별적·제한적이기 때문에 표본의 대표성을 갖기 어렵다.

확률표본추출의 방법으로는 다음 세 가지가 있다. 첫째, 일반 모집단을 대상으로 확률표본추출된 표본 중 조사 참여 희망자를 패널로 선정하여 조사하는 방법이 있다. 전화조사나 우편조사를 통해 기초자료를 수집한 후 인터넷 접속 가능 여부를 판단하여 인터넷 사용이 가능한 대상자 중에서 패널 참여에 동의하는 사용자만으로 인터넷 조사 패널을 구성한다.

둘째, 특정 집단에 소속된 회원 중 웹 접속이 가능한 사람의 명부를 이용하여 확률표본추출을 통해 온라인 설문조사를 하는 방법이 있다. 이것은 인터넷 접속률이 비교적 높은 특정 모집단에 적용할 수 있는 조사방법이다.

셋째, 일반인 전체 모집단을 대상으로 확률표본추출에 의해 표본을 구성하여 온라인 설문조사를 실시하는 방법이 있다. 선정된 표본 가운데 인터넷 접속이 불가능한 사람들에 대해서는 적절한 도구를 제공하여 인터넷 조사에 참여할 수 있도록 만든다는 점에 이 방식의 특징이 있다.

② 비확률표본추출

온라인 설문조사에서는 일반적으로 비확률표본이 많이 사용된다. 인터넷 사용자에 대한 모집단의 정의가 불가능하므로 모집단으로부터 확률표본을 추출하기 위한 표본추출 틀(sampling frame)의 확보가 어렵기 때문이다. 따라서 현재 온라인 설문조사의 결과는 단지 인터넷 사용자들의 의견을 집약한 것으로 받아들여지고 있으며, 그것이 일반 대중의 의견을 나타내는 것으로 해석되어서는 곤란하다.

온라인 설문조사의 비확률표본추출방법에는 다음과 같은 방식이 있다. 첫째, 흥미 위주로 이루어지는 인터넷 조사(네티즌 조사, 간이 조사)가 있다. 이것은 온라인설문조사 가운데 가장 초보적인 단계로서, 특정 사이트를 방문하는 사람들을 대상으로 설문조사를 하는 방식을 취한다. 원하는 사람은 누구나 아무런 제한 없이 자유롭게 설문조사에 참여할 수 있기 때문에 중복응답으로 인한 결과의 왜곡이 일어날 수 있다는 점이 가장 큰 문제점이다.

둘째, 자기－선택(self-selected)에 의한 인터넷 조사 방법이 있다. 이것은 포털사이트나 웹 사용자들이 자주 방문하는 사이트에 조사 안내문을 공지하고 그것을 본 조사대상자들이 안내에 따라 특정 사이트를 방문하여 설문조사에 참여한다. 이와 같은 표본추출방법은 설문조사에 참여하기를 희망하는 사람만 표본에 포함되며 따라서 유의표본추출(purposive sampling)에 의한 표본의 구성이라고 할 수 있다.

셋째, 인터넷 사용자들의 자발적인 참여로 구성된 패널 조사가 있다. 이 방식은 널리 알려져 있고 방문자가 많은 사이트에서 설문조사에의 참여를 희망하는 지원자를 미리 모집하여 패널을 구성한 다음에 그들을 대상으로 설문조사를 실시하는 방법을 취한다. 각종 조사의 기초자료로 활용하기 위해 패널로 가입할 때 연령, 직업, 결혼상태 등 사회인구학적 자료를 미리 수집한다. 인터넷설문조사를 실시할 때는 중복응답을 방지하기 위해 e-mail ID나 비밀번호 등을 응답자 식별 수단으로 사용할 수 있다.

(3) 설문지 작성 및 탑재

기존의 다른 설문조사방법과 마찬가지로 온라인 설문조사에서도 설문지의 작성은 매우 중요한 임무 가운데 하나이다. 온라인 설문지를 만드는 요령은 기존의 설문지 작성과정과 거의 동일하지만 설문지 내용을 구성하는 방법이 약간 다르고 설문지를 웹에 올리는 과정이 추가된다는 점에서 차이가 있다.

온라인 설문조사에서 조사연구자가 가장 관심을 가져야 할 사항은 응답률이다. 온라인 설문조사에서는 유의표본추출이 많이 이루어지는데, 먼저 응답률의 문제를 극복하여야 한다. 인터넷 조사를 신뢰하지 않거나 비전통적인 인터넷 환경에서 의견을 공유하는 것을 꺼리는 등의 요인에 의해 응답률이 부정적인 영향을 받는다. 또한 인터넷설문지에 응답을 완료한 후 즉시 또는 시간이 흐른 뒤에도 전송을 제대로 하지 않는 등 인터넷의 실체를 제대로 인식하지 못하여 응답률이 낮게 나타나는 경우도 있다. 한편 온라인 설문조사에서는 질문 문항의 수, 질문의 지루함, 문항의 난이도가 응답률에 영향을 주는 것으로 보고되고 있다. 문항의 수가 적고, 짧고 간결하며, 질문의 내용을 이해하기 쉽고 응답하기 용이하면 응답률이 높아진다.

온라인 설문조사는 본질적으로 중복응답이 가능하다는 문제점을 안고 있다. 누구에게나 무제한의 접속이 용인되므로 응답자는 하나의 조사에 몇 번에 걸쳐 응답하는 일이 가능하며, 부주의 때문에 또는 의도적으로 두 번 이상 온라인 설문지를 전송하기도 한다. 자발적으로 온라인 설문조사에 참여하는 사람은 조사 주제에 대하여 높은 관심을 갖고 있고 관련 정보에도 밝기 때문에 다른 응답자들에 비해 더 강력하고 극단적인 의견을 피력하는 경향이 있다. 중복응답을 최소한으로 줄이기 위하여 설문지에 e-mail 주소와 인터넷 프로토콜 주소를 기입하는 방법을 사용할 수 있다. 또한 조사에 참여할 예정자들에게 사전에 배부한 비밀번호를 입력하도록 요구하는 방법도 중복응답을 막을 수 있는 좋은 방법이다.

온라인 설문조사의 특징 가운데 하나는 온라인 설문지를 웹에 올리는 과정이 있다는 점이다. 온라인 설문지를 인터넷에 올리는 방법은 크게 두 가지인데, 특정의 언어를 이용하는 방법과 이미 개발된 도구를 이용하는 방법으로 나눌 수 있다.

(4) 자료의 수집 및 편집

기존의 설문조사방법들이 자료수집과 통계분석이 분리된 조사방법이라면, 온라인 설문조사는 자료의 분석과 통계분석이 실시간으로 동시에 이루어질 수 있는 획기적인 설문조사방법이다. 조사연구자는 수집된 설문지의 육안편집을 통해 불성실 답변을 찾아냄으로써 조사결과의 신뢰도와 타당도를 제고할 수 있다.

(5) 통계분석

온라인 설문조사에서는 정형화되어 있는 메뉴에 자료를 넣어 통계분석의 결과를 신속하게 얻을 수 있는 장점이 있으나 여러 방법론상의 제한점 때문에 잘못된 통계치의 산출이 잘못된 해석과 주장으로 이어질 위험도 있다. 온라인 설문조사의 자료분석 방법은 다음과 같이 유형을 분류할 수 있다.

첫째, 온라인 설문조사를 통해 자료의 수집이 완료된 후에 기존의 통계분석 패키지(SPSS, SAS 등)를 사용하여 자료를 분석하는 방법이 있다. 이 방법은 기존의 다양한 통계분석기법을 활용하여 조사연구자가 원하는 통계분석을 자유자재로 실시할 수 있으나, 실시간 분석이라는 온라인 설문조사의 장점을 기대할 수 없다는 단점이 있다.

둘째, 웹 기반에서 수집된 자료를 누적하고 실시간 분석기능을 제공해주는 통계분석 패키지를 사용하는 방법이 있다. 기존의 다양한 통계분석방법을 사용할 수 있을 뿐만 아니라 그 밖의 인터넷 조사의 장점을 모두 기대할 수 있다. 그러나 이러한 통계분석 패키지에서 사용하는 언어가 일반적이지 않기 때문에 개발기간이 오래 걸리고 비용이 많이 소요되는 단점이 있다.

셋째, 인터넷설문조사를 위해 개발된 소프트웨어를 사용하는 방법도 사용된다. 이 경우 설문지의 작성, 자료의 누적, 실시간 분석 및 보고서의 작성이 모두 가능하다. 외국에서는 인터넷 조사 전용 소프트웨어가 개발되어 판매되고 있다(예: Survey Solution, Websurvey, Market Sight 등). 이러한 프로그램은 상대적으로 비용이 저렴하고 인터넷 조사의 여러 가지 장점을 기대할 수 있다. 그러나 현재로서는 기술통계, 빈도분석, 교차분석, 분산분석, 회귀분석 등의 통계분석이 가능한 수준이며, 아직 그 이상의 고급 통계분석을 프로그램화하여 포함시키지 못하고 있다.

향후 온라인 설문조사와 관련된 기술이 발전함에 따라 현재의 제한점은 많이 해소될 것으로 예측된다. 현재로서는 온라인 설문조사의 자료분석은 on-line 분석과 off-line 분석을 병행하는 것이 바람직하다고 본다.

제5장

자료의 분석

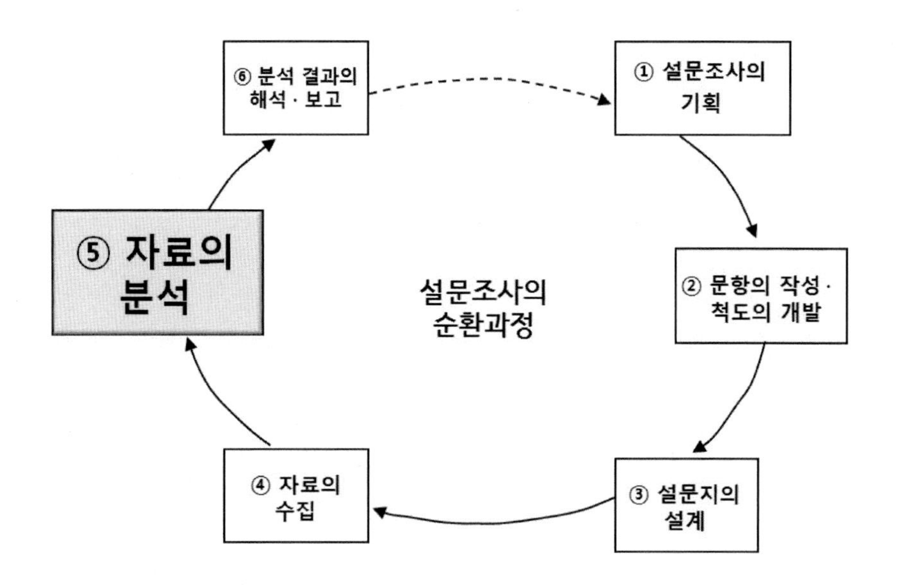

학습 목적

조사연구자에 의해 회수된 설문조사 자료는 정보 욕구의 충족을 위해 소정의 절차와 준비 작업을 거친 후 통계분석에 투입되어야 한다. 이 장의 학습 목적은 다음 두 가지이다. 첫째, 설문지의 수거 및 처리, 전산입력, 자료의 처리 등 자료분석의 준비 요령을 학습한다. 둘째, 일원적 분석과 이원적 분석을 중심으로 통계분석 방법에 대하여 고찰한다.

주요 내용

- ○ 자료분석의 준비
- ○ 일원적 분석
- ○ 이원적 분석

1. 자료 분석의 준비

본격적인 통계분석에 앞서 자료분석의 준비단계가 필요하다. 이 절에서는 설문지의 수거 및 처리 요령, 자료의 사후코딩 및 전산입력, 자료의 처리, 복수응답문항의 처리, 더미변수의 처리 등에 대하여 학습한다.

1) 설문지의 수거 및 처리

자료의 처리는 설문조사의 기획 단계에서 완벽하게 입안되어야 할 사안이지만, 응답자로부터 설문지가 최초로 회수된 시점부터 실제 자료의 처리가 시작된다. 자료수집이 한창 진행 중일 때 자료분석을 위한 컴퓨터 통계분석 패키지를 준비하고 시험 가동해보는 것이 좋다. 일반적으로 조사연구자가 설문지를 배포하고 나서 몇 주간은 설문지가 회수되기를 기다려야 하므로 어느 정도 시간적인 여유가 있기 마련이다. 이 여유시간을 잘 활용하면 자료분석의 단계에 순조롭게 진입할 수 있다. 예를 들면, 가상적인 설문지를 여러 부 작성한 후 그 자료를 통계분석 패키지에 입력하여 봄으로써 데이터 파일의 작성, 분석 프로그램의 준비, 자료분석 단계에서 요구되는 구체적인 임무의 파악 등이 가능하게 될 것이다.

(1) 자료의 수거

조사연구자는 전반적인 설문지 수거 과정을 늘 주의 깊게 모니터링하여야 한다. 면접설문조사의 경우, 자료는 면접조사자로부터 매일 또는 적어도 일주일에 두세 번은 수거되는 것이 좋다. 만약 그렇게 되지 않을 경우, 면접조사자로부터 자료의 제출이 지연되는 이유를 파악하고 그에 합당한 조치를 취하여야 한다. 우편설문조사는 매일 또는 우편배달일마다 회수되어야 한다. '배달 불능' 설문지는 왜 그것이 의도된 조사대상자에게 우편으로 송달될 수 없었는지 면밀하게 분석해볼 필요가 있다. 먼저 조사연구자는 우편배달 주소록의 질(quality)과 그 출처를 평가해보아야 한다. 만약 '주소 불명'과 같은 표지가 찍혀 반송된 설문지가 많다면 아마도 주소록이 정확하지 않은 탓일 것이다. 또한 수취인이 이사를 갔으며 새로운 주소를 알 수 없는 경우가 많다면 주소록이 낡았기 때문일 것이다. 이 정보는 주소록의 질을 평가하는 데 유용하다. 더 나아가 이 정보는 설문조사 결과의 잠재적 질과 정확성을 예측하거나 표본이 모집단을 어느 정도 타당하게 대표하고 있는지를 평가하는 데도 유용하다.

우편으로 수거된 설문지는 즉시 개봉되어야 한다. 조사연구자는 수거된 설문지의 맨 마지막 쪽 뒷면에 회수일자를 기록하는 것이 좋다. 봉투는 나중에 설문지와 분리되어 잃어버릴 염려가 있으므로 회수일자는 봉투가 아니라 설문지에 직접 기록하는 것이 더 낫다. 마찬가지로 면접조사자로부터 수거된 설문지에도 조사일자(또는 조사일시)가 정확하게 기록되어야 하며, 그 설문지를 연구책임자에게 제출한 일자도 제대로 기록되어야 한다. 이렇게 조사일자나 수거일자를 설문지에 기록해놓으면 장차 설문조사 초반에 수집된 설문지와 후반에 수집된 설문지를 서로 비교하여 분석할 수 있다. 우편설문조사의 경우, 설문조사에의 참여 동기가 높아 기꺼이 참여한 집단과 그러한 동기가 약해 상당히 응답이 늦었던 집단을 비교하여 분석할 때 회수일자에 관한 정보를 활용할 수 있다.

설문조사가 진행되는 기간 내내 조사연구자는 몇 부의 설문지가 현장에 배포되었으며, 특정 시점에서 몇 부나 회수되었는지, 그래서 현장에는 몇 부가 남아 있는지 파악할 수 있어야 한다. 이 정보는 조사연구자가 자료수집의 중단시점(cut-off point)을 결정할 때 매우 중요하게 사용될 것이다. 즉, 조사연구자가 예상했던 수준 이상으로 설문지가 회수될 경우 조사연구자는 설문지 회수를 중단하게 되며, 그 이후에 돌아오는 설문지는 모두 무시하게 된다. 또한 설문지 배포 및 회수에 관한 정보를 기록·유지함으로써 조사연구자는 설문조사가 계획대로 진행되고 있는지 평가할 수도 있다. 만약 설문지의 회수가 매우 늦어지고 있다고 판단되면 면접조사원을 추가로 배치하거나 설문조사의 기간을 늘리는 등의 특별한 조치를 검토하여야 할 것이다.

(2) 수거된 설문지의 처리

조사연구자에게 돌아온 설문지는 설문조사 자료에 관한 데이터 파일을 만드는 데 사용되는 문서이다. 조사대상자는 수거된 설문지를 체계적으로 관리할 시스템을 만들어 자료수집 기간 내내 일관성 있게 유지하는 일이 중요하다.

첫 단계는 우편조사에서 회수된 설문지와 면접조사에서 수거된 설문지를 개봉하여 수거일자를 기록하는 일이다. 그 후에, 설문지와 함께 수거된 다른 자료(예컨대, 표지 편지, 우편봉투, 등급 카드, 면접지시문 등)를 버리거나 다른 프로젝트에 참고하기 위하여 따로 보

관한다. 간혹 조사목적에 따라서는 우편봉투에 찍힌 소인을 보고 응답자의 위치를 확인한 다음에 그것을 설문지에 적어둘 필요도 있다. 이 일은 우편봉투에서 설문지를 뺀 후 곧바로 실시하여야 한다.

경험 많은 연구자들은 수거된 순서에 따라 설문지의 말미에 일련번호를 부여할 것을 권장한다. 나중에 이 일련번호는 다른 자료와 함께 데이터 파일에 입력되며, 조사연구자는 항상 일련번호를 보고 데이터 파일에서 해당 설문지에 대한 자료를 찾아낼 수 있다. 이 설문지 식별용 일련번호는 손으로 직접 숫자를 적어 넣거나 넘버링 기구를 사용하여 스탬프를 찍는 방식으로 부여되는 것이 일반적이다. 어쨌든 일련번호의 중복을 방지하기 위해서는 언제나 맨 끝 번호, 즉 맨 마지막으로 회수된 설문지의 번호에 특히 주의하여야 한다.

(3) 육안검사에 의한 설문지의 편집

수거된 설문지에는 곧바로 일련번호가 기록되고, 여러 유형이 있을 경우에는 유형별로 분류된다. 그다음에는 육안검사 편집(sight-editing)을 하는데, 이로써 실질적인 설문지의 처리가 시작된다. 각 설문지가 자료분석의 대상으로 사용할 수 있을 만큼 완전하게 응답이 되어 있는지, 그리고 어떤 교정(corrections)이나 주석(notations)이 필요한 것은 아닌지 검사를 하여야 한다. 면접조사용 설문지를 육안으로 검사해보면 면접조사자가 지시대로 면접을 수행하였는지, 혹시 추가적인 지시나 감독이 필요한 것은 아닌지 금방 알 수 있다. 만약 초기의 면접조사에 문제점이 있다는 것이 판명되면 차후의 면접조사에서 초기 면접조사의 문제점과 개선사항을 반영할 수 있다.

① 응답의 완전성 평가

조사현장에서 설문지를 수거하다 보면 미완성 설문지, 즉 응답이 완전하게 이루어지지 않은 설문지를 발견하는 일이 그리 어렵지 않다. 미완성 설문지는 우편설문조사의 경우에 특히 많이 발견된다. 설문지를 수거한 사람이나 면접조사자가 이 문제와 관련하여 코멘트나 의견을 기록하는 일도 간혹 있다. 이 경우 응답자들이 설문지의 모든 질문에 대하여 응답하지 않은 이유를 규명하기 위하여 그와 같은 코멘트나 의견을 따로 정리해두는 것이 좋다. 어쨌든 간에 미완성 설문지는 분석의 대상에서 제외되어야 한다.

일견 모든 질문에 대한 응답이 완료된 것처럼 보이는 설문지도 꼼꼼하게 살펴보아야 한다. 편집요원들은 응답자가 지시문에 제대로 따랐는지, 그리고 정해진 곳에 적절한 응답을 하였는지, 설문지의 모든 페이지를 들추어가며 모든 구역을 조목조목 확인하여야 한다. 조사연구자는, 연구책임자의 자격으로, 설문지의 전체 문항 가운데 적어도 어느 정도 응답이 되어야 그 설문지를 자료분석의 대상으로 분류할 것인지에 관하여 확고한 기준을 확립하여야 한다.

조사연구자가 편집요원들의 도움을 받아 편집과 사후코딩의 일을 수행할 경우에는 설문지의 완전성(completeness)에 관한 명확한 판단기준을 마련하는 일이 매우 중요하다. 편집요원들은 설문조사에 대한 책임이 없으므로 개인적인 판단을 내리지 않을 것이며, 따라서 조사연구자가 편집요원들에게 어떤 설문지는 받아들이고 어떤 설문지는 버릴 것인지에 관한 가이드라인을 제공하여야 한다. 조사연구자는 편집요원으로 하여금 설문지를 다음과 같은 세 가지 집단으로 분류하도록 지시하는 것이 좋다.

- 누가 보아도 명백하게 자료분석의 대상이 되는 설문지
- 누가 보아도 명백하게 버려야 할 설문지
- 자료분석의 대상에 포함시킬 것인지를 판단하기 곤란한 설문지

요컨대 판단의 최종 권한과 책임은 조사연구자에게 있다. 따라서 조사연구자는 편집요원이 모아놓은 이른바 '판단하기 어려운 설문지'를 직접 살펴보고 권위 있는 결정을 하여야 한다.

응답자의 입장에서 보면, 어쩔 수 없이 응답하지 못하였거나 응답하기 곤란하였던 질문이 있을 수 있다. 몇 개의 질문에 대한 응답이 누락된 설문지는 용인될 수 있다. 그러나 설문지의 특정 구역 전체가 무응답이거나 응답자가 설문지의 초반부만 응답하고 말았다면 해당 설문지는 마땅히 폐기되어야 한다.

② 다양한 유형의 설문지

간혹 하나의 설문조사에서 여러 가지 유형의 설문지를 함께 사용하는 경우가 있는데, 대개 설문지의 유형에 따라 조사대상자 집단이 다르다. 예를 들면, 특정 조사대상자 집단에게는 면접설문조사를 실시하는 반면, 다른 집단에게는 전화설문조사를 실시하는 경우를 보자. 이 경우 두 가지 유형의 설문지가 모두 필요하다. 두 가지 유형의 설문지는 두 그룹으로 나뉘어 따로 배포되고 따로 수거되며 자료분석의 초기 단계에서부터 따로 취급된다. 이

처럼 복수 유형의 설문지를 사용할 경우, 조사연구자는 각각의 설문지 유형에 적용할 수 있도록 설문지의 편집과 완전성에 관한 별도의 기준을 확립하여야 한다.

③ 편집, 분지 및 제외

하나의 설문지 안에 여러 개의 분지(branching) 또는 제외(exclusion) 지시문이 포함되어 있는 경우가 종종 있다. 분지 또는 제외 지시문에 의해 응답자 또는 면접조사자는 어느 특정 구역 전체에 대한 응답이나 면접조사를 생략하고 정해진 다음 질문으로 건너가야 하는 경우가 그러한 예이다. 앞 문항에 어떻게 답변하였느냐에 따라 다음 질문이 정해지는 경우가 있다. "만약 그렇다면, ○번 질문으로 가시오"와 같은 분지 지시문이 그러한 예이다.

설문지 안에 많은 분지 또는 제외 지시문이 있는 경우에는 육안검사에 의한 편집이 그만큼 더 힘들고 어려운 과업이 된다. 편집요원들은 응답자들이 응답하지 말았어야 할 질문에 응답한 것을 찾아내어 표시해두어야 한다. 그런 응답은 데이터 파일에 입력되어서는 안 된다. 육안검사 편집 단계에서 그런 오류를 찾아내지 못하면 나중에 그것을 찾지 못할 수도 있다.

분지 지시문이 많은 설문지를 편집할 때 각 편집요원에게 견본 설문지('key' questionnaire)를 하나씩 나누어주어 편집 업무를 수행할 때 참고하도록 하는 것이 좋다. 조사연구자는 견본 설문지상에 응답자에 따라 응답하지 말아야 할 질문이나 구역을 굵은 글씨로 명확하게 표시해두어야 한다(<상자 5-1>).

<상자 5-1> 편집요원용 견본 설문지(부분)의 예

A. 이 호텔이 귀하가 가장 좋아하는 호텔입니까?
① (　　) 예 (B구역으로 가시오.)
② (　　) 아니오. (아래 Q.1 내지 Q.4에 응답하시

이곳에 V표시를 한 응답자는 아래 Q.1~Q.4에는 응답하지 않아야 함.

귀하가 가장 좋아하는 호텔과 비교할 때 이 호텔이 어느 정도의 수준인지 해당되는 곳에 √ 표시하시기 바랍니다. 각 문항별로 한 곳에만 표시하시기 바랍니다.

내가 가장 좋아하는 호텔과 비교할 때, 이 호텔은 · · · · · · ·

		전혀 안 그렇다			거의 같다			매우 그렇다
Q1.	비싸다	1	2	3	4	5	6	7
Q2.	편안하다	1	2	3	4	5	6	7
Q3.	깨끗하다	1	2	3	4	5	6	7
Q4.	넓다	1	2	3	4	5	6	7

이곳이 빈칸일 경우 각문항을 모두 0으로 사후코딩할 것.

응답자에게 특정 질문 다음에 이어지는 질문들에 대하여 응답해야 하는지 여부를 지시하는 질문을 기준 질문(criterion question)이라 하는데, 견본 설문지에는 기준 질문이 굵은 글씨로 명확하게 표시되어야 한다. 편집요원들은 견본 설문지와 수거된 설문지를 한 페이지씩 일일이 대조하면서 잘못 응답된 질문이 있는지 확인하여야 한다. 편집의 초기 단계에서는 아직 견본 설문지의 내용에 익숙하지 않기 때문에 편집 작업에 더욱 주의를 기울여야 할 것이다.

응답자들이 분지 지시문을 잘못 이해하여 응당 응답하여야 할 질문에 응답하지 않은 경우에 편집요원들이 어떤 결정을 내리는 것이 바람직한 것인지 따져보자. 편집요원은 분지 지시문과 관련된 문항의 경우에도 다른 일반적인 질문에 대한 응답의 수용과 거부를 결정할 때 사용하는 기준을 동일하게 적용하여야 한다. 반면에, 응답자들이 응답하지 말았어야 할 질문이나 구역에 응답을 한 경우도 있는데, 이 경우에는 해당 설문지 전체를 버릴 이유는 없다. 해당 질문들의 응답만을 무시하고, 다른 질문들의 응답은 그대로 통계분석에 활용할 수 있다.

2) 자료의 사후 코딩 및 전산입력

(1) 사후코딩

설문조사에서는 구조화된 질문이 가장 많이 사용된다. 그런데 하나의 설문지가 모두 구조화된 질문들로만 구성되는 것은 아니며, 설문 목적에 따라서는 다수의 비구조화된 질문들이 포함되는 경우도 많다. 이처럼 비구조화된 질문이 포함된 경우에는 자료의 처리 상황이 전혀 달라진다. 원칙적으로 사후코딩(postcoding)은 비구조화된 질문에 대한 응답을 통계분석하기 위하여 필요한 절차이다. 그러나 구조화된 문항의 경우에도 '기타 응답'이라는 응답범주를 양적으로 분석하기 위해서는 사후코딩이 필요하다.

① 사후코딩의 개념 및 필요성

사후코딩은 사전에 미리 코드번호가 부여되지 않은 응답들을 대상으로 자료수집이 끝난 다음에 새로 코드번호를 부여하는 것을 말한다. 즉, 설문지를 작성할 당시에는 어떤 응답들이 나올 것인지 정확하게 예측할 수 없었으므로 개방형 질문 또는 개방형 응답범주(이른바

"기타 응답")로 구성하였으나, 자료수집이 종료된 후에 실제로 수거된 설문지들에 기재된 다양한 응답들을 살펴보면서 각각에 대하여 새로운 코드번호를 할당하는 작업이다.

구조화된 질문이라 할지라도 설문지 작성 당시에는 다양한 유형의 응답범주를 모두 예측할 수 없으므로 '기타: 구체적으로 기입하세요 __________'과 같은 이른바 '기타 응답'이라는 응답범주를 넣는 것이 일반적이다. 이것은 해당 문항의 응답범주가 '포괄적인 리스트(all-inclusive list)'가 되기 위한 조치이다.

사후코딩은 육안검사 편집(sight-editing)과 동시에 이루어질 수도 있고, 별도의 과업으로 진행될 수도 있다. 만약 사후코딩할 질문의 수가 많지 않고 빠른 시간 안에 마칠 수 있는 성질의 것이라면 사후코딩과 육안검사 편집을 동시에 수행하는 것이 좋다. 이 경우 사후코딩 때문에 육안검사 편집이 지체되는 일은 거의 발생하지 않는다. 특히 편집요원들이 설문지를 한 번 체크하면서 두 가지 작업을 병행할 수 있기 때문에 매우 능률적이다. 그러나 사후코딩이 매우 힘들고 시간이 많이 소요될 것으로 판단되는 경우에는 일단 육안검사 편집을 먼저 완료하고 그다음에 사후코딩 작업을 따로 실시하는 것이 좋다. 그렇게 하면 편집요원들이 사후코딩이라는 힘들고 복잡한 작업에 전념할 수 있을 것이다.

사후코딩을 담당하는 편집요원들에게 육안검사 편집에서 사용하는 것과 비슷한 견본 설문지('key' questionnaire)를 배포하는 것이 좋다. 견본 설문지에는 사후코딩하여야 할 질문들이 명확하게 표시되어 있어야 한다(<상자 5-2>).

<상자 5-2> 견본 설문지의 사후코딩 주석(notations)

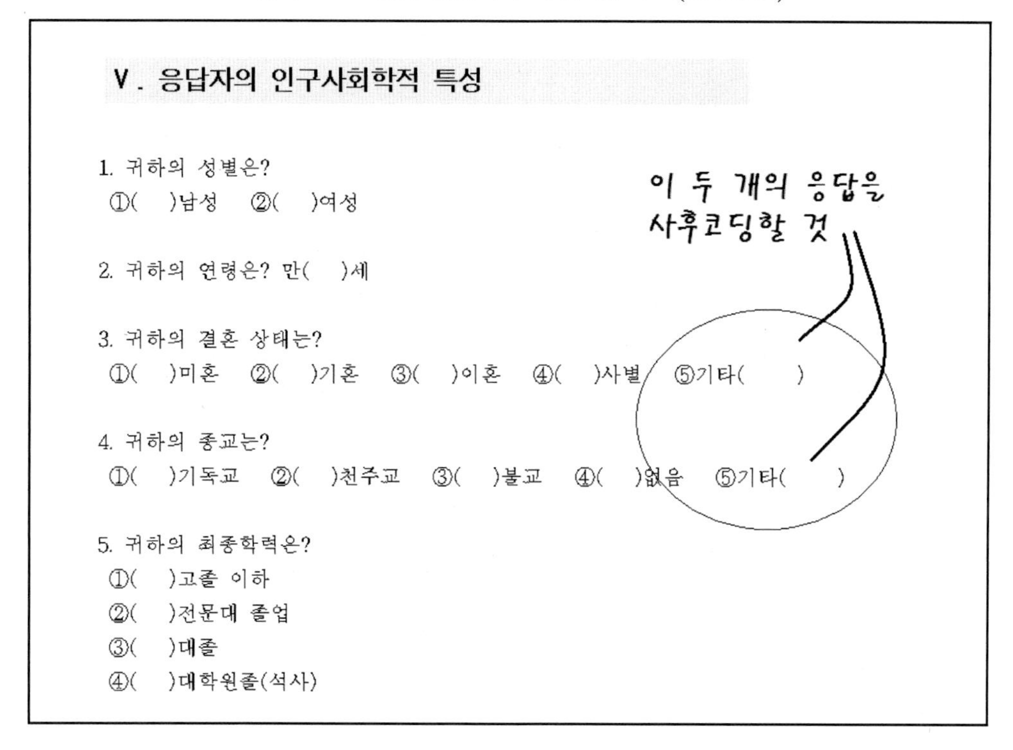

V. 응답자의 인구사회학적 특성

1. 귀하의 성별은?
①(　)남성　②(　)여성

2. 귀하의 연령은? 만(　)세

3. 귀하의 결혼 상태는?
①(　)미혼　②(　)기혼　③(　)이혼　④(　)사별　⑤기타(　　)

4. 귀하의 종교는?
①(　)기독교　②(　)천주교　③(　)불교　④(　)없음　⑤기타(　　)

5. 귀하의 최종학력은?
①(　)고졸 이하
②(　)전문대 졸업
③(　)대졸
④(　)대학원졸(석사)

이 두 개의 응답은
사후코딩할 것

사후코딩을 담당하는 편집요원들은 다음과 같은 두 가지 일을 한다. 첫째, 사전코딩이 되어 있지 않은 응답들에 대하여 새로운 코드(번호)를 부여하고, 그것을 설문지에 기록해둔다. 그렇게 함으로써 나중에 입력요원들이 새로 부여된 코드번호를 데이터 파일에 입력할 수 있다. 둘째, 사후코딩을 진행하면서 그 결과를 코드북에 그대로 기록한다. 개방형 질문(또는 개방형 응답범주)에 대한 응답들과 그에 부여된 새로운 코드(번호)를 코드북에 체계적으로 기록하면 혹시라도 생길 수 있는 혼란을 미연에 방지할 수 있다.

<상자 5-3>은 사후코딩을 설명하는 예이다. 이 예제의 5번 질문을 보면, 응답자들은 어느 호텔에 몇 번이나 투숙하였는지 호텔명과 투숙 횟수를 적어 넣어야 한다. 예를 들어, 어떤 응답자가 '호텔－꿈의 궁전'에 1번 투숙하였다고 응답하였을 경우, '호텔－꿈의 궁전'은 사전에 코드(응답범주의 번호)가 부여되지 않은 응답이며, 따라서 사후코딩의 대상이 되는 응답이다. 결론부터 말하자면, <상자 5-3>의 (B)를 보면, 사후코딩을 담당하는 편집요원이 '호텔－꿈의 궁전'은 1, '호텔－추억 만들기'는 2, '벌꿀장 호텔'은 3이라는 사후코드를 부여하였다. 동시에 그는 코드북에 그러한 사후코딩의 내용을 기록하였다.

이제 설문지상에 사후코딩하는 절차를 알아보자. 이 질문을 사후코딩하기 위하여 사후코딩을 담당하는 편집요원은 코드북의 2페이지를 펼쳐 5번 질문의 코드 목록을 확인하는 단계를 밟아야 한다. 코드 목록을 보고 '벌꿀장 호텔'이라는 새로운 응답은 3이라는 코드가 부여되어야 하므로, 편집요원은 설문지 5번 문항의 '벌꿀장 호텔'이라는 응답 옆에 3이라는 숫자를 크게 써놓았다.

나중에 전산입력 단계에서 새로 부여된 사후코드에 맞게 개방형 응답범주에 대한 응답들이 데이터 파일에 숫자의 형태로 입력될 것이다.

사후코딩의 대상이 되는 모든 질문마다 사후코딩 내용을 기록할 수 있도록 코드북에는 필요한 공간이 미리 확보되어 있어야 한다. 전체 설문지에 대한 사후코딩이 완전히 끝나기 전에는 언제라도 새로운 응답이 나타날 수 있으므로 그에 대비하여 코드북에도 여유 공간이 준비되어 있어야 한다.

편집요원 한 명이 사후코딩을 담당할 경우 비교적 간단하고 쉽게 사후코딩을 마칠 수 있을 것이다. 그러나 설문지 부수가 많아 여러 명의 편집요원들이 관여하게 되면 사후코딩 업무가 매우 복잡해진다. 따라서 가능하다면 한 명의 편집요원에게 사후코딩의 일을 맡기는 것이 좋다. 불가피하게 여러 명이 사후코딩을 하여야 한다면, 같은 시각에 같은 장소에 모여서 협동 작업을 하는 것이 좋다. 무엇보다도 여러 명의 편집요원들이 코드북을 공유하여야 혼란을 방지할 수 있다. 만약 두 명의 편집요원이 서로 다른 장소에서 사후코딩 작업을 한다면 어느 한쪽은 다른 쪽이 사후코딩하여 코드북에 기록한 것을 알 수 없을 것이며, 이것은 큰 혼란으로 이어질 우려가 크다. 따라서 같은 시각에 같은 장소에서 사후코딩을 하되, 코드북을 공유하는 것이 매우 중요하다.

<상자 5-3> 사후코딩 및 코드북의 예시

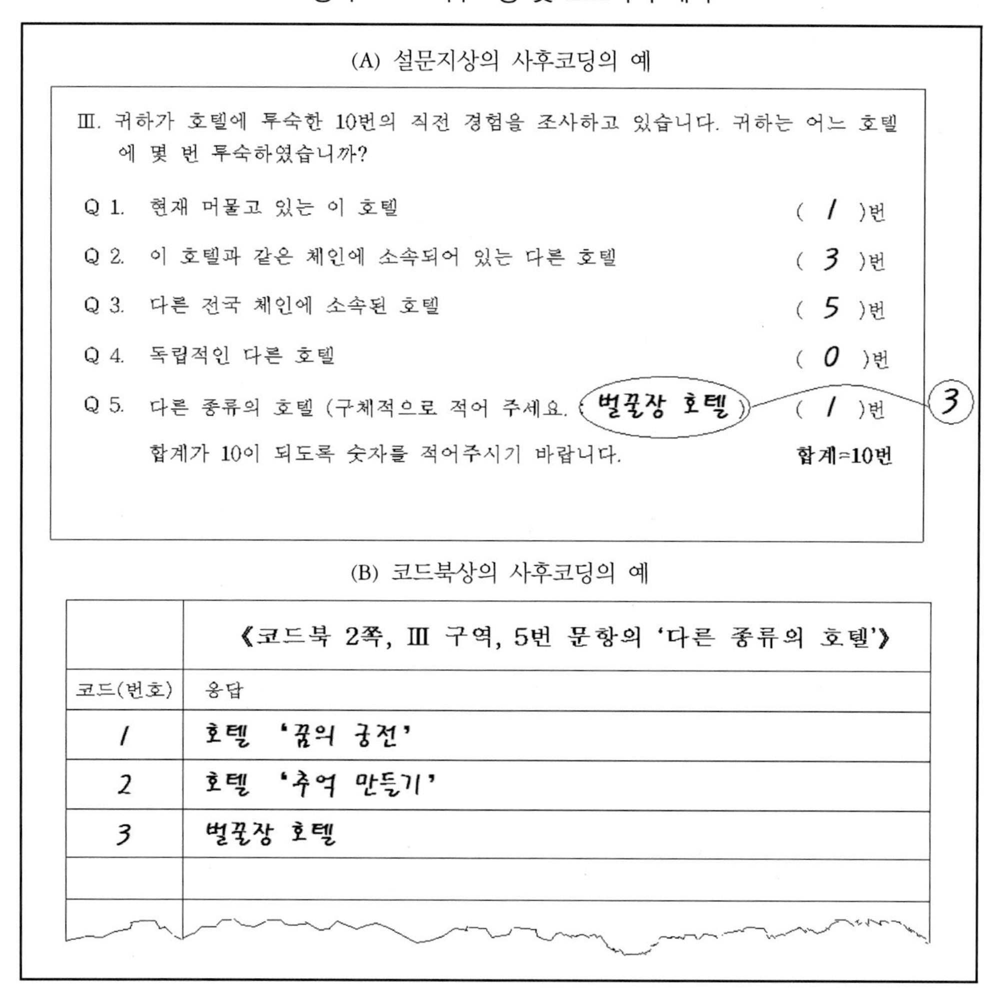

(A) 설문지상의 사후코딩의 예

Ⅲ. 귀하가 호텔에 투숙한 10번의 직전 경험을 조사하고 있습니다. 귀하는 어느 호텔에 몇 번 투숙하였습니까?

Q 1. 현재 머물고 있는 이 호텔 (1)번

Q 2. 이 호텔과 같은 체인에 소속되어 있는 다른 호텔 (3)번

Q 3. 다른 전국 체인에 소속된 호텔 (5)번

Q 4. 독립적인 다른 호텔 (0)번

Q 5. 다른 종류의 호텔 (구체적으로 적어 주세요. 벌꿀장 호텔) (1)번 — 3

합계가 10이 되도록 숫자를 적어주시기 바랍니다. **합계=10번**

(B) 코드북상의 사후코딩의 예

	《코드북 2쪽, Ⅲ 구역, 5번 문항의 '다른 종류의 호텔'》
코드(번호)	응답
1	호텔 '꿈의 궁전'
2	호텔 '추억 만들기'
3	벌꿀장 호텔

코딩의 목적은 응답자가 제시한 모든 응답에 대하여 단 하나의 코드(숫자)만을 부여하는 것이다. 단지 시간을 절약하겠다는 이유에서 여러 명의 편집요원이 다른 장소에서 사후코딩 업무를 분담하는 것은 현명하지 않다. 사후편집의 시간을 아끼려다가 심각한 문제가 발생할 경우에는 나중에 그것을 수정하는 데 막대한 시간과 노력이 투입되어야 한다. 치료보다는 예방이 우선이라는 진리는 사후코딩에서도 예외가 될 수 없다.

② 사후코딩의 기준

개방형 질문 또는 개방형 응답범주(기타 응답)에 대한 응답들은 사후코딩의 단계에서 범

주화되고 범주별로 코드가 부여되는데, 이때 조사연구자는 명확한 사후코딩의 기준을 만들어야 한다. 조사연구자는 편집요원들에게 응답들을 얼마나 자세하게 분류하고 그것을 몇 개로 범주화하여야 하는지에 관한 명확한 지침을 내려주어야 한다.

사후코딩에 관한 지침과 기준이 마련되어 있지 않으면 편집요원들은 혼란에 빠지기 쉬우며, 편집요원마다 응답의 분류 수준 및 범주의 수에 관하여 서로 다른 결정을 내리게 된다. 조사연구자는 명확한 사후코딩의 지침과 기준을 만들어 배포함은 물론 사후코딩의 초기 단계에서 해당 기준이 잘 지켜지고 있는지 철저하게 모니터링하여야 한다.

사후코딩의 기준을 설정함에 있어서 한 가지 고려할 점은 지나치게 넓은 범위보다는 지나치게 좁은 범위의 범주를 설정하는 것이 차라리 더 낫다는 사실이다. 범주들의 범위가 지나치게 좁을 경우 범주의 수는 지나치게 많아지며, 이것은 범주의 수가 자료분석 단계에서 실제로 필요한 수보다 더 많다는 의미이다. 이것은 그리 심각한 문제는 아니다. 분석 단계에서 비교적 간단한 절차를 거쳐 범주들을 보다 큰 범위로 통합할 수 있기 때문이다. 반면에, 애초부터 범주의 범위를 지나치게 넓게 설정하여 소수의 범주만을 만드는 것은 바람직하지 않다. 나중에 분석단계에서 범주들을 보다 세분화하려 해도 달리 뾰족한 수가 없기 때문이다. 다시 말해, 이 문제를 해결하기 위해서는 원본 설문지로 되돌아가서 사후코딩을 새로 실시한 후 그 결과를 데이터 파일에 재차 입력을 하여야 한다. 한 번 그룹핑을 통해 범주들을 통합하고 나면 더 이상 범주들 사이의 구별은 불가능해지며, 재차 원본 설문지를 참조하지 않고서는 원상회복이 어렵다. 그러므로 편집요원들이 기존의 범주에 딱 들어맞지 않는 응답을 발견할 경우에는 그것을 무리하게 기존의 범주 가운데 어느 하나에 할당하려고 하지 말고, 가능한 한 새로운 범주를 만들고 새로운 코드를 부여하여야 한다. 나중에 필요에 의해 범주의 통합은 쉽게 이루어질 수 있지만, 범주의 분할은 불가능하기 때문이다.

③ 코드북의 유지

코드북에 있는 모든 기재사항은 질서정연하고 명료하게 기록되어 있어야 한다. 그래야만 편집요원들이 오해를 하거나 불편을 겪는 일이 없어질 것이기 때문이다. 자료분석의 단계에 이르러 코드북을 사용하는 시점이 오기 전까지는 코드북에 대하여 신경을 쓰지 않는 것이 일반적이다. 오류가 발생한 다음에 몇 시간이나 걸려 그것을 고치는 것보다는 재난의 발생을 미리 예방하는 것이 백배나 현명한 일이다. 편집요원은 단순한 사무보조원에 불과하며, 보통 그들은 설문조사의 결과에 특별한 관심을 갖고 있지 않다. 또한 그들은 설문조사의 전반적인 과정에 대한 기초지식을 갖고 있지도 않다. 여러 명의 편집요원들이 사후코딩을 담당할 때, 그들은 각각 코드목록에 기재사항을 작성한다. 따라서 많은 실수가 생길 수 있다. 만약 코드목록이 질서정연하게 유지되지 않는다면 오류가 발생할 가능성이 매우 크다. 예를 들면, 편집요원들은 코드북의 특정 페이지가 꽉 찼을 때 새로운 페이지를 작성하는 것이 아니라 그 페이지의 여백에 필요한 사항을 기록하는 행태를 보이는 경우가 많다. 그들은 서로 다른 응답에 모두 동일한 코드(번호)를 부여하는 잘못을 저지를 수도 있다. 코드북을 질서정연하게 유지하는 것은 그것을 단지 보기 좋도록 만들기 위해서가 아니다.

만약 코드목록이 무질서하고 혼란스럽다면, 원래의 코드목록을 바탕으로 새로운 질서정연한 코드북을 만드는 것이 좋다. 어떤 식으로 코드북을 만들든지 간에 원래 기재되었던 항목들은 누락되지 않아야 하며, 동일한 코드는 동일한 응답범주에 적용되어야 한다. 응답범주를 통합하는 일은 반드시 자료의 입력이 끝난 다음, 즉 자료의 분석 단계에서 이루어져야 한다. 다시 말해, 코딩 과정에서 응답범주를 통합해서는 안 된다.

코딩과정에서 가장 많이 저지르는 실수는 실제로 응답범주에 새로운 코드를 부여하였음에도 불구하고 코드북에 그것을 기재하지 않는 일이다. 그 결과, 서로 다른 두 개의 응답범주에 동일한 코드(번호)가 부여되는 현상이 발생할 수도 있다. 이런 일은 절대로 생기지 않아야 한다. 반면에, 이미 특정 응답범주에 대하여 코드가 부여되었고 그것이 코드목록에 기재되었다는 사실이 편집요원들 사이에 공유되지 않을 경우, 해당 응답범주에 다른 코드가 부여되는 잘못이 생길 수도 있다. 이 경우 특정 응답범주에 대하여 두 개 이상의 코드가 부여되는 결과가 초래된다. 그러나 이것은 그리 심각한 문제는 아니다. 나중에 분석단계에서 이러한 오류가 발견되면 코딩변경(recode)을 통해 두 개 이상의 코드를 하나의 값으로 변환할 수 있기 때문이다.

(2) 자료의 전산입력

수거된 설문지를 유형별로 분류하고 육안검사를 통해 편집과 사후코딩을 한 다음에는 그 설문지에 기재되어 있는 자료를 컴퓨터의 통계분석 패키지에 입력하여 데이터 파일을 만드는 작업이 뒤따라야 한다. 만약 사전코딩과 사후코딩이 적절히 이루어졌다면 이 단계의 전산입력은 단지 각 질문의 코드(숫자)를 읽고 그것을 통계분석 패키지에 입력하는 과정에 불과하다.

설문지 자료를 데이터 파일에 입력하는 단계에서 자료 입력요원의 도움을 받는 경우도 드물지 않다. 자료 입력요원들은 조사연구자가 수행하는 설문조사에 대해 익숙하지 않은 경우가 보통이므로 반드시 자료를 입력하는 방법에 관하여 아주 구체적인 설명과 안내를 받아야 한다. 특히 자료 입력요원들이 처음으로 설문지 자료를 데이터 파일에 입력하는 얼마간의 기간에는 반드시 조사연구자가 그들과 자리를 함께하면서, 자료 입력요원들의 질문에 응답하거나 추가적인 지시를 내려주어야 한다. 자료 입력요원들의 능력을 지나치게 과대평가하는 것은 금물이다. 비록 자료입력의 경험이 많은 입력요원이라 할지라도 그들이 조사과정의 전반적인 과정을 제대로 이해한다거나 설문조사의 자료입력에 대하여 정통한 사람이라고 보기는 어렵다. 흔히 자료 입력요원은 타이피스트에 비유된다. 자료 입력요원이 매우 빠르고 정확하게 자료를 전산입력할 수 있다손 치더라도 그들은 자료의 내용과 자료 처리의 목적에는 별 관심이 없는 사람이라고 보는 것이 타당하다.

일단 컴퓨터 파일에 입력된 자료는 통계분석이 가능하도록 매우 꼼꼼하게 편집되어야 한다. 이것은 매우 중요한 과업이다. 만약 입력된 자료가 어떤 문제점 또는 통계적으로 분석하기 어려운 조건을 가지고 있다면 결과적으로 다음과 같은 두 가지의 어려움이 예견된다. 첫째, 일반적인 분석 작업을 진행할 수 없거나, 설령 분석이 가능하다 할지라도 타당성이 결여된 결과를 얻게 된다. 둘째, 통계분석 프로그램이 생산하는 결과가 겉으로는 정상적으로 보이지만 사실은 잘못된 것이다. 전자보다는 후자의 문제점이 더 심각하다.

전산입력된 자료의 편집(editing)은 다음과 같은 세 가지 유형의 오류를 찾아내기 위하여 실시된다.

- 누락되었거나, 중복되었거나, 또는 순서가 뒤바뀐 채 입력된 자료
- 입력 화면상에서 정상적인 위치가 아닌 다른 곳에 입력된 자료
- 정상적인 자료 값의 범위를 벗어난 크기의 자료

이와 같은 오류를 찾아내는 다양한 방법이 있으나, 일반적으로는 위에 제시된 순서대로 자료의 오류를 체크하는 방식이 권장되고 있다.

① 자료 순서의 확인

데이터 파일의 각 행에 올바른 자료만이 입력되어 있는지, 그리고 자료 입력요원의 부주

의 때문에 어떤 설문지가 두 번 이상 입력된 경우는 없는지 확인하는 일은 매우 중요하다. 조사연구자는 전체 파일의 표시화면을 순차적으로 내려 보면서 설문지 일련번호의 순으로 입력 자료의 적절성을 아래와 같이 점검한다. 첫째, 데이터 파일 안에 설문지 번호(일련번호)가 중복된 경우가 있다면 이것은 해당 설문지를 두 번 또는 그 이상 입력하였다는 것을 의미한다. 이 경우 해당 설문지의 자료를 한 세트만 남기고 중복된 것은 모두 삭제하여야 한다. 둘째, 데이터 파일 안에 완전히 빈 칸으로 남아 있는 행(row)이 있는가? 그런 빈 줄은 삭제되어야 한다. 셋째, 어느 줄의 초반부에만 자료가 입력되어 있고 그 외의 대부분 칸(cell)은 빈칸으로 남아 있는 경우가 있는가? 이것은 아마도 해당 설문지의 전체 질문에 대한 응답을 데이터 파일에 모두 입력하지 않은 탓이라고 생각된다. 이 문제를 해결하기 위해서는 해당 설문지 원본을 보고 미처 입력하지 못한 자료를 찾아낸 후 그것을 데이터 파일에 입력하여야 한다. 넷째, 빈 칸이 있는 경우, 그것이 특정 변수 값의 누락 때문에 생긴 것인지 확인하여야 한다.

만약 누락된 자료 또는 잘못 입력된 자료를 발견하면, 조사연구자는 데이터 파일에 해당 자료를 다시 입력하여야 한다. 이때 설문지 일련번호를 보고 설문지 원본을 다시 찾아내어 오류 또는 잘못 입력된 내용이 무엇인지 확인하는 절차를 거쳐야 한다.

② 잘못 입력된 자료의 확인

무응답(결측치)의 경우에는 해당 칸을 비워두거나, 혹은 0, 9, 99와 같은 숫자를 입력한다. 자료의 잘못된 입력을 방지하기 위해서는 빈칸으로 남기는 것보다 0, 9, 99 등의 숫자를 입력하는 방식이 더 권장된다.

만약 자료 입력의 초기 단계에 특정 질문에 대한 응답 자료를 잘못 입력하였다면, 그 이하 자료는 모두 순차적으로 밀려 쓰이게 될 가능성이 커진다. 이 경우 전반적인 분석결과의 타당성이 저하된다. 자료 입력의 오류를 방지하기 위해서는 입력단계에서부터 꼼꼼하게 확인하는 것만이 최선의 방법이다.

③ 범위를 벗어난 자료의 확인

데이터 파일에 있는 각 변수는 모두 일정한 범위를 가지고 있다. 예컨대, 어느 특정 질문이 6점 척도(1~6점)를 사용하였다면, 정상적인 변수 값의 범위는 1 내지 6이며, 무응답(결측치)의 경우에는 0을 배정할 수 있을 것이다(무응답의 경우 빈칸으로 처리할 수도 있음).

마찬가지로 65세 이상의 노인만을 조사대상자로 한정한 연구에서는 연령변수의 값이 64 이하의 자료 값이 될 수 없다. 이처럼 모든 변수를 대상으로 각 자료 값이 허용할 수 있는 범위 내에 존재하는지 확인하는 일이 필요하다.

자료를 분석하기에 앞서 모든 변수를 대상으로 예비적인 빈도분석을 실시하는 것은 자료 입력의 오류를 찾아낼 수 있는 가장 쉬운 방법이다. 빈도분석표(도수분포표)를 만들면 변수별로 자료 값의 분포 상황을 한눈에 알 수 있다. 일련번호, 이름, 주소 등 응답자마다 서로 다른 값을 가질 수밖에 없는 변수들까지도 빈도분석표를 만들어 자세히 살펴보아야 한다. 그 이유는 다음과 같다(정영해 외, 2003).

첫째, 변수의 범위를 살펴볼 수 있다. 이것은 입력된 자료들이 정해진 범위 내에 존재하는지 확인하는 일이다. 코딩(부호화)이나 자료 입력의 단계에서 입력요원들의 실수로 인해 정해진 범위 밖의 자료가 데이터 파일에 포함될 수 있는데, 빈도분석을 통해 이러한 오류를 찾아내어 수정할 수 있다.

둘째, 연속변수는 빈도분석을 통해 자료의 최댓값과 최솟값을 파악할 수 있는데, 이로써 해당 변수의 자료 값들이 정상적인 범위를 벗어났는지 알 수 있다.

셋째, 범주변수의 경우에는 변수의 응답범주가 예상했던 것과 같은지 확인한다. 계획된 응답범주를 벗어난 자료가 입력되었을 경우 빈도분석표를 통해 이를 발견할 수 있다.

넷째, 일련번호(설문지 번호)의 경우 빈도가 모두 1인지 확인한다. 설문지 일련번호나 응답자 번호 등 응답자마다 서로 다른 값을 가질 수밖에 없는 변수라 할지라도 코딩이나 자료입력 단계에서 실수로 인해 중복 입력이 될 수 있다.

모든 설문지의 입력이 끝나자마자, 실제적인 자료분석의 작업이 시작되기 전에, 언제나 백업파일을 만들어 파일의 손상이라는 만약의 사태에 대비하는 것이 현명한 일이다. 원래 파일로부터 적어도 하나 이상의 백업파일을 만들어 다른 저장수단에 보관하는 것이 좋다. 더 나아가 주요 작업을 끝마칠 때는 언제나 그때그때 백업파일을 만들어두는 것도 바람직한 습관이다. 이렇게 하면, 혹시 분석 작업 중에 파일이 손상되는 사고가 발생하더라도 그 동안의 작업을 최대한 많이 되살릴 수 있을 것이다.

3) 자료의 처리

초보 연구자에게 자료의 처리와 통계분석은 상당히 부담이 되는 임무라 아니할 수 없을 것이다. 컴퓨터의 조작과 통계분석은 얼핏 보기에 상당한 수준의 지식과 기술을 요구하는 과업처럼 보이지만, 요즘에는 조사연구자들이 현대적인 정보기술의 발달에 힘입어 컴퓨터의 조작과 통계분석을 훨씬 쉽게, 보다 정확하게, 그리고 더 간편하게 할 수 있게 되었다.

(1) 자료 처리의 목적

설문조사는 매우 많은 분량의 원자료(raw data)를 생산해낸다. 그러나 원자료 그 자체는 설문조사를 통해 정보 욕구를 충족시키고자 하는 조사연구자에게 별로 쓸모가 없다. 조사연구자가 수많은 설문지에 수록된 모든 자료를 하나하나 점검하는 일은 가능하지도 않고 그럴 필요도 없다. 설령 그것이 가능하다고 할지라도, 원자료로부터 어떤 의미를 이삭 줍듯이 하나하나 찾아낸다는 것은 거의 불가능에 가까운 일이다.

조사연구자는 자료(data)와 정보(information)의 차이점을 분명하게 인식할 필요가 있다. 자료는 그 자체로서는 의미가 없는 단순한 숫자에 불과하다. 하지만 정보를 구하고자 하는 조사연구자는 자료를 이해하고 그로부터 의미를 도출한다.

자료처리의 가장 주요한 목적은 자료를 요약하여 정보의 형태로 축약시키는 것이다. 다시 말해, 자료의 처리와 분석의 목적은 지나치게 상세한 것을 단순한 내용으로 환원시키는 것, 즉 자료 속에 들어 있는 중요하고 의미 있는 패턴과 관계를 찾아내는 일이라고 할 수 있다.

(2) 코딩 변경(recoding)

일반적으로 자료를 분석할 때 특정 유형의 자료를 다른 유형의 자료로 바꾸어 통계분석을 실시할 필요가 있다. 즉, 전산입력 당시의 자료의 유형을 통계분석 단계에서 다른 유형으로 변경하면 그에 알맞은 다양한 통계분석을 실시할 수 있다. SPSS 등 통계분석 패키지는 코딩 변경(recoding)을 통해 특정 유형의 자료를 통계분석에 적합한 다른 유형의 자료로 변환할 수 있다. 구체적으로 보면, SPSS는 코딩 변경을 통해 기존의 변수를 새로운 변수로 변경하거나(같은 변수로 코딩 변경), 기존의 변수를 복사한 후 코딩 변경을 한 다음에 새로운 이름으로 저장하는 방법도 가능하다(다른 변수로 코딩 변경).

① 변수 값의 수나 범위를 줄이기 위한 코딩 변경

종종 코딩 변경을 하는 목적은 특정 항목에 대한 응답들의 수와 범위를 줄이는 데 있다. 예를 들면, 응답자들의 나이를 조사하는 질문은 연속적인 비율 자료(ratio data)를 생산해낸다. 표본의 크기가 큰 설문조사에서는 나이 자료의 분포는 매우 큰 변이를 보일 것이며, 예컨대, 10대 후반의 응답자들부터 90대 응답자들까지 다양하게 분포할 것으로 예상된다. 만약 분석자가 평균, 표준편차, 왜도(skewness), 첨도(kurtosis) 등과 같은 통계적 계수를 측정하는 분석방법을 사용하기 원한다면 이와 같은 연속적 자료는 아무런 문제가 되지 않는다.

만약 코딩 변경을 통해 수많은 연속적 자료를 몇 개의 범주로 집약할 수 있다면 보다 의미 있는 분석과 해석이 가능한 경우가 있다. 위의 예에서 연령을 10살 단위의 범주들로 구분하는 것이 하나의 예가 될 것이다. 20세 미만을 '10대', 20～29세 미만을 '20대', …… 등과 같이 코딩 변경하면 원래의 연속자료는 범주자료로 변환된다. 이제 자료의 분포 현황을 소수의 범주로 집약할 수 있으므로, 만약 빈도분석표(도수분포표: frequency table)를 만든다면 범주별 빈도수를 간략하게 파악할 수 있다. 이와 같은 방식으로 자료를 보고하면 정보를 구하는 사람들이 훨씬 더 이해하기 쉽다. 그뿐만 아니라, 빈도분석표를 막대그래프로 나타내면 각 범주의 빈도 또는 비율을 더 명확하게 시각적으로 제시할 수 있다. 요컨대 먼저 코딩 변경을 통해 연속자료를 범주자료로 변환한 다음에야 빈도분석표나 막대그래프를 만드는 것이 가능하다는 것을 유념해야 한다.

② 의미 있는 범주를 만들기 위한 코딩 변경

학력을 조사하는 질문을 예로 들어보자. 응답자들이 정규 학교에서 이수한 수학 연수(교육 연수)를 숫자로 적는 문항의 예이다. 이 원래의 척도는 비율척도(ratio scale)이다. 초등학교 5학년까지 마친 응답자는 5년을 기록하지만, 5학년 때 중퇴한 사람은 4년을 기록할 것이다. 마찬가지로 중학교 3학년을 졸업한 응답자는 9년을 기록하고, 중학교 3학년 중퇴자는 8년을 기록하는 것이 올바르다. 물론 박사과정을 마친 응답자는 24년 또는 그 이상의 연수를 기록할 것이다. 이처럼 응답자의 학력이 초등학교 졸업에서부터 대학원 박사과정 졸업까지 다양하므로 모두 20여 개 이상의 변수 값이 존재하는데, 이처럼 항목이 많아서는 도수분포표나 막대그래프를 그리기가 쉽지 않다. 더 중요한 것은 각각의 수업연수는 학력 수준을 제대로 구별해주는 의미 있는 범주가 될 수 없다는 사실이다. 10년 이수자(고등학교 1년 수료)와 11년 이수자(고등학교 2년 수료) 간의 차이점은 11년 이수자(고등학교 2학년 수료)와 12년 이수자(고등학교 졸업) 간의 차이점보다 분명하지 않다고 보아야 한다. 전자는 고등학교 중퇴자들 사이의 수학 연수의 차이를 나타내지만, 후자는 고등학교 중퇴자와 졸업자를 구분하는 역할을 하기 때문이다.

위의 예에서 수학 연수(교육 연수)는 연속적인 비율 자료(continuous ratio data)로 측정되었는데, 그 이유는 연속자료가 수학연수를 측정하는 가장 손쉽고 간편한 수단이기 때문이다. 자료분석을 준비하는 단계에서 연속자료는 코딩 변경을 통해 범주자료로 변환된다. 즉, 수학 연수가 0~6년은 '초등학교 중퇴 및 졸업', 7~9년은 '중학교 중퇴 및 졸업', 10~12년은 '고등학교 중퇴 및 졸업', 13~14년은 '초급대학 중퇴 및 졸업', 15~16년은 '대학교 중퇴 및 졸업', …… 등으로 코딩 변경할 수 있다. 이렇게 코딩 변경을 하는 목적은 단순히 변수 값의 수를 줄이려는 것이 아니라, 자료를 그룹핑하여 의미 있는 소수의 범주들로 변환시키는 일이다.

코딩 변경을 통해 연속자료를 범주자료로 변환할 때 지켜야 할 세 가지 규칙이 있다. 첫째, 범주들이 반드시 포괄적(all-inclusive)이어야 한다. 범주들이 포괄적이어야 한다는 것은 기존의 모든 자료 값들이 코딩 변경 후에 반드시 어느 하나의 새로운 범주에 속할 수 있어야 한다는 의미이다. 간혹 연속자료를 코딩 변경할 때 하한 범주와 상한 범주를 개방형 범주로 만듦으로써 범주의 포괄성 문제를 해결하는 경우가 있다. 예컨대, 하한 범주의 예로는 '18세 미만', 상한 범주의 예로는 '80세 이상'과 같이 개방형으로 처리하면 특정 한계선 이하 또는 이상의 자료 값을 포괄하는 개방형 범주가 된다.

둘째, 범주들이 반드시 상호 배타적(mutually exclusive)이어야 한다. 이 조건이 충족되려면, 범주들 사이에 중첩(overlap)이 일어나서는 안 된다. 다시 말해, 두 개 이상의 범주에 동시에 할당할 수 있는 응답이 존재해서는 안 된다. 일반적으로 상호 배타성의 원칙에 위반되는 경우는 코딩 변경의 단계에서보다 선다형 문항을 작성하는 단계에서 더욱 빈번하게 발생한다. 그렇지만 코딩 변경에서도 혼란스러운 결과가 나타나지 않도록 숫자 자료의 경계선을 구분할 때 특히 주의를 기울여야 한다. 예를 들어, 숫자 자료 1~10을 '집단 1'로, 10~20을 '집단 2'로, 20~30을 '집단 3', ……으로 코딩 변경하였다면, 이것은 상호 배타성의 원칙을 지키지 않은 것이다. 왜냐하면, 숫자 자료 10은 '집단 1'과 '집단 2'에 모두 할당될 수 있기 때문이다. 숫자 자료 20, 30, ……도 마찬가지이다. 결론적으로, 코딩 변경을 할 때 범주들 사이에 중복이 발생해서는 절대 안 된다. 숫자 0~9를 '집단 1'로, 10~19를 '집단 2', ……로 코딩 변경하거나, 숫자 0~10을 '집단 1'로, 11~20을 '집단 2', ……

로 코딩 변경하는 방식이 상호 배타성의 원칙을 지키는 길이다. 어느 방법이 더 좋을지는 조사연구자가 추구하는 정보 욕구 나아가 조사 목적에 따라 다를 것이다.

셋째, 측정하고자 하는 특성이 범주들 내부(within categories)보다는 범주들 사이(between categories)에서 더 큰 변이를 보여야 한다. 코딩 변경을 통해 '의미 있는(meaningful)' 새로운 범주들을 만들어내야 한다는 점이 매우 중요하다. 그러기 위해서는 측정의 대상 및 관련 조건이 범주들 내부보다는 범주들 사이에 보다 큰 변이를 나타내야 한다. 응답자의 수업 연수(교육연수)의 예를 다시 들어보자. 만약 코딩 변경을 통해 수학 연수라는 연속자료를 '초등학교 졸업', '중학교 졸업', '고등학교 졸업', '대학교 졸업', '대학원졸업 또는 그 이상'이라는 범주자료로 변환하였다고 가정해보자. 특히 중학교 졸업이라는 범주 속에는 중학교 졸업자뿐만 아니라 고등학교 1년 중퇴자(수학 연수 9년)와 고등학교 2년 중퇴자(수학 연수 10년)도 포함된다. 그러나 고등학교 중퇴자들 사이의 구분은 그다지 실익이 없다. 반면, 고등학교 졸업자와 고등학교 중퇴자 사이에는 중요한 차이가 존재하며 이 때문에 각각은 서로 다른 범주에 속하게 된다. 이처럼 코딩 변경을 할 때는 범주들 내부의 차이보다는 범주들 사이의 차이가 두드러지게 나타나도록 범주들을 구성하는 것이 바람직하다.

③ n-크기의 결정

통계학에서 어느 특정 집단(표본, 하위표본, 범주 등)의 크기를 나타내는 약어는 n-크기(n-size)이다. n-크기는 특정 집단에 속해 있는 응답자의 수를 말하며, 이를 사례(cases)라고도 부른다. 일반적으로 코딩 변경된 자료가 할당되어야 할 범주의 범위가 넓고 범주의 수가 적을수록, n-크기는 커진다. 반대로, 코딩 변경된 자료가 할당될 범주의 범위가 좁고 범주의 수가 많을수록, n-크기는 작아진다. 일반적으로 코딩 변경의 목적은 너무 크지도 않고 너무 작지도 않은 n-크기를 만드는 일이다.

코딩 변경의 단계에서 분석자는 새로 만들어진 범주별로 얼마나 많은 응답자들이 속하는지 알아보기 위해 빈도분석, 막대그래프 등과 같은 기초적인 기술통계분석을 실시하는 것이 좋다. 만약 어느 특정 범주에 너무 많은 응답자들이 할당되는 현상이 벌어진다면(즉, 그 범주의 n-크기가 너무 크다면), 아마도 특정 측면에서 볼 때 서로 성격이 다른 여러 응답자가 하나의 범주에 섞여 있을 가성이 있으며, 따라서 중요한 특성상의 차이점을 놓치게 될 것이다. 그러므로 지나치게 n-크기가 큰 범주가 생기지 않도록 주의할 일이다. 만약 코딩 변경의 결과로서 그런 큰 범주가 생성되었다면, 원자료로부터 다시 코딩 변경하여 효과적인 통계분석이 가능한 보다 작은 범주들을 만드는 것이 좋다.

한편, 범주들의 n-크기가 너무 작게 되는(즉, 범주의 수가 너무 많은) 코딩 변경도 바람직하지 않다. 응답자의 수가 한두 명에 불과한 범주들은 유용하거나 의미 있는 결과를 보여주기 어렵다. 더구나, n-크기가 매우 작은 범주의 퍼센트 정보는 교차분석표를 사용한 비교 등에서 결과를 오도할 수도 있다.

변수들을 비교하는 대부분의 통계분석 프로그램은 신뢰할 만한 결과를 생산해내기 위해 범주별로 충분한 크기의 n-크기를 요구한다. 그러므로 통계분석을 실시하기 위해서는 각 범주가 일정 수준 이상의 응답자 수를 확보하도록 코딩 변경을 하여야 한다. 만약 원래의 범주들 또는 새로 만든 범주들의 n-크기가 너무 작을 경우에는 인접한 범주들 또는 비슷한 성격의 범주들을 통합하여 n-크기를 늘리는 방안을 강구하는 것이 현명하다.

설문조사 변수를 코딩 변경하고 자료의 유형이 다른 새로운 변수들을 만들어 낸 경우, 분석자는 빈 설문지에 상세한 변경 내용을 기록하여 조사연구 기간 내내 참고용으로 보관하는 것이 좋다. 시간이 오래 경과하면 코딩 변경 내용을 잊어버리기 쉽기 때문이다. 따라서 간단한 코딩 변경의 기록을 남겨 혹시 생길지도 모르는 혼란을 미연에 방지하는 것이 현명하다.

4) 복수응답문항의 처리

복수응답(multiple responses)은 다중응답이라고도 하는데, 질문은 하나이지만 그에 대한 응답은 두 개 이상인 문항을 말한다. 복수응답문항은 자료의 처리 및 분석방법이 일반적인 단일응답문항과 상당히 다르다. 또한 분석결과의 보고 및 해석에 있어서도 특별한 주의를 요한다.

(1) 유형

복수응답문항의 유형은 선택할 항목의 수가 미리 정해져 있는 유한선택형과 해당되는 사항 모두를 고를 수 있는 무한선택형으로 나뉜다(<상자 5-4>). 전자는 다시 우선순위의 유무에 따라 (단순)복수응답형과 우선순위형으로 구분한다.

<상자 5-4> 복수응답문항의 유형

Ⅰ. (단순)복수응답형

Q. 지역사회에서 가장 필요하다고 생각되는 시설을 두 개만 선택해주십시오.

① ( ) 종합사회복지관　　⑤ ( ) 가정봉사원파견센터
② ( ) 지역아동센터　　⑥ ( ) 청소년수련원
③ ( ) 자활후견기관　　⑦ ( ) 어린이집
④ ( ) 노인복지관　　⑧ ( ) 여성회관

Ⅱ. 우선순위형

Q. 귀하는 지역주민의 복지 증진을 위해 가장 필요한 서비스가 무엇이라고 생각하십니까? 다음 중에서 순서대로 두 개만 골라 주십시오.

1순위: _____ 2순위: _____

① 노인복지사업　　③ 청소년복지사업　　⑤ 여성복지사업
② 아동복지사업　　④ 장애인복지사업　　⑥ 저소득층복지사업

Ⅲ. 무한선택형

Q. 이번 학기에 귀하가 선택한 과목을 있는 대로 모두 고르시오.

① ( ) 사회복지학개론　　⑤ ( ) 사회복지정책론
② ( ) 인간행동과 사회환경　　⑥ ( ) 사회복지행정론
③ ( ) 사회복지실천론　　⑦ ( ) 사회복지법제론
④ ( ) 사회복지실천기술론　　⑧ ( ) 사회복지발달사

(단순)복수응답형은 응답자가 응답들을 선택한 순서가 중요하지 않지만, 우선순위형에서는 응답 순서가 중요하다. 왜냐하면 우선순위형에서는 응답순서에 따라 서로 다른 가중치를 부여하여 분석하기 때문이다.

우선순위형의 경우, 보통 가장 선호하는 것을 2개 정도 선택하도록 지시하는 것이 일반적이다. 너무 많은 항목을 선택하도록 지시하는 것은 응답자에게 너무 많은 응답 부담을 지우는 일일 수도 있으며, 따라서 무응답이 많이 나올 가능성이 커진다.

(2) 코딩 및 입력

복수응답문항은 응답범주(선택항목)들을 각각 하나의 변수로 간주하고 코딩(부호화)하여야 한다(<상자 5-5>). 코딩 방법에는 중복법과 이분법이 있다.

<상자 5-5> 복수응답문항의 코딩(예시)

Q. 지역사회에서 필요하다고 생각되는 시설을 아래에서 있는 대로 모두 고르시오.
① ( ) 종합사회복지관
② ( ) 지역아동센터
③ ( ) 자활후견기관
④ ( ) 노인복지관
⑤ ( ) 가정봉사원파견센터

◆ 위 질문에 대하여 5명의 응답자가 응답한 내용은 다음과 같음.
응답자 A: ①②⑤
응답자 B: ①②③④⑤
응답자 C: ②③④
응답자 D: ①④
응답자 E: ①②③⑤

복수응답문항을 코딩하는 첫 단계는 각 응답범주를 하나의 변수로 간주하여 변수를 정의하는 일이다. 따라서 다음과 같이 각 응답범주에 변수명을 부여하였다.

종합사회복지관=WEL1
지역아동센터=WEL2
자활후견기관=WEL3
노인복지관=WEL4
가정봉사원파견센터=WEL5

중복법은 변수별로(즉, 응답범주별로) 응답내용을 숫자 그대로 코딩(부호화)하되, 무응답의 경우에는 0으로 코딩하는 방법이다[<상자 5-6>의 (A)]. 반면에, 이분법은 각 변수(즉, 응답범주)를 선택한 경우에는 1로 코딩하고, 선택하지 않은 경우에는 0으로 코딩하는 방법이다[<상자 5-6>의 (B)].

<상자 5-6> 복수응답문항의 코딩

(A) 중복법에 의한 중복응답의 코딩

ID	WEL1	WEL2	WEL3	WEL4	WEL5
1001	1	2	5	0	0
1002	1	2	3	4	5
1003	2	3	4	0	0
1004	1	4	0	0	0
1005	1	2	3	5	0

(B) 이분법에 의한 중복응답의 코딩

ID	WEL1	WEL2	WEL3	WEL4	WEL5
1001	1	1	0	0	1
1002	1	1	1	1	1
1003	0	1	1	1	0
1004	1	0	0	1	0
1005	1	1	1	0	1

(3) 통계분석

SPSS에는 복수응답문항을 분석하는 방법은 여러 가지가 있다. 첫째, 어떤 사항을 두 개만 고르도록 지시한 경우라면, 각각 빈도분석을 실시하여 전반적인 상태를 분석하여 볼 수 있을 것이다. 둘째, 우선순위 없이 두 개만 고르는 질문이라면, SPSS의 메뉴에서 분석(A) → 다중응답(U) → 변수군 정의(D)……를 사용하여 그 응답범주를 골랐는지 아닌지에 따라 변수를 새로 만들 수 있다. 또한 변수 값 변경과 변수 계산을 통해 새로운 변수를 만드는 방법도 가능하다.

(4) 보고 및 해석

복수응답문항의 빈도분석표는 전체 응답자가 복수 응답을 한 현황을 보여주므로 모든 빈도를 합하면 당연히 전체 응답자 수보다 많아진다. 이 경우 '합계'가 아니라 전체 응답자 수라는 의미로 'BASE'라고 부른다.

아래의 <상자 5-7>의 예에서, 전체 응답자는 76명이며(n=76), 그들이 무료노인복지시설의 자격기준에서 연령기준을 제외하여야 할 여러 가지 이유를 122번 중복 선택하였다. 이유별 빈도의 백분율은 전체 빈도수(122번)에 대한 퍼센트를 나타낸다. 한편 응답자의 비율은 전체 응답자 가운데서 해당 이유를 선택한 응답자의 퍼센트를 나타낸다. 예를 들면, '연령기준이 건강상태와 상관없이 일률적으로 적용되고 있기 때문에'라는 이유는 전체 응답자들이 69번 선택하였는데(즉, 69명이 선택), 이것은 응답자들이 선택한 모든 이유(122번)의 56.6%이며, 그 이유를 선택한 응답자가 전체 응답자의 90.8%(76명 중 69명)에 이른다는 의미이다.

<상자 5-7> **복수응답문항의 빈도분석표(예시)**

<무료노인복지시설 입소 자격기준에서 연령기준을 제외하여야 할 이유>

이유	이유별 빈도		응답자의 비율(n=76)
	빈도	%	
연령기준이 건강상태와 상관없이 일률적으로 적용되고 있기 때문에	69	56.6	90.8
연령기준이 소득수준과 상관없이 일률적으로 적용되고 있기 때문에	21	17.2	27.6
연령기준이 부양의무자 유무와 상관없이 일률적으로 적용되고 있기 때문에	27	22.1	35.5
연령기준이 현실적으로 지켜지지 않고 있기 때문에	4	3.3	5.3
현재 상당히 많은 65세 미만의 사람들이 무료노인복지시설에 거주하기 때문에	1	0.8	1.3
BASE	122	100.0	

우선순위형 문항에 대한 응답내용을 분석하는 한 가지 방법은 우선순위별로 서로 다른 가중치를 부여하여 점수를 계산하고 서로 비교하는 방법이다(<상자 5-8>). 앞에서 예로 든, 지역주민의 복지 증진을 위해 가장 필요한 서비스를 순서대로 두 개(즉, 1순위와 2순위) 고르는 질문의 응답내용이 다음과 같다고 가정하자. 설문지상의 응답을 보면, 1순위 응답이 많은 서비스의 순서는 노인복지사업, 아동복지사업, 장애인복지사업, ……의 순서이다. 1순위와 2순위를 단순히 합산하면(이것은 순서에 관계없이 무조건 2개를 고르라는 지시문과 같다), 응답이 많은 순서는 장애인복지사업, 청소년복지사업, 노인복지사업, ……의 순서이다.

여기에서 만약 조사연구자가 1순위에는 200% 그리고 2순위에는 100%의 가중치를 부여하여 두 점수를 합산할 경우에는 총점의 순서가 노인복지사업, 장애인복지사업, 청소년복지사업, 아동복지사업, ……으로 바뀐다.

<상자 5-8> 응답의 가중치에 의한 우선순위형 복수응답문항의 분석(예시)

구분	설문지상의 응답(명)			응답의 가중치에 의한 분석(점)		
	1순위 (A)	2순위 (B)	합계 (A+B)	1순위 (A×200%=C)	2순위 (B×100%=D)	총점 (C+D)
노인복지사업	20	5	25	40	5	45
아동복지사업	11	9	20	22	9	31
청소년복지사업	9	18	27	18	18	36
장애인복지사업	10	19	29	20	19	39
여성복지사업	4	4	8	8	4	12
저소득층복지사업	6	5	11	12	5	17

우선순위형 문항의 분석에 있어서 일반적으로 두 개를 고르는 질문의 경우, 1순위에는 200%, 2순위에는 100%의 가중치를 부여한다. 만약 3순위까지 고르는 문항이라면, 1순위 내지 3순위에 각각 300%, 200%, 100%의 가중치를 부여하거나, 각 순위에 200%, 150%, 100%의 가중치를 부여한다. 각 순위에 부여하는 가중치의 크기(비율)는 연구자의 주관적 판단에 따라 이루어지므로 연구자는 타당성 있는 근거를 마련하기 위해 이론적 기초를 갖추거나 선행연구의 선례를 참조하는 것이 바람직하다.

5) 더미변수의 처리

독립변수가 항상 연속변수일 수만은 없으며, 독립변수가 범주변수인 경우도 적지 않다. 특히 사회과학의 많은 데이터는 범주형으로 조사된 변수가 많다. 이하에서는 범주변수를 더미변수로 만드는 방법에 대하여 고찰한다.

(1) 더미변수의 수

범주형 자료를 회귀분석하기 위해서는 더미변수(dummy variable, 가변수, 지시변수)로 변환해야 한다. 더미변수는 변수 값(자료 값)으로 0과 1만을 가지는 변수이다. 성별의 예를 들면, 남자는 1, 아니면(즉, 여자이면) 0의 값을 갖는다.

범주변수를 더미변수로 만들기 위해서는 먼저 몇 개의 더미변수를 만들 것인가를 결정하여야 한다. 더미변수의 수를 결정하는 공식은 다음과 같다.

더미변수의 수=범주의 수-1

성별의 범주의 수가 2이므로 성별을 더미변수로 변환시킬 때 만들어야 할 더미변수는 1개이다(<상자 5-9>). 아래의 예에서 새로 만들고자 하는 더미변수의 명칭은 "더미남자"이며, 이는 원래 변수인 '성별'의 자료 값이 남자인 경우이다. 이 경우 비교의 기준이 변수는 성별이 여자인 경우이다(회귀분석 결과를 보고하는 표에는 "여자=0"이라고 표기함). '여자'를 지칭하는 별도의 더미변수는 만들 필요가 없는데, "더미남자"의 자료 값이 0인 경우는 모두 '여자'에 해당되기 때문이다.

<상자 5-9> **더미변수의 수 및 입력방법**(범주의 수=2)

<범주의 수가 2개일 때의 더미변수의 입력>

	원래변수	더미변수(1개)
변수명	"성별"	"더미남자"
자료 값	① 남자	1
	② 여자	0

어떤 문항의 응답 범주의 수가 3개일 경우 더미변수를 2개 만들어야 한다(<상자 5-10>). 아래의 예는 원래 변수인 '반 편성'을 "더미초급"과 "더미중급"이라는 두 개의 더미변수로 전환하는 사례이다. 이 경우 원래 변수 중 '고급반'이 비교의 기준이 된다(회귀분석 결과를 보고하는 표에는 "고급반=0"이라고 표기함).

<상자 5-10> 더미변수의 수 및 입력방법(범주의 수=3)

<범주의 수가 3개일 때의 더미변수의 입력>

구분	원래변수	더미변수(2개)	
변수명	"반 편성"	"더미초급"	"더미중급"
자료 값	① 초급반	1	0
	② 중급반	0	1
	③ 고급반	0	0

범주가 네 개 이상일 경우도 마찬가지이다. 예를 들면, '계절'이라는 범주변수를 더미변수로 바꾸려면 범주의 수가 4개이므로 3개의 더미변수를 만들어야 한다(<상자 5-11>). 비교의 기준이 되는 변수를 '겨울'로 할 경우(즉, "겨울=0"), 원래 변수 '봄'을 '더미봄'으로 바꾸고, 원래 변수 '봄'의 자료 값은 1로 두고, 나머지 계절의 자료 값을 모두 0으로 바꾼다. 또한 원래 변수 '여름'을 '더미여름'으로 바꾸고, 원래 변수 '여름'의 자료 값을 1로, 나머지 계절의 자료 값을 모두 0으로 바꾼다. 마찬가지로, 원래 변수 '가을'을 '더미가을'로 바꾸는데, 원래 변수 가을의 자료 값을 1로, 나머지 계절의 자료 값을 모두 0으로 바꾼다.

<상자 5-11> 더미변수의 수 및 입력방법(범주의 수=4)

<범주의 수가 4개일 때의 더미변수의 입력>

구분	원래변수	더미변수(3개)		
변수명	"계절"	"더미봄"	"더미여름"	"더미가을"
자료 값	① 봄	1	0	0
	② 여름	0	1	0
	③ 가을	0	0	1
	④ 겨울	0	0	0

(2) 더미변수의 코딩 및 전산입력

아래 <상자 5-12>는 코딩변경 과정을 통해 보통의 변수를 더미변수로 변환한 후 실제로 SPSS 프로그램에 자료 값의 입력을 마친 상태를 보여주는 사례이다. 먼저 더미변수의 수가 어떻게 결정되었는지 살펴보자. 이 사례의 범주의 수는 2개(남성, 여성)이므로 '2(범주의 수)-1=1', 즉 더미변수의 수는 1개이다.

SPSS 데이터 파일에 더미변수를 생성한 후 자료 값을 입력하기 위해서는 코딩변경을 통해 "성별"을 "더미성별"로 변수명을 변경하고, 자료 값의 변경은 (1→1, 2→0)과 같이 입력한다. 이 단계에서 자료 값이 '0'으로 입력되는 범주가 기준변수이다. <상자 5-12>의 경우 '여성'이 기준변수이다(즉, 여성=0). 반면에, "더미성별"은 자료 값이 '1'로 입력되며, 기준변수와 비교되는 변수, 즉 '남성'을 가리킨다.

<상자 5-12> 더미변수가 하나인 경우의 자료 입력(예시)

편집(E) 보기(V) 데이터(D) 변환(T) 분석(A) 그래프(G) 유틸리티(U) 창(W) 도움말(H)

성별을 더미변수로 변환하여 입력한 사례

폭력5계	더미성별	더			학력2	더미고용
1	0				0	1
1	0				1	1
1	0				1	1
1	0				1	1
2	0				1	1
2	1	1	0	0	0	1
1	0	0	1	0	1	1
1	0	0	1	1	0	1
1	0	1	0	0	1	1
2	0	1	0	0	0	1
2	1	1	0	0	1	1
3	0	0	1	0	1	0
2	0	0	1	1	0	1
2	0	1	0	1	0	1
1	0	1	0	1	0	1
2	0	1	0	0	1	1

아래 <상자 5-13>은 학력을 더미변수로 변환하여 SPSS에 입력한 상태를 보여주는 화면의 일부이다. 이 예제에서 학력 변수는 '전문대 졸업 이하, 대학교 졸업, 대학원 졸업 이상'이라는 3개의 범주로 조사되었으며, 따라서 2개의 더미변수를 만들었음을 알 수 있다. 또한 SPSS 입력과정에서는 코딩변경을 "더미학력1"(전문대 졸업 이하)의 경우에는 (1→1, 2→0, 3→0), 그리고 "더미학력2"(대학교 졸업)의 경우에는 (1→0, 2→1, 3→0)으로 입력하였다. '대학원 졸업 이상'을 지칭하는 별도의 더미변수를 만들 필요는 없는데, 그 이유는 "더미학력1"과 "더미학력2"의 자료 값이 모두 0인 경우가 바로 대학원 졸업 이상에 해당하기 때문이다.

<상자 5-13> 더미변수가 두 개인 경우의 자료 입력(예시)

편집(E) 보기(V) 데이터(D) 변환(T) 분석(A) 그래프(G) 유틸리티(U) 창(W) 도움말(H)

학력을 더미변수로 변환하여 입력한 사례

더미결혼2	더미학력1	더미학력2				미직위
0	0	0				1
0	0	1				1
0	0	1				1
0	0	1				0
0	0	1				1
0	0	0	1	0	1	0
1	0	1	1	0	0	1
1	1	0	1	0	0	1
0	0	1	1	0	0	1
0	0	0	1	1	0	0
0	0	1	1	.	.	1
1	0	1	0	0	1	1
1	1	0	1	0	1	1
0	1	0	1	0	1	1
0	1	0	1	.	.	1
0	0	1	1	0	1	1

2. 일원적 분석

일원적 분석(univariate analysis)은 단일변수를 분석의 대상으로 삼는 통계분석 방법이다. 자료분석의 단계에서는 맨 먼저 일원적 분석을 실시하는 것이 보통이다. 수집된 데이터들이 어떤 성격을 가지고 있는지 알기 위해서는 먼저 일원적 분석을 통해 빈도, 평균, 분산, 범위 등을 분석하여야 할 필요가 있기 때문이다. 탐색이나 묘사를 주된 목적으로 하는 조사연구에서 일원적 통계분석이 주로 사용되는 것은 당연하다 할 것이다. 그러나 조사연구의 주된 목적이 변수들 사이의 관계를 파악하는 것일 경우에도 표본자료의 특성을 이해하기 위해서는 가장 먼저 일원적 분석을 실시하는 것이 일반적이다. 일원적 분석에서는 빈도분석, 집중경향치, 산포도, 분포의 모양 등에 관한 통계방법이 많이 사용된다.

1) 범주형 자료의 기술통계

설문지의 질문 가운데 범주형 질문은 응답범주가 달려 있는 문항이다. 범주형 질문에 대한 응답들은 하나의 분포(distribution)를 이룬다. 자료분석의 단계에서 가장 먼저 할 일은 질문별로(즉, 변수별로) 기술통계를 구하는 일이다.

(1) 명목변수의 빈도분포

명목변수(범주형 변수)의 기술통계량은 빈도분포와 백분율분포 등으로 대표되는데, 이와 같은 기술통계량과 더불어 막대그래프나 원그래프 등이 함께 사용되기도 한다.

① 빈도분포(frequency distribution)

빈도분포는 한 변수의 변수 값들의 분포 양상을 빈도로서 나타낸 것을 말한다. 빈도는 각 변수 값들이 자료에서 몇 번 정도 나타나는지를 헤아리는 것이다. 또한 범주별로 나타난 빈도를 표로 정리한 것이 빈도표(frequency table) 또는 빈도분석표라고 한다.

SPSS에서 빈도분석표를 만들기 위해서는 분석(A)→기술통계량(E)→빈도분석(F)……을 클릭하여 빈도분석 대화상자를 이용한다. SPSS의 빈도분석표에는 빈도뿐만 아니라 퍼센트, 유효 퍼센트, 누적 퍼센트 등이 동시에 제시된다.

- 빈도: 범주별로 자료 값이 나타난 횟수(예: ○명, ○번)
- 퍼센트: (그 값을 가진 케이스 수/전체 케이스 수)×100
- 유효 퍼센트: (그 값을 가진 케이스 수/유효 케이스 수)×100
- 누적 퍼센트: 유효 케이스 중 해당 변수 이하의 값을 가진 케이스의 비율

유효 퍼센트의 경우, 유효 케이스인지 아닌지는 변수 정의 단계에서 결정된다. 즉, 결측 값으로 지정된 케이스는 유효 케이스에서 제외된다. 결측 값을 지정하는 방법은 두 가지이다. 첫째, 데이터 파일에 입력할 때, 결측 값(무응답)에 해당하는 칼럼을 빈칸으로 만드는 방법이 있다. SPSS 출력결과물에서는 이것을 시스템 결측 값(system missing)이라고 부른다. 이 경우 모든 유형의 시스템 결측 값들은 사실상 동일한 것으로 취급된다. 둘째, 여러 가지 유형의 오류에 대하여 각각 다른 수를 할당하여 입력하는 방법이 있다. 예를 들어, 무응답은 '9', 잘못된 응답 표기는 '8' 등으로 구분하여 입력하고, 나중에 필요에 의해 선별적으로 분석할 수 있다. 또한 분석의 목적에 따라 특정한 변수 값들을 제외하고 분석할 때도 이 방법이 더 유리하다.

범주형 자료에서 누적 퍼센트는 별로 의미가 없다. 왜냐하면 범주형 변수의 경우 각 범주 간에 어떤 의미 있는 관계가 존재하지 않기 때문이다. 그러나 서열변수, 등간변수, 비율변수의 경우에는 누적 퍼센트가 매우 큰 의미를 가지고 있으며, 따라서 자료의 분석 및 해석 단계에서 유용하게 사용할 수 있는 통계량이다. 또한 누적 퍼센트는 특정 범주의 개략

적인 백분위수(percentile)를 알려주는 기능도 수행한다.

② 백분율분포(percentage distribution)

백분율분포는 빈도분포를 백분율로 환산한 것이다. 즉, 전체 빈도(케이스 수)를 100으로 볼 때 각 변수 값이 어느 정도의 값을 차지하는지 나타내는 것이다. 백분율분포는 빈도분포보다 더 해석하기 쉽고 더 흥미롭기 때문에 실제 조사연구에서 더 많이 사용된다. 그 이유는 백분율의 비교를 통해 서로 다른 사례 수를 가진 집단들을 합리적으로 비교할 수 있기 때문이다. 또한 표본의 백분율이 모집단 백분율의 추정치로 사용될 수도 있는데, 이 경우 표본의 응답분포를 보고 모집단의 응답분포를 추정할 수 있다. 그러므로 설문조사의 결과를 해석함에 있어서 빈도분석표의 백분율 분포가 가장 중요한 항목이라고 할 수 있다.

백분율분포를 보고하는 표(백분율분포표)에는 두 가지 유형이 있다(<상자 5-14>). 하나는 빈도와 퍼센트를 동시에 수록하는 표이며, 다른 하나는 퍼센트만을 수록하는 표이다. 결측 값(무응답)은 전자에는 포함되지만 후자에는 포함되지 않는다. 즉, 후자는 유효 퍼센트만을 보고하는 표이다.

<상자 5-14> **범주형 변수의 백분율분포표(예시)**

(A) 빈도와 퍼센트를 모두 보고하는 사례

기관 유형	빈도(명)	비율(%)
노인복지시설	37	14.3
종합사회복지관	44	17.0
장애인복지시설	77	29.7
아동복지시설	22	8.5
행정기관	77	29.7
무응답	2	0.8
계	259	100.0

(B) 퍼센트만을 보고하는 사례

기관 유형(n=257)	비율(%)
노인복지시설	14.4
종합사회복지관	17.1
장애인복지시설	30.0
아동복지시설	8.6
행정기관	30.0

③ 빈도분포의 그래프

SPSS, SAS, EXCEL 등 대부분의 통계분석패키지는 빈도분석표 외에도 다양한 유형의 그래프를 그릴 수 있는 기능을 가지고 있다. 자료의 빈도분포를 묘사하는 가장 대표적인 그래프는 막대그래프와 원그래프이다. 막대그래프는 빈도를 막대의 높이로 표현하는 그래프이다. 막대그래프의 종류로는 가로막대그래프, 세로막대그래프, 히스토그램 등이 있다. 원그래프는 빈도를 전체에 대한 비율로 표현하는 그래프이다. <상자 5-15>에는 빈도와 퍼센트의 분포 양상을 설명하는 두 개의 가로막대그래프가 포함되어 있다.

<상자 5-15> 빈도 막대그래프와 백분율 막대그래프(예시)

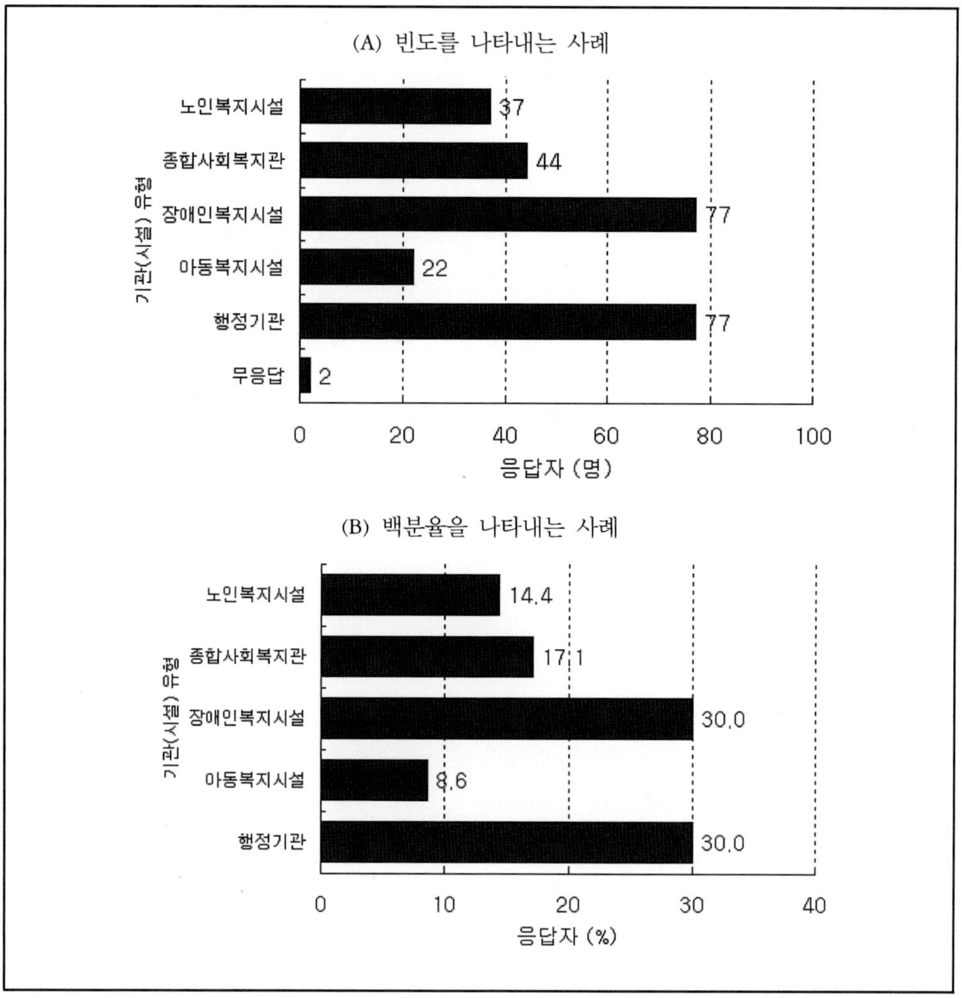

(A) 빈도를 나타내는 사례

기관(시설) 유형
노인복지시설 37
종합사회복지관 44
장애인복지시설 77
아동복지시설 22
행정기관 77
무응답 2
0 20 40 60 80 100
응답자 (명)

(B) 백분율을 나타내는 사례

기관(시설) 유형
노인복지시설 14.4
종합사회복지관 17.1
장애인복지시설 30.0
아동복지시설 8.6
행정기관 30.0
0 10 20 30 40
응답자 (%)

(2) 서열변수의 빈도분포

서열변수는 서열을 가지고 있는 변수이다. 서열변수의 빈도분석은 명목변수의 경우와 크게 다르지 않다.

(3) 등간 및 비율변수의 빈도분포

등간변수와 비율변수를 총칭하여 보통 수량변수라고 부른다. 수량변수의 빈도분석표를 나타내는 방법은 범주형 변수의 경우와는 다르다. 수량변수의 특성상 변수 값들이 연속적으로 분포되어 있기 때문에 그것을 단순히 빈도표로 나타내면 분포의 양상을 한눈에 알아보기 어렵다. 즉, 수량변수의 빈도분포를 모든 범주를 기준으로 나타내면 분포 양상에 대한 함축적인 설명이 거의 불가능하다.

등간변수 또는 비율변수로 측정된 변수 값들은 서열등급 또는 다른 수준의 등간등급으로 고쳐서 빈도분석을 실시하여야 한다. SPSS에서는 코딩변경(recode)이라는 절차 명령을 사용하여 수량변수를 범주변수로 변환시키는 작업이 가능하다. 이렇게 하면 수량변수에 대한 구간별 빈도분석이 이루어지며, 이러한 방법이 자료의 압축적인 설명이라는 빈도분석의 목적에 더 적합하다.

몇 개 정도의 구간으로 묶을 것인지는 변수의 성격과 분석의 목적에 따라 달라진다. 보통 구간의 수는 10개를 넘지 않는 것이 좋다.

2) 연속형 자료의 기술통계

매우 많은 수의 자료 값을 갖고 있는 연속적 수량변수의 분포를 묘사하기 위하여 빈도표(frequency table)를 사용할 수는 없다. 연속적 수량변수를 묘사하기 위해서는 빈도표 대신에 다른 여러 가지 통계량이 사용되고 있는데, 중요한 것은 척도의 유형에 따라 그에 적합한 통계기법이 달라진다는 점이다(<상자 5-16>).

<상자 5-16> 기술통계분석을 위한 통계기법

척도의 유형 (scale type)	평균 (average)	산포도 (spread)	분포의 모양 (shape)
명목척도 (nominal scale)	최빈값	-	-
서열척도 (ordinal scale)	중앙값 최빈값	범위 최댓값, 최솟값	-
등간척도 (interval scale)	산술평균 중앙값 최빈값	표준편차 범위 최댓값, 최솟값	왜도 첨도
비율척도 (ratio scale)	산술평균 중앙값 최빈값	표준편차 범위 최댓값, 최솟값	왜도 첨도

자료의 분포와 관련하여 조사연구자들이 일반적으로 측정하고 묘사하는 세 가지 특성은 평균(average), 산포도(spread), 분포의 모양(shape)이다. 평균은 가장 전형적인 값을 의미하는데, 그와 같은 값의 계수를 나타내는 용어를 집중경향치의 측정값(measure of central tendency)이라 한다. 산포도는 평균값으로부터 벗어난 편차의 양을 말하는데, 편차(dispersion)나 분산(variance)이라고도 한다. 한편, 분포의 모양은 자료의 분포가 어떤 모습을 보이는지 그 형태(form)를 말한다.

조사연구자는 가장 적합한 통계기법을 선택하기 위하여 먼저 어떤 유형의 척도에 의해 변수들이 측정되었는지를 확인하여야 한다. 위 <상자 5-16>을 보면 척도의 유형에 따라서는 두 개 이상의 통계량이 제시되어 있는데, 앞에 제시된 것일수록 더 자주 사용되며 더 적합한 방법이다. 일반적으로 낮은 등급의 척도유형에 적용할 수 있는 통계기법은 보다 높은 등급의 척도유형에도 적용할 수 있다. <상자 5-16>에서 보면, 최빈값(mode)은 가장 낮은 척도등급(명목척도)에서 사용이 가능할 뿐만 아니라 그 위의 모든 등급에서 사용할 수 있다. 중앙값(median)은 서열척도에서부터 모든 척도에 걸쳐 사용이 가능하다. 산술평균(mean)은 등간척도에서 사용이 가능하며 비율척도에서도 사용할 수 있다. 그러나 낮은 등급에서 가장 선호되는 통계기법이 상위등급에서도 가장 선호되는 것은 아니라는 점을 유의해야 한다.

위 <상자 5-16>에서 통계량이 표시되어 있지 않는 경우는 해당 척도자료를 적절하게 묘사할 수 있는 통계적 계수가 존재하지 않는다는 것을 암시한다. 예를 들면, 명목변수의 경우에는 산포도나 분포의 모양을 나타내는 통계량이 없으며, 서열변수의 경우에는 분포의 모양을 나타내는 통계량이 없다. 이와 같은 경우에는 자료의 분포를 표나 그래프에 의하여 묘사하는 것이 최선책이 될 것이다.

3) 집중경향치의 측정

연속형 변수가 지니는 여러 값(관찰 값)의 중심이 어디인가를 알려주거나 그 변수의 분포를 대표할 만한 값이 얼마인지를 알려주는 통계량을 집중경향치라고 한다. 이 통계량을 중심경향치나 대푯값이라고 부르기도 한다. 집중경향치를 나타내는 방법으로는 산술평균(mean), 중앙값(median), 최빈값(mode)이 있다.

(1) 산술평균(mean)

일반적으로 평균(average)이라고 할 때는 이 산술평균(arithmetic mean)을 의미한다. 산술평균을 의미하는 기호는 $\overline{x}$ 이다. 때로는 M과 μ 가 사용되기도 하는데, 전자는 표본평균(표본집단의 산술평균), 후자는 모평균(모집단의 산술평균)을 가리킨다.

수학적인 의미에서의 산술평균은 개별 변수 값들을 모두 더한 다음에 전체의 케이스 수로 나눈 값이다. 따라서 평균을 계산하는 공식은

$$\overline{x} = \frac{\sum x_i}{n}$$

이다. 여기서 $\sum x_i$는 각 케이스의 관찰 값 x_i를 모두 합한다는 뜻이며, n은 유효 케이스의 수이다.

산술평균은 집중경향치를 나타내는 통계량 가운데 가장 많이 알려져 있고 가장 널리 사용되고 있다. 산술평균의 특징은 다음과 같다(정영해 외, 2005). 첫째, 명목변수나 서열변수의 산술평균은 별다른 의미가 없다. 명목변수나 서열변수의 경우 각 응답범주를 구분하는 숫자는 단지 사물을 구별하는 역할을 담당하고 있으며, 따라서 그러한 숫자들의 평균은 큰

의미가 없다. 반면에, 등간척도나 비율척도로 측정된 자료의 경우에는 산술평균이 여러 의미를 가지고 있다. 둘째, 산술평균은 특정 자료 분포에 포함된 여러 케이스들의 균형점(balance point) 또는 무게중심이다. 그렇기 때문에 평균은 자료 값 중에서 비정상적으로 크거나 작은 값, 즉 이상점(outlier, 극단치)의 영향을 많이 받는다. 셋째, 각 케이스의 관찰 값에서 평균을 뺀 값, 즉 편차(deviation)를 모두 합하면 항상 0이 된다. 넷째, 평균으로부터의 편차의 제곱을 합하면, 다른 어떤 값으로부터의 편차를 제곱하여 합한 것보다 더 작은 값이 나온다.

산술평균이 특정 분포에 포함된 모든 변수 값의 균형점 또는 무게중심이며, 그러한 모든 변수에 대하여 매우 민감하다는 것을 예를 들어 설명하여 보자. 우선 자료의 관찰 값이 다음과 같다고 가정한다(자료: Williams, 1992, p.39).

8, 10, 13, 9, 7, 11, 10, 12, 10, 9, 11

만약 이 모든 자료 값을 <상자 5-17>과 같이 눈금이 그려진 저울 위에 쌓는다면, 그 균형점은 저울의 무게중심이며, 곧 산술평균이 된다[<상자 5-17>의 (A) 참조]. 더 나아가, 자료 분포의 균형점은 자료 값과 산술평균과의 편차(deviations)로도 설명이 가능하다. 자료 값과 산술평균과의 편차는 0, 음수 값, 양수 값으로 구분되는데, 편차의 모든 음수 값을 합한 값은 편차의 모든 양수 값을 합한 값과 동일하다. 이 역시 산술평균이 자료 분포의 균형점이라는 사실을 알려준다[<상자 5-17>의 (B) 참조].

<상자 5-17> 균형점으로서의 산술평균

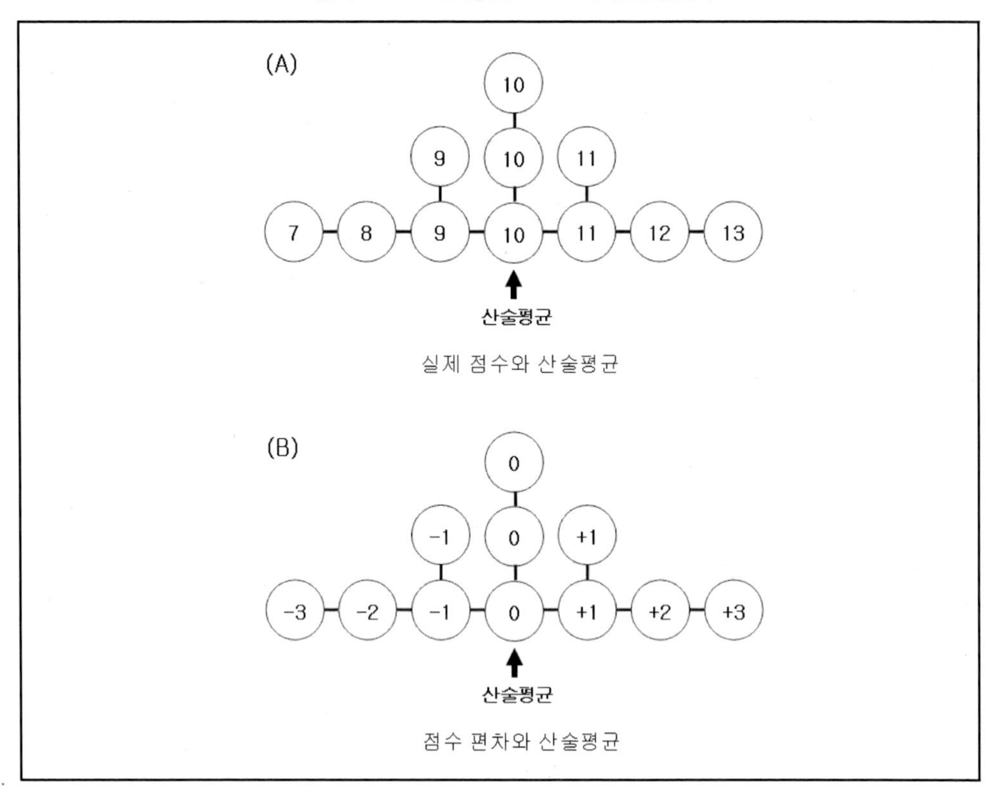

(2) 중앙값(median)

중앙값은 중위수라고도 부른다. 중앙값을 나타내는 기호는 Mdn이다. 중앙값은 한 변수에서 나타나는 변수 값들을 오름차순으로 정리하였을 때(가장 낮은 것에서부터 가장 높은 것에 이르기까지 순서대로 늘어놓았을 때), 한가운데 위치하고 있는 변수 값을 말한다. 따라서 자료의 분포에 포함된 전체 변수 값 가운데 절반은 중앙값보다 작은 값들이며, 절반은 중앙값보다 큰 값들이다.

산술평균과 비교하면, 중앙값은 다음의 특징을 가지고 있다(정영해 외, 2005). 첫째, 중앙값은 서열변수나 등간변수 이상에서만 의미가 있다. 중앙값을 내기 위해서는 자료를 오름차순으로 배열하여야 하는데, 자료의 논리적인 순차적 배열은 서열변수, 등간변수, 비율변수에서만 가능하기 때문이다. 둘째, 자료의 분포가 중앙값을 중심으로 좌우대칭인 경우에는 중앙값과 산술평균은 서로 동일하다. 셋째, 중앙값을 중심으로 자료 분포의 꼬리가 한쪽으로 길게 늘어진 경우, 산술평균은 중앙값보다 꼬리 쪽으로 더 치우쳐 위치한다. 넷째, 중앙값은 이상점(outlier)의 영향을 적게 받는 통계량이다. 끝으로, 중앙값을 계산할 때 전체 케이스의 수와 절반 근처에 위치한 두 케이스의 관찰 값만 필요하므로, 특정 자료 분포에 포함되어 있는 모든 케이스의 관찰 값들이 갖고 있는 정보를 최대한 이용하지 못한다는 한계를 지니고 있다.

(3) 최빈값(mode)

한 변수의 값들 중에서 가장 빈번하게 나타나는 변수 값을 말한다. 일반적으로 최빈값을 나타내는 기호로 Mo를 사용한다. 최빈값은 관찰빈도가 가장 높은 관찰 값이므로, 다른 관찰 값이 얼마인지 또는 몇 개의 케이스가 있는지 등은 최빈값의 결정에 하등의 영향을 미치지 않는다. 따라서 최빈값은 자료의 분포상태로부터 얻을 수 있는 정보를 가장 적게 이용하는 통계량이다.

최빈값의 장점 가운데 하나는 계산의 간편성이다. 자료의 분포상태를 눈으로 보기만 하여도 최빈값을 알 수 있다. 하나의 분포에서 최빈값이 하나인 경우도 있지만, 두 개 또는 그 이상의 최빈값이 존재하는 경우도 있다. 물론 최빈값이 없는 경우도 있다.

최빈값의 특징은 다음과 같다(정영해 외, 2005). 첫째, 최빈값은 변수의 측정수준에 관계없이 언제라도 사용할 수 있다. 예컨대, 명목변수, 서열변수, 등간변수, 비율변수 가운데 어느 경우라 할지라도 최빈값을 계산하는 것이 나름의 의미가 있다. 둘째, 자료의 분포에 따라서는 최빈값이 없는 경우, 오직 1개 있는 경우, 2개 이상 있는 경우가 있다. 셋째, 봉우리가 하나이고 좌우가 대칭인 분포에서는 산술평균, 중앙값, 최빈값이 모두 같다.

(4) 집중경향치의 비교

산술평균과 달리, 중앙값과 최빈값이 항상 자료 분포의 균형점(balance point)이 되는 것은 아니다. 위 <상자 5-17>의 자료 분포를 예로 들면, 만약 위 분포에 새로운 자료 값을 추가하거나 기존의 자료 값을 제거하거나 자료 값의 배열 순서를 바꾸면 중앙값이 바뀐다. 마찬가지로 가장 빈도가 높은 범주에서 자료 값을 제거하거나 기존의 범주에 새로운 자료 값을 더함으로써 새로운 범주의 빈도가 가장 높도록 만들어주면 최빈값이 변하게 된다. 반면에, 추가하거나 제거하거나 순서를 바꾸어도 중앙값이나 최빈값에 아무런 영향을 주지 않는 자료 값도 많다.

산술평균은 분포 안에 포함된 각 자료 값들에 대하여 매우 민감하다. 그럼에도 불구하고, 종종 집중경향치를 나타내는 통계량으로 산술평균 대신에 중앙값과 최빈값을 사용하는 이유는 무엇인가? 최빈값을 사용하는 가장 실제적인 이유는 그것을 구하기 쉽다는 점이다. 빈도표를 훑어보기만 하여도 쉽게 최빈값을 찾아낼 수 있다. 중앙값을 사용하는 이유도 크게 다르지 않다. 오름차순으로 정렬된 자료 값 중에서 가장 중앙에 위치하고 있는 자료 값을 찾아내는 일은 그리 어렵지 않을 것이다. 반면에, 산술평균은 상당한 양의 수학적 계산이 수반되어야 하므로 상대적으로 구하기 어려운 계수이다.

산술평균과 중앙값을 비교할 때 고려하여야 할 사항이 몇 가지 있다(Williams, 1992). 산술평균은 자료 분포의 균형점으로서의 특성을 지니고 있기 때문에 극단적으로 크거나 작은 자료 값이 존재하는 경우에는 그쪽으로 '끌려가는' 성질을 가지고 있다(<상자 5-18>).

<상자 5-18> 산술평균과 중앙값의 상대적 위치에 미치는 왜도의 영향

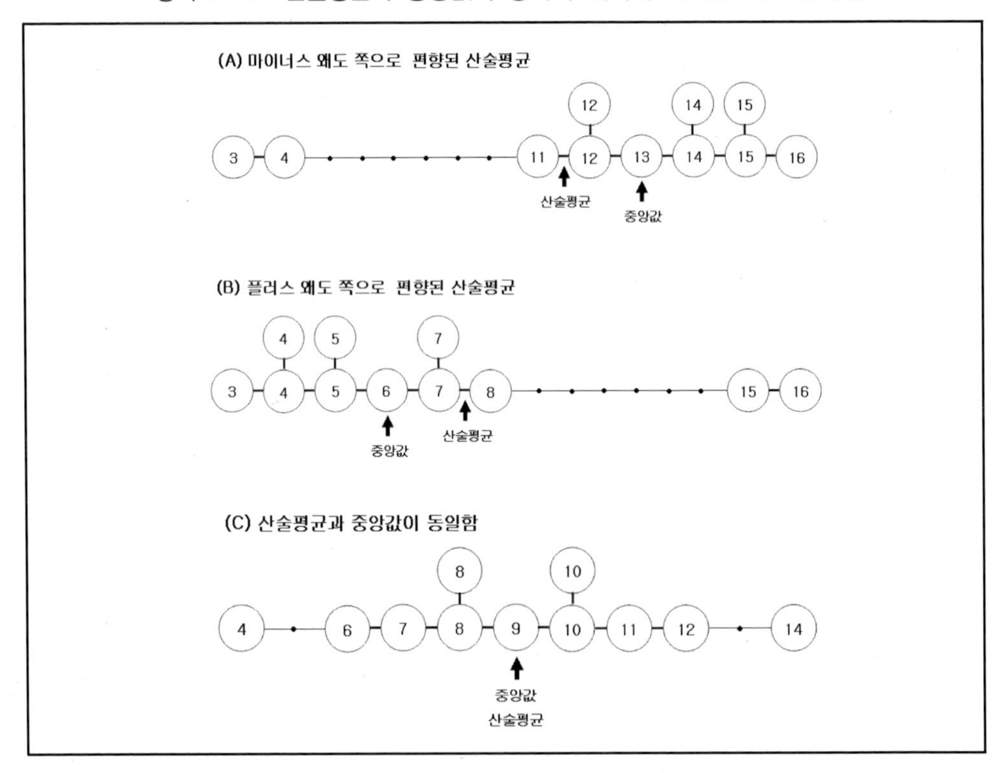

<상자 5-18>의 (A)에서 보면, 산술평균이 중앙값의 왼쪽에 있는데, 이것은 3, 4라는 이상점(outlier)이 산술평균을 '끌어당기기' 때문이다. 즉, 왼쪽에 있는 소수의 극단적인 자료 값이 균형점을 왼쪽으로 이동시키고 있다. 마찬가지로 (B)에서는 산술평균이 오른쪽에 있는 극단적인 자료 값들의 영향을 받아 오른쪽으로 치우쳐 있다. 즉, 산술평균이 중앙값의 오른쪽에 위치한다. (A)와 (B)의 경우처럼, 이상점이 존재하는 자료 분포에서는 산술평균이 아니라 중앙값이 자료의 집중경향치를 가장 잘 대표할 수 있는 통계량이 된다. 참고로, (C)에서 알 수 있는 바와 같이, 자료의 분포가 좌우대칭일 경우에는 산술평균과 중앙값이 서로 같다.

4) 산포도의 측정

산포도는 자료 값(변수가 지니는 여러 수치)들이 어떤 특정한 대푯값(예를 들면, 산술평균)을 중심으로 어느 정도나 흩어져 있는가를 나타내는 통계량이다. 즉, 산포도는 자료 분포에서 자료가 퍼진 정도를 측정하는 계수이다. 대푯값만으로는 전체 자료 값들의 분포 양상을 제대로 알 수 없으므로 분포의 퍼진 정도를 함께 살펴보아야 한다.

데이터의 퍼진 정도, 즉 산포도를 측정하는 방법에는 여러 가지가 있는데, 대표적인 것이 범위, 사분편차, 분산, 표준편차 등이다.

(1) 범위(range)

관찰 값 중 가장 큰 값을 최댓값, 가장 적은 값을 최솟값이라 하는데, 이 두 값 사이의 거리를 범위라 한다. 범위는 R로 표현되며, 산출 공식은 다음과 같다.[4]

R=최댓값-최솟값

범위의 가장 큰 장점은 쉽게 구할 수 있다는 점이다. 빈도표에서 최댓값과 최솟값을 찾아 그 차이를 계산하면 된다. 그러나 전체 자료 값 중에서 단지 두 개의 자료만을 사용하기

4) 간혹 범위 대신에 총범위(total range)가 사용되는 경우가 있다. 총범위를 구하는 공식은 (최댓값-최솟값+1)이다(Williams, 1992: 41).

때문에 범위는 관측된 자료 값 전체를 충분히 활용하지 못한다는 한계를 가지고 있다. 또한 최솟값 또는 최댓값이 이상점(outlier)일 경우에는 매우 과장된 값의 범위가 나오게 된다. 따라서 범위는 산포도를 나타내는 다른 통계량의 보조적인 측도로 주로 사용된다.

(2) 사분편차(quartile deviation)

사분편차는 사분위수범위(IQR: inter quartile range)이라고도 한다.[5] 사분편차는 분산의 정도를 가늠하기 위한 목적으로 계산되는데, 변수 값 분포의 75%에 위치한 변수 값에서 25%에 위치한 변수 값을 빼서 구한 값이다. 범위(range)는 산포도를 나타내는 적절한 통계량이 되기 어려운 경우가 많은데, 대부분의 분포에서 자료 분포의 양 끝에 위치한 최댓값과 최솟값은 이상점(outlier, 극단치)일 가능성이 높기 때문이다. 따라서 사분편차는 양극단의 자료 값을 사용하지 않고, 그 대신 분포에서 75%에 위치하는 값과 25%에 위치하는 값의 차이를 구한다.

1사분위수를 Q_1, 3사분위수를 Q_3이라 할 때, 사분위수범위(IQR)를 구하는 공식은 다음과 같다.

$$IQR = Q_1 - Q_3$$

사분편차는 대부분의 케이스가 가운데 모여 있고 일부 이상점이 있는 자료 분포에서 변수들의 퍼진 정도를 비교하기 위해 많이 쓰인다. 사분편차의 장점은 가운데 50%에 속하는 케이스들의 범위가 어느 정도인지를 추측할 수 있다는 점이다.

---

5) 한 무리의 자료 값을 오름차순으로 정렬한 다음에 k개의 집단으로 나누었을 때, 그 집단들 가운데 몇 번째에 위치한 데이터인지 알려주는 것이 k분위수이다. k가 100이면 백분위수(percentile), k가 10이면 십분위수(decile), k가 4이면 사분위수(quartile) 등으로 부른다. 1사분위수는 제일 작은 값에서부터 25%에 해당하는 관찰 값이므로 25백분위수이고, 3사분위수는 75%에 해당하는 값이므로 75백분위수인데, 이 두 값 사이의 거리가 사분위수범위이다. 2사분위수는 중앙값(median)이다(정영해 외, 2005).

(3) 분산(변량, variance)

분산은 변량이라고도 한다. 일반적으로 표본분산을 나타내는 기호로는 s^2, 모분산을 나타내는 기호로는 σ^2이 사용된다. 분산은 평균으로부터의 편차의 제곱합을 케이스 수(n)로 나눈 값이다. 이것은 관찰 값들이 평균적으로 산술평균 주위에 얼마나 밀집해 있는지, 또는 산술평균에서 얼마나 넓게 퍼져 있는지를 측정하는 통계량이다.

표본의 분산은 s^2으로 나타내는데, 산출 공식은 다음과 같다.

$$s^2 = \frac{\sum(x_i - \overline{x})^2}{n-1} = \frac{\sum x_i^2 - n\overline{x}^2}{n-1}$$

표본분산을 모분산에 더욱 가깝게 만들기 위하여 분모는 n-1로 한다. 이 공식에서 알 수 있는 바와 같이, 그리고 <상자 5-19>에 제시된 바와 같이, 분산을 계산하는 공식의 분자는 관찰 값과 산술평균과의 편차의 제곱합이다. 따라서 분산은 언제나 양의 값을 가진다.

<상자 5-19> 실제 점수와 산술평균과의 편차의 제곱

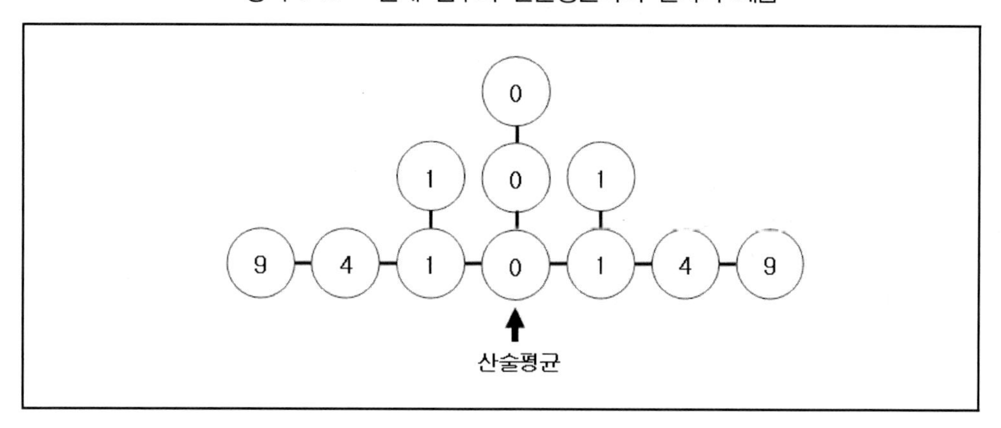

<상자 5-19>에서 편차의 제곱들을 모두 합한 값을 제곱합(sum of squares)이라고 하는데, 이것은 편차의 일반적인 변이의 정도를 의미한다. 위의 예에서 제곱합은 30이다. 편차의 제곱의 산술평균은 제곱합이 어떤 값을 중심으로 어느 정도 산포되어 있는지를 말해주는 통계량이다. 이 값이 바로 분산이다. 위의 예에서 제곱합은 30, 케이스의 수가 11이므로

분산은 30÷11=2.73이다.

결론적으로, 분산은 범위와 달리 모든 케이스의 값을 다 이용하기 때문에 자료 분포의 퍼진 정도를 가장 잘 나타낸다. 이것은 분산이 모든 자료 값에 대하여 민감하다는 의미이기도 하다. 그러나 분산을 도출하는 공식의 분자에서 관찰 값 x를 제곱하므로 분산의 단위가 처음 측정한 변수의 단위와 같지 않게 되어 불편한 점도 있다. 또한 분산은 산술평균처럼 이상점(outlier)의 영향을 많이 받는다.

(4) 표준편차(standard deviation)

표준편차는 분산의 단위가 변수의 단위와 같지 않다는 문제점을 해결하기 위하여 개발된 산포도 통계량으로서, 분산의 제곱근이다. 일반적으로 표본의 표준편차를 나타내는 기호로는 s, 모집단의 표준편차를 나타내는 기호로는 σ 가 사용된다. 표준편차는 측정값과 단위가 같기 때문에 이해하기 쉽다. 분산의 공식은 다음과 같다.

$$s = \sqrt{s^2}$$

표준편차는 연속변수(continuous variable)의 분포를 설명할 때 평균과 더불어 가장 많이 쓰이는 통계량 가운데 하나이다. 표준편차는 특히 정규분포를 따르는 변수를 표준화할 때 사용되는 중요한 개념이다. 변수의 표준화는 관찰 값에서 평균을 뺀 값을 표준편차로 나누는 것인데, 변수 X의 i번째 관찰 값 x_i의 표준화된 변수 Z의 값은 다음 공식으로 계산한다.

$$Z_i = \frac{x_i - \bar{x}}{s}$$

표준화된 변수의 값은 관찰 값이 평균으로부터 몇 표준편차나 떨어져 있는가를 나타낸다. 가설의 검정통계량 가운데는 표준화된 값을 사용하는 경우가 상당히 많다.

(5) 점수편차, 분산, 표준편차 사이의 상호관계

다양한 유형의 통계분석 기법의 기본개념을 이해하기 위해서는 관찰 값과 산술평균과의 편차, 분산(variance), 표준편차(standard deviation)의 개념 등을 이해하는 것이 급선무이다. 따라서 편차, 분산, 표준편차의 상호관계를 개념화시켜 이해하는 일이 중요한데, 특히 기하학적인 설명을 통해 이 개념들 사이의 관계를 설명할 수 있다(Williams, 1992).

<상자 5-20>의 (A)에는 11개의 관찰 값이 열거되어 있다. 참고로, 이 분포의 산술평균은 10이다.

(B)에서는 실제 점수(실제 관찰치)와 산술평균(즉, 10)과의 편차를 8개의 선형 거리(linear distance)의 차원에서 설명하고 있다. 구체적으로 보면 3단위, 2단위, 1단위 길이의 선들이 2개의 수평선 위에 그려져 있는데, 이들의 수는 도합 8개이다. 참고로, 관찰 값 10과 산술평균과의 편차는 0이므로 관찰 값 10과 산술평균과의 선형거리는 존재하지 않는다. 즉, 선형거리로 표현되는 편차는 자료 값 10을 제외한 나머지 8개이다.

(C)에서는 실제 점수와 산술평균과의 편차의 제곱을 정사각형으로 설명하고 있는데, 8개의 정사각형의 면접을 모두 합한 값은 30이다. 이 값을 달리 일러 제곱합이라고 한다.

(D)는 평균제곱(average square)의 면적이며, 이것은 제곱합의 산술평균, 즉 제곱합을 전체 케이스 수로 나눈 값이다. 평균제곱의 면적이 곧 분산이다. 끝으로, 평균제곱의 면적을 제곱근하면 표준편차가 된다.

<상자 5-20> 편차, 분산, 표준편차의 상호관계

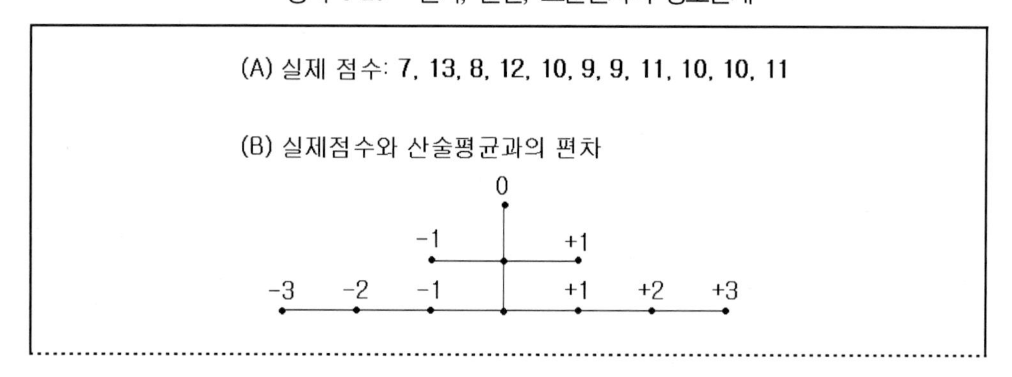

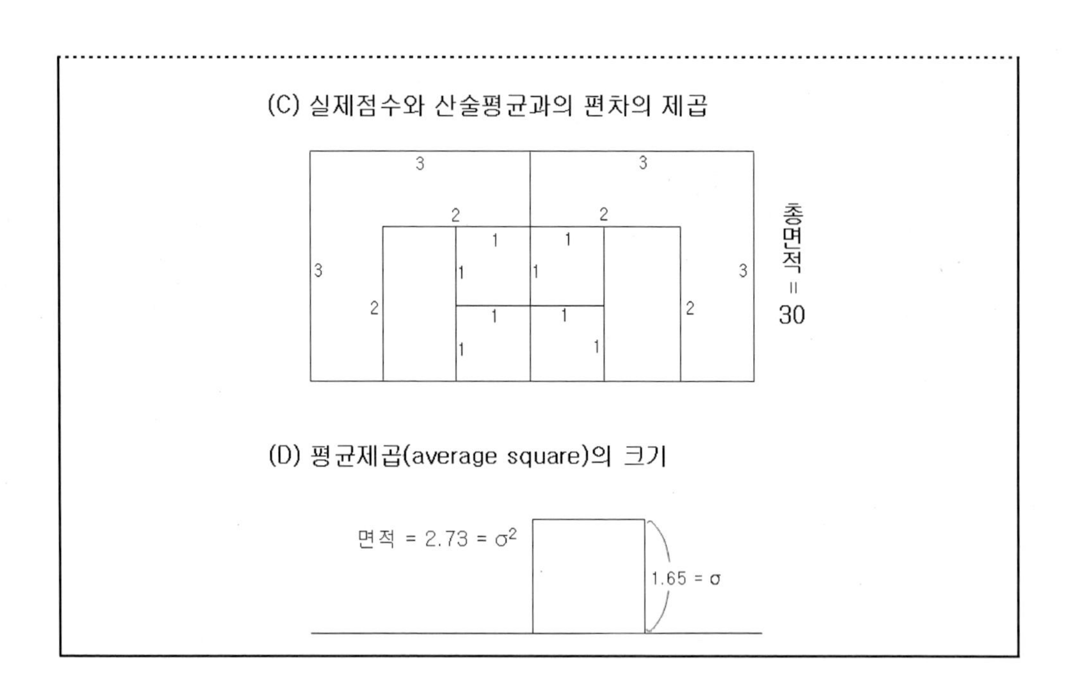

5) 분포의 모양

분포의 모양이라 함은 자료들이 배열되어 있는 형태를 말한다. 분포의 모양은 일반적으로 정규곡선(normal curve)을 기준으로 측정하는데, 좌우의 대칭성에 대한 상대적인 분포를 기준으로 측정하는 방법과 상하의 집중도를 기준으로 측정하는 방법이 있다. 좌우 대칭성은 왜도로, 상하 집중성은 첨도라는 통계량을 사용하여 측정한다.

(1) 왜도(편포도, skewness)

왜도는 분포의 비대칭성을 측정하는 통계량이다. 왜도의 값이 0이면 분포가 좌우대칭이다. 정규분포(normal distribution)는 좌우가 대칭이므로 왜도의 값이 0이다.

왜도의 부호는 관찰 값 분포의 '꼬리' 방향을 나타낸다(<상자 5-21>). 여기서 꼬리는 다른 관찰 값들과는 달리 아주 큰 값이나 작은 값을 가지는 몇몇 케이스가 있는 부분을 가리킨다. 왜도의 부호가 양수이면 관찰 값 분포의 꼬리가 오른쪽에 있고 대부분의 관찰 값들은 왼쪽에 높이 모여 있어서, 마치 오른쪽으로 꼬리를 늘이고 왼쪽으로 머리를 향한 고래의 모습이 된다. 반대로, 왜도의 부호가 음수이면 관찰 값 분포의 꼬리가 왼쪽에 있으므로,

왼쪽으로 꼬리를 늘어뜨리고 오른쪽으로 머리를 향한 고래의 모습이 된다.

<상자 5-21> 분포의 왜도

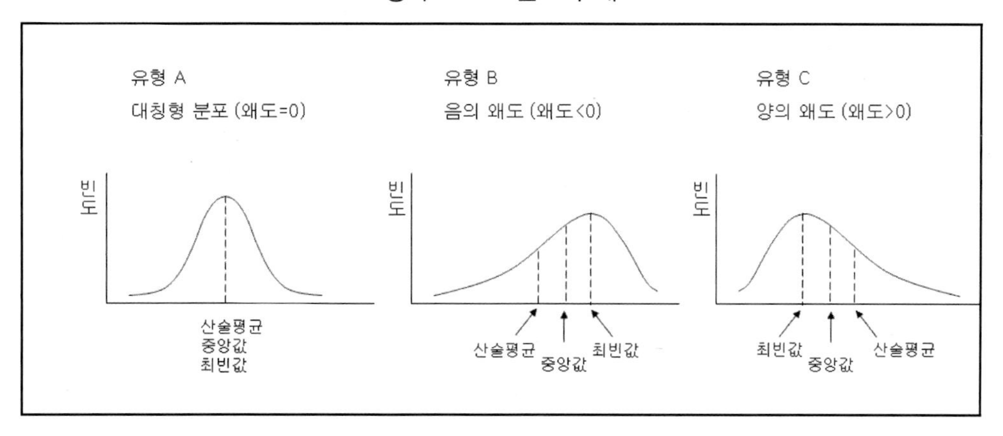

왜도의 크기는 꼬리의 길이로 나타낸다. 만약 왜도를 자신의 표준오차(통계량의 표준편차)로 나누어 2 이상의 값이 나오면 꼬리가 아주 긴 것으로서, '유의한 양의 왜도를 가졌다'고 한다. 이 경우 양의 왜도를 가졌으므로 오른쪽으로 긴 꼬리를 가진 분포의 모양이다. 반면에, 왜도를 자신의 표준오차로 나누어 -2 이하의 값이 나오면 '유의한 음의 왜도를 가졌다'고 하는데, 이 경우 관찰 값의 분포는 왼쪽으로 늘어진 꼬리를 가진 모양이다.

변수의 수가 많은 연속적 수량변수의 분포에서는 자료의 분포를 설명하기 위해 왜도를 측정하는 일이 아주 중요한 경우가 종종 생긴다. 왜냐하면 분포의 대칭성이라는 조건이 충족되는 경우에만 표준편차의 특정 범위 안에 해당되는 케이스의 수를 올바르게 추정할 수 있기 때문이다. 즉, 왜도의 부호와 크기는 분포의 산포도를 측정하기 위해 표준편차를 사용할 수 있는 정확도를 알려준다. 그뿐만 아니라, 자료의 분포가 비대칭적인 경우에는 두 변수 간의 관계를 측정하는 여러 가지 통계분석기법이 부정확한 결과를 산출하므로 그러한 분석기법을 사용하는 것이 적절하지 않다는 점도 유념하여야 한다.

(2) 첨도(kurtosis)

첨도란 관찰 값들이 중앙에 집중되어 있는 정도를 나타내는 통계량이다. 즉, 변수 값들이 산술평균 주위에 밀집된 정도를 측정한 값이다. 분포의 왜도나 첨도는 SPSS 등 통계분석패키지에서 쉽게 구할 수 있다.

첨도의 크기는 분포의 뾰족한 정도를 나타낸다(<상자 5-22>). 첨도의 기준이 되는 분포 역시 정규분포로서, 정규분포의 첨도는 0이다. 첨도의 값이 0보다 크면 관찰 값이 정규분포의 경우보다 산술평균 주위에 더 많이 밀집되어 있다는 것을 의미하며, 이 경우 관찰 값의 분포는 좁고 높게 모여 있는 형태를 띤다. 한편 첨도의 값이 0보다 작으면 관찰 값들이 그다지 밀집되어 있지 않다는 것을 의미하며, 이 경우 분포의 모양은 정규분포보다 더 낮고 넓게 퍼져 있는 형태를 띠게 된다.

<상자 5-22> 분포의 첨도

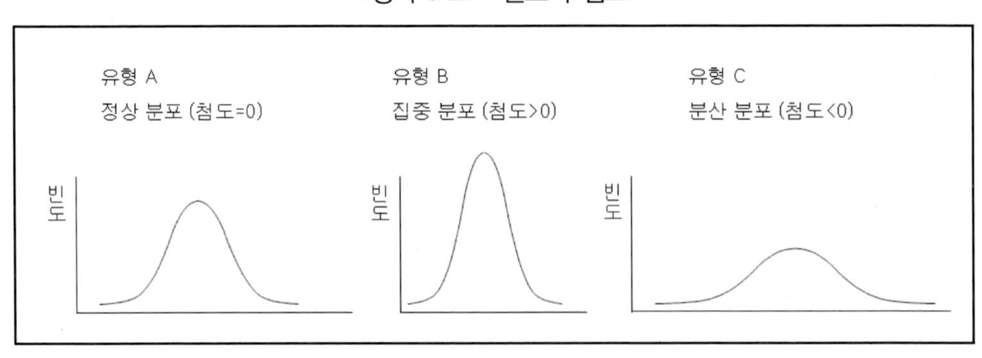

여러 집단의 집중경향치(산술평균, 중앙값, 최빈값)가 비슷하지만 각 집단의 첨도가 서로 다를 경우에는 이들을 유사한 집단이라고 보기 어렵다. 따라서 일원적 분석에서는 집중경향치뿐만 아니라 분포의 모양을 함께 고려하는 것이 바람직하다.

3. 이원적 분석

1) 종속변수, 독립변수 및 가외변수

인과관계의 존재를 전제로 할 때, 독립변수(independent variable)란 다른 변수에 영향을 주는 변수를 말하며, 종속변수(dependent variable)란 영향을 받는 변수(즉, 독립변수에 의하여 변화되는 변수)를 말한다. 예를 들어, 통제된 실험상황에서 알코올의 섭취량이 반응속도에 미치는 효과를 연구한다면 알코올의 섭취량은 독립변수이고, 반응속도는 종속변수가 된다. 실험에 의하여 통제되지 않는 상태인 '학력에 따른 수입의 차이' 연구에서 독립변수는 학력, 종속변수는 수입이 된다.

독립변수는 연구의 유형에 따라(특히 통계분석기법의 유형에 따라) 다양한 이름으로 불리는데, 설명변수, 처치변수, 요인변수, 집단변수 등이 그 예이다. 마찬가지로, 종속변수는 분석변수, 결과변수, 기준변수, 검정변수 등의 이름을 갖고 있다(<상자 5-23>).

<상자 5-23> 독립변수와 종속변수의 명칭

독립변수의 별칭	종속변수의 별칭
• 설명변수 • 처치변수 • 요인변수 • 집단변수	• 분석변수 • 결과변수 • 기준변수 • 검정변수

한편, 가외변수(extraneous variable)는 종속변수에 영향을 주는 독립변수 외의 다른 변수로서 연구에서 통제되어야 할 변수를 말한다. 예를 들어, 교수법에 따른 어휘력의 차이를 연구한다고 가정하자. 연구의 대상이 되는 교수법은 전통적 교수법과 컴퓨터 보조학습법이 있다. 두 집단으로 할당된 어린이들에게 각각 다른 교수법을 실시한 다음에 어휘력의 차이를 측정할 경우 때로는 교수법의 효과에 대한 분석을 실시하기 곤란한 경우가 생길 수 있다. 만약 우연히 전통적 교수법에는 지능이 낮은 학생들이, 그리고 컴퓨터 보조학습법에는 지능이 높은 학생들이 할당되었다면 결과적으로 어휘력에 차이가 있었다고 할지라도 그것이 교수법의 차이에 의한 효과라고 주장하기 어렵다. 이 실험에서 지능은 가외변수로서, 어휘력에 영향을 주는 변수이기 때문에 실험 전부터 마땅히 통제되어야 할 변수이다. 이러한 가외변수의 통제는 연구자의 통찰력에 기인한다(성태제, 2001). 연구자의 통찰력을 기르기 위해서는 해당 연구영역에 대한 문헌연구의 폭을 넓히고 다양한 연구의 경험을 축적하는 일이 필요하다.

독립변수와 종속변수 때로는 가외변수가 무엇인지, 그리고 그 변수들이 어떤 속성을 지니고 있는지를 명확히 파악할 때 실험설계, 사회조사 등의 타당한 연구가 가능해진다. 이 변수들을 명확하게 이해하지 못하면 올바른 연구방법을 설계하거나 적절한 분석기법을 선택하기 어렵기 때문이다.

일반적으로 변수의 수준은 명목변수, 서열변수, 등간변수, 비율변수로 구분되지만, 실제 사회과학연구에서는 일반적으로 연속변수(continuous variable)와 범주형 변수(categorical variable)로 구분한다. 등간변수와 비율변수는 연속변수에 해당되는데, 연속변수를 달리 일컬어 양적 변수(quantitative variable)라고도 한다. 명목변수와 서열변수는 범주형 변수에 속하며 다른 말로는 질적 변수(qualitative variable)이라고도 부른다. 범주형 변수는 몇 개의 범주를 갖느냐에 따라 세분할 수 있는데, 범주가 두 개인 경우는 이분변수(dichotomous variable), 셋 이상인 경우를 다분변수(polytomous variable)라고 한다.

이처럼 연속변수인지 범주형 변수인지 구분하는 것이 중요한 이유는 어떤 형태의 변수들이 결합했느냐에 따라 분석 가능한 통계방법이 달라지기 때문이다. <상자 5-24>는 기본적인 변수의 결합 형태에 따라 우리가 일반적으로 사용할 수 있는 통계분석기법을 정리한 것이다.

<상자 5-24> 변수의 결합 형태에 따른 통계기법의 종류

독립변수 (또는 변수)*	종속변수 (또는 변수)	가능한 분석방법
이분/다분변수	이분/다분변수	카이제곱(chi-square) 검정
이분변수	연속변수	t-검정(t-test)
다분변수	연속변수	분산분석(ANOVA)
연속변수	연속변수	상관관계분석(correlation)
연속변수	연속변수	선형회귀분석(linear regression)
연속변수	이분변수	이항로지스틱 회귀분석(binomial logistic regression)
연속변수	다분변수	다항로지스틱 회귀분석(multinomial logistic regression)

* 카이제곱검정과 상관관계분석의 경우에는 독립변수와 종속변수의 구별이 없음.
자료: 김태근, 2006: 31을 일부 수정.

2) 관련성의 통계적 측정

변수들 사이의 관련성(association)을 검증하는 통계분석 방법은 다음과 같이 정리할 수 있다(<상자 5-25>).[6)]

<상자 5-25> 관련성의 통계적 검증 방법

- 카이자승 독립성 검증
- t-검증
  - 단일표본 t-검증
  - 독립표본 t-검증
- 분산분석(ANOVA)
  - 일원분산분석
  - 이원분산분석
- 상관관계분석
  - Pearson 상관관계분석(연속변수 간의 상관관계)
  - Spearman 서열상관관계분석(비연속변수 간의 상관관계)
  - 편상관관계분석
- 회귀분석
  - 단순회귀분석
  - 다중회귀분석
  - 로지스틱회귀분석

---

6) 여기에서 이원적 통계분석을 상세히 설명하는 것은 본서의 집필목적의 범위를 벗어나므로 자세한 언급은 생략함. 통계분석에 관한 내용은 통계학 교과서를 참고하기 바람.

제6장

분석 결과의 해석 및 보고

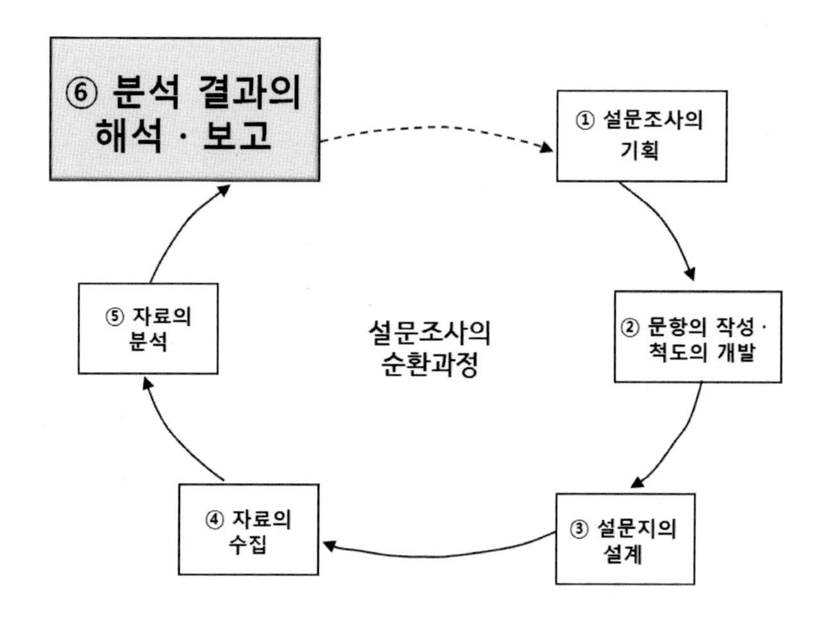

학습 목적

설문조사 프로젝트의 종반에 이르면 통계분석의 결과는 적절한 해석과정을 거쳐 일정한 형식의 보고서로 작성된다. 이 장에서는 통계분석의 결과를 해석하는 방법에 대하여 고찰하고, 이어서 논문이나 보고서 등 설문조사의 최종 결과물을 작성하는 요령에 대하여 학습한다.

주요 내용

- ○ 기술통계량의 해석
- ○ 통계적 추론
- ○ 관련성의 해석
- ○ 척도유형별 분석결과의 보고
- ○ 관련성의 보고

1. 분석 결과의 해석

조사연구자가 설문조사에서 수집된 자료를 통해 자신의 정보욕구를 충족시키기 위해서는 먼저 통계분석의 결과를 올바르게 해석할 수 있어야 한다. 이 절에서는 먼저 기술통계량의 해석과 통계적 추론의 기본개념을 고찰하고, 이어서 변수와 변수의 관련성을 분석한 결과를 해석하는 방법에 대하여 학습한다.

1) 기술통계량의 해석

범주형 변수를 묘사하는 데 가장 많이 사용되는 기술통계량은 빈도분포와 백분율분포이다. 막대그래프와 원그래프도 범주형 분포를 시각적으로 표현할 때 많이 사용된다. 또한 범주형 변수는 범주들 사이에 연속성 또는 관련성이 없기 때문에 이 변수의 분포를 묘사하는 데 적합한 통계량은 최빈값(mode)이다. 반면에, 연속형 변수의 경우에는 누적백분율, 분포의 집중경향치, 분포의 산포도, 분포의 모양의 해석이 매우 중요하다.

(1) 누적백분율

서열척도 자료를 빈도표로 제시할 때 누적백분율은 여러 가지 의미를 제공할 수 있는 통계량이다. <상자 6-1>에서 누적백분율을 보면, 예를 들어, 전체 응답자의 43.4%가 4년 미만의 사회복지 분야 근무 경험을 가지고 있으며, 전체 응답자의 79.8%가 8년 미만의 근무 경험을 가지고 있다.

<상자 6-1> 누적백분율의 해석

<사회복지 분야 근무기간>

근무기간	빈도(명)	백분율(%)	누적백분율(%)
2년 미만	59	24.4	24.4
2~4년 미만	46	19.0	43.4
4~6년 미만	55	22.7	66.1
6~8년 미만	33	13.6	79.8
8년 이상	49	20.2	100.0
계	242	100.0	

누적백분율은 유효백분율로부터 쉽게 구할 수 있다. 빈도표에 유효백분율과 누적백분율을 함께 제시하는 것이 자료의 해석에 도움이 된다. 특히 누적백분율을 그래프로 제시하면 자료 분포의 양상을 한눈에 파악할 수 있다(<상자 6-2>).

<상자 6-2> 소등 후 잠이 들 때까지의 경과 시간

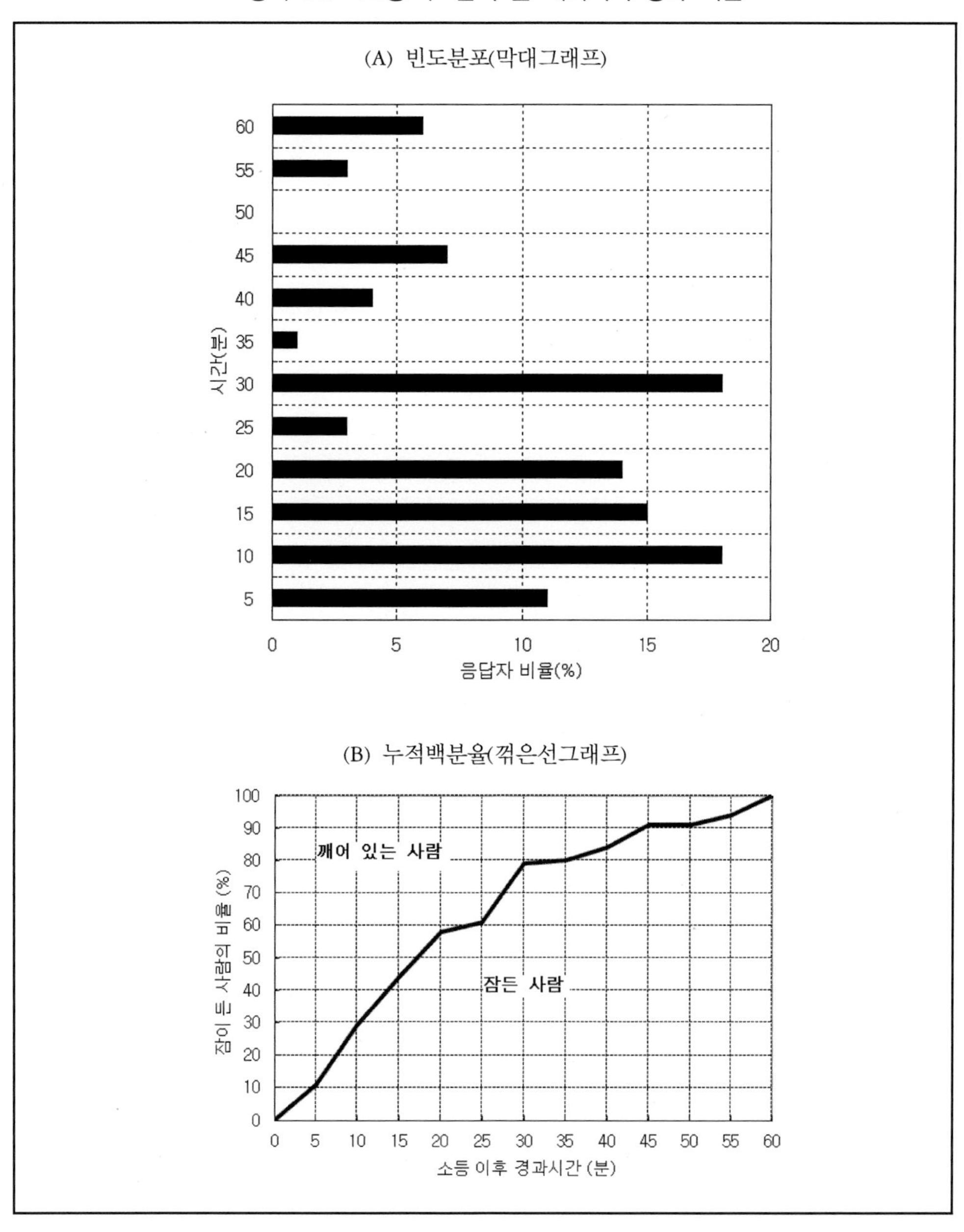

<상자 6-2>는 사람들이 잠자리에 든 후 얼마나 신속하게 잠에 빠져드는지를 조사한 결과를 두 개의 그래프로 각각 나타낸 것이다. 즉, 응답자들이 잠에 드는 비율을 소등 후 60분까지를 대상으로 5분 단위로 정리하였으며 그것을 유효백분율과 누적백분율로 표현하였다. 이 경우 유효백분율은 5분 단위로 어느 정도의 응답자들이 잠에 들었는지에 관한 정보만을 알려주기 때문에 어느 특정 시점에서 전체 응답자 가운데 몇 %가 잠에 들었는지를 알고자 하는 조사연구자에게 큰 도움이 되지 못한다. 조사연구자가 필요한 정보를 얻기 위해서는 해당 시점까지의 5분 단위 유효백분율을 모두 더하는 번거로움을 피할 수 없다. 반면에, 누적백분율은 특정 시점에 이르기까지 이미 잠이 든 사람들이 전체 응답자 가운데 몇 %인지를 알려주는 역할을 하는데, 이것이 바로 조사연구자가 얻고자 하는 정보이다. 특히 누적백분율 그래프의 꺾은선 위쪽은 어느 특정 시점에서 아직 잠에 들지 못한 사람들의 누적분포를, 그리고 꺾은선 아래쪽은 이미 잠에 빠진 사람들의 누적분포를 표현하고 있다.

조사연구자는 설문조사를 통해 획득한 연속형 서열자료, 등간자료, 비율자료를 연속형 자료로 사용할 수도 있고 범주형 자료로 사용할 수도 있다. 각 자료 값은 연속적인 성격을 가지고 있지만 그것을 각각 하나의 범주로 취급할 수도 있다. 그렇게 처리하는 것이 허용될 뿐만 아니라 어떤 면에서는 권장되기도 한다. 물론 각 항목에 대하여 평균(averages), 산포도, 분포의 모양 등과 같은 기술통계량을 계산할 수도 있다.

(2) 분포의 집중경향치의 해석

자료 분포에 있어서 집중경향치(central tendency)를 측정하는 가장 대표적인 통계량은 산술평균(mean), 중앙값(median), 최빈값(mode)이며, 이를 총칭하여 평균(average)이라 부른다. 이 세 가지 가운데 어떤 것을 사용할 것인가는 조사연구자가 선택할 문제이지만, 그렇다고 무턱대고 결정할 일은 아니다. 명목척도로 측정한 자료를 대표하는 값은 단연 최빈값이다. 서열척도로 측정한 자료의 경우는 최빈값도 사용이 가능하지만 가장 바람직한 통계량은 중앙값이다. 그러나 등간척도나 비율척도로 측정한 자료의 경우에 어떤 평균값을 사용할 것인지는 자료 분포의 모양에 따라 결정하여야 한다.

자료 분포의 왜도(skewness) 계수가 0에 가까울 경우 이 분포는 거의 좌우대칭의 분포를 이루고 있으며, 산술평균, 중앙값, 최빈값이 거의 동일하다. 그러나 <상자 6-3>의 (A)와 (B)에 나타난 바와 같이 자료의 분포가 왼쪽이나 오른쪽으로 치우칠 경우에는 산술평균, 중앙값, 최빈값이 서로 다르게 나타난다. 그런데 자료 분포의 첨도(kurtosis) 계수는 자료의 평균(average)에 영향을 미치지 아니한다. <상자 6-3>의 (C)와 (D)에 제시된 바와 같이, 자료의 분포가 양의 첨도를 갖고 있든 아니면 음의 첨도를 갖고 있든 간에 산술평균, 중앙값, 최빈값은 서로 동일하다. 결론적으로, 가장 적절한 평균(average)의 선택은 자료 분포의 첨도가 아니라 왜도에 의해 영향을 받는다.

<상자 6-3>은 산술평균이 자료의 극단치에 대하여 매우 민감하다는 특성을 지니고 있음을 보여준다. 즉, 자료의 극단치가 오른쪽에 치우쳐 있을 경우(즉, 꼬리가 오른쪽으로 늘어진 경우), 세 가지 평균값 중에서 산술평균이 가장 오른쪽에 위치하고 있다. 이것은 오른쪽에 있는 극단치가 산술평균을 오른쪽으로 '잡아당긴' 결과라 할 수 있다. 마찬가지로 자료의 극단치가 왼쪽에 있을 경우(즉, 꼬리가 왼쪽으로 늘어진 경우), 산술평균이 가장 왼쪽에 위치하고 있다. 이 역시 왼쪽의 극단치가 산술평균을 왼쪽으로 '잡아당긴' 결과이다. 어느 경우이건 간에 산술평균은 극단치에 대하여 매우 민감하다는 것을 말해준다. 왜도 계수가 크면 클수록, 산술평균은 그만큼 더 자료를 대표하는 적절한 통계량이 될 수 없다. 다시 말해, 비대칭적인 분포에서는 산술평균이 자료의 분포를 대표하는 전형적인 값이라고 말하기 곤란하다. 따라서 이 경우 산술평균 대신에 중앙값을 평균값, 즉 가장 전형적인 값으로 사용하여야 한다.

<상자 6-3> 비정규분포의 집중경향치

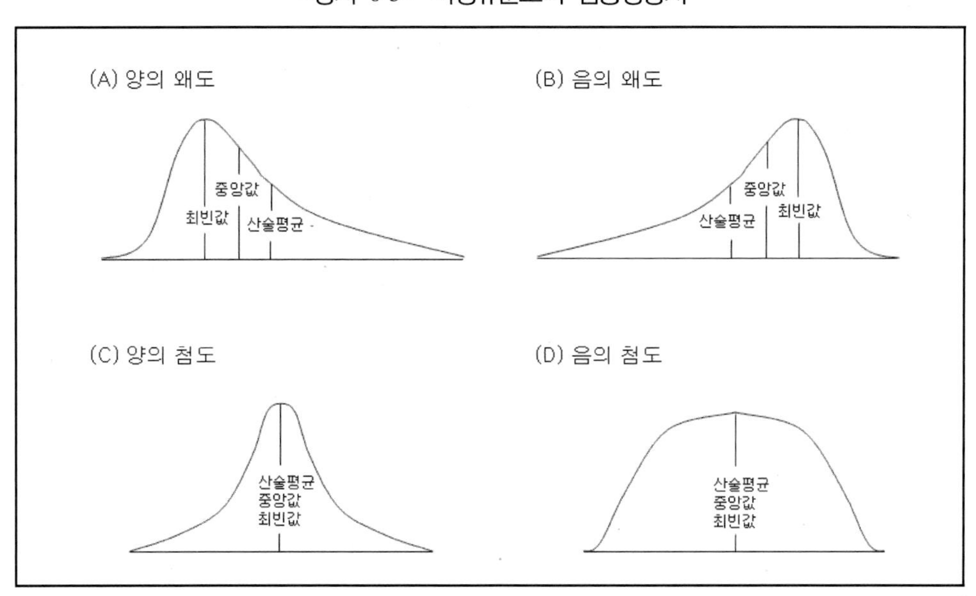

최빈값(mode)은, 이미 언급한 바와 같이, 범주형 자료를 대표하는 가장 적절하고 유일한 평균값(average)이다. 여기서 최빈값이라 함은 자료의 빈도가 가장 높은 범주 또는 백분율이 가장 높은 항목을 의미한다. 연속형 자료의 경우, 최빈값은 분포상에서 가장 높은 봉우리에 해당되는 자료 값을 말한다. 종종 자료의 분포가 왼쪽이나 오른쪽으로 치우쳐 분포하고 있을 뿐만 아니라 단일 봉우리 모양을 하고 있을 경우(즉, 양의 첨도를 가지고 있을 때)에는, 연속형 변수를 대표하는 평균값으로 최빈값을 사용하는 것이 가장 바람직하다. 왜냐하면 많은 케이스들이 최빈값 주변에 몰려 분포하고 있기 때문이다.

중앙값(median)은 자료 값들을 오름차순으로 배열하였을 때 가운데에 위치하는 값을 말한다. <상자 6-3>에서 알 수 있는 바와 같이, 중앙값은 자료 분포 그래프의 X축의 중앙에 있는 수치를 지칭하는 것이 아니다. 자료 분포의 그래프에서 케이스의 수는 X축상의 직선거리에 의해서가 아니라 꺾은선 밑의 면적에 의하여 표현된다. 따라서 중앙값을 기준으로 할 때 왼쪽 꺾은선 아래의 면적과 오른쪽 꺾은선 아래의 면적이 서로 같다. 자료의 분포가 좌우로 비대칭일 때, 또는 자료의 분포가 상대적으로 평평할 때(즉, 첨도 계수가 음수일 때), 또는 자료의 분포는 정규분포와 거의 같으나 몇 개의 극단치가 존재할 때, 자료 분포의 대푯값으로 가장 적절한 평균은 중앙값이다. 중앙값은 자신보다 크거나 작은 자료 값들이 몇 개나 되는지, 즉 자료 값들의 수효에만 민감하다. 반면에, 중앙값은 자료 값들이 얼마나 크고 얼마나 작은 것인지, 즉 자료 값의 절대적인 크기로부터는 별다른 영향을 받지 않는다.

자료 분포를 설명하는 대푯값을 선택하는 것은 중요한 결정이다. 자료 분포의 대푯값으로서 어떤 평균(average)을 사용할 것인지 결정할 때 고려하여야 할 사항은 다음과 같다. 첫째, 만약 자료를 서열척도로 측정하였다면 자료의 분포를 가장 잘 설명할 수 있는 평균값은 중앙값(median)이다. 둘째, 왜도(skewness)가 0 또는 0에 매우 근접할 경우, 자료의 분포는 좌우대칭의 형태를 띠게 되며, 산술평균, 중앙값, 최빈값이 모두 동일하다. 셋째, 양(+)의 왜도를 갖는 자료 분포의 경우, 최빈값이 가장 왼쪽에 위치하며, 중앙값이 가운데, 그리고 산술평균이 가장 오른쪽에 위치한다. 반면에, 음(-)의 왜도를 갖는 자료 분포의 경우, 산술평균이 가장 왼쪽에 위치하며, 중앙값이 가운데, 그리고 최빈값이 가장 오른쪽에 위치한다. 넷째, 자료의 분포가 거의 정규분포에 가까우나 자료 값이 매우 크거나 작은 극단치(이상점, outlier)가 몇 개 있을 경우, 자료의 분포를 대표할 수 있는 평균값으로는 중앙값(median)을 사용한다. 다섯째, 자료의 분포가 좌우대칭이 아니며 자료가 정규분포이거나 그보다 더 평평할 경우(즉, 첨도가 0이거나 음수일 때), 중앙값(median)이 자료의 분포를 대표할 수 있는 가장 적절한 평균값이다. 여섯째, 자료의 분포가 좌우대칭이 아니며 자료가 정규분포보다 더 뾰족할 경우(즉, 첨도가 상당히 큰 양수일 때), 자료의 분포는 단봉분포이며 그 봉우리 주위에 많은 케이스가 몰려 있는 형태를 띤다. 이 경우 최빈값(mode)이 자료의 분포를 대표할 수 있는 가장 적절한 평균값이다.

(3) 분포의 산포도의 해석

자료의 분포가 정규분포를 따를 경우, 일정한 비율의 케이스들이 표준편차(SD)의 배수로 표현되는 일정한 범위 내에 위치하게 된다. <상자 6-4>의 (A)에 제시된 바와 같이, 대략 68%의 케이스들이 산술평균을 중심으로 ±1 표준편차의 범위 내에, 대략 95%의 케이스들이 산술평균을 기준으로 ±2 표준편차의 범위 내에, 그리고 대략 99%의 케이스들이 산술평균을 기준으로 ±3 표준편차의 범위 내에 존재한다.

예를 들어, 설문조사의 어느 특정 항목에 대한 응답자의 수가 200명이며, 해당 항목에 대한 응답 자료가 정규분포를 이루고 있다고 가정하자. 또한 기술통계분석을 실시한 결과 산술평균은 30, 표준편차는 5로 계산되었다고 가정하자. 이 경우 68명의 응답자는 25와 30 사이의 자료 값을, 그리고 또 다른 68명은 30과 35 사이의 자료 값을 갖고 있을 것이다. 다시 말하면, 전체 응답자 중 136명(68%)은 25와 35 사이의 자료 값(±1 표준편차의 범위 내의 자료 값)을 갖고 있다. 마찬가지로, 전체 응답자의 95%에 해당하는 190명의 응답자는 ±2 표준편차의 범위인 20과 40 사이의 자료 값을 갖고 있을 것이며, 전체 응답자의 99%에 해당하는 198명의 응답자는 ±3 표준편차의 범위인 15와 45 사이의 자료 값을 갖게 될 것이다. 이처럼 자료의 분포가 정규분포에 근접한 형태를 이루고 있다면 조사연구자는 단지 산술평균과 표준편차만으로 자료 분포의 범위를 계산할 수 있고 자료 값들의 산포 정도를 묘사할 수 있다.

오직 자료의 분포가 정규분포를 따를 경우에만(즉, 자료의 분포가 좌우대칭일 때만), 산술평균을 기준으로 표준편차의 일정한 배수의 범위 안에 위치하고 있는 자료들의 비율을 적절하게 추정할 수 있다. 자료의 분포가 왼쪽 또는 오른쪽으로 치우친 경우에는 정규분포에서 적용한 표준편차의 배수와 케이스의 비율을 그대로 적용할 수 없다. <상자 6-4>의 (B)와 (C)는 이것을 보여주는 예이다. <상자 6-4>의 (B)와 (C)에서 각 구역의 곡선 아래의 면적은 케이스의 비율을 나타낸다. (B)의 경우 산술평균을 중심으로 ±1 표준편차의 범위 내에 전체 케이스의 74%가 위치하고 있다. 참고로, 정규분포의 경우라면 이 범위에 68%의 케이스가 위치할 것이다.

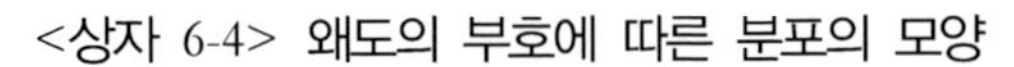
<상자 6-4> 왜도의 부호에 따른 분포의 모양

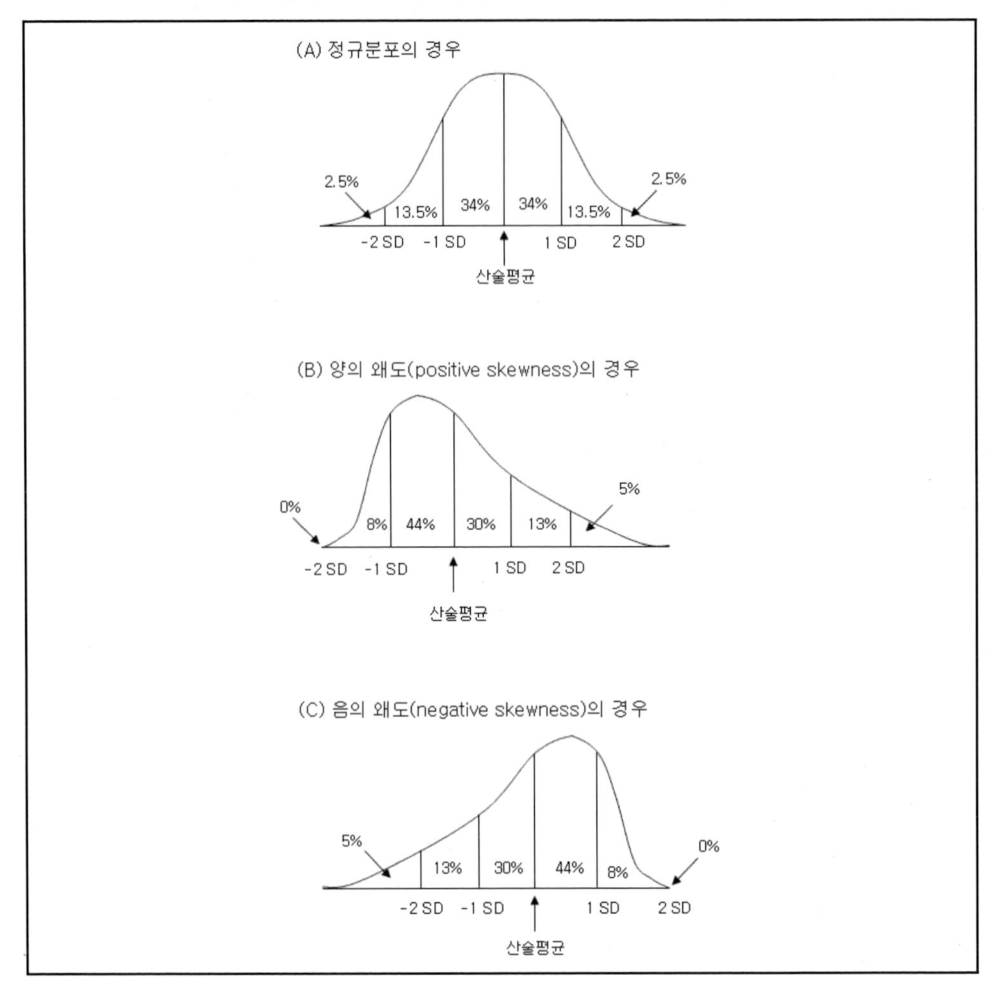

왜도 계수의 절댓값은 표준편차가 자료 분포의 산포 정도를 얼마나 정확하게 추정할 수 있는지를 나타내는 지표이다. 왜도 계수가 양수일 경우, 산술평균의 오른쪽의 1 표준편차 범위 안보다 산술평균의 왼쪽의 1 표준편차의 범위 안에 더 많은 케이스들이 위치한다. 반면에, 왜도 계수가 음수일 경우에는 그 반대의 현상이 생긴다. 따라서 왜도 계수의 부호는 자료의 분포가 왼쪽과 오른쪽 중에서 어느 방향으로 치우쳤는가를 알려준다.

자료 분포의 첨도 계수가 0인 아닌 경우(즉, 첨도 계수가 음수 또는 양수인 경우)에도 정규분포에서 적용하는 표준편차의 배수 범위와 케이스 비율을 적용할 수 없다(<상자 6-5>).

<상자 6-5> 첨도의 부호에 따른 분포의 모양

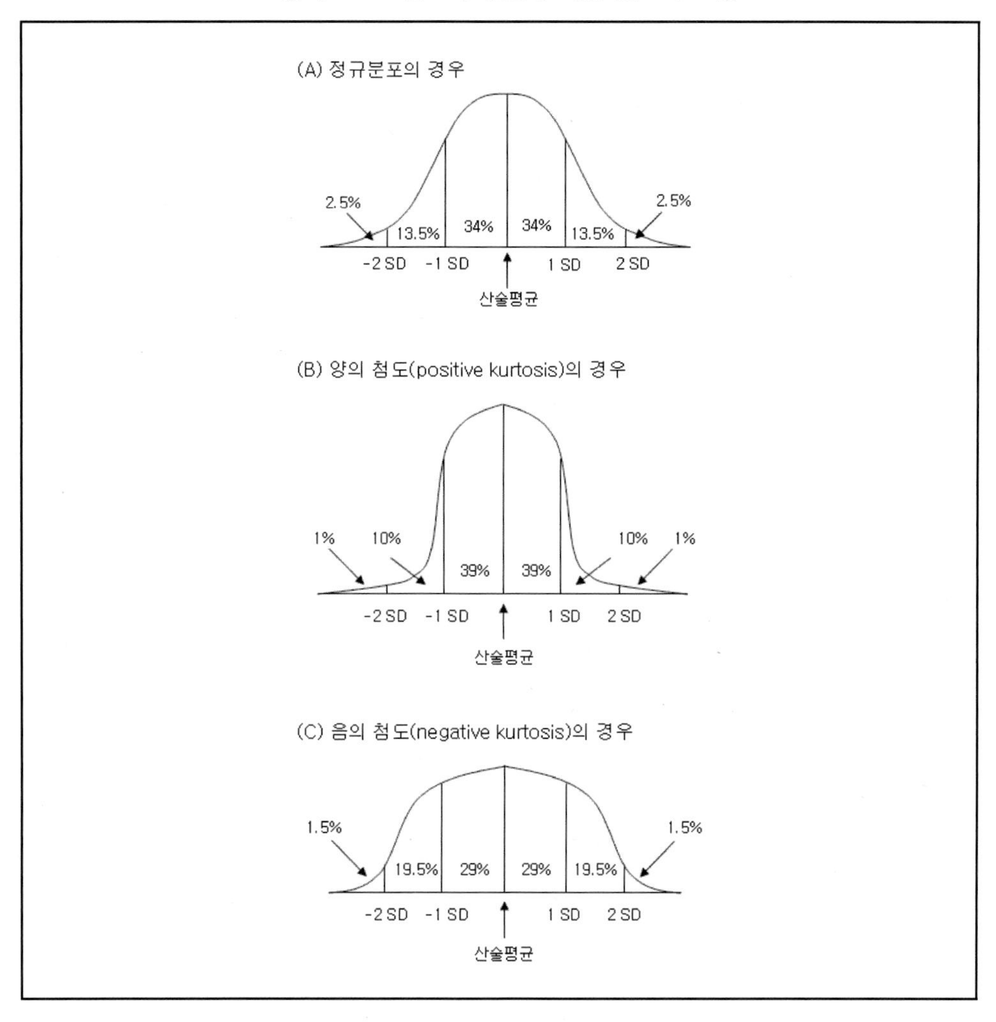

<상자 6-5>의 (B)와 (C)는 이러한 경우를 설명하는 예이다. (B)의 경우처럼 첨도 계수가 양수인 경우(즉, 자료의 분포가 정규분포보다 더 뾰족할 경우)에는 산술평균으로부터 ±1 표준편차의 범위 안에 들어가는 케이스의 비율이 정규분포의 경우보다 더 많다. 다시 말해, 양의 첨도인 경우에는 산술평균으로부터 ±1 표준편차의 범위 안에 들어가는 케이스의 비

율이 68%를 상회한다. 반면에, 자료의 분포가 정규분포보다 더 평평하다면(즉, 첨도 계수가 음수라면), 68%보다 적은 케이스가 산술평균으로부터 ±1 표준편차의 범위 안에 위치할 것이다.

요약하자면, 자료의 분포가 정규분포와 아무리 차이가 나더라도 표준편차를 계산할 수는 있다. 그러나 만약 왜도나 첨도가 0이 아닐 경우(즉, 자료의 분포가 정규분포를 따르지 않을 경우), 표준편차를 사용하여 산술평균으로부터 표준편차의 일정 배수 범위 안에 들어가는 케이스의 비율을 추정할 수 없다. 따라서 표준편차를 사용하여 산술평균으로부터 표준편차의 일정 범위 안에 들어가는 케이스의 수를 계산하려면 무엇보다도 먼저 자료 분포의 왜도와 첨도 계수를 확인하여야 한다.

(4) 분포의 모양의 해석

왜도 계수와 첨도 계수는 자료 분포의 모양을 알려주는 통계량이지만, 그러한 수치만으로 자료 분포의 모양을 상상하기란 쉬운 일이 아니다. 풍부한 통계학적 지식과 더불어 조사연구의 경험을 많이 쌓은 연구자만이 왜도 계수와 첨도 계수만으로 자료 분포의 모양을 시각적으로 떠올릴 수 있을 것이다. 왜도 및 첨도와 더불어 자료 분포의 모양을 쉽게 알 수 있는 방법은 분포의 모양을 그래프로 나타내는 방법이다. 대부분의 통계분석패키지는 설문조사로 수집한 자료를 다양한 유형의 그래프로 나타낼 수 있는 기능을 가지고 있다. 그래프는 자료의 전반적인 분포의 모양을 시각적으로 보여주는 좋은 도구이며, 따라서 그래프를 통해 보다 쉽게 자료의 분포 형태를 이해할 수 있다. 특히 그래프를 통해 자료 분포의 모양을 시각적으로 확인함과 아울러 통계분석을 통해 얻어지는 통계량(산술평균, 중앙값, 최빈값, 표준편차, 왜도, 첨도 등)을 함께 고려하는 것이 자료의 분포를 제대로 파악할 수 있는 가장 좋은 방법이다.

(5) 바닥효과와 천장효과

설문조사를 통해 수집된 자료는 간혹 바닥효과(floor effect) 또는 천장효과(ceiling effect) 때문에 왼쪽 또는 오른쪽으로 치우친 분포의 형태를 갖게 된다. <상자 6-6>은 7점 척도를 사용하여 수집한 자료의 분포를 빈도표와 그래프를 사용하여 정리한 것이다.

<상자 6-6>의 왼쪽 그림은 바닥효과를 설명하는 예제인데, 16.6%의 응답자가 가장 작은 자료 값, 즉 자료 값 1을 선택하였다. 자료의 분포로 미루어보건대, 만약 응답자들이 척도항목의 바닥(floor)에 의한 제한을 받지 않는다면 아마도 그들은 자료 값 1보다 더 작은 응답항목을 선택하였을 가능성이 매우 크다고 보는 것이 합리적일 것이다. 한편 <상자 6-6>의 오른쪽 그림은 천장효과를 예시하는 사례이다. 22.8%의 응답자들이 가장 큰 자료 값(즉, 자료 값 7)을 선택하였는데, 자료의 분포로 보아 만약 응답자들이 척도항목의 천장(ceiling)에 의한 제한을 받지 않았다면 아마도 그들은 자료 값 7보다 더 큰 응답항목을 선택하였을 가능성이 매우 크다.

<상자 6-6> 척도의 바닥효과(floor effect)와 천장효과(ceiling effect)

바닥효과(floor effect)

자료 값	빈도	백분율
1	121	16.6
2	203	27.8
3	184	25.2
4	120	16.5
5	60	8.2
6	35	4.8
7	6	0.8
계	729	100.0

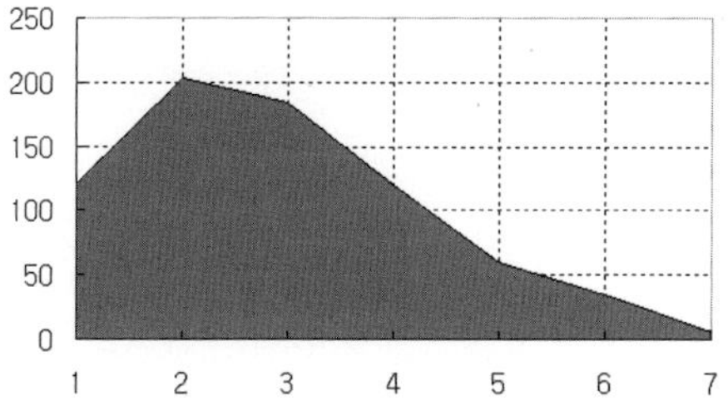

산술평균	2.9	표준편차	1.41
중앙값	3.0	왜도	-0.22
최빈값	2.0	첨도	0.59

천장효과(ceiling effect)

자료 값	빈도	백분율
1	11	1.5
2	23	3.1
3	68	9.1
4	105	14.1
5	166	22.3
6	202	27.1
7	170	22.8
계	745	100.0

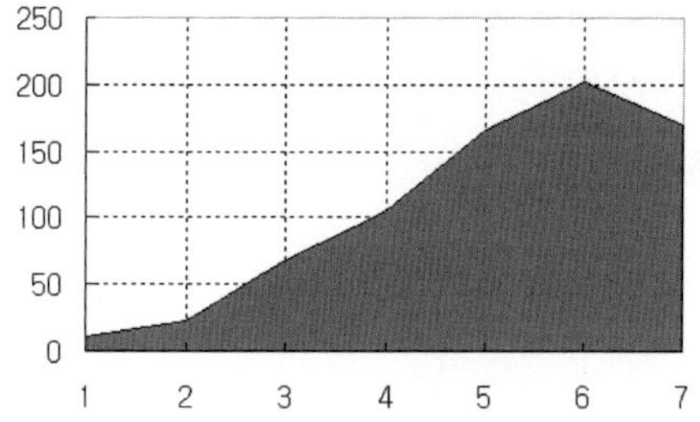

산술평균	5.3	표준편차	1.46
중앙값	5.0	왜도	-0.11
최빈값	6.0	첨도	-0.70

매우 강한 바닥효과가 존재할 경우, 많은 응답자들이 척도항목 중에서 가장 낮은 항목에 몰리는 현상이 벌어진다. 그러므로 양의 왜도(skewness) 계수는 자료 분포에 있어서 바닥효과가 존재할 수 있다는 신호로 해석될 수 있다. 반면에, 매우 강한 천장효과가 존재할 경우에는 많은 응답자들이 척도 항목 가운데 가장 높은 항목에 몰리게 된다. 따라서 음의 왜도는 자료 분포에 있어서 천장효과가 존재할 수 있다는 신호가 될 수 있다.

설문조사 결과를 분석하고 해석함에 있어서 바닥효과와 천장효과는 매우 조심스럽게 다루어야 할 현상이다. 바닥효과와 천장효과가 존재할 경우에는 자료의 분포가 좌우대칭에서 벗어나게 되며, 이 경우 자료 분포의 산포 정도를 측정하는 수단으로서 표준편차를 사용할 수 없다. 더욱 중요한 점은 그러한 비대칭적인 분포에서는 ANOVA나 회귀분석과 같은 통계분석을 실시할 수 없다는 점이다. 따라서 조사연구자는 바닥효과나 천장효과가 생기지 않도록 세심한 주의를 기울여야 한다. 그러나 바닥효과나 천장효과의 예방이 말처럼 그렇게 쉬운 일은 아니라는 점도 유의해야 한다.

얼핏 생각하면, 척도항목의 수를 늘림으로써 바닥효과나 천장효과를 예방할 수 있을 것으로 보인다. 그러나 그것은 근본적인 해결책이 될 수 없다. 예를 들면, <상자 6-6>의 예제에서, 9점 척도 또는 심지어 100점 척도를 사용하였다고 할지라도 7점 척도에서와 거의 비슷한 비율의 응답자들이 척도항목 가운에 가장 낮은 항목 또는 가장 높은 항목에 몰리는 현상이 발생할 가능성이 매우 크다. 다시 말해, 척도항목의 수를 늘린다 할지라도 종전과 같은 바닥효과나 천장효과가 그대로 발생할 수 있다.

바닥효과나 천장효과를 예방하는 첩경은 척도항목의 범위를 넓히는 것이 아니라 적절한 내용과 형식을 갖춘 문항을 만드는 일이다. 예를 들면, 척도항목의 극단치를 표현하는 방법이 매우 중요하다. 간혹 조사연구자는 어느 특정 항목에 대하여 매우 강한 긍정적 또는 부정적인 반응을 예상할 수 있다. 그 경우 조사연구자는 질문의 표현과 척도항목(응답범주)의 구성에 주의를 기울여야 하는데, 특히 모든 잠재적인 응답들을 다 포함할 수 있을 정도로 척도항목의 수가 많아야 하고 척도 양쪽 극단의 표현도 포괄적이어야 한다. 예를 들면, '좋다－보통이다－나쁘다'와 같은 척도항목은 바닥효과나 천장효과를 유발시킬 가능성이 매우 높다. 반면에, '매우 좋다－대체로 좋다－보통이다－대체로 나쁘다－매우 나쁘다'와 같은 척도항목의 구성이 바닥효과와 천장효과를 경감시킬 수 있을 것으로 기대된다.

모집단의 본질적인 특성으로 인해 바닥효과와 천장효과를 피할 수 없는 상황이 생기는 경우도 있다. 바닥효과가 생기는 가장 대표적인 사례가 소득조사이다. 부채를 도외시한다면 누구나 마이너스 소득을 올리는 경우는 있을 수 없으므로 소득조사에서는 0이 자료 값의 하한선이 될 것이다. 대부분의 응답자가 중간 범위의 소득수준을 보고하겠지만 일부 고소득층은 매우 높은 수준의 소득 금액을 기입할 것이므로 사실상 자료 값의 천장은 존재하지 않는다. 따라서 일반적으로 소득 분포는 자료 분포의 꼬리가 오른쪽으로 치우치는 형태(양의 왜도)로 나타난다. 요컨대, 소득조사에서는 0이라는 바닥이 자료 분포의 하한선이 되며 자료 분포의 꼬리는 오른쪽으로 늘어지는 형태이다.

천장효과가 생기는 변수의 경우에는 반대 현상이 일어난다. 예를 들어, 한 달 가운데 출퇴근 외의 용도로 자가용 승용차를 운행하는 날짜(월평균일수)를 조사하는 사례를 예로 들어보자. 출퇴근 외의 용도로 단 며칠만 자가용을 운행하는 사람이 있는가 하면, 한 달 내내 매일 자가용을 운행하는 사람도 있을 것이다. 한 달은 31일이므로 어느 누구도 31일보다 더 큰 운행일수를 보고할 수는 없으며 따라서 31이 자료 값의 천장이 된다. 따라서 이와 같은 자료의 분포는 음의 왜도를 갖는, 즉 왼쪽으로 꼬리가 늘어진 형태가 될 것이다.

바닥효과나 천장효과 때문에 자료 분포가 비대칭이 될 경우에 조사연구자가 할 수 있는 일은 자료를 코딩변경(recoding)하여 범주형 변수로 만드는 일이다. 물론 이렇게 할 경우에 조사연구자는 서열자료(범주자료)에 적합한 통계분석 방법을 사용하여 해당 자료를 분석하여야 할 것이다.

(6) 이봉분포의 의미

지금까지 단봉분포(unimodal distribution), 즉 최빈값(mode)이 단 하나뿐인 분포의 특성에 대하여 고찰하였다. 그런데 모든 자료 분포가 모두 단봉분포인 것은 아니다. 간혹 두 개 이상의 최빈값을 가진 자료의 분포도 존재한다.

최빈값이 두 개 이상인 분포는 첨도(kurtosis) 계수가 음의 값을 갖게 되는데, 이것은 그 분포가 매우 평평한 모양임을 암시하는 수치이다. 사실 두 개의 봉우리 사이가 아래로 푹 꺼지는 형태가 가장 전형적인 이봉분포(二峰分布, bimodal distribution)의 모양이다(<상자 6-7>).

<상자 6-7> 연속변수의 이봉분포

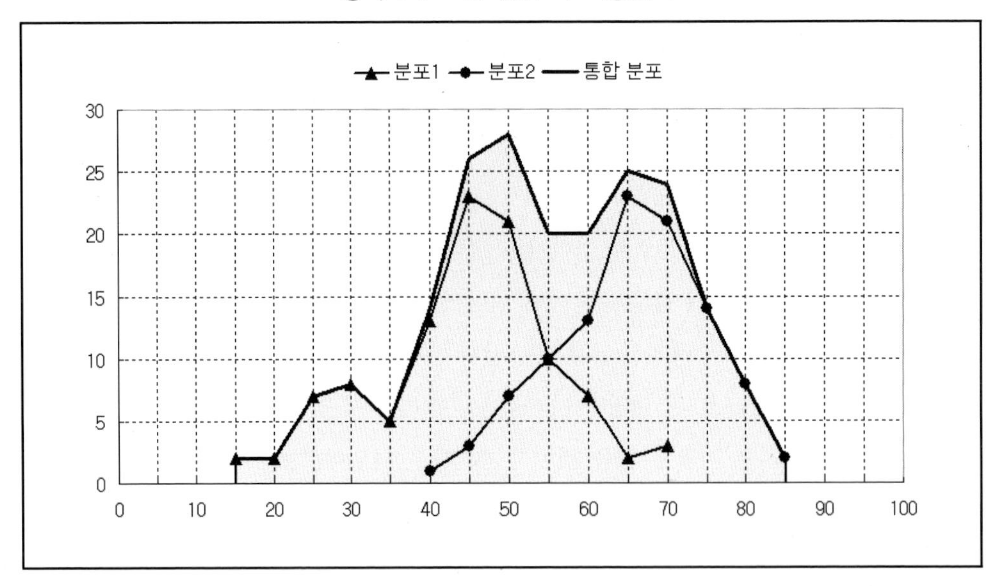

<상자 6-8>의 (A)와 (B)에 제시된 범주형 자료의 분포는 사실상 이봉분포(bimodal distribution)이다. 첫 번째 봉우리의 자료 값은 6이며, 두 번째 봉우리의 자료 값은 3이다.

<상자 6-8> 범주변수의 이봉분포

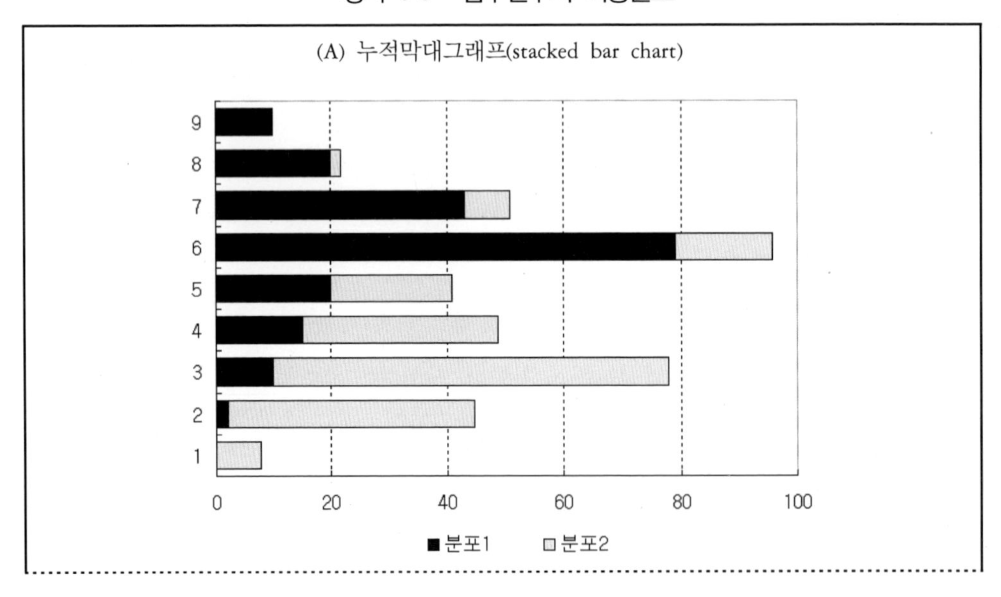

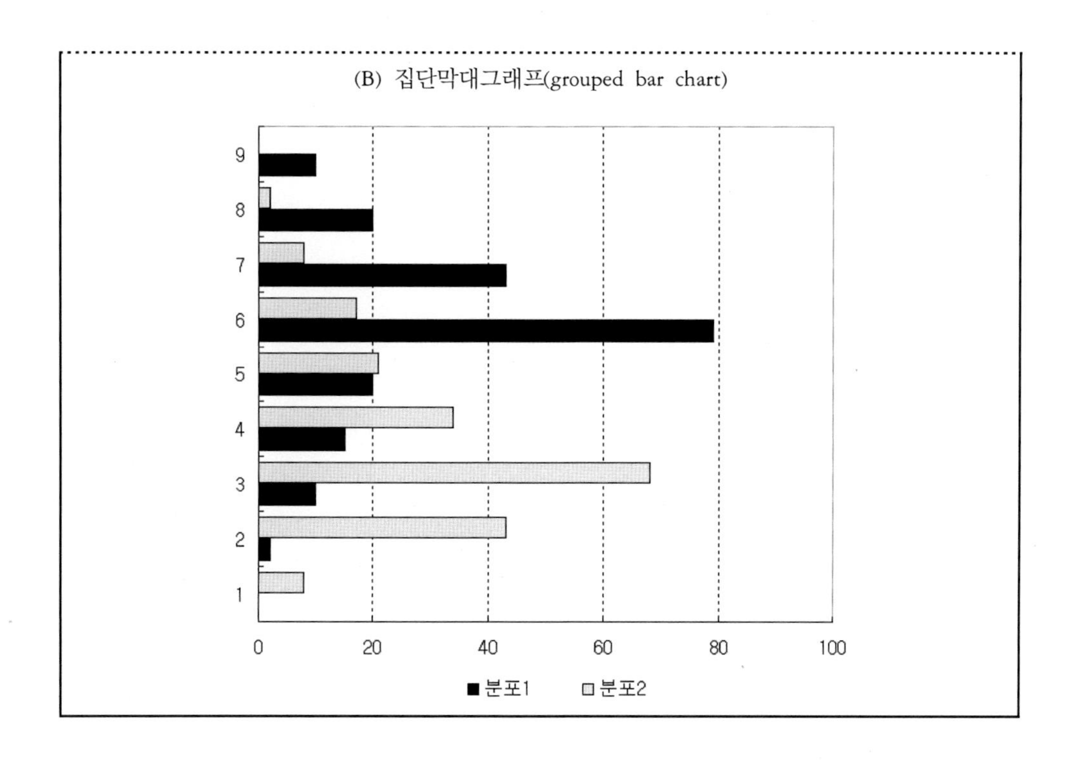

<상자 6-7> 및 <상자 6-8>의 (A)와 (B)에 제시된 자료 분포와 같은 이봉분포 안에는 대개 두 개의 서로 구별되는 모집단이 존재하고 있으며 그 두 개의 모집단에서 한꺼번에 표본을 추출하였다는 것을 암시한다. 그 경우, 두 집단은 각각 정규분포와 비슷한 분포를 이루고 있는 경우가 많다. 그러나 두 집단이 하나의 표본으로 통합될 경우, 두 개의 곡선이 중첩되며, 결과적으로 이봉분포의 형태가 나타나게 된다.

<상자 6-7>에는 두 개의 서로 다른 분포가 중첩적으로 그려져 있으며 이 두 개의 분포를 결합한 '통합 분포'가 그려져 있다. <상자 6-8>의 (A)에는 두 개의 자료 분포가 누적막대그래프(stacked bar chart)로 그려져 있다. 그런데 이와 같은 누적막대그래프를 통해 두 개의 자료 분포를 구분하기가 쉽지 않다는 점이 문제시된다. 즉, 누적막대그래프에는 두 개의 자료 분포가 통합되어 있으므로 두 개의 자료 분포의 형태를 육안으로 쉽게 파악하거나 두 개의 자료 분포를 구별하기 어렵다는 단점이 있다. 반면에, (B)에는 (A)와 동일한 자료의 분포가 집단막대그래프(grouped bar chart)로 그려져 있다. 집단막대그래프의 경우, 육안으로 두 개의 자료 분포의 모양을 파악하기가 상대적으로 더 쉽다는 장점이 있다. 특히 사례 (B)의 경우에는 두 개의 분포가 모두 정규분포와 비슷한 형태를 띠고 있음을 알 수 있다.

이봉분포는 표본의 특성을 알려주는 일종의 신호이다. 흔히 조사연구자가 자료의 분석단

계에서 이봉분포를 발견하였을 경우 그것은 하나의 표본집단 안에 여러 영향이나 특성들이 개입하였다는 것을 알려주는 실마리가 된다. 여기서 중요한 질문은 "어떤 영향이나 특성이 개입되었는가?"이다.

설문조사 항목의 내용을 세심히 고찰하면 하나의 표본집단을 두 개의 집단으로 나누는 역할을 하는 특성이 무엇인지 찾아낼 수 있을 것이다. 자료 분석가는 이봉분포를 발견할 경우에 그 원인을 찾아내기 위해 해당 자료를 생산해내는 질문, 즉 설문지상의 문항을 정밀하게 검토하여야 한다. 경우에 따라서는 해당 변수와 사회인구학적 변수 등 다른 변수와의 관계를 분석하는 것이 바람직할 수도 있을 것이다. 간혹 사회인구학적 변수가 이봉분포와 밀접한 관련이 있다는 사실이 증명되기도 하기 때문이다.

결론적으로 조사연구자는 자료의 분포로부터 자료의 특성을 유추할 수 있는 능력을 배양하여야 한다. 아래 <상자 6-9>에는 다양한 자료 분포의 유형과 더불어 각 유형을 해석하는 방법이 제시되어 있다(Harris, 1999). 조사연구자가 자료 분포의 특성을 해석하고 유추할 때 아래 사항을 참고할 수 있을 것이다.

<상자 6-9> 자료 분포의 유형 및 해석

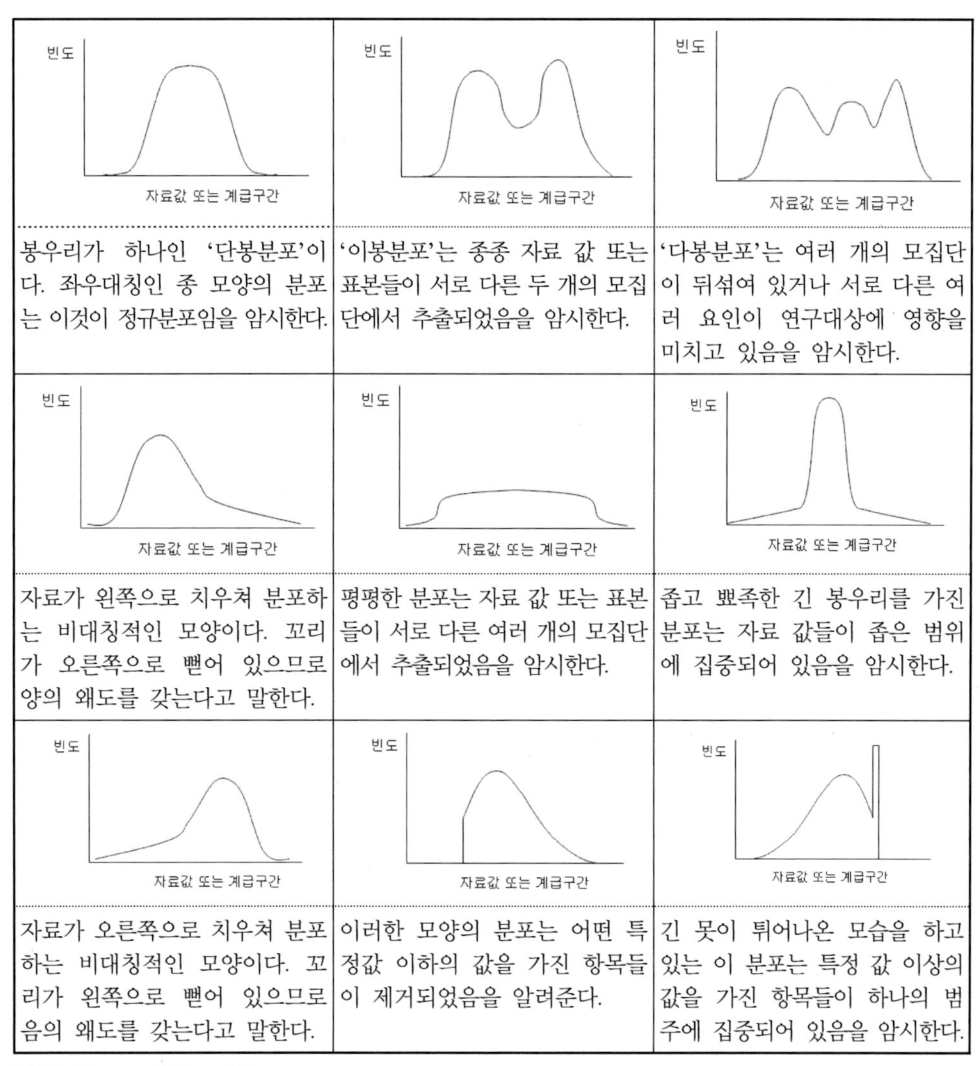

봉우리가 하나인 '단봉분포'이다. 좌우대칭인 종 모양의 분포는 이것이 정규분포임을 암시한다.	'이봉분포'는 종종 자료 값 또는 표본들이 서로 다른 두 개의 모집단에서 추출되었음을 암시한다.	'다봉분포'는 여러 개의 모집단이 뒤섞여 있거나 서로 다른 여러 요인이 연구대상에 영향을 미치고 있음을 암시한다.
자료가 왼쪽으로 치우쳐 분포하는 비대칭적인 모양이다. 꼬리가 오른쪽으로 뻗어 있으므로 양의 왜도를 갖는다고 말한다.	평평한 분포는 자료 값 또는 표본들이 서로 다른 여러 개의 모집단에서 추출되었음을 암시한다.	좁고 뾰족한 긴 봉우리를 가진 분포는 자료 값들이 좁은 범위에 집중되어 있음을 암시한다.
자료가 오른쪽으로 치우쳐 분포하는 비대칭적인 모양이다. 꼬리가 왼쪽으로 뻗어 있으므로 음의 왜도를 갖는다고 말한다.	이러한 모양의 분포는 어떤 특정값 이하의 값을 가진 항목들이 제거되었음을 알려준다.	긴 못이 튀어나온 모습을 하고 있는 이 분포는 특정 값 이상의 값을 가진 항목들이 하나의 범주에 집중되어 있음을 암시한다.

자료: Harris, 1999, p.189.

2) 통계적 추론

설문조사를 수행하는 조사연구자가 표본조사의 결과에만 관심을 갖는 경우는 매우 드물 것이다. 대개 조사연구자는 표본에서 추출된 통계량(statistics)을 바탕으로 모집단의 모수치(parameters)를 추정(estimation)하려고 한다. 이처럼 표본의 통계량을 바탕으로 모수치를 추론하는 과정을 통계적 추론(statistical inference)이라고 한다. 통계적 추론은 무작위표본과 같은 확률표본 또는 그와 매우 유사한 표집방법으로 수집된 자료의 분석결과에 바탕을 두어야 한다. 무작위표본의 경우, 표본에 포함되는 사람들이 무작위로 표집되며, 따라서 조사대상자는 누구나 표본으로 뽑힐 동일한 확률을 갖는다. 요컨대 통계적 추론은 무작위표집에 근거하여야 한다. 무작위표집방법과 거리가 멀면 멀수록 모집단에 대한 통계적 추론은 그만큼 더 부적절하게 된다.

(1) 추정의 표준오차

확률표집에서 표준오차(S.E., standard error: 표본평균의 표준편차)는 매우 중요한 개념이다. 표본을 통해 구한 통계량으로 모수치를 추정할 때 표준오차는 그러한 추정치를 어느 정도 신뢰할 수 있는가에 관한 수치화된 정보를 제공하기 때문이다.

표준오차는 표준편차의 개념으로 이해할 수 있다. 표준편차는 개별 케이스들이 한 집단의 평균값으로부터 얼마나 떨어져 있는지를 평균치로 나타낸 것이다. 표준오차도 이와 비슷한 논리에 바탕을 두고 있다. 표준오차는 동일한 모집단으로부터 무수히 많은 표본들을 추출하였다고 가정할 때, 각각의 표본 값들이 전체 표본들의 평균값에서부터 얼마나 떨어져 있는지를 평균치로 나타낸 것이다. 표준오차가 클수록 한 표본에 의해 도출되는 표본통계량들이 모수치를 대변할 확률이 낮아지고, 표준오차가 작을수록 모수치에 근접할 확률이 높아진다.

추정의 표준오차(standard error of the estimate)는 모집단의 분산과 정(+)의 관계를 가지고 있다. 즉, 특정 설문항목에 대한 응답자들의 응답이 다르면 다를수록, 표준오차는 더 높아진다. 또한 표준오차는 표본 크기와 부(−)의 관계를 가지고 있다. 즉, 표본 크기가 크면 클수록 표준오차는 더 작아지며, 따라서 그 표본이 모집단을 대표할 가능성은 더 커진다.

(2) 신뢰구간과 신뢰수준

정규분포 곡선의 성격과 표본 값의 표준오차 정보를 함께 사용하면, 표본을 통해 모집단을 추정하는 데 따르는 신뢰도를 계산할 수 있다. 표본 값에 대한 신뢰도는 신뢰구간과 신뢰수준이라는 개념을 통해 나타난다.

신뢰수준(confidence level)은 표본에서 얻은 결과를 통해 모수를 추정하려고 할 때 어느 정도의 신뢰성을 갖는지를 말하는 것이다. 예컨대, 모수가 표본 추정치의 ±1 표준오차 이내에 있다는 것은 68.3%, ±2 표준오차 이내에 있다는 것은 95.4%, ±3 표준오차 이내에 있다는 것은 99.7%의 신뢰수준을 가지고 있다는 의미이다(<상자 6-10>).

신뢰구간(confidence interval)은 표준오차에 근거하여 표본평균을 중심으로 설정한 범위를 말한다. 표본 값을 가지고 모집단을 추정하는 데 68.26% 정도의 신뢰수준을 갖추려면, 신뢰구간은 표본 값의 ±1 표준오차의 범위에 두어야 한다. 95.44%의 신뢰수준을 갖추려면, 신뢰구간은 ±2 표준오차의 범위에 두어야 한다. 마찬가지로, 99.70%의 신뢰수준을 갖추려면, 신뢰구간은 ±3 표준오차의 범위에 두어야 한다.

<상자 6-10> **정규분포곡선의 신뢰구간 및 신뢰수준**

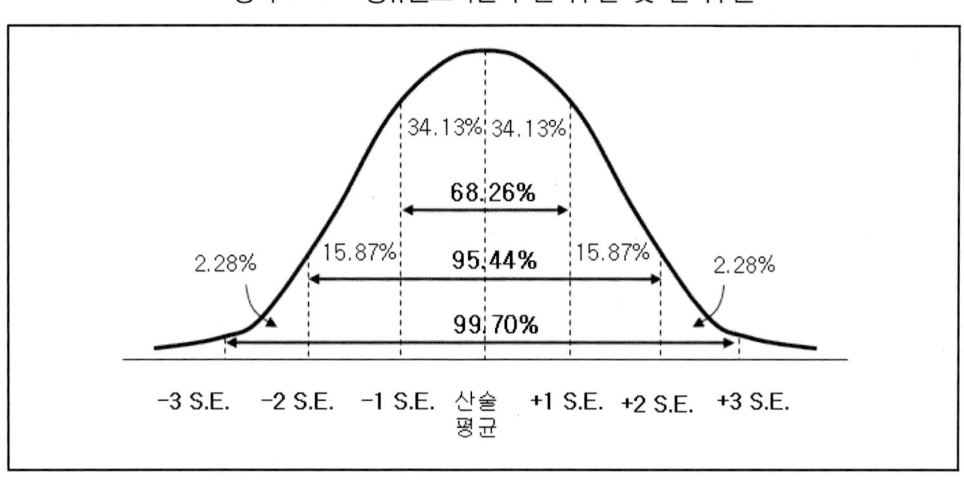

신뢰구간의 범위는 <상자 6-11>의 신뢰구간 다이어그램을 통해 시각적으로 설명할 수 있다. 이 예제는 산술평균이 10, 표준오차가 1인 경우의 여러 유형의 신뢰구간을 보여준다.

<상자 6-11> 신뢰구간 다이어그램

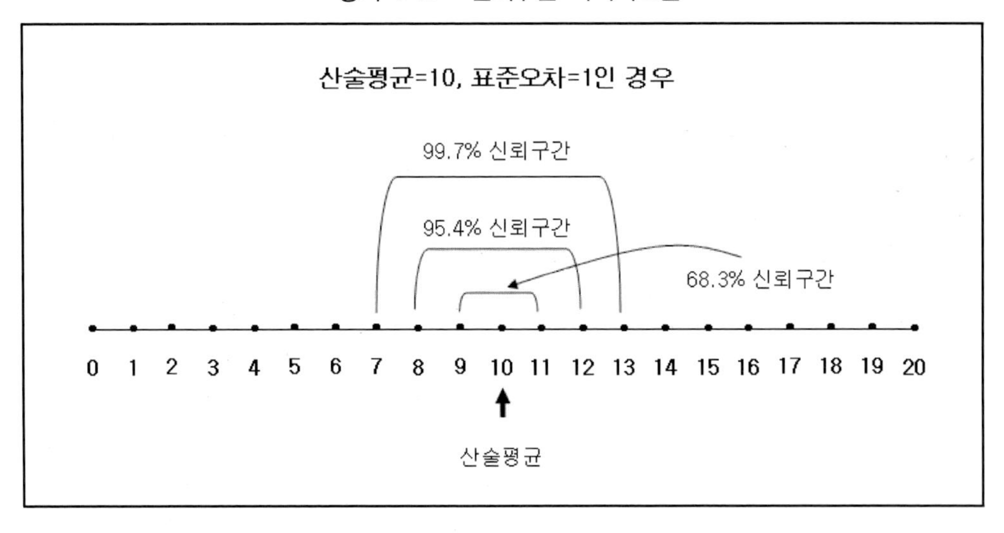

위의 예에서 산술평균이 10, 표준오차가 1이므로 표본 평균이 9와 11 사이에(즉, ±1 표준오차 이내에) 존재할 확률은 68.3%이다. 마찬가지로 표본 평균이 8과 12 사이에(즉, ±2 표준오차 이내에) 존재할 확률은 95.4%이며, 표본 평균이 7과 13 사이에(즉, ±3 표준오차 이내에) 존재할 확률은 99.7%이다.

이처럼 신뢰구간을 넓히면 표본 추정치의 신뢰수준은 증가한다. 반대로, 신뢰구간이 좁혀지면(즉, 모수치에 대한 추정 범위를 좁게 잡으면) 그만큼 신뢰수준이 저하된다.

자료의 분포가 정규분포이든 아니면 비정규분포이든지 간에 추정의 표준오차 그리고 그 값을 바탕으로 신뢰구간을 계산할 수 있다. 자료의 분포가 아무리 정규분포에서 이탈한 분포라 할지라도 표준오차와 신뢰구간을 적용할 수 있다. 다시 말해, 표준오차의 타당성을 담보하기 위하여 자료 분포의 왜도(skewness)와 첨도(kurtosis)가 모두 0 또는 0에 근접할 필요는 없다. 그런데 범주형 변수에는 평균의 개념을 적용할 수 없으며 표준오차나 그에 상응하는 개념도 존재하지 않는다. 이러한 이유 때문에 변수를 코딩변경(recoding)할 때 연속형 변수를 범주형 변수로 변환하는 것보다는 가능한 한 연속형 수량변수의 형태를 그대로 유지하는 것이 바람직하다.

3) 관련성의 해석

앞 장에서 고찰한 바와 같이, 변수와 변수 사이의 관련성을 측정하는 여러 가지 통계분석 기법이 개발되어 있다. 이하에서는 교차분석, 분산분석(ANOVA), t-검정, 상관관계분석, 회귀분석 등 다양한 통계분석의 결과를 해석하는 방법에 대하여 고찰하는 기회를 갖는다.

(1) 교차분석의 해석

일반적으로 교차분석표(cross-tab table 또는 contingency table)에는 각 셀의 빈도와 백분율 외에 x^2 검정통계량, 자유도(df), p-값이 제시된다. 예를 들면, 아래 <상자 6-12>는 조사대상자의 학력과 연령 사이의 관련성을 분석한 결과를 보고한 표인데, $x^2=15.101$, df=4, p=0.004로서 조사대상자의 연령과 학력 사이에 통계적으로 유의한 양의 관계가 존재한다는 것을 알려준다.

교차분석표를 해석할 때 백분율의 계산 방향에 주의하여야 한다. 백분율을 계산하는 방법은 두 가지이다. 하나는 백분율을 표의 가로 방향으로 계산하여 각 행의 합이 100%가 되게 하는 방법(행 백분율)이며, 이 경우 특정 항목을 기준으로 한 세부항목 사이의 비교는 세로 방향으로 이루어진다. 다른 하나는 표의 세로 방향으로 계산하여 각 열의 합이 100%가 되게 하는 방법(열 백분율)인데, 특정 항목을 기준으로 한 세부 항목 사이의 비교는 가로 방향으로 이루어진다.

<상자 6-12> (A)는 행 백분율을 제시하는 표이며, 따라서 세로 방향으로 백분율을 비교하는 것이 의미가 있다. 예를 들어, 20대의 학력을 세부적으로 비교하자면, 전문대학 졸업생 가운데 41.7%와 대학교 졸업생 가운데 49.1%가 20대인 반면, 대학원 졸업 이상의 학력을 가진 응답자 중 20대는 16.1%에 불과하다는 점을 알 수 있다. 40대 이상의 경우도 마찬가지 방법으로 비교한다. 즉, 전문대학 졸업 이하 집단의 18.8%와 대학교 졸업 집단의 15.6%가 40대 이상인 반면, 대학원 졸업 이상의 집단의 38.7%가 40대 이상이다.

한편, <상자 6-12>의 (B)에는 열 백분율이 제시되어 있는데, 열 백분율의 표는 가로 방향으로 해석한다. 예를 들어, 전문대학 졸업 이하의 학력을 가진 집단을 연령별로 비교해보면, 20대의 18.7%와 30대의 20.4% 그리고 40대의 19.6%가 전문대를 졸업하였다. 마찬가지로, 대학원 이상의 학력을 가진 대상자 집단을 연령별로 비교할 경우, 20대의 4.7%, 30

대의 15.1%가 대학원 졸업 이상의 학력을 가졌음에 비해 40대 이상 연령층의 26.1%가 대학원 이상의 학력을 가지고 있다는 것을 알 수 있다.

<상자 6-12> 교차분석표의 예

(A) 행 백분율(row percentages)

<조사대상자의 학력에 따른 연령 분포> 단위: 명(%)

		연령			
		20대	30대	40대 이상	계
학력	전문대학 졸업 이하	20 (41.7)	19 (39.6)	9 (18.8)	48 (100.0)
	대학교 졸업	82 (49.1)	60 (35.9)	25 (15.6)	167 (100.0)
	대학원 졸업 이상	5 (16.1)	14 (45.2)	12 (38.7)	31 (100.0)
	계	107 (43.5)	93 (37.8)	46 (18.7)	246 (100.0)

χ^2=15.101, df=4, p=0.004

(B) 열 백분율(column percentages)

<조사대상자의 학력과 연령> 단위: 명(%)

		연령			
		20대	30대	40대 이상	계
학력	전문대학 졸업 이하	20 (18.7)	19 (20.4)	9 (19.6)	48 (19.5)
	대학교 졸업	82 (76.6)	60 (64.5)	25 (54.3)	167 (67.9)
	대학원 졸업 이상	5 (4.7)	14 (15.1)	12 (26.1)	31 (12.6)
	계	107 (100.0)	93 (100.0)	46 (100.0)	246 (100.0)

χ^2=15.101, df=4, p=0.004

(2) 분산분석의 해석

분산분석은 설문조사를 통해 얻은 자료를 분산(variance)을 이용하여 통계적으로 분석하는 기법이다. 분산분석은 종속변수의 수와 공변량의 유무에 따라 여러 가지 유형으로 나눌 수 있지만, 여기에서는 일원분산분석과 이원분산분석의 결과를 해석하는 데 초점을 맞춘다.

일원분산분석의 결과는 평균을 정리한 표에 F-검정결과를 덧붙여 보고한다. 이때 필요하다면 다중비교의 결과도 함께 적어준다.

<상자 6-13> 일원분산분석의 표 (예시)

<세 학교급별 자아존중감 점수의 비교>

학교 구분	(n)	$\bar{x}$ ± S.D.	F(p)
① 중학교	67	28.42±5.12	4.167*(0.017)
② 일반고	62	29.41±5.18	③<②
③ 실업고	58	26.83±4.46	

* 유의수준 .05에서 유의함.

<상자 6-14>는 이원분산분석의 결과를 보고하는 표이다. 이 사례는 공무원의 개인적 특성이 직무만족도에 영향을 미칠 것이라는 연구가설을 검정한 결과를 제시한 가상적인 사례이다. 공무원의 연령과 성별에 따라 직무만족도에 차이가 있는지 그리고 연령과 성별 간에 상호작용효과가 존재하는지 확인할 수 있다.

<상자 6-14> 이원분산분석의 표 예시

<두 변수 간의 상호작용효과 검정>

변수		제곱합(SS)	평균제곱(MS)	F값
종속변수	독립변수			
근무만족도	연령	15.414	7.707	36.412***
	성별	2.136	2.136	10.089**
	연령*성별	5.654	2.827	13.357**

* p<0.05 ** p<0.01 *** p<0.001

위의 가상의 사례에서 이원분산분석을 실시한 결과를 보면, 연령은 F=36.412, p<0.001로 직무만족도에 있어서 차이가 있는 것으로 나타났고, 또한 성별은 F=10.089, p<0.01로 직무만족도에 있어서 차이가 존재하는 것으로 나타났다. 그리고 두 개의 독립변수인 연령과 성별 간의 상호작용효과가 존재하는 것으로 나타나(F=13.357, p<0.01), 직무만족도에 대해 미치는 영향이 각각 다름을 알 수 있다. 이것은 연령과 성별이 직무만족도에 영향을 미치는 변수이므로 연령대별로 그리고 성별로 구분하여 직무만족도를 높일 수 있는 방법이 강구되어야 함을 시사하고 있다.

(3) t–검정의 해석

t-검정(t-test)은 두 집단의 평균을 비교하는 검정방법이다. 일반적으로 모집단의 분산과 표준편차를 알지 못하고, 표본의 크기가 30 이하인 경우에 t-검정을 사용한다. t-검정에는 세 가지 유형이 있는데, 단일표본 t-검정, 독립표본 t-검정, 대응표본 t-검정이 그것이다. 이하에서는 독립표본 t-검정과 대응표본 t-검정의 결과를 해석하는 방법에 대하여 고찰한다.

<상자 6-15>는 독립표본 t-검정의 결과를 보고한 표이다. 먼저 주요 변수의 평균과 표준편차를 제시한 다음에 t-검정의 결과를 덧붙이는 것이 일반적이다.

<상자 6-15> 독립표본 t-검정의 결과보고 (예시)

<남녀 학생의 비교>

변수	남학생(n=99)	여학생(n=98)	t
	$\bar{x}$ ±S.D.	$\bar{x}$ ±S.D.	(p)
자아존중감 점수	28.95±5.41	27.48±4.47	2.014 (0.045)

위의 예제에서는 남학생과 여학생 간에는 자아존중감의 평균 점수에 있어서 통계적으로 유의한 차이가 확인되었다(p<0.05). 즉, 남학생의 자아존중감 점수가 여학생보다 더 높은 것으로 조사되었다는 것을 알 수 있다.

한편, 대응표본 t-검정은 여러 쌍의 서로 대응되는(즉, 서로 짝을 이룬) 두 관찰 값들의 차이를 분석하는 기법이다. 대응표본 t-검정의 경우에 모집단은 하나이지만 짝을 이룬 관찰 값들이 하나의 모집단에서 추출된다. 하나의 모집단에서 두 관찰 값들이 짝을 이루어 추출되므로, 두 관찰 값은 서로 독립적이지 않다.

<상자 6-16>은 노인복지관에서 실시하고 있는 사회교육프로그램에 참여한 노인을 대상으로 신체적 · 정신적 건강상태의 변화를 조사한 후 대응표본 t-검정을 실시한 결과를 보고한 표이다. 즉, 사회교육프로그램에 참여한 노인을 대상으로 신체건강 등 11개 조사항목에 대해 프로그램 참가 전과 프로그램 참가 후의 점수를 5점 척도(1점: 매우 낮은 수준; 2점: 조금 낮은 수준; 3점: 중간 정도; 4점: 조금 높은 수준; 5점: 매우 높은 수준)로 조사하였다.

<상자 6-16> 대응표본 t-검정의 결과보고 (예시)

<사회교육 참여자들이 지각한 신체적 · 정신적 건강증진 효과>

구분	N	사전평균 (표준편차)	사후평균 (표준편차)	t값
신체건강	300	3.25(1.054)	4.01(0.957)	-11.882***
노여움	299	2.08(1.084)	1.79(1.087)	5.843***
기쁨	300	3.46(0.992)	4.23(0.897)	-14.790***
애정	300	3.52(0.959)	4.14(0.848)	-13.682***
생활만족감	300	3.51(1.010)	4.11(0.919)	-11.579***
서러움	300	2.00(1.094)	1.67(1.006)	6.512***
자신감	300	3.39(1.043)	3.98(1.126)	-10.212***
외로움	299	2.11(1.126)	1.76(1.062)	6.682***
무력감	299	1.97(1.068)	1.65(0.963)	6.860***
괴로움	299	1.91(1.067)	1.63(0.951)	6.432***
죽고 싶은 마음	300	1.57(0.960)	1.40(0.850)	4.721***

* $p<0.05$ ** $p<0.01$ *** $p<0.001$

위 <상자 6-16>을 보면, 변수를 SPSS상의 대응표본 t-검정의 대화상자에 옮겨놓을 때 사전평균을 변수 1로, 사후평균을 변수 2로 놓았음을 알 수 있다. 따라서 사회교육프로그램의 효과에 의해 사전평균보다 사후평균이 감소하는 항목의 경우(노여움, 서러움, 외로움, 무력감, 괴로움)에는 두 점수의 차이가 양수로 나타났다. 반면에, 사회교육프로그램의 효과에 의해 사후평균이 사전평균보다 높은 점수가 나온 경우(신체건강, 기쁨, 애정, 생활만족감, 자신감)에는 두 점수의 차이가 음수로 나타났다. 이처럼 변수를 대화상자로 옮겨놓을 때 사전평균과 사후평균 가운데 어떤 변수를 변수 1로 삼느냐에 따라 두 점수의 차이가 양수 또는 음수가 될 수 있으며, 따라서 그 해석에 있어서 주의를 요한다.

(4) 상관관계의 해석

상관관계는 두 개의 연속형 수량변수 사이의 관련성의 정도, 방향, 유의성을 측정하지만, 두 변수 사이의 인과관계를 가정하지는 않는다. Pearson 적률상관계수는 등간변수 자료 또는 비율변수 자료 사이의 상관관계를 측정하는 데 사용되며, Spearman의 서열상관계수는 서열척도 자료에 사용할 수 있는 가장 대표적인 비모수 상관계수 분석방법이다. 두 가지 상관관계 계수를 해석하는 방식은 본질적으로 다르지 않다.

상관관계분석의 결과는 상관관계분석표로 제시되는 것이 일반적이다. <상자 6-17>은 다섯 개의 변수들 사이의 상관관계 분석결과를 정리한 표이다.

<상자 6-17> 상관관계분석표의 예

<가상의 사례의 상관관계분석 결과>

	변수 1	변수 2	변수 3	변수 4	변수 5
변수 1	1.000 -	.303 .001	.011 .402	.164 .001	.094 .018
변수 2		1.000 -	-.098 .014	.479 .001	.083 .032
변수 3			1.000 -	-.193 .001	.425 .001
변수 4				1.000 -	.010 .408
변수 5					1.000 -

상관관계계수(상관계수)는 흔히 잘못 해석되는 경우가 있다. 위의 <상자 6-17>에서 변수 2와 변수 4 사이의 상관관계는 r=0.479인데, 이것은 상관관계계수의 최댓값(r=1)의 거의 절반에 육박하는 값이다. 따라서 이 수치를 보고 변수 2와 변수 4 사이에는 상당히 강한 상관관계가 존재한다고 속단하는 것은 옳지 않다. 상관관계계수보다 더 많은 정보를 제

공하는 것은 상관관계계수를 제곱한 값, 즉 결정계수(r^2)이다. 결정계수(r^2)는 두 변수 사이의 공분산(covariance)을 의미하며, 설명력이라고도 한다. 위의 예에서는 $r^2=(0.479)^2=0.229$이며, 따라서 어느 변수의 분산 가운데 22.9%만이 다른 변수와 공유하고 있다는 의미이므로 두 변수 사이의 관계의 밀접성은 그다지 크지 않다고 보아야 할 것이다. 이처럼 상관관계계수보다는 결정계수를 사용하는 것이 상관관계를 해석하는 올바른 방법이다.

변수 사이의 상관계수가 유의한 것으로 나타났다 할지라도 그것이 변수와 변수 사이에 인관관계의 방향성을 알려주지는 않는다는 점을 유의하여야 한다. 만약 변수 A와 변수 B 사이에 유의한 상관관계가 존재할 경우, 네 가지 유형의 인과관계가 존재할 수 있다. 즉, A가 B의 원인이 되는 경우, B가 A의 원인이 되는 경우, A와 B가 상호 간에 원인과 결과가 되는 경우, C가 A와 B의 원인이 되는 경우가 그것이다. 상관관계분석으로는 이 네 가지 가운데 어느 것이 사실인지 알 수 없다.

상관관계분석 결과를 해석할 때 유념하여야 할 사항은 다음과 같다(김경호, 2007). 첫째, 상관관계계수를 측정하는 목적은 두 연속형 변수 간의 관계의 정도(크기), 방향(양 또는 음), 그리고 통계적 유의성을 올바르게 이해하는 데 있다. 이 경우 두 변수 간의 인과관계를 측정할 수는 없다. 둘째, Pearson 적률상관계수 분석은 등간척도 자료 및 비율척도 자료에 사용할 수 있으며, Spearman 서열상관계수 분석은 서열척도 자료에 사용할 수 있다. 셋째, 상관관계계수의 범위는 $-1 \leq r \leq +1$이다. $r=0$은 두 변수 사이에 상관관계가 전혀 없다는 의미이며, $r=-1$은 두 변수 사이에 완전한 음(-)의 상관관계가, $r=+1$은 두 변수 사이에 완전한 양(+)의 상관관계가 존재하고 있다는 의미이다. 넷째, 상관관계계수의 부호(+, -)는 두 변수 사이의 관계가 순방향인지 역방향인지 알려준다. 즉, 양(+)의 상관계수는 두 변수가 같은 방향으로, 그리고 음(-)의 상관계수는 두 변수가 서로 반대방향으로 움직인다는 것을 가리킨다. 다섯째, 상관관계계수의 유의성(significance)을 평가하는 확률(p-값)은 모집단의 변수들 사이에 아무런 상관관계가 없는데 순전히 표집오류(sampling error)에 의해 두 변수 사이에 해당 상관계수가 존재하고 있다는 결과가 나올 확률을 의미한다. 끝으로, 상관관계계수는 어느 한 변수가 다른 변수의 원인이나 결과가 된다는 것을 알려주지는 않는다.

(5) 회귀분석의 해석

회귀분석은 한 변수를 독립변수로, 다른 변수를 종속변수로 정하고, 두 변수 간의 관계의 방향과 강도를 나타내는 회귀계수를 추정하고 검정하는 통계분석방법이다. 회귀분석에는 여러 가지 유형이 있지만, 여기에서는 단순회귀분석, 다중회귀분석, 로지스틱회귀분석의 결과를 해석하는 방법에 관하여 고찰한다.

<상자 6-18>은 단순회귀분석의 결과를 예시한 것인데, 여기에는 비표준화 회귀계수(b), 회귀계수의 표준오차(S.E.(b)), 표준화 회귀계수(β), t-값, 유의확률이 포함되어 있다.

<상자 6-18> 단순회귀분석의 표 (예시)

<국어점수에 의해 예측되는 영어점수>

변수	b	S.E.(b)	β	t
상수	0.000	0.632		0.000
국어점수	0.750	0.144	0.949	5.196*

* p<0.05 ** p<0.01 *** p<0.001

<상자 6-19>는 다중회귀분석의 결과를 보고한 표이다. 교호작용이 없는 다중회귀분석을 보고할 때는 비표준화 회귀계수(b), 회귀계수의 표준오차(S.E.(b)), 표준화 회귀계수(β), t-값, 유의확률을 적는다.

<상자 6-19> 다중회귀분석의 표 (예시)

<사회복지서비스 질의 회귀분석>

	비표준화계수		표준화계수	t	F
	B	표준오차	베타		
(상수)	16.942	5.073		3.340***	11.023***
성별	2.139	0.741	0.127	2.887**	
나이	0.233	0.060	0.268	3.892***	
근무경력	0.008	0.009	0.080	0.915	
빈곤업무 담당기간	-0.004	0.007	-0.038	-0.559	
정치적 성향	0.119	0.184	0.028	0.648	
일에 대한 태도	0.053	0.064	0.038	0.823	
사회복지활동에 대한 가치인식	0.352	0.062	0.258	5.712***	
빈곤문제에 대한 인식	0.158	0.094	0.083	1.673	
빈곤에 대한 사회적 노력	0.166	0.108	0.067	1.542	
빈곤상황에 대한 인식	-0.099	0.083	-0.060	-1.185	
모형 1	R	R^2	수정된 R^2	추정 값의 표준오차	
	0.443(a)	0.196	0.178	6.12491	

a 종속변수: 사회복지서비스의 질 ** p<0.05 *** p<0.001

<상자 6-20>은 로지스틱회귀분석의 결과를 보고하는 표의 일부분인데, 종속변수는 사회복지인력의 이직의사이다.

<상자 6-20> 로지스틱 회귀분석의 표 (예시)

<사회복지인력의 소진이 이직의도에 미치는 영향 (이직의도 없음=0)>

독립변수	모델 1 사회인구학적 모델			모델 2 직업만족 모델			모델 3 역할특성 모델		
	B	S.E.	Exp(B)	B	S.E.	Exp(B)	B	S.E.	Exp(B)
상수	.500	.405	1.649	6.356	.735	575.815	-3.346	.638	27.465
사회인구학적 요인									
성(여자=0)	-.009	.145	.991	.046	.158	1.047	0.035	.150	1.035
연령	-.017+	.010	.983	-.018+	.011	.982	-.006	.010	.994
학력	.175*	.087	1.191	.144	.094	1.155	.152+	.090	1.164
경력	-.001	.001	.999	-.001	.002	.999	-.002	.001	.998
연봉	.000	.000	1.000	.000	.000	1.000	.000	.000	1.000
시설유형(생활=0)	.043	.143	1.044	-.005	.154	.995	-.019	.149	.981
직업만족 요인									
업무관련 만족				-.229***	.047	.795			
인간관계 만족				-.321***	.069	.726			
복리후생 만족				-.169***	.039	.844			
역할특성 요인									
역할 모호							.187***	.042	1.206
역할 과다							.131***	.021	1.139
N	959			959			959		
x^2	18.726			157.747			92.157		
-2 Log likelihood	1,293.325**			1,154.305***			1,219.894***		
df	6			9			8		

주: B-coefficient, S.E.-standard error, Exp(B)-odds ratio

+ p<0.10 * p<0.05 ** p<0.01 *** p<0.001

2. 분석 결과의 보고

설문조사의 분석결과는 보고서의 형태로 만들어진다. 이 절에서는 좋은 보고서를 만드는 요령, 즉 본문, 표, 그래프 등을 사용하여 자료분석의 결과를 보고하는 방법과 척도유형별 분석 결과를 보고하는 방법에 대하여 학습한다.

1) 자료 보고의 방법

보고서의 작성은 조사연구자 또는 이해관계자 등의 정보 욕구에 맞도록 설문조사의 분석결과를 의미 있는 방식으로 정리하는 과업이다. 설문지를 작성하는 단계에서 응답자들이 보다 쉽게 이해하고 응답할 수 있도록 질문이나 척도 항목을 논리적인 순서에 따라 배열하듯이, 보고서를 작성하는 단계에서도 조사연구자는 이해관계자 등이 설문조사의 분석결과를 보다 쉽게 이해할 수 있도록 해당 정보를 체계적·논리적으로 정리하여야 한다. 일반적으로 설문지에서 사용되었던 우선순위는 보고서의 작성 단계에서는 고려되지 않는다. 따라서 설문지에서의 배열 순서를 무시하고, 보고서에서는 가장 중요한 정보를 먼저 제시하고 그보다 중요성이 낮은 정보들을 그다음에 순차적으로 배치하는 것이 좋다.

설문조사 결과를 보고할 때, 본문(text)과 표(table)를 사용하여 분석 결과를 정리하는 방식이 보편화되어 있다. 그러나 그래프나 다이어그램이 보고서에 삽입되거나 구두 보고(oral presentations)의 자료에 포함되는 일도 드물지 않다.

(1) 본문에 의한 보고(narrative reporting)

보고서는 여러 개의 하위구역으로 나뉘는 것이 일반적이다. 보고서를 하위구역으로 분할하는 기준은 설문조사의 초점이 되었던 정보 욕구(information requirements), 논제(topics), 논점(issues) 등이다.

보고서의 본문(text)은 분석결과를 보고하는 가장 중요한 수단이며, 표와 그래프는 본문을 보조하는 수단이다. 효과적인 내용 전개를 위해서는 먼저 본문의 형식으로 특정 내용에 대하여 언급한 다음에 그 내용과 관련 있는 표 또는 그래프를 제시하는 것이 올바른 순서이다. 즉, 본문이 먼저 나오고 그다음에 표와 그래프가 나오는 것이 바람직하며, 반대로 표와 그래프를 먼저 내놓고 그다음에 설명을 추가하는 것은 좋지 않다.

본문은 표나 그래프에 함축되어 있는 주요한 사실이나 관계를 논의하는 자리이다. 본문은 언제나 표나 그래프와 일정한 독립성을 유지하여야 한다. 따라서 본문에서 표나 그래프를 제거한다 할지라도 본문 그 자체만으로도 의미 있는 설명이 될 수 있어야 한다.

일반적으로 조사연구의 후원자나 독자들은 설문조사, 자료의 처리, 통계분석 등과 관련된 전문용어(jargon)의 뜻을 정확하게 알지 못하므로 보고서의 본문에서 기술적인 용어나 어구를 가능한 한 사용하지 않는 것이 좋다. 보고서 작성자는 매우 복잡한 결과라 할지라도 평범한 용어와 어구를 사용하여 일반 독자들이 이해할 수 있는 수준의 보고서를 만들어 낼 수 있어야 한다. 보고서를 만드는 목적은 정보를 전달하는 데 있으므로 보고서의 작성 단계에서 의사전달의 명확성을 보장하는 일은 매우 중요하다.

본문에서는 단문 위주로 간단명료한 문장을 쓰는 것이 좋다. 길고 복잡한 문장보다는 짧고 단순명쾌한 문장이 내용 전달 면에서 더 효과적이다. 간단한 문장으로 된 보고서는 독자들이 읽기 쉬울 뿐만 아니라 정보 탐색의 즐거움을 배가시키기도 한다.

본문에 삽입된 표, 그래프, 다이어그램, 통계지도 등은 서로 식별이 가능하도록 일련번호가 부여되어야 하며, 그것을 지칭할 때는 반드시 해당 일련번호를 사용하여야 한다. 막연히 "위의 표"나 "다음에 제시하는 그림" 등과 같은 표현은 좋지 않다. 하나의 보고서에 여러 개의 표나 그래프가 등장하는 경우, 그리고 표나 그래프와 그것을 설명하는 내용이 서로 다른 페이지에 위치하는 경우에는 표와 그래프의 호칭 문제에 더욱 신경을 써야 한다.

보고서의 각 구역에서는 문장에 의한 서술적 설명이 주축이 되어야 한다. 독자들이 표나 그래프를 제대로 읽고 이해할 수 있는 능력을 가진 계층이라고 예상될지라도 언제나 표나 그래프보다 본문에 의한 설명이 우선되어야 한다. 그 이유는 다음과 같다.

첫째, 본문은 분석결과를 묘사하는 곳이 아니라 해석하는 곳이다. 설문조사에 의해 드러난 여러 가지 자료 값 또는 변수들 간의 관계를 깊이 있게 해석하고 의미를 도출하는 일은 오직 본문에 의해서만 가능하다.

둘째, 대개의 사람들은 숫자(numbers)나 기호(symbols)보다는 말(words)로써 가장 효과적인 의사소통을 할 수 있다. 정보를 추구하는 사람들이 숫자나 기호를 사용하여 개념과 이미지를 다루는 경우는 상당히 드물며, 대개는 주로 말을 사용한다. 결과적으로, 정보를 얻고자 하는 사람들은 숫자나 기호보다는 문장으로 표현된 사실이나 관계의 의미를 더 쉽게 이해한다.

셋째, 조사연구자는 표나 그래프가 아니라 본문을 통해 추가적인 통찰력, 생각, 정보 등을 제공한다. 조사연구 프로젝트에 매진하게 되면 조사연구자는 어떤 사실이나 관계를 직관적으로 이해할 수 있게 되는데, 이러한 통찰력은 숫자로 표현되기 어려우며, 문장이라는 언어의 형식으로 표현될 수밖에 없다. 조사연구자가 구체적인 분석결과가 아니라 자신의 판단이나 통찰력에 근거하여 제언이나 의견을 제시하기를 원할 경우에는 언제나 본문에 그러한 내용을 담아야 한다.

보고서의 각 구역은 먼저 그곳에서 다루고자 하는 정보를 간단하게 소개하는 도입 부분으로부터 시작하는 것이 좋다. 이것은 설문조사를 시작할 당시에 특정 정보를 얻고자 하였던 사람들의 마음속에 있는 질문을 구체적으로 언급하는 일이다. 다시 말해, 왜 특정 정보가 필요한 것인지 가장 먼저 설명할 필요가 있다.

조사연구자가 본문에서 표나 그래프의 내용에 관한 설명이나 해설을 덧붙일 필요가 있는 경우가 있다. 이것은 어디까지나 독자의 이해를 돕기 위한 보조적인 수단이다. 조사연구자는 가장 중요한 분석 결과를 본문의 형식으로 표현할 수 있는 능력을 갖추어야 하며, 실제로 본문의 형식으로 결과를 보고하여야 한다. 설문조사의 내용을 이해하고 있는 사람들에게는 보다 심층적인 내용의 코멘트를 제공할 필요도 있다.

보고서의 각 구역은 해당 구역에서 다룬 내용을 간략히 정리하여 요약하는 것으로 마무리되는 것이 좋다. 대개 이러한 결론은 몇 개의 문장으로 충분하다.

(2) 표의 활용

SPSS 등 대부분의 통계분석 패키지 프로그램은 표를 만들어내는 기능을 갖고 있는데, 보고서를 작성하면서 통계분석 프로그램이 출력한 표를 그대로 사용하는 경우는 흔치 않다. 적절한 항목만이 표에 포함되도록 일정한 편집과정을 거쳐야 한다. 의미 있고 이해하기 쉬운 표를 만드는 일은 경험과 노력에 의하여 얻을 수 있는 일종의 예술(art) 행위이다.

앞서 언급한 바와 같이, 표는 본문과 독립적이다. 표 안에 모든 정보가 포함되도록 표를 만들어야 한다. 즉, 본문에서 표의 내용을 보충적으로 설명하여야 비로소 표를 제대로 이해할 수 있다면 그것은 필요한 정보가 표에 모두 담기지 못했다는 뜻이다.

보고서 작성자가 표를 만들 때 고려하여야 할 사항은 두 가지로 요약할 수 있다. 첫째, 표의 구성 형식 즉, 레이아웃(layout)이다. 표의 레이아웃을 결정할 때 충분한 여백을 확보하는 것이 좋다. 표의 열, 행, 구역을 알맞게 구분하여야 하며, 각 장소에는 비슷한 성격의 데이터들이 규칙에 따라 체계적으로 배열되어야 한다. 표에 너무 많은 문자와 숫자를 담아 표를 읽기 어려울 정도가 되면 곤란하다. 표가 복잡해질수록 행 또는 열 사이에 충분한 여백을 확보함으로써 독자들이 보다 쉽게 표를 읽고 이해할 수 있도록 배려하여야 한다. 표 하나를 읽고 이해하는 데 수 분이 걸린다면, 그 이유는 아마도 표를 제대로 만들지 못하였기 때문일 것이다. 표에 너무 많은 정보를 담으려다 보면 자칫 표가 복잡해지고 이해하기 어려워진다. 또한 표가 여러 개일 경우에는 그 표들이 가능한 한 동일한 레이아웃을 갖도록 노력하여야 한다. 일단 하나의 표에 익숙하게 되면, 다른 표들을 이해하는 데 훨씬 용이하기 때문이다.

둘째, 표의 제목(title)이다. 보고서에 포함되는 모든 표에는 제목을 달아야 한다. 제목이 없는 표는 존재하지 않아야 옳다. 또한 여러 개의 표를 식별하기 위해서는 모든 표에 일련번호를 달아야 하며, 각 표를 지칭할 때는 긴 제목보다는 일련번호를 사용하여야 한다. 표의 일련번호로는 아라비아 숫자가 권장된다. 표의 제목은 표의 내용을 한마디로 요약할 수 있는 매우 함축적인 어구로 작성되어야 한다. 표의 내용이나 본문을 읽어보지 않고, 오직 표의 제목만 보고 무슨 내용의 표가 작성되어 제시되고 있는지 금방 알 수 있어야 한다. 만약 그렇지 못한다면, 이것은 표의 제목이 부적절하다는 방증이 될 수 있다. 표 안의 행의 제목이나 열의 제목을 다는 경우도 마찬가지이다. 가장 짤막한 어구를 사용하되 정확한 내용을 표현할 수 있도록 노력하여야 한다. 끝으로, 표의 아랫부분은 이른바 확률주(probability note)를 제시하는 공간으로 활용되는 경우가 많다. 통계분석의 결과에 따라 관행에 맞게 별표(*)나 칼표(†)를 사용하여 유의도 수준을 제시한다.

(3) 그래프의 활용

설문조사의 결과를 보고하는 본문 안에 그래프를 삽입하는 이유는 그래프가 말이나 숫자보다 자료의 양이나 관계를 더 직접적으로 기술할 수 있기 때문이다. 그래프는 수량을 표현하기 위해 크기(size)와 모양(shape)을 사용한다.

그래프의 가장 큰 장점은 자료의 분포 또는 변수와 변수 간의 관계를 한눈에 보여줄 수 있다는 점이다. 그래프를 작성할 때 미적 감각을 살리는 일이 중요하지만 더 중요한 것은 의사전달의 명확성을 보장하는 것이다. 즉, 아름다운 그래프도 중요하지만 읽고 이해하기 쉬운 그래프는 더 중요하다. 그래프는 본문이나 표가 전달하지 못하는 것을 독자에게 전달할 수 있다. 그것도 훨씬 단순하고 아름다운 방법으로 임무를 달성한다.

물론 그래프를 사용하기 위한 비용도 치러야 한다. 그래프를 그리기 위해서는 상당한 양의 시간과 노력을 투자하여야 할 뿐만 아니라, 그래프가 보고서의 공간을 적지 않게 차지한다는 사실도 알아야 한다.

표를 작성할 때 고려하여야 할 주요 사항이 그래프의 경우에도 모두 그대로 적용된다.

모든 그래프에는 일련번호를 붙여 식별용으로 사용하여야 한다. 그래프에는 그것이 담고 있는 내용을 가장 잘 나타낼 수 있는 함축적인 제목을 다는 것이 좋다.

그래프와 표 사이에는 두 가지 관계가 존재하는데, 하나는 그래프와 표가 서로 보완적인 역할을 하는 경우이며, 다른 하나는 그래프가 표를 대체하는 효과를 가진 경우이다. 보고서에서는 그래프와 표를 서로 보완적으로 사용하는 경우가 많다. 이 경우 그래프와 표를 함께 제시하는데, 그렇다고 모든 표를 반드시 그래프와 함께 제시하라는 의미는 아니다. 일반적으로 표를 많이 사용하고 필요에 따라 표와 그래프를 동시에 사용할 수 있다. 반면에, 슬라이드나 프로젝터를 사용하는 구두 보고에서는 그래프가 표를 대체하는 경우가 많다. 즉, 표를 사용하는 대신에 그 내용을 그래프나 다른 시각적 수단으로 표현한다.

주어진 자료를 시각적으로 표현하기 위해 그래프를 선택하는 일은 매우 중요하고 어려운 결정이다. 다양한 유형의 자료를 그래프로 표현하는 데 있어 준수하여야 할 확립된 원칙이나 확고한 지침은 마련되어 있지 않다. 어떤 경우에는 특정 유형의 그래프만이 주어진 자료를 가장 잘 표현할 수 있을 것으로 기대된다. 다른 경우에는 주어진 자료를 표현할 수 있는 그래프의 유형이 여러 가지라서 보고서 작성자가 그중에서 하나를 선택하여야만 한다.

설문조사 보고서 안에 그래프를 삽입하려고 할 때 보고서 작성자가 참고하여야 할 지침은 다음과 같다(김경호, 2007; Goodman, 1995; Huff, 1954; Tufte, 1983). 첫째, 모든 그래프에 일련번호를 붙여 서로 구분할 수 있도록 만드는 일이 중요하다. 단순히 가나다, ABC, 로마숫자 등을 사용하는 것은 권장할 만한 방법이 아니다. 둘째, 그래프에는 꺾은선, 막대, 면적이 의미하는 바를 간략하고 정확하게 묘사할 수 있는 제목을 다는 것이 좋다. 셋째, X축과 Y축이 어떤 차원을 표현하고 있는지 명확하게 알 수 있도록 축의 제목을 붙여야 한다. 넷째, 하나의 그래프 안에 여러 개의 변수를 넣을 경우, 각 요소(꺾은선, 막대, 조각 등)에 레이블을 달거나 범례를 삽입하여 독자의 혼란을 방지하는 것이 좋다. 다섯째, 막대그래프의 막대, 꺾은선 그래프의 자료 점, 원그래프의 조각 위에 데이터 레이블이 달려 있는 그래프는 표를 대체하는 효과를 갖는다. 즉, 그래프에 자료 값을 자세하게 적어 넣으면 더 이상 표가 필요하지 않을 수도 있다. 여섯째, 한 보고서 안에서는 동일한 그래프 형식을 일관되게 사용하여야 한다. 독자들이 하나의 그래프의 형식에 익숙하게 되면 다른 여러 그래프에 포함된 제반 요소들을 보다 능률적으로 인식하게 될 것이다. 일곱째, 여러 개의 그래프를 그릴 경우, 동일한 비율과 척도를 사용하여야 한다. 여러 그래프 사이에 조사결과의 정확한 비교가 가능해질 것이다. 여덟째, 필요하다면 그래프 아래에 별표나 위첨자를 사용하여 통계학적 유의수준을 기록하는 것이 좋다. 끝으로, 항상 그래프를 단순하고 읽기 쉽게 만들어야 한다. 정보의 시각적 전달수단인 그래프는 작성자가 전달하려는 자료의 내용을 왜곡시키지 않아야 한다.

2) 척도유형별 분석결과의 보고

설문조사의 분석결과를 보고하는 방법에는 서술적 본문(narrative text), 표(table), 그래프(graph) 등이 있다는 점은 이미 앞에서 설명하였다. 이 세 가지 수단은 서로 대체적으로 또는 서로 보완적으로 사용된다. 연구 목적과 자료의 특성에 맞는 가장 적합한 보고 수단을 선택하는 일은 연구자가 결정하고 수행하여야 할 중요한 임무이다.

(1) 선택형 문항(multiple-choice items)의 결과보고

일반적으로 선택형(선다형) 항목으로 측정한 자료는 범주형 자료(categorical data)이다. 범주형 자료는 대개 각 항목을 선택한 응답자의 수(절대빈도)와 백분율(상대빈도)과 같은 기술통계량을 보고하는 것이 보통이다.

① 단일응답

아래 <상자 6-21>의 문항은 선택형(단일응답) 질문인데, 이 문항에 대한 응답결과를 보고하는 방법은 본문, 표, 그래프 등이다. 이 세 가지 방법은 서로 배타적이 아니라 오히려 서로 보완적이다. 즉, 본문에 의한 보고를 가장 기본적으로 보고수단으로 사용하되, 여기에 표와 그래프를 적절하게 섞어 쓰면 좋을 것이다. 설명의 편의상, 세 가지 방법을 각각 별개로 다루기로 한다.

<상자 6-21> 선택형(단일응답) 문항

귀하가 경제정보를 얻기 위해 가장 자주 읽는 신문은 어떤 종류입니까? **하나만 골라** ( ) 안에 √ 표시를 하기 바랍니다.

Q 1.
( ) 지방조간신문
( ) 지방석간신문
( ) 지방주간신문
( ) 전국조간신문
( ) 전국석간신문
( ) 전국주간신문
( ) 기타 (구체적으로 ____________________)

[♣ 본문에 의한 보고]

위에 제시된 선택형 문항(단일응답)에 대한 응답결과를 본문으로 보고하는 방법은 다음과 같이 예시할 수 있다. 보고서 본문의 내용 속에 표 또는 그래프를 넣거나 언급할 수 있다는 점도 유의하기 바란다.

148명의 지역주민을 대상으로 경제뉴스를 얻는 수단으로서의 신문 구독 현황을 조사하였다. <표 ○>에 제시된 바와 같이, 전국일간신문을 구독한다는 응답이 가장 많아 전체 응답자의 40.5%를 차지하였으며, 이어서 지방조간신문(25.0%), 지방석간신문(11.5%), 지방주간신문(10.1%)의 순이었다. 전국주간신문(6.8%)과 기타지역신문(6.1%)의 비중은 그리 높지 않았다.

[♣ 표를 사용하는 보고]

다음은 표를 사용하여 설문조사의 결과를 보고하는 예이다. <상자 6-22>는 위에 제시된 선택형 문항 척도를 사용하여 특정지역의 주민을 대상으로 경제뉴스를 얻기 위한 신문의 구독현황을 조사한 결과를 분석한 가상의 사례이다. 참고로, 전국조간신문과 전국석간신문은 전국일간신문으로 통합하여 분석하였다.

<상자 6-22> 선택형 문항(단일응답)의 결과보고(예시)

<경제뉴스를 얻기 위한 신문의 구독 현황>

신문	구독자(명)	비율(%)
전국일간신문	60	40.5
지방조간신문	37	25.0
지방석간신문	17	11.5
지방주간신문	15	10.1
전국주간신문	10	6.8
기타지역신문	9	6.1
계	148	100.0

서양문헌에서는 범주형 자료의 기술통계표를 작성할 때 항목별 절대빈도(즉, 응답자의 수)는 생략하고 상대빈도(즉, 응답자의 비율)만을 제시하는 경향이 있다. 왜냐하면 통계량 가운데 모집단을 대상으로 일반화시켜 모집단 전체에 적용할 수 있는 값은 퍼센트가 유일하며, 따라서 일반적으로 퍼센트만이 통계적인 의미를 갖고 있다고 보기 때문이다. 또한 전체 응답자 및 항목별 상대빈도(퍼센트)가 주어지면 항목별 응답자를 어렵지 않게 계산할 수 있다는 점도 절대빈도를 생략하는 이유가 될 수도 있다. 그러나 보고서상의 공간적 여유가 충분하다면 선택형 문항의 결과분석표에서 굳이 절대빈도에 관한 항목을 생략할 필요는 없다고 본다.

[♣ 그래프를 사용하는 보고]

다음은 그래프를 사용하여 설문조사의 결과를 보고하는 사례이다. 기술통계를 보고하는 가장 전형적인 그래프는 막대그래프와 원그래프이다. <상자 6-23>과 <상자 6-24>에는 경제뉴스를 얻기 위한 수단으로서의 신문구독현황이 가로막대그래프와 원그래프로 각각 제시되어 있다. 물론 보고서 작성자는 이 두 개의 그래프 가운데서 어느 하나만을 선택한다.

<상자 6-23> 선택형 문항(단일응답)의 결과보고 – 가로막대그래프

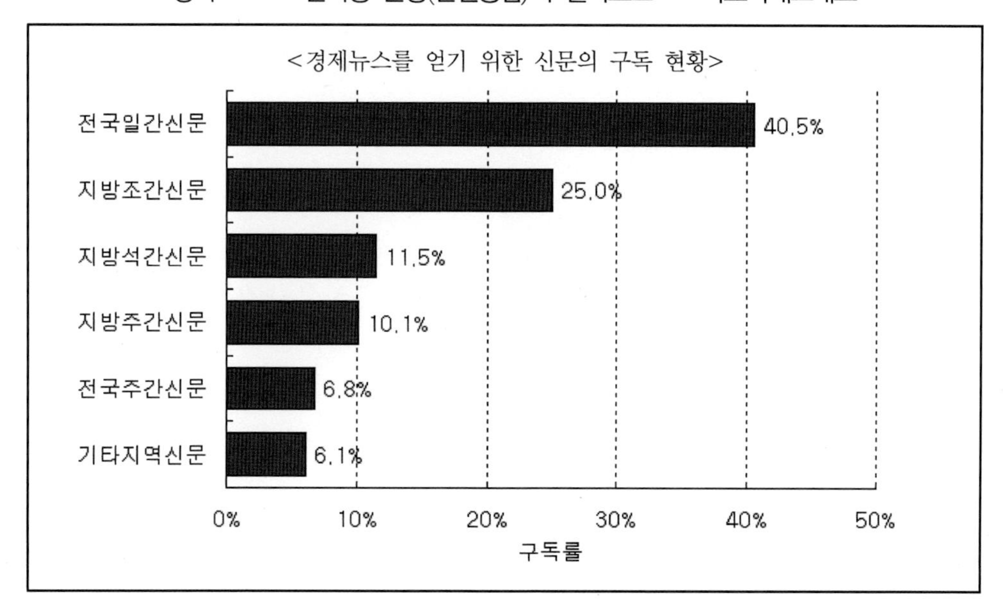

하나의 원그래프에 너무 많은 조각을 넣어서는 곤란하다. 하나의 원그래프를 7개보다 많은 조각으로 나누어서는 안 된다는 의견(Goodman, 1995)이 있는가 하면, 원그래프의 조각 수는 5개나 6개가 상한선이라는 견해도 있다(APA, 1994; Jay, 1994). 원그래프를 구성하는 조각의 수는 보고서 작성자가 적절하게 판단할 문제이다.

또한 전체 수량의 2% 미만의 비중을 가진 매우 작은 조각을 원그래프에 넣는 것은 좋지 않다. 원그래프로는 미미한 값을 표현하기가 쉽지 않다. 특히 원그래프는 빈도 0인 범주를 표현하기 어렵다는 본질적인 한계를 가지고 있다(Goodman, 1994).

만약 주제별 배치 등과 같은 특별한 논리적인 근거가 없다면, 원그래프의 조각은 크기의 순서에 따라 큰 조각부터 배열하는 것이 좋다. 가장 큰 조각이 시계의 12시 시각부터 시작하도록 배치하고, 이어서 시계방향으로 조각의 크기가 큰 순서로 나열한다. 확립된 원칙이 있는 것은 아니지만, 일반적으로 차이를 강조하기 위해서는 조각 크기의 순서에 따라 밝은 색부터 진한 색으로 순차적으로 음영을 넣는다. 즉, 가장 넓은 조각은 가장 밝은 색으로, 가장 작은 조각은 가장 진한 색을 칠한다(APA, 1994).

<상자 6-24> 선다형 문항(단일응답)의 결과보고: 원그래프

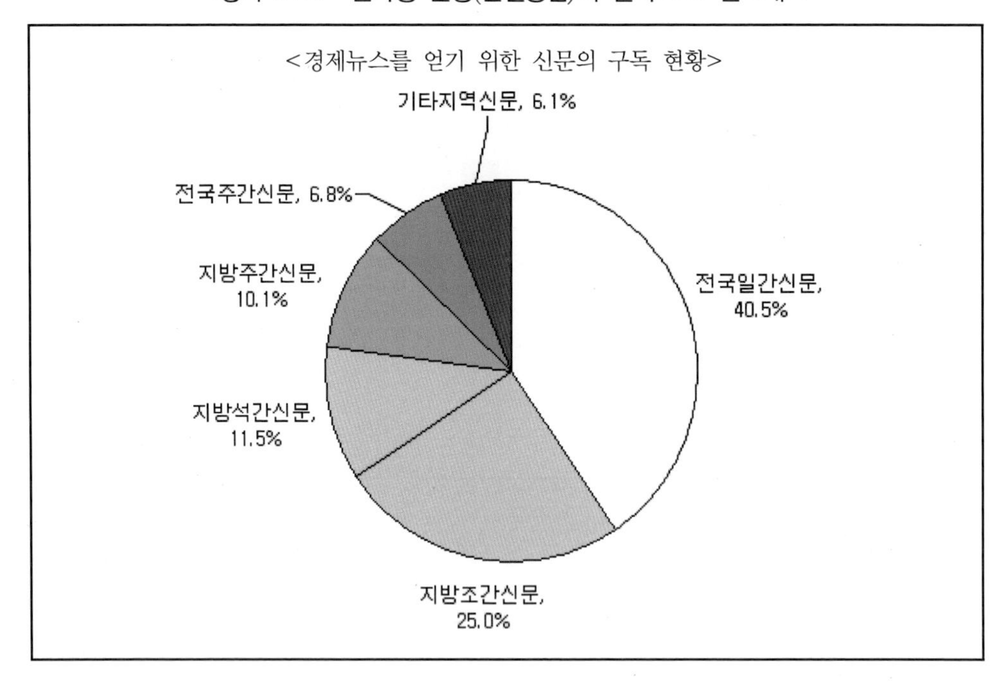

② 복수응답(다중응답)

다음은 제2장에서 다중선택항목의 사례로 인용한 바 있는 척도를 독자의 이해를 돕기 위해 다시 한 번 제시한 것이다. 여기에서도 전국조간신문과 전국석간신문은 전국일간신문으로 통합하여 분석하였다(<상자 6-25>).

<상자 6-25> 다중선택항목의 문항

귀하가 경제정보를 얻기 위해 구독하고 있는 신문을 **있는 대로 모두 골라** ( )안에 √ 표시를 하시기 바랍니다.

Q 1. ( ) 지방조간신문
Q 2. ( ) 지방석간신문
Q 3. ( ) 지방주간신문
Q 4. ( ) 전국조간신문
Q 5. ( ) 전국석간신문
Q 6. ( ) 전국주간신문
Q 7. ( ) 기타 (구체적으로 ____________________)

앞에서 이미 언급한 바와 같이, 이 선택형 문항은 사실상 7개의 독립된 문항을 한데 묶어놓은 것이다. Q 1 내지 Q 7이라는 문항번호 역시 이 점을 암시하고 있다. 다시 말해, 7개의 문항은 각각 독립된 '○X 문항' 또는 '예/아니요' 문항이다.

[♣ 본문에 의한 보고]

설문조사에 참여한 148명을 대상으로 경제뉴스를 얻기 위해 구독하고 있는 신문의 종류를 있는 대로 모두 선택하도록 요청하였다. <표 ○>와 <그림 ○>에 제시된 바와 같이, 전국일간신문의 구독률이 가장 높아 전체 응답자의 40.5%에 해당하였으며, 이어서 지방조간신문(36.5%), 지방석간신문(20.3%), 지방주간신문(13.5%), 전국주간신문(10.1%)의 순으로 조사되었다. 기타 지역신문의 구독률(6.8%)은 가장 낮은 것으로 나타났다.

[♣ 표를 사용하는 보고]

<상자 6-26>은 선택형 문항(복수응답)의 분석결과를 표로 제시하는 예인데, 신문의 종류별로 구독하는 사람과 구독하지 않은 사람을 일목요연하게 정리하고 있다.

<상자 6-26> 선택형 문항(복수응답)의 결과보고

<경제뉴스를 얻기 위한 신문의 구독 현황>

신문	구독한다		구독 안 한다		계	
	n	%	n	%	n	%
전국일간신문	60	40.5	88	59.5	148	100.0
지방조간신문	54	36.5	94	63.5	148	100.0
지방석간신문	30	20.3	118	79.7	148	100.0
지방주간신문	20	13.5	128	86.5	148	100.0
전국주간신문	15	10.1	133	89.9	148	100.0
기타지역신문	10	6.8	138	93.2	148	100.0

앞서 언급한 바와 같이, 서양문헌에서는 빈도표에서 절대빈도를 제외하고 오직 상대빈도(퍼센트)만을 보고하는 경향이 있다. 따라서 <상자 6-26>에서 신문을 구독하는 사람들과

그렇지 않는 사람들의 퍼센트만을 보고하는 방식도 허용된다. <상자 6-27>이 바로 그러한 방식의 표이다.

<상자 6-27> 선택형 문항(복수응답)의 결과보고

<경제뉴스를 얻기 위한 신문의 구독 현황>

	구독한다(%)	구독 안 한다(%)
전국일간신문	40.5	59.5
지방조간신문	36.5	63.5
지방석간신문	20.3	79.7
지방주간신문	13.5	86.5
전국주간신문	10.1	89.9
기타지역신문	6.8	93.2
응답자 수: 148명		

[♣ 그래프를 사용하는 보고]

선택형 복수응답 문항의 응답 결과를 보고할 때 가장 많이 사용하는 그래프는 좌우를 대비할 수 있는 가로막대그래프이다. 각 신문의 유형별로 기준선(Y축)을 중심으로 왼쪽에는 구독하는 사람들의 비율을, 오른쪽에는 구독하지 않는 사람들의 비율을 나타냄으로써 구독률 현황을 한눈에 알 수 있다. 또한 신문의 유형별로 구독률의 차이를 서로 비교할 수도 있다(<상자 6-28>).

<상자 6-28> 선택형 문항(복수응답)의 결과보고 – 가로막대그래프

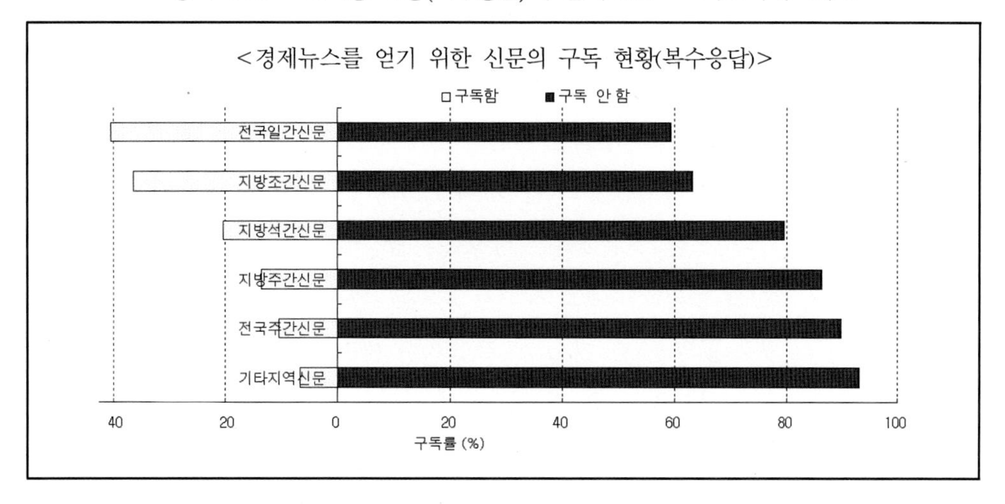

이산형 자료를 비교하려면 막대그래프를 사용하는 것이 좋다. 막대그래프상의 모든 막대의 폭은 같아야 한다. 막대의 폭은 막대와 막대 사이의 간격보다 약간 더 크면 시각적으로 보기 좋다.

참고로, 막대그래프를 그릴 때 주의할 점은 다음과 같다(김경호, 2007). 첫째, 하나의 막대그래프 위에 15개 이상의 막대를 그리는 것은 금물이다. 둘째, 하나의 복합막대그래프(multiple bar chart) 위에 3개 이상의 자료세트를 넣는 것은 좋지 않다. 셋째, 막대를 자의적으로 배치하는 것은 좋지 않다. 크기, 시간, 주제 등 특정 기준에 의하여 막대를 일관성 있게 배치하는 것이 바람직하다. 끝으로, 서로 구분되지 않는 질감이나 색깔로 여러 개의 자료세트를 포장하는 것은 현명한 방법이 아니다. 여러 자료세트가 명확하게 구분될 수 있도록 서로 다른 질감이나 색깔을 사용하는 것이 좋다.

(2) 리커트척도 항목(Likert scale item)의 결과보고

리커트척도 문항에 대한 응답 결과를 보고하는 방법도 다른 척도 유형과 마찬가지로 본문에 의한 보고, 표를 사용하는 보고, 그래프를 사용하는 보고가 있다. 즉, 보고서 작성자의 판단에 따라 본문에 의한 보고를 가장 주된 방식으로 사용하되, 본문 안에 표와 그래프를 넣는 방식을 보완적으로 사용할 수도 있을 것이다.

[♣ 본문에 의한 보고]

설문조사에 참여한 325명을 대상으로 남녀평등에 관한 인식조사를 실시하였다(<표 O> 및 <그림 O>). '남성은 공공연한 장소에서 울어서는 안 된다'는 의견에 대해 동의(매우 강하게 동의함+대체로 동의함) 하는 의견이 전체 응답자의 19.7%, 동의하지 않는다는 의견(절대로 동의 안 함+대체로 동의 안 함)이 52.6%, 중간이라는 응답이 27.7%를 차지하는 것으로 나타났다. 또한 '고등교육은 여성보다 남성에게 더 중요하다'의 문항에 대해서는 동의(매우 강하게 동의함+대체로 강하게 동의함) 의견이 29.2%, 동의하지 않음(절대로 동의 안 함+대체로 동의 안 함)이 51.7%로 조사된 반면, 중간의견은 19.1%로 집계되었다. (…… 중략 ……) '남성은 공공연한 장소에서 여성을 돕고 보호해야 한다'는 의견에 대해서는 전체 응답자의 48.0%가 동의한 반면, 33.8%는 동의하지 않았다.

[♣ 표를 사용하는 보고]

리커트척도 문항의 결과 보고는 절대빈도와 상대빈도를 모두 보고하는 방식(<상자 6-29>)과 상대빈도(퍼센트)만을 보고하는 방식(<상자 6-30>) 가운데 어느 하나를 통해 이루어진다.

<상자 6-30>과 같이 상대빈도만을 보고하는 표가 훨씬 더 간단하고 읽기 쉽다는 장점을 가지고 있다. 이러한 형식의 표는 하나의 표를 통해 여러 개의 범주를 비교하기 용이하다. 하나의 표에 들어가야 할 범주의 수가 많다고 할지라도 표를 작성하거나 읽는 데 큰 어려움이 없다.

각 문항의 범주별로 상세한 정보를 제공할 필요가 없는 경우에는 표를 너무 복잡하게 만들 필요가 없다. 이 경우에 사용할 수 있는 방법이 문항별로 중앙값(median)을 제시하는 표를 만드는 방법이다. 즉, 문항별로 중앙값을 동의의 정도를 나타내는 단일지표로 사용하면 문항 간의 비교가 더 쉬워질 뿐만 아니라 표의 크기가 줄어들어 보고서의 공간도 절약된다.

<상자 6-29> 리커트척도의 결과보고(1)

<남녀평등에 관한 인식조사> 단위: 명(%)

아래의 각 질문에 대해 어느 정도 동의합니까?	매우 강하게 동의함.	대체로 동의함.	중간임.	대체로 동의 안 함.	절대로 동의 안 함.	계
남성은 공공연한 장소에서 울어서는 안 된다.	27 (8.3)	37 (11.4)	90 (27.7)	119 (36.6)	52 (16.0)	325 (100.0)
고등교육은 여성보다 남성에게 더 중요하다.	42 (12.9)	53 (16.3)	62 (19.1)	102 (31.4)	66 (20.3)	325 (100.0)
남성과 동일한 일을 하는 여성은 동일한 임금을 받아야 한다.	21 (6.5)	63 (19.4)	81 (24.9)	96 (29.5)	64 (19.7)	325 (100.0)
남성은 자신의 슈퍼바이저가 여성이라는 사실에 대해 화내면 안 된다.	34 (10.5)	58 (17.8)	54 (16.6)	85 (26.2)	94 (28.9)	325 (100.0)
여성이 직업을 갖는 것은 바람직하지 않다.	54 (16.6)	59 (18.2)	62 (19.1)	72 (22.2)	78 (24.0)	325 (100.0)
남성은 공공연한 장소에서 여성을 돕고 보호해야 한다.	70 (21.5)	86 (26.5)	59 (18.2)	44 (13.5)	66 (20.3)	325 (100.0)

<상자 6-30> 리커트척도의 결과보고(2)

<남녀평등에 관한 인식조사> 단위: %

아래의 각 질문에 대해 어느 정도 동의합니까?	매우 강하게 동의함.	대체로 동의함.	중간임.	대체로 동의 안 함.	절대로 동의 안 함.
남성은 공공연한 장소에서 울어서는 안 된다.	8.3	11.4	27.7	36.6	16.0
고등교육은 여성보다 남성에게 더 중요하다.	12.9	16.3	19.1	31.4	20.3
남성과 동일한 일을 하는 여성은 동일한 임금을 받아야 한다.	6.5	19.4	24.9	29.5	19.7

남성은 자신의 슈퍼바이저가 여성이라는 사실에 대해 화내면 안 된다.	10.5	17.8	16.6	26.2	28.9
여성이 직업을 갖는 것은 바람직하지 않다.	16.6	18.2	19.1	22.2	24.0
남성은 공공연한 장소에서 여성을 돕고 보호해야 한다.	21.5	26.5	18.2	13.5	20.3
응답자 수: 325명					

[♣ 그래프를 사용하는 보고]

리커트척도의 응답 결과를 그래프로 나타낼 때 가장 많이 사용하는 방법은 가로막대나 세로막대그래프를 그리는 일이다. <상자 6-31>은 가로막대그래프의 예이다. 가로막대그래프는 비교적 긴 제목을 갖고 있는 복수의 문항을 그래프 안에 포함시킬 수 있다는 장점을 가지고 있다. 동의의 단계에 맞도록 막대의 조각에는 진한 색깔부터 연한 색깔 순으로 순차적으로 음영을 넣는다. 따라서 독자들은 문항별로 막대를 구성하는 조각들의 크기와 음영을 시각적으로 비교하고 분석하는 방식으로 그래프를 읽고 이해할 수 있다. <상자 6-31>과 같은 누적막대그래프(stacked bar chart)는 문항별로 숫자를 제시하지 않는다는 점에서 정확성을 희생시키지만 그 대가로 문항 간의 비교를 용이하게 한다는 장점을 가지고 있다. 물론 막대의 각 조각에 자료 값을 넣는 방식(즉, 레이블을 다는 방법)이 있긴 하지만, 이 경우 표가 너무 복잡해질 우려가 있다는 점도 기억하여야 한다.

<상자 6-31> 리커트척도의 결과보고 – 가로막대그래프

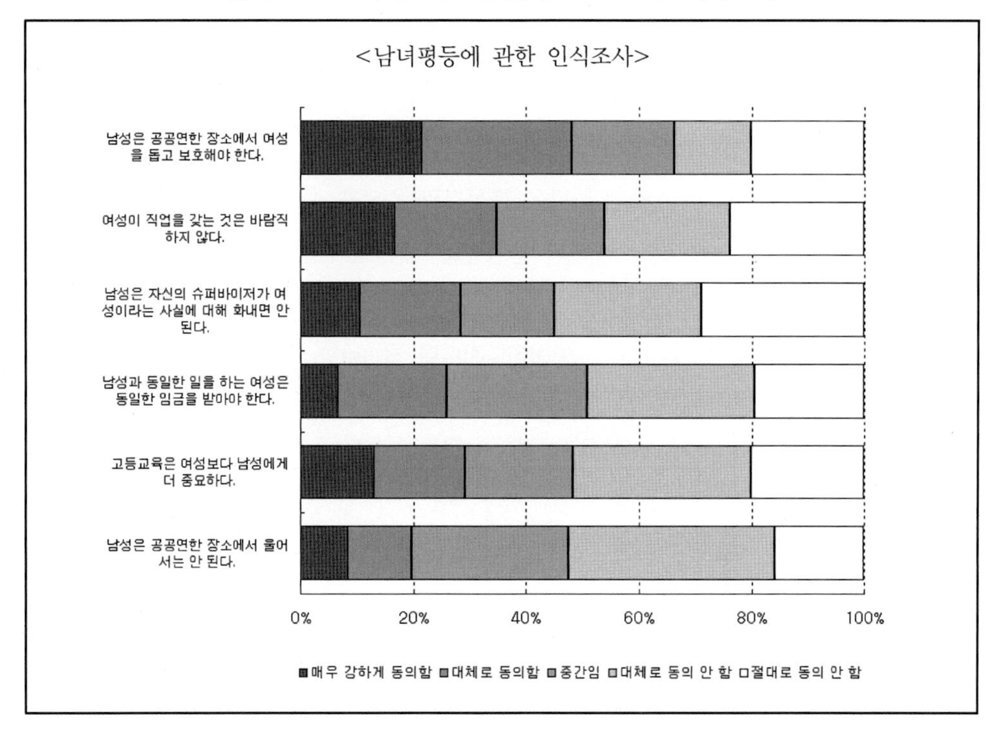

(3) 언어빈도척도(verbal frequency scale)의 결과보고

언어빈도척도의 응답결과를 보고할 경우, 본문에 의한 보고, 표를 사용하는 보고, 그래프를 사용하는 보고가 혼용된다. 여기에서 제시하는 예제는 앞서 제2장에서 인용하였던 언어빈도척도의 일부이다.

[♣ 본문에 의한 보고]

조사대상자 220명을 대상으로 정치적 활동성을 조사하였는데, 그 결과는 <표 O>과 <그림 O>에 제시하였다. 구체적으로 보면, 후보자 및 논점에 관한 정보를 수집한다(항상 함+자주 함+가끔 함)는 응답이 41.4%인 반면, 수집하지 않는다(거의 안 함+절대 안 함)는 응답은 58.6%에 달하였다. (…… 중략 ……) 끝으로, 기초 지방의원선거에서 후원금을 기부한다(항상 함+자주 함+가끔 함)는 응답이 5.9%에 그친 반면, 기부하지 않는다(거의 안 함+절대 안 함)는 응답은 무려 94.1%에 달하였다.

[♣ 표를 사용하는 보고]

언어빈도척도의 응답결과를 보고하는 표는 리커트척도의 경우와 아주 비슷하다. 언어빈도척도의 응답결과를 보고하는 표도 절대빈도와 상대빈도를 모두 보고하는 형식의 표(<상자 6-32>)와 상대빈도만을 보고하는 형식의 표(<상자 6-33>)가 모두 사용되고 있다. 이와 같은 형식의 표는 비교적 작은 공간에 많은 분석결과를 넣을 수 있다는 점에서 공간 사용의 경제성을 확보할 수 있을 뿐만 아니라 문항별로 세부 범주들을 서로 비교하기도 쉽다.

<상자 6-32> 언어빈도척도의 결과보고(1)

<조사대상자의 정치적 활동성 현황> 단위: 명(%)

아래 행동을 어느 정도 자주 합니까?	항상 함	자주 함	가끔 함	거의 안 함	절대 안 함	계
후보자 및 논점에 관한 정보를 수집한다.	12 (5.5)	31 (14.1)	48 (21.8)	63 (28.6)	66 (30.0)	220 (100.0)
지방의원선거에서 적극적으로 투표에 참여한다.	7 (3.2)	14 (6.4)	87 (39.5)	39 (17.7)	73 (33.2)	220 (100.0)
(중략)	……	……	……	……	……	……
기초 지방의원 선거에서 후원금을 기부한다.	2 (0.9)	4 (1.8)	7 (3.2)	37 (16.8)	170 (77.3)	220 (100.0)

<상자 6-33> 언어빈도척도의 결과보고(2)

<조사대상자의 정치적 활동성 현황> 단위: %

아래 행동을 어느 정도 자주 합니까?	항상 함	자주 함	가끔 함	거의 안 함	절대 안 함
후보자 및 논점에 관한 정보를 수집한다.	5.5	14.1	21.8	28.6	30.0
지방의원선거에서 적극적으로 투표에 참여한다.	3.2	6.4	39.5	17.7	33.2
(중략)	……	……	……	……	……
기초 지방의원선거에서 후원금을 기부한다.	0.9	1.8	3.2	16.8	77.3
응답자 수: 220명					

언어빈도척도의 경우에도 리커트척도의 경우에서와 마찬가지로 각 범주 간의 상호비교가 불필요하다고 판단되면 문항별로 중앙값(median)만을 표로 제시하는 방법을 사용할 수 있다.

[♣ 그래프를 사용하는 보고]

언어빈도척도의 결과보고에는 세로막대그래프 또는 가로막대그래프가 사용된다. <상자 6-34>는 누적 가로막대그래프이다(stacked column bar chart).

<상자 6-34> 언어빈도척도의 결과보고: 가로막대그래프

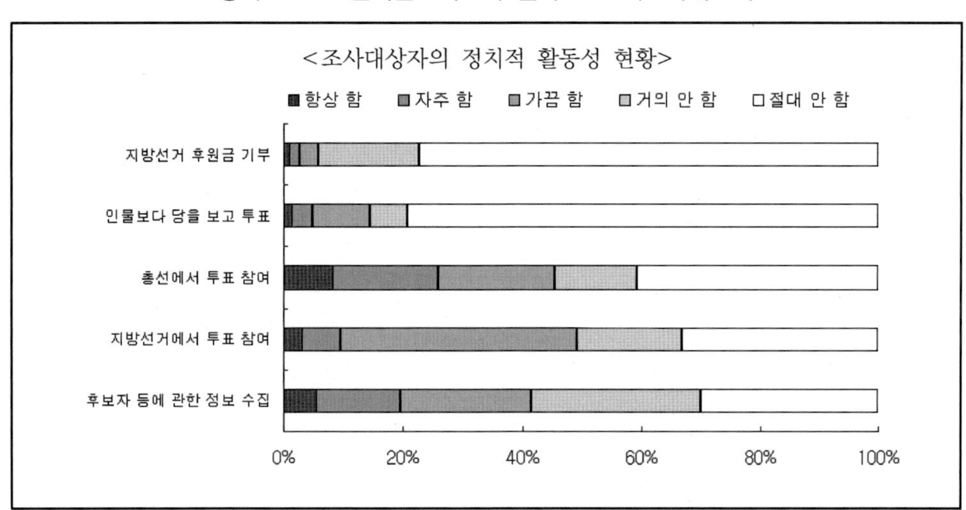

(4) 서열척도(ordinal scale)의 결과보고

<상자 6-35>는 서열척도의 예이다. 서열척도 문항에서는 실제로 어떤 행동이 발생한 시각이 중요한 것이 아니라 일련의 일상생활 가운데서 특정 활동들이 일어나는 순서가 중요하다.

<상자 6-35> 서열척도

Q 1. 일반적으로 주중에 귀하 또는 귀하의 가족 중 누군가가 집 안에 있는 텔레비전을 처음 켜는 시기는 언제입니까? (하나만 선택하시기 바랍니다.)

① _____ 아침에 잠에서 깨자마자
② _____ 아침에 잠에서 깬 조금 뒤에
③ _____ 오전의 중반에
④ _____ 점심 먹기 직전에
⑤ _____ 점심 먹은 직후에
⑥ _____ 오후의 중반에
⑦ _____ 저녁식사 직전에
⑧ _____ 저녁식사 직후에
⑨ _____ 늦은 밤에
⓪ _____ 대개 TV를 켜지 않는다.

[♣ 본문에 의한 보고]

설문조사에 참여한 165명을 대상으로 가족 중 누군가가 집 안에 있는 텔레비전을 하루 중 처음으로 켜는 시각을 조사하였는데, 그 결과는 <표 ○>에 제시되어 있다. 구체적으로, '저녁식사 직후에' 처음으로 TV를 켠다는 응답이 가장 많아 전체 응답자의 21.0%를 차지하였으며, 그 뒤를 이어 '저녁식사 직전에'(18.1%), '늦은 밤에'(17.7%), '점심 먹은 직후에'(11.8%) 등의 순서를 보였다. 하루 중에 TV를 전혀 켜지 않는다는 응답은 전체의 5.7%로 나타났다. 한편, 누적비율을 보면, 점심을 먹은 직후까지는 전체 응답자 가족의 29.9%가, 저녁식사 직후까지는 전체 응답자 가족의 76.6%가 TV를 켠다(<그림 ○>). 이 결과에 의하면 오전 중에는 TV를 켜는 조사대상자가 많지 않음을 알 수 있다.

[♣ 표를 사용하는 보고]

서열척도 자료를 나타내는 방법은 두 가지이다. 범주별로 빈도(절대빈도와 상대빈도)를 보고하거나 누적빈도(절대빈도와 상대빈도)를 보고하는 방식이 그것이다. <상자 6-36>에서는 상대빈도만을 보고하고 있다. 서열척도 자료에서는 누적빈도를 보고하는 것이 매우 효과적이다. 이 경우 독자들은 특정 시간대에 처음으로 TV를 켠 사람들의 비율뿐만 아니라 그 시각에 이르기까지 TV를 켜놓고 있거나 켰던 적이 있었던 사람들의 누적비율을 알 수 있다. 누적빈도에 관한 정보는 광고주들에게는 특히 중요한 정보라고 할 수 있다.

<상자 6-36> 서열척도의 결과보고

<평일에 하루 중 처음으로 TV를 켜는 시각>

TV 켜는 시각	비율	누적 비율
아침에 잠에서 깨자마자	6.3	6.3
아침에 잠에서 깬 조금 뒤에	4.5	10.8
오전의 중반에	5.2	16.0
점심 먹기 직전에	2.1	18.1
점심 먹은 직후에	11.8	29.9
오후의 중반에	7.6	37.5
저녁식사 직전에	18.1	55.6
저녁식사 직후에	21.0	76.6
늦은 밤에	17.7	94.3
대개 TV를 켜지 않는다.	5.7	100.0
계	100.0	

응답자 수: 165명

[♣ 그래프를 사용하는 보고]

<상자 6-37>은 앞의 <상자 6-36>에 수록된 정보 가운데 누적비율만을 가로막대그래프로 표현한 것이다. 이러한 유형의 그래프는 어느 특정 시점에서 TV를 켠 사람의 비율이라고 잘못 이해될 소지가 크다. 따라서 <상자 6-37>의 그래프에서는 'TV를 켠 응답자의 누적비율'이라는 점을 명시적으로 밝히고 있다.

<상자 6-37> 서열척도의 결과보고 – 가로막대그래프

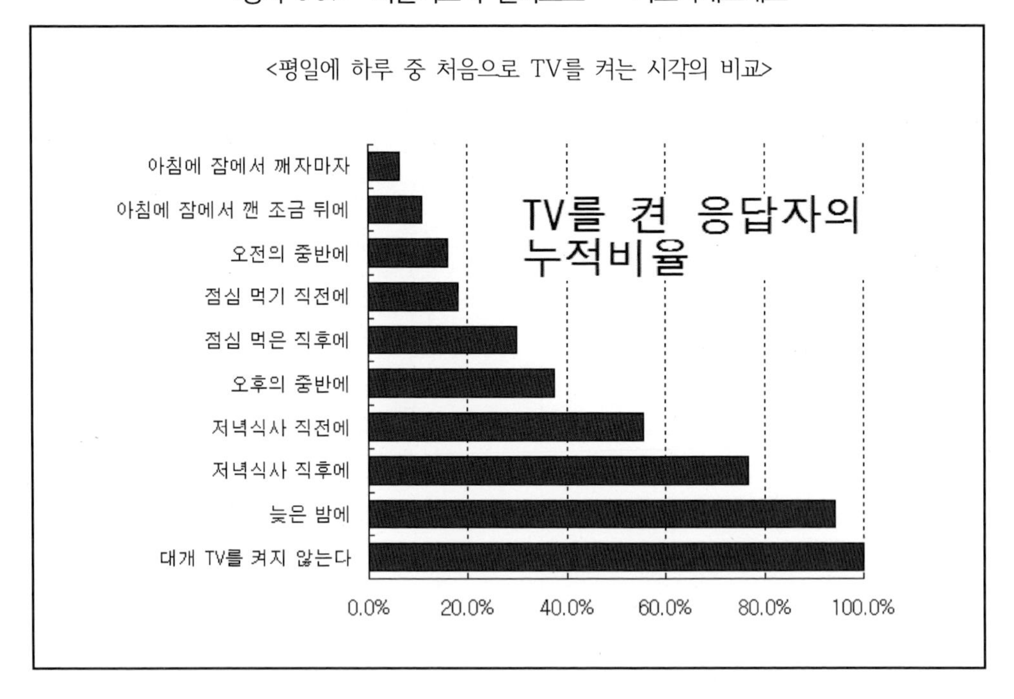

(5) 강제순위척도(forced ranking scale)의 결과보고

다음 예제는 제2장에서 소개되었던 강제순위척도에 대한 응답결과를 보고하는 사례이다. 이 예제는 조사대상자들의 선호도에 따라 4종류의 콜라를 대상으로 순서를 매기는 척도이다.

<상자 6-38> 강제순위척도

아래에 제시된 콜라들을 대상으로 괄호 안에 선호도의 순위를 매겨주시기 바랍니다. 즉, 귀하가 가장 좋아하는 콜라에는 1을, 그다음으로 좋아하는 콜라에는 순서에 따라 각각 2와 3을, 그리고 가장 싫어하는 콜라에는 4를 적어주세요.

Q 1. ( ) P콜라
Q 2. ( ) C콜라
Q 3. ( ) R콜라
Q 4. ( ) L콜라

[♣ 본문에 의한 보고]

119명의 조사대상자에게 P콜라, C콜라, R콜라, L콜라를 대상으로 선호도 순위를 매기도록 요청하였는데, 그 결과는 <표 O> 및 <그림 O>과 같다. 전체 응답자의 46.5%가 가장 선호하는 콜라로 C콜라를 뽑았으며, P콜라를 제1순위로 선택한 사람은 전체 응답자의 31.2%에 달하였다. 또한 R콜라를 제1순위로 선택한 응답자는 전체의 19.1%에 달한 반면, L콜라를 제1순위 콜라로 선택한 응답자는 전체 응답자의 3.2%에 불과하였다. 한편, 콜라의 종류에 따라 응답자들의 선호도는 극명한 차이를 보였다. C콜라의 경우, 전체 응답자의 46.5%와 44.0%가 각각 C콜라를 제1순위와 제2순위 콜라로 선택한 반면, 제3순위나 제4순위로 C콜라를 지목한 경우는 매우 미미하였다. P콜라의 경우 전체 응답자의 51.6%가 해당 콜라를 제2순위 콜라로 선택하였다. R콜라의 경우 전체 응답자의 67.5%가 해당 콜라를 제3순위 콜라로 선택하였다. 끝으로, L콜라의 경우에는 전체 응답자의 81.0%가 해당 콜라를 제4순위 콜라로 평가하였다.

[♣ 표를 사용하는 보고]

당연한 이야기이지만, 서열척도는 서열자료를 생산한다. 통계분석패키지 프로그램이 문항별로 계산한 빈도분포를 한데 정리하면 <상자 6-39>와 같은 결과보고가 만들어진다. <상자 6-39>는 문항별로 범주들의 상대빈도(퍼센트)만을 보고하면서 응답자 수(119명)를 추가로 제시하는 형식을 취하고 있다. 물론 절대빈도와 상대빈도를 함께 제시하는 방법도 가능하다.

<상자 6-39>는 열과 행의 합이 모두 100%이다. 강제순위척도에서 응답자는 각 항목에 순위를 매겨야 하며, 어떤 두 개의 항목에도 동일한 순위를 부여하면 안 된다. 이러한 강제순위척도의 응답 결과를 적절하게 편집하여 배열하면 이처럼 열과 행의 합이 모두 100%인 표를 만들 수 있다. 이와 같은 표는 비교분석이 용이하다는 장점을 가지고 있다. 표를 조심스럽게 살펴보면 응답자들의 콜라 선호도 유형에 관한 전반적인 모습을 짐작하기 어렵지 않을 것이다.

<상자 6-39>의 각 행을 서로 비교하면, 응답자 가운데 어느 정도가 각 콜라를 제1순위로 선택하였는지 알 수 있다. 즉, 전체 제1순위 응답자 가운데 C콜라를 제1순위로 뽑은 사람은 46.5%, P콜라는 31.2%, R콜라는 19.1%, 그리고 L콜라는 3.2%에 해당한다는 것을 알려준다. 한편, 각 열을 비교하면 콜라별로 제1순위 내지 제4순위까지의 상대빈도를 알 수

있다. 즉, C콜라에 한정하여 말한다면, 전체 조사대상자의 46.5%가 해당 콜라를 제1순위로 선택하였으며, 제2순위, 제3순위, 제4순위로 선택한 사람의 비율은 각각 전체의 44.0%, 6.7%, 2.8%에 달하였다.

<상자 6-39> 강제순위척도의 결과보고

〈콜라의 선호도 비교〉

(단위: %)

콜라의 종류	제1순위	제2순위	제3순위	제4순위	계
C콜라	46.5	44.0	6.7	2.8	100.0
P콜라	31.2	51.6	11.3	5.9	100.0
R콜라	19.1	3.1	67.5	10.3	100.0
L콜라	3.2	1.3	14.5	81.0	100.0
계	100.0	100.0	100.0	100.0	

응답자 수: 119명

위와 같은 표는 특정 콜라를 선택한 응답자가 다른 콜라에 대해서는 어떤 선택을 하였는지 알 수 없다는 한계점을 가지고 있다. 그러한 자료를 얻기 위해서는 교차분석을 통해 특정 콜라와 다른 콜라와의 관계를 다시 분석하여야 한다.

[♣ 그래프를 사용하는 보고]

강제순위척도의 응답결과를 보고하는 데 적합한 그래프는 막대그래프이다. <상자 6-40>은 강제순위척도의 응답결과를 보고하는 누적 가로막대그래프이다. 물론 이와 비슷한 누적 세로막대그래프를 그리는 일도 가능하다. <상자 6-40>에서는 4개의 콜라를 대상으로 제1순위에서부터 제4순위까지의 선택결과를 누적 막대그래프(stacked bar chart) 형식으로 표현하고 있으며, 범례는 각 순위를 설명하는 역할을 하고 있다. 이 그래프는 표에서와 같은 수치 제공의 정밀함은 없지만 콜라 종별 간의 명확한 비교가 용이하다는 장점을 지니고 있다. 물론 막대그래프의 각 조각에 수치를 기입하는 레이블을 달면 각 조각의 비중을 정확하게 나타낼 수 있으나 표가 너무 복잡해진다는 단점이 있다. 특히 표와 그래프를 동시에 사용하는 보고서에서는 그래프에 너무 많은 수치 정보를 담는 것이 바람직하지 않는 경우가 많다.

<상자 6-40> 강제순위척도의 결과보고 – 가로막대그래프

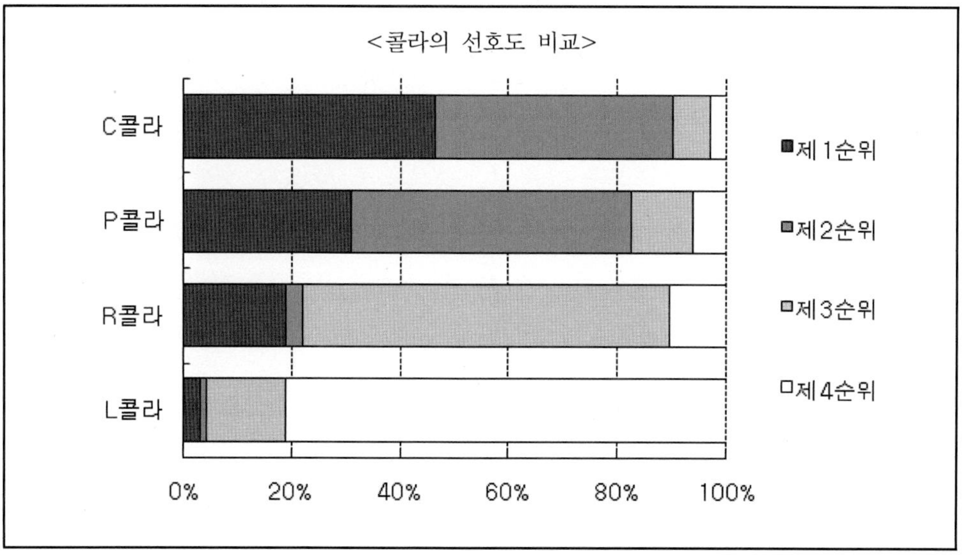

<콜라의 선호도 비교>

C콜라
P콜라
R콜라
L콜라

0% 20% 40% 60% 80% 100%

■제1순위
■제2순위
□제3순위
□제4순위

(6) 짝비교척도(paired comparison scale)의 결과보고

짝비교척도의 응답 결과를 분석하는 일은 상당히 어려운 과업에 속하며, 설문조사에서 짝비교척도가 사용되는 예는 매우 드물다. 그러나 상황에 따라서는 짝비교척도가 사람들의 '실제 세계'의 선택 문제를 비교적 잘 묘사하기 때문에 짝비교척도 나름의 존재가치가 인정되는 경우도 종종 있다. 짝비교척도에서 문제가 되는 것은 이른바 이행성의 결핍(lack of transitivity)이다. 만약 어떤 응답자가 A보다 B를 선호하고, B보다 C를 선호하며, C보다는 A를 선호할 경우에 이행성의 결핍이 발생한다. 짝비교척도의 응답결과를 보고할 때는 항상 이행성의 조건에 관하여 언급해주어야 한다.

다음 예제는 육류에 대한 개인의 선호를 파악하는 문항의 응답결과이다. 육류에 대한 개인적인 선호도 및 음식에 대한 종교적 제한에 따라 쇠고기와 돼지고기, 쇠고기와 양고기, 돼지고기와 양고기 사이의 선호도가 달라지는지 여부를 확인할 수 있을 것이다.

[♣ 본문에 의한 보고]

조사대상자에게 쇠고기와 돼지고기, 쇠고기와 양고기, 그리고 돼지고기와 양고기 사이의 선호도를 각각 조사하였다. 그 결과는 <표 ○>와 <그림 ○>에 정리되어 있다. 조사 결

과, 돼지고기보다는 쇠고기를, 쇠고기보다는 양고기를, 양고기보다는 돼지고기를 선호한다는 응답자가 2명이 나왔으나 이들은 이행성의 조건을 충족시키지 않으므로 분석 대상에서 제외하였다. 따라서 이 문항에 대한 응답자는 모두 120명으로 한정되었다. 분석 결과에 의하면, 첫째, 일반적으로 조사대상자들은 쇠고기를 선호하는 경향이 매우 강한 것으로 나타났다. 둘째, 양고기에 대한 선호도는 매우 낮은 것으로 조사되었다. 셋째, 돼지고기와 양고기의 비교에 있어서 88% 대 12%로 돼지고기의 선호도가 훨씬 더 높았다. 이 결과로부터 유추하면, 만약 조사대상자들에게 두 가지 종류의 고기를 고르라고 하면 쇠고기와 돼지고기 또는 쇠고기와 양고기를 고르는 사람들이 대다수일 것이며, 돼지고기와 양고기를 고르는 사람은 매우 드물 것으로 예측된다.

[♣ 표를 사용하는 보고]

짝비교척도의 응답 결과를 보고하는 표의 양식은 비교적 단순하다. 짝별로 선호도 빈도를 상대빈도(퍼센트)로 제시하는 방식이 일반적이다.

<상자 6-41>은 쇠고기, 돼지고기, 양고기라는 세 개의 항목을 대상으로 세 쌍의 짝비교 결과를 정리한 것이다. 일반적으로 짝비교척도에 대한 응답결과를 보고하는 표에서는 이행성 계수(coefficient of transitivity)를 제시하거나 이행성 조건을 충족시키지 못하는 응답 결과를 분석에서 제외하였다는 것을 명문으로 밝혀주어야 한다. <상자 6-41>에서는 표의 주에서 이행성의 조건을 충족시키지 못한 응답을 분석 대상에서 제외하였다는 사실을 밝히고 있다.

<상자 6-41> 짝비교척도의 분석결과 보고

<육류의 선호도에 관한 짝비교>

	1차 선호 비율		2차 선호 비율	
쇠고기	82%	대	18%	돼지고기
쇠고기	96%	대	4%	양고기
돼지고기	88%	대	12%	양고기
응답자 수: 120명				

* 이행성의 조건을 충족하지 못한 응답은 분석에서 제외하였음.

[♣ 그래프를 사용하는 보고]

짝비교척도의 응답결과를 보고할 때 가장 많이 사용하는 그래프는 누적 막대그래프(stacked bar chart)이다. <상자 6-42>는 짝비교척도의 응답결과를 분석한 누적 가로막대그래프이다. 짝별로 응답결과가 제시되어 있는데, 세 가지 고기의 종류 가운데 쇠고기에 대한 선호도가 가장 높은 반면, 양고기에 대한 선호도가 가장 낮음을 알 수 있다. 한편 돼지고기와 양고기의 비교를 보면, 양고기보다는 돼지고기에 대한 선호도가 압도적으로 높음을 알 수 있다.

<상자 6-42> 짝비교척도의 결과보고 – 가로막대그래프

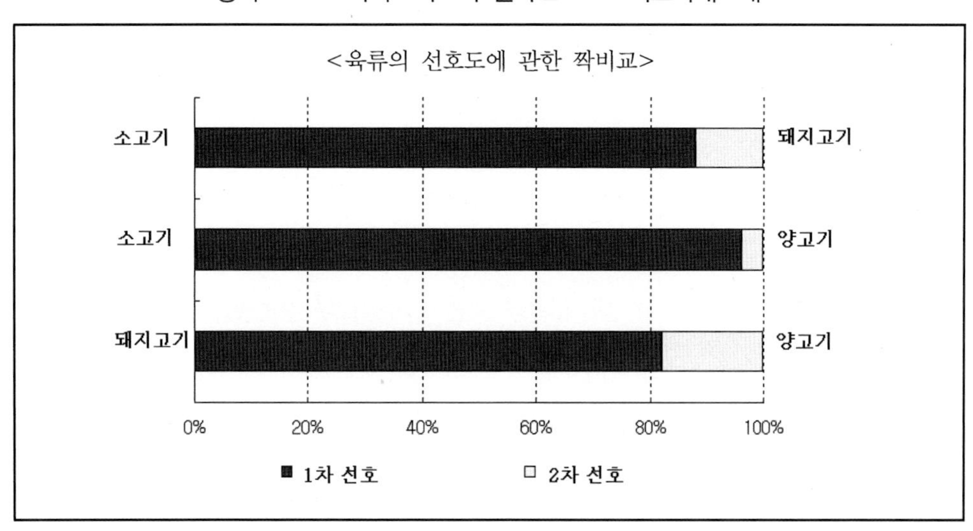

(7) 비교척도(comparative scale)의 결과보고

절대적인 비교의 기준이 존재하지 않을 경우 특정 대상을 비교의 기준으로 삼아 다른 대상을 그것에 비교하는 방법이 바로 비교척도에 의한 비교이다. 일반적으로 비교척도는 등간척도 자료를 생산한다.

다음 예제는 사회복지시설 X를 비교의 기준으로 삼아 다른 6개의 사회복지시설의 경쟁력에 대한 인식 현황을 조사하는 사례이다. 각 시설의 경쟁력을 사회복지시설 X보다 매우 우수하다(+2점), 대체로 우수하다(+1점), 거의 동등하다(0점), 대체로 열등하다(-1점), 매우 열등하다(-2점)의 5점 척도로 파악하였다.

[♣ 본문에 의한 보고]

175 명의 조사대상자에게 사회복지시설 X와 비교할 때 A, B, C, D, E, F 시설의 경쟁력이 어느 정도라고 생각하는지 5점 척도로 물었다. 각 시설이 X보다 매우 우수하다는 응답범주에는 +2점, 대체로 우수하다는 응답범주에는 +1점, X와 거의 동등하다는 응답범주에는 0점, X보다 대체로 열등하다는 응답범주에는 -1점, 그리고 X보다 매우 열등하다는 응답범주에는 -2점을 부여하였다. 분석 결과는 <표 ○>와 <그림 ○>에 정리되어 있다. 구체적으로 보면, A시설은 X와 거의 동등하다는 응답이 가장 높아 전체 응답자의 35.3%에 달하였으며, 이어서 X보다 대체로 우수하다(20.1%)는 응답이 다음 순위를 차지하였다. B시설은 X보다 매우 열등하다는 응답이 44.0%에 이르렀으며, 그 외의 응답들은 10.6% 내지 16.7%의 비교적 고른 분포를 보였다. C시설의 경우, X와 거의 동등하다는 응답이 35.4%로 조사되었으며, X보다 대체로 열등하다(22.9%)와 매우 열등하다(20.0%)가 그 뒤를 이었다. D시설은 X보다 매우 열등하다는 응답이 전체 응답자의 58.8%에 달하였으며, X보다 대체로 열등하다는 응답도 31.3%로 나타났다. E시설은 X보다 대체로 우수하다는 의견이 가장 높아 37.4%에 이르렀다. 끝으로, F시설은 X와 거의 동등하다는 응답이 40.9%를 차지하였다. 한편 응답점수의 산술평균을 보면, X시설보다 산술평균이 높은 시설은 A, F, E시설이었으며, X시설보다 산술평균이 낮은 시설은 D, B, C시설이었다. 또한 시설별로 보면, X를 기준(0점)으로 할 때, E시설의 산술평균이 0.34점으로 가장 높은 반면, D시설의 산술평균이 -1.46점으로 가장 낮았다.

[♣ 표를 사용하는 보고]

비교척도의 분석결과를 보고하는 표는 일반적으로 <상자 6-43>과 같은 형식을 취한다. 항목별로 응답범주들의 상대빈도를 표시한 표이므로, 표를 세로로 읽을 경우 항목별로 응답범주별 비교가 가능하다. 즉, A시설 내지 F시설을 대상으로 매우 열등하다는 항목을 한눈에 비교할 수 있다는 장점이 있다. 또한 표의 맨 오른쪽 열에는 5점 척도의 산술평균을 제시함으로써 문항(항목) 사이의 비교가 가능하도록 만들었다.

<상자 6-43> 비교척도의 결과보고

<사회복지시설 X 대비 다른 사회복지시설에 대한 경쟁력 인식 현황>

단위: %, 점

경쟁시설	매우 열등하다. (-2점)	대체로 열등하다. (-1점)	거의 동등하다. (0점)	대체로 우수하다. (+1점)	매우 우수하다. (+2점)	평균
A 시설	11.5	16.4	35.3	20.1	16.7	+0.14
B 시설	44.0	16.7	14.5	14.2	10.6	-0.69
C 시설	20.0	22.9	35.4	14.5	7.2	-0.34
D 시설	58.8	31.3	7.5	1.7	0.7	-1.46
E 시설	9.5	16.8	19.9	37.4	16.4	+0.34
F 시설	6.6	14.4	40.9	23.1	15.0	+0.26

응답자 수: 175명

[♣ 그래프를 사용하는 보고]

비교척도의 응답결과는 누적 막대그래프를 사용하여 응답범주별로 빈도수를 보고하거나 산술평균을 제시하는 방법이 있다. <상자 6-44>는 사회복지시설 X와 비교할 때 각 시설의 경쟁력이 어느 정도라고 생각하는지 조사한 결과를 산술평균값으로 보고하는 그래프이다.

<상자 6-44> 비교척도의 결과보고 – 가로막대그래프

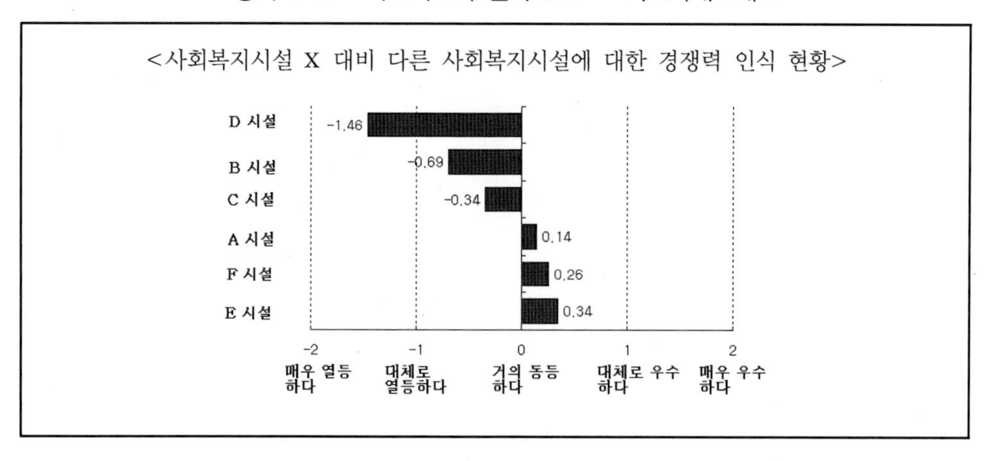

(8) 선형숫자척도(linear, numeric scale)의 결과보고

연속형 등간자료(continuous interval data)를 얻기 위하여 설문조사에서 가장 빈번하게 사용되고 있는 척도 가운데 하나가 선형숫자척도이다. 다음은 스포츠 용품을 대상으로 14개의 선택기준별로 5점 만점의 선형숫자척도를 사용하여 평가한 결과를 분석하는 사례이다. 척도는 1~5점의 선형척도로 구성되었으므로 점수가 높을수록 중요도가 높다는 의미이다.

[♣ 본문에 의한 보고]

325명의 소비자를 대상으로 스포츠 용품 선택기준의 중요도를 조사하였으며, 그 결과는 <표 O>와 <그림 O>에 정리되어 있다. 척도는 1~5점의 선형척도로 구성되었으므로 점수가 높을수록 중요도가 높다. 분석 결과에 의하면, 소비자들이 가장 중요하게 여기는 선택기준은 상품의 질로서 중요도의 산술평균이 5점 만점의 척도에서 4.8점을 기록하였다. 그 밖에 중요도가 높게 평가된 기준으로는 상표의 선택 가능성(4.6점), 상품의 다양성(4.6점), 사후 서비스(4.4점), 판매점의 보증(4.4점), 상품의 가격(4.2점)으로 조사되었다. 한편 소비자들이 중요성을 낮게 평가한 기준은 신용구입의 가능성(2.2점), 판매점의 매력(2.5점), 판매점의 규모(2.7점) 등이었다. 판매점의 위치, 판매점의 영업시간, 서비스의 신속성, 정보의 제공, 공손한 손님 접대 등은 중간 수준의 중요도를 갖고 있는 것으로 나타났다.

[♣ 표를 사용하는 보고]

<상자 6-45>는 소비자들을 대상으로 선형 숫자척도를 사용하여 스포츠 용품 선택기준에 대한 중요성을 측정하고 그 결과를 표의 형태로 제시한 것이다. 14개의 선택기준별로 5점 만점의 평가에서 산술평균 점수가 몇 점이었는가를 나타내고 있다.

선형숫자척도로 수집한 자료를 분석한 결과를 제시하고 있는 <상자 6-45>에서는 다음과 같은 방법으로 표를 작성함으로써 보다 자세한 정보의 전달이 가능하게 되었다. 첫째, 척도의 문항 순서에 관계없이 산술평균이 높은 항목을 중요도가 높은 항목이라고 간주하였으며 따라서 이러한 순서에 따라 표를 작성하였다. 이처럼 선형숫자척도로 얻은 등간자료를 분석할 때는 항목의 중요도에 따라 결과를 제시하는 방식이 보편적으로 사용되고 있다. 둘째, 응답자의 수가 n=325명이라는 점을 명확하게 밝혔다. 셋째, 숫자선형척도가 5점 척도라는 점을 언급하고 각 문항 점수의 범위가 1~5점이라는 사실을 명확하게 밝혔다.

<상자 6-45> 선형 숫자척도의 결과보고

<스포츠 용품 선택기준의 중요도 평가*>

평가대상 선택기준	평균	평가대상 선택기준	평균
상품의 질	4.8	정보의 제공	3.5
상표의 선택 가능성	4.6	서비스의 신속성	3.5
상품의 다양성	4.6	판매점의 영업시간(근무시간)	3.4
사후 서비스	4.4	판매점의 위치	3.2
판매점의 보증	4.4	판매점의 규모	2.7
상품의 가격	4.2	판매점의 매력	2.5
공손한 손님 접대	3.7	신용구입의 가능성	2.2

n=325

* 5점 척도(1~5점)로 측정하였으며, 점수가 높을수록 중요도가 높음.

[♣ 그래프를 사용하는 보고]

선형숫자척도를 사용하여 얻은 자료를 분석한 결과는 그래프를 사용하여 보고할 수 있다. <상자 6-46>은 위의 분석결과를 가로막대그래프로 나타낸 것이다.

<상자 6-46> 선형숫자척도의 결과보고 – 가로막대그래프

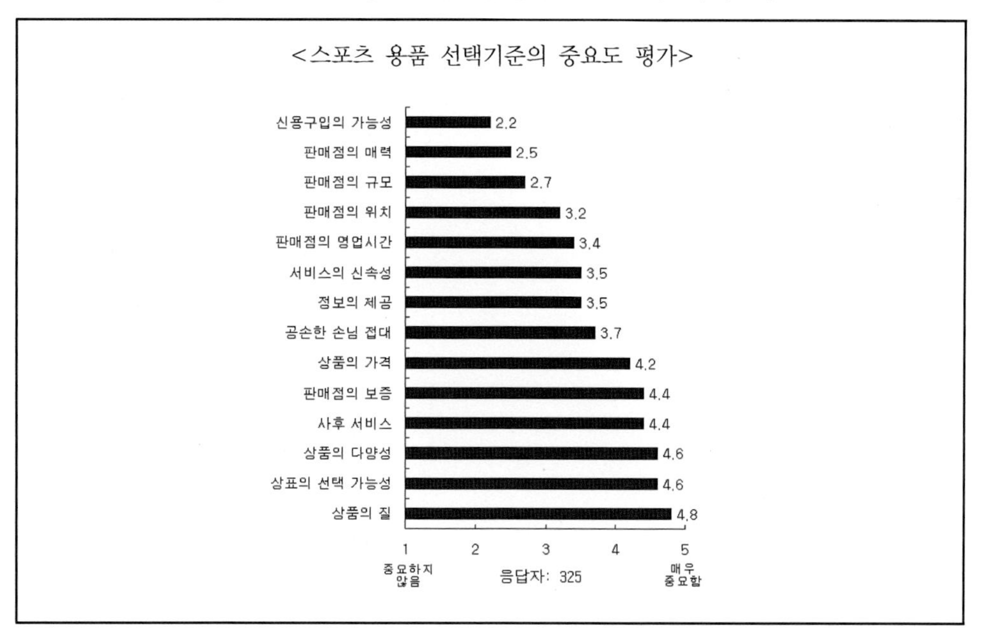

(9) 어의차이척도(semantic differential scale)의 결과보고

어의차이척도는 조사대상자들이 갖고 있는 다양한 대상에 대한 이미지를 측정하는 조사도구이다. <상자 6-47>의 사례는 어느 식당에서 판매 중인 피자에 대한 이미지를 10개 문항을 사용하여 조사한 결과이다. 어의차이척도에 대한 응답결과의 보고 역시 본문에 의한 보고, 표를 사용하는 보고, 그래프를 사용하는 보고로 나눌 수 있으며, 이 세 가지 방법을 자유롭게 혼용할 수 있다.

<상자 6-47> 어의차이척도

A 패스트푸드 식당에서 판매되고 있는 피자에 대한 귀하의 의견을 파악하고자 하오니, 아래의 각 행에 있는 빈칸들 가운데 귀하의 의견에 해당되는 한 곳에만 √ 표시하여 주시기 바랍니다.

뜨겁다.	①_____	: ②_____	: ③_____	: ④_____	: ⑤_____	: ⑥_____	: ⑦_____	차갑다.
담백하다.	①_____	: ②_____	: ③_____	: ④_____	: ⑤_____	: ⑥_____	: ⑦_____	진한 맛이다.
비싸다.	①_____	: ②_____	: ③_____	: ④_____	: ⑤_____	: ⑥_____	: ⑦_____	싸다.
축축하다.	①_____	: ②_____	: ③_____	: ④_____	: ⑤_____	: ⑥_____	: ⑦_____	메마르다.
설구워졌다.	①_____	: ②_____	: ③_____	: ④_____	: ⑤_____	: ⑥_____	: ⑦_____	바싹 구워졌다.
질이 좋다.	①_____	: ②_____	: ③_____	: ④_____	: ⑤_____	: ⑥_____	: ⑦_____	질이 낮다.
매력없다.	①_____	: ②_____	: ③_____	: ④_____	: ⑤_____	: ⑥_____	: ⑦_____	매력적이다.
신선하다.	①_____	: ②_____	: ③_____	: ④_____	: ⑤_____	: ⑥_____	: ⑦_____	거의 상했다.
작다.	①_____	: ②_____	: ③_____	: ④_____	: ⑤_____	: ⑥_____	: ⑦_____	크다.
자연적이다.	①_____	: ②_____	: ③_____	: ④_____	: ⑤_____	: ⑥_____	: ⑦_____	인공적이다.

[♣ 본문에 의한 보고]

패스트푸드 식당에서 판매 중인 피자에 대한 이미지를 조사하기 위한 설문조사를 실시하였다. 168명의 조사대상자가 참여한 설문조사에서 피자의 이미지에 대한 10개의 문항을 사용하였다. 각 문항은 7점 척도의 어의차이척도(semantic differential scale)로 구성하였다. 응답 결과는 <표 O>와 <그림 O>에 정리되어 있다. 분석 결과를 보면, '뜨겁다-차갑다' 문항의 최빈값은 2, '담백하다-진한 맛이다' 문항의 최빈값은 6, '비싸다-싸다' 문항의 최빈값은 3으로 조사되었다. (……중략……) 끝으로, '자연적이다-인공적이다' 문항의 최빈값은 3으로 분석되었다.

[♣ 표를 사용하는 보고]

어의차이척도의 분석결과는 각 문항의 최빈값(mode)을 정리하여 보고하는 것이 가장 일반적인 방법이다. <상자 6-48>에는 각 문항의 응답결과를 분석하여 제시되어 있는데, 각 문항의 최빈값과 표본의 크기가 제시되어 있다. <상자 6-48>은 조사의 대상이 되고 있는 피자에 대한 전반적인 이미지를 보여주지 못한다는 점에서 그리 좋은 표현수단은 아니다.

<상자 6-48> 어의차이척도의 결과보고

<A가게에서 판매하는 피자에 대한 소비자 평가의 최빈값* (응답자 수: 168명)>

평가대상 형용사의 짝			최빈값	평가대상 형용사의 짝			최빈값
뜨겁다.	··········	차갑다.	2	질이 좋다.	··········	질이 낮다.	2
담백하다.	··········	진한 맛이다.	6	매력 없다.	··········	매력적이다.	6
비싸다.	··········	싸다.	3	신선하다.	··········	거의 상했다.	1
촉촉하다.	··········	메마르다.	1	작다.	··········	크다.	5
설구워졌다.	··········	바싹 구워졌다.	4	자연적이다.	··········	인공적이다.	3

* 1~7점의 7점 척도

[♣ 그래프를 사용하는 보고]

어의차이척도의 응답결과를 분석하여 그래프로 제시하는 방법에는 두 가지가 있다. <상자 6-49>는 설문지에 제시된 문항의 순서대로 최빈값의 산점도를 작성한 것이다. 그런데 이러한 그래프로는 자료 분포의 일목요연한 유형을 파악하기 어렵다는 한계가 있다. 따라서 각 문항의 응답을 긍정적-부정적 순서에 따라 재편성하여 그래프로 그리는 방안이 더 바람직한 방법이다. <상자 6-50>은 각 문항에 대한 최빈값의 산점도를 긍정적-부정적 순서로 정렬하여 그래프로 제시한 것이다. 그 결과 모든 긍정적인 표현은 그래프의 왼쪽으로, 모든 부정적인 표현은 그래프의 오른쪽에 배치되었다. 또한 가장 긍정적인 값을 가진 문항을 가장 먼저 제시하고 가장 부정적인 값을 가진 문항은 맨 나중에 제시하였다.

<상자 6-49> 어의차이척도의 결과보고(1)

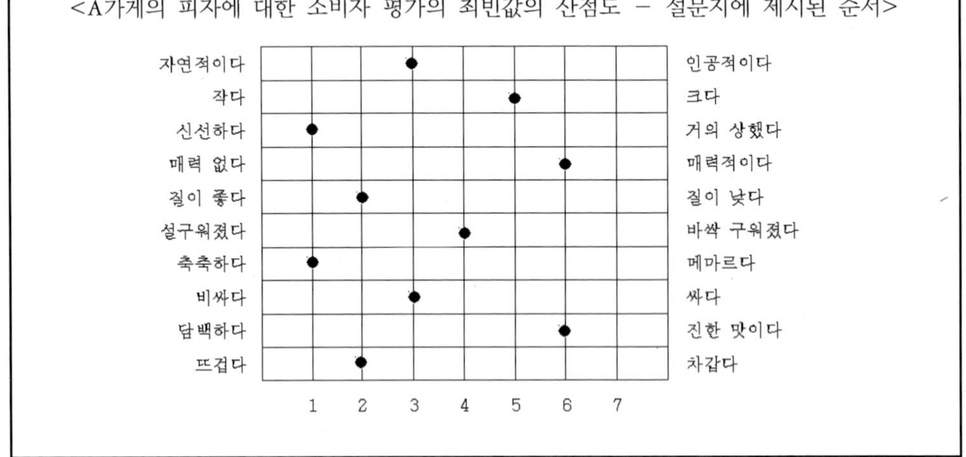

<상자 6-50> 어의차이척도의 결과보고(2)

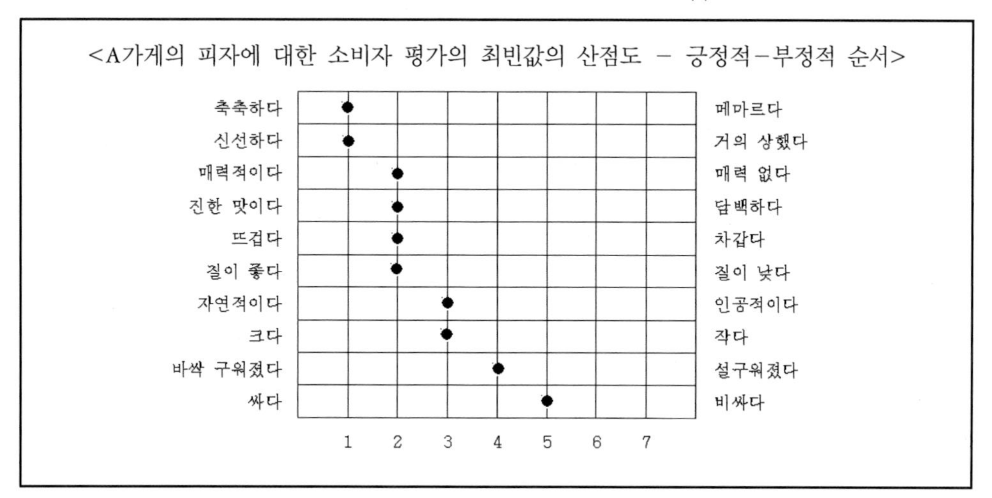

(10) 형용사 체크리스트(adjective checklist)의 결과보고

형용사 체크리스트 척도는 어의차이척도를 사용하기 곤란한 경우에 사용할 수 있는 이미지 측정도구이다. 어의차이척도와 달리 하나의 척도에 포함시킬 수 있는 형용사의 수에 제한이 없으며, 척도의 극단을 적절하게 정의할 필요도 없다. 형용사 체크리스트 척도는 만들기도 편하고 응답하기도 쉽지만 그로부터 생산되는 자료가 범주형 이분형 자료라는 점에서 일정한 한계를 갖고 있다. 그러므로 형용사 체크리스트 문항에 대한 응답 결과의 분석은 해당 문항(형용사)을 선택한 응답자들의 비율을 보고하는 형식을 취하게 된다.

다음 예제는 형용사 체크리스트 척도(<상자 6-51>)를 사용하여 수집한 자료를 분석한 결과를 보고하는 예이다.

<상자 6-51> 형용사 체크리스트 척도

귀하의 직업을 설명한다고 생각되는 단어 앞의 ( ) 안에 √ 표시하시기 바랍니다. 해당되는 항목이 여러 개일 경우 모두 √ 표시하세요.

Q 1.	( )	쉽다.	Q 9.	( )	임금이 낮다.	Q 17.	( )	변화한다.
Q 2.	( )	안전하다.	Q 10.	( )	안정적이다.	Q 18.	( )	유쾌하다.
Q 3.	( )	기술적이다.	Q 11.	( )	노력해야 한다.	Q 19.	( )	중요하다.
Q 4.	( )	피곤하다.	Q 12.	( )	느리다.	Q 20.	( )	만족스럽다.
Q 5.	( )	지루하다.	Q 13.	( )	일상적이다.	Q 21.	( )	요구가 많다.
Q 6.	( )	어렵다.	Q 14.	( )	즐겁다.	Q 22.	( )	품위가 없다.
Q 7.	( )	재미있다.	Q 15.	( )	가망 없다.	Q 23.	( )	임시적이다.
Q 8.	( )	보상적이다.	Q 16.	( )	엄격하다.	Q 24.	( )	위험하다.

[♣ 본문에 의한 보고]

부서 A에 속한 72명, 부서 B에 속한 315명의 직원을 대상으로 자기 직업에 대한 이미지를 조사하였다. 직업을 묘사한 24개의 형용사 중에서 자신의 경우에 해당되는 것을 있는 대로 모두 고르게 하였으며, 그 결과는 <표 O>와 <그림 O>에 정리되어 있다. 부서 A의 경우, '안전하다', '변화한다', '기술적이다' 등의 형용사를 선택한 사람들의 비율이 높았던 반면, 부서 B의 경우는 '일상적이다', '지루하다', '안정적이다' 등의 형용사를 선택한 응답자의 비율이 높았다.

[♣ 표를 사용하는 보고]

형용사 체크리스트 척도의 응답결과를 보고하는 표를 작성하는 일은 먼저 개별 문항에 대한 빈도분석을 각각 실시하는 일부터 시작해야 한다. 즉, 문항별로 해당 형용사를 선택한 응답자들의 비율이 얼마인지 알아야 한다. 그다음에 문항별로 해당 형용사를 선택한 응답 비율을 모아 <상자 6-52>와 같은 종합적인 표를 만들어낸다. <상자 6-52>에는 부서 A와 부서 B의 응답 현황이 정리되어 있다. 그러므로 부서 A와 부서 B라는 하위표본을 대상으로 각각 응답결과를 따로 분석한 것이다. 이 두 개의 부서를 한데 섞어 하나로 분석하는 것은 옳지 않다. 사실 <상자 6-52>는 빈도분석을 두 번 실시한 결과를 기록한 것이 아니라, 문항별로 교차분석을 실시한 결과를 기록한 것이다.

<상자 6-52> 형용사 체크리스트의 결과보고

<부서 A와 부서 B 직원의 자기 직업에 대한 평가*>

평가 요소	부서 A	부서 B	평가 요소	부서 A	부서 B
쉽다	9%	31%	일상적이다	2%	88%
안전하다	91%	65%	즐겁다	62%	17%
기술적이다	88%	7%	가망 없다	16%	48%
피곤하다	55%	39%	엄격하다	5%	44%
지루하다	3%	77%	변화한다	91%	12%
어렵다	74%	40%	유쾌하다	38%	21%
재미있다	71%	12%	중요하다	55%	9%
보상적이다	62%	8%	만족스럽다	59%	25%
임금이 낮다	12%	55%	요구가 많다	79%	16%
안정적이다	41%	70%	품위가 없다	1%	14%
노력해야 한다	8%	41%	임시적이다	1%	18%
느리다	3%	29%	위험하다	2%	17%

부서 A의 응답자: 72명
부서 B의 응답자: 315명
* 모든 평가요소의 부서 간의 차이는 통계적으로 유의함($p<0.01$).

[♣ 그래프를 사용하는 보고]

<상자 6-53>은 형용사 체크리스트 척도의 분석결과를 가로막대그래프로 표현한 것이다. 상대적으로 표본의 크기가 큰 부서 B를 기준으로 응답비율의 순서에 따라 문항(형용사)을 배열하였다. 즉, 부서 B의 직원들 가운데 가장 많은 응답자가 선택한 형용사를 맨 위에, 그리고 가장 적은 응답자를 선택한 형용사를 맨 아래에 제시하였다.

<상자 6-53> 형용사 체크리스트의 결과보고

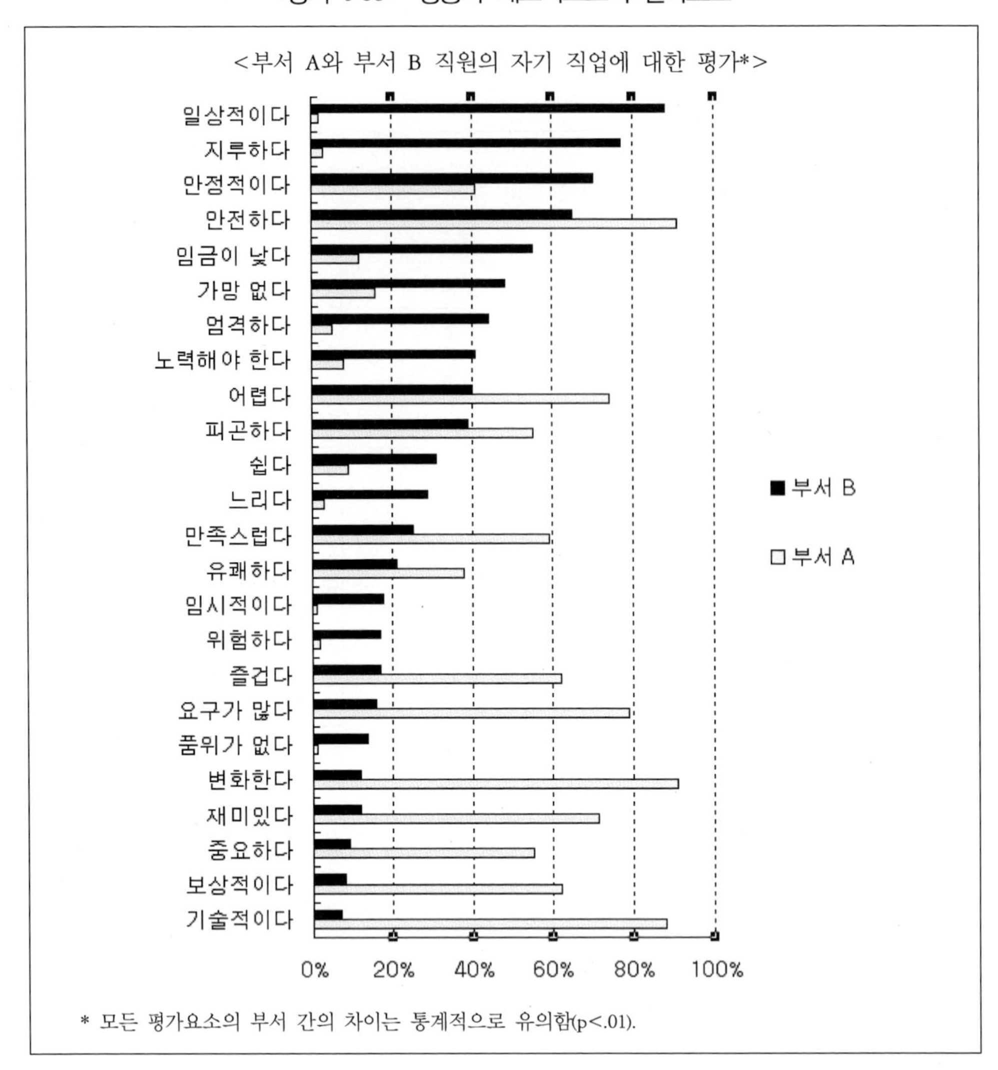

* 모든 평가요소의 부서 간의 차이는 통계적으로 유의함($p<.01$).

(11) 어의거리척도(semantic distance scale)의 결과보고

어의거리척도는 앞서 언급한 어의차이척도나 형용사 체크리스트와 마찬가지로 다양한 대상의 이미지를 조사하는 도구이다. 어의거리척도는 각 단어나 어구가 특정 대상을 얼마나 잘 설명하고 있는지를 알려주는 연속자료(등간자료)를 생산한다. 연속자료이므로 평균(average)을 계산할 수 있음은 물론이다.

다음 예제는 어느 소매점의 이미지를 평가하는 어의거리척도의 응답결과를 분석하는 사

례이다. 그 소매점의 이미지를 평가하기 위하여 20개의 어의거리척도 문항이 제공되었는데, 각 문항은 5점 만점의 선형척도로 구성되었다.

[♣ 본문에 의한 보고]

소매점 A에 대한 이미지를 조사하기 위하여 325명의 소비자를 대상으로 20문항의 5점 만점의 어의거리척도를 사용하여 조사를 실시하였다. 자료의 분석단계에서 자료 분포의 왜도와 첨도를 고려한 결과, 중앙값(median)이 가장 적절한 평균(average)으로 생각되었다. '상품의 품질이 높다'는 어구에 대한 중앙값의 산술평균이 5점 만점의 척도에서 4.9점으로 계산되어 가장 높은 평가를 보였으며, 이어서 '매장이 청결하다'(4.8점), '상품 선택의 폭이 넓다'(4.8점), '직원이 잘 도와준다'(4.6점), '우호적이다'(4.5점) 등의 순위를 보였다. 한편 '위협적이다'(1.1점), '매력이 없다'(1.6점), '전화 통화가 어렵다'(1.7점), '경험이 부족하다'(1.7점), '종종 배달이 늦는다'(1.93점) 등은 중앙값의 산술평균값이 매우 낮은 어구들로 조사되었다.

[♣ 표를 사용하는 보고]

어의거리척도는 연속형 등간자료를 생산해내는 척도이므로, 자료의 분포를 나타내는 대푯값(평균, average)으로는 산술평균과 중앙값을 모두 사용할 수 있다. <상자 6-54>는 왜도와 첨도 계수를 계산해보니 산술평균보다는 중앙값을 사용하는 것이 더 적절하다는 가정 아래 만든 표이다. 즉, 소매점 A에 대한 이미지를 어의거리척도를 사용하여 조사한 결과를 중앙값의 평균값으로 계산하였다. 앞서 이미 언급한 바 있지만, 극단치(이상점, outliers)가 존재하는 자료 분포의 경우에는 산술평균보다 중앙값이 자료의 분포의 특성을 가장 잘 대변해준다. 다시 말해, 바닥효과(floor effect)나 천장효과(ceiling effect)가 있는 경우에는 산술평균 대신에 중앙값을 사용하는 것이 좋다. 산술평균은 소수의 극단치로부터 매우 큰 영향을 받기 때문에 자료 분포의 대푯값으로 적절하지 않는 경우가 있다.

또한 <상자 6-54>에서는 해당 어의거리척도가 5점 척도로 구성된 선형숫자척도이며, 전체 응답자 수는 325명임을 밝히고 있다.

<상자 6-54>는 중간 값의 평균의 값에 따라 문항을 재배열한 표이다. 즉, 중앙값의 평균이 가장 높은 문항을 맨 위에 배치하였으며, 중앙값이 낮은 문항을 맨 밑에 배치하였다.

<상자 6-54> 어의거리척도의 결과보고

<소매점 A에 대한 중앙값(median) 평가*>

평가 요소	중앙값의 평균	평가 요소	중앙값의 평균
상품의 품질이 높다.	4.9	계산절차가 신속하다.	3.9
매장이 청결하다.	4.8	상품의 가격이 비싸다.	3.4
상품 선택의 폭이 넓다.	4.8	매장의 위치가 나쁘다.	2.6
직원이 잘 도와준다.	4.6	매장 직원이 부족하다.	2.1
우호적이다.	4.5	매장을 찾기 어렵다.	2.0
매장의 규모가 크다.	4.4	종종 배달이 늦는다.	1.9
주차장이 넓다.	4.3	경험이 부족하다.	1.7
쇼핑하기 재미있다.	4.2	전화 통화가 어렵다.	1.7
영업시간이 길다.	4.2	매력이 없다.	1.6
방문하기 쉽다.	4.0	위협적이다.	1.1

* 5점 척도로 측정함(1점: 전혀 그렇지 않다~5점: 매우 그렇다).
응답자 수: 325명

[♣ 그래프를 사용하는 보고]

어의거리척도의 분석결과를 그래프로 제시하는 방법 가운데 하나는 산점도를 그리는 방법이다. <상자 6-55>는 소매점 A에 대한 중앙값의 산술평균을 산점도로 표현한 그래프이다. 자료 값의 크기에 따라 문항을 재배열하였는데, 다시 말해, 중앙값의 산술평균이 큰 순서대로 문항을 위에서 아래로 배치하였다. 이것은 사실을 가장 잘 설명하는 어구를 먼저 배치하고 그렇지 못한 문항은 나중에 배치하였다는 의미이다.

어의거리척도의 경우에는, 어의차이척도와 달리, 자료 값을 역으로 재배치할 필요가 없으며, 그렇게 해서도 안 된다. 즉, 부정적 문항의 자료 값을 뒤집어서 긍정적인 값으로 변환할 필요가 없다. 예를 들어, <상자 6-55>의 제일 마지막 문항은 "위협적이다"이다. 만일 그 문항이 애초부터 "위협적이 아니다"였다면, 아마도 대부분의 응답이 5점(매우 그렇다) 부근에 모였을 것이다. 그러나 그런 식으로 가정하여 문항의 표현을 반대로 바꾸는 것은 절대 용납되지 않는다. 어의차이척도를 사용하지 않는 대신에 어의거리척도를 사용하는 목적 가운데 하나는 양극단을 가진 형용사를 사용하지 않겠다는 것이다. 자료의 보고 단계에서 "위협적이다"를 "위협적이 아니다"라고 변환하는 것은 스스로 양극단의 형용사를 만드는 일과 다름없다.

<상자 6-55> 어의거리척도의 결과보고

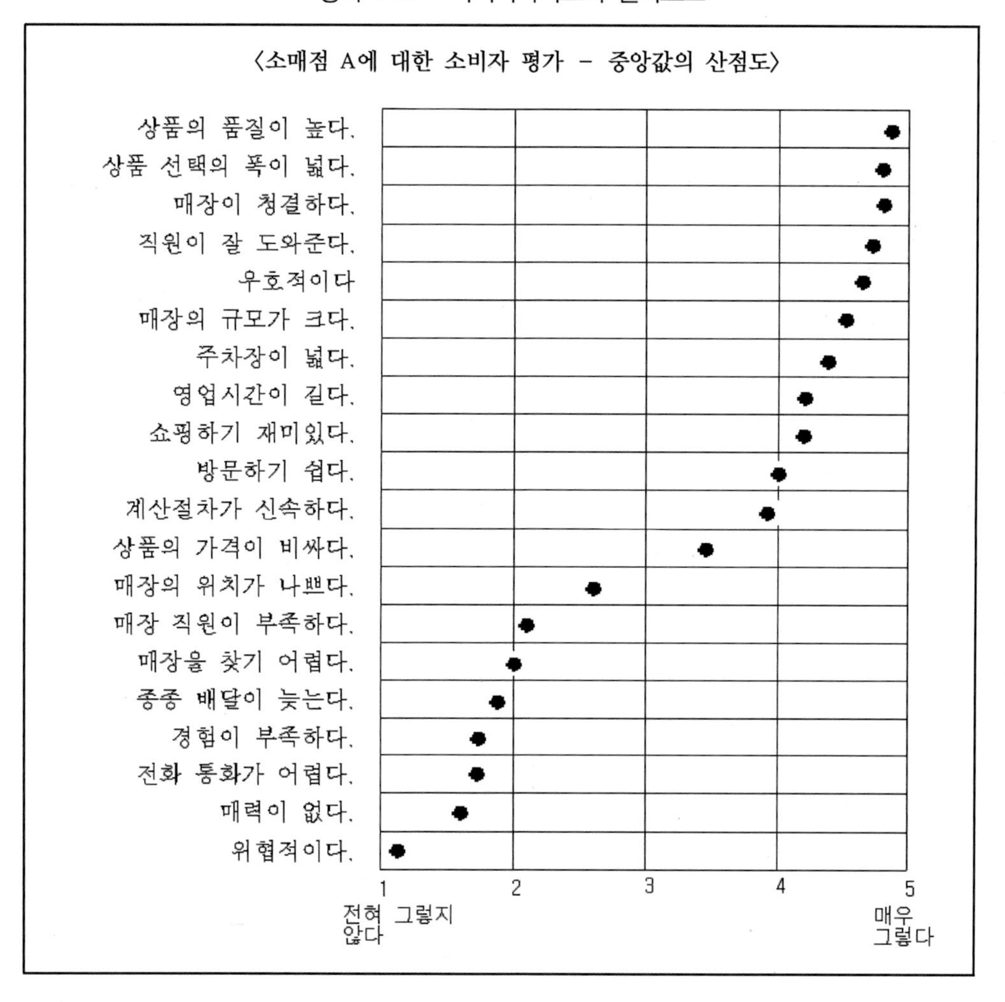

(12) 고정합계척도(fixed sum scale)의 결과보고

고정합계척도는 조사대상자가 여러 개의 항목들을 대상으로 사전에 미리 정해진 수량을 할당하는 방식으로 응답하는 척도인데, 이를 통해 항목 간의 상대적 중요성이나 상대적 선호도에 관한 자료를 수집할 수 있다.

<상자 6-56> 고정합계척도

귀하가 패스트푸드 식당에서 점심이나 저녁식사로서 무엇을 먹었는지 조사하려고 합니다. 직전의 10번의 식사를 대상으로 귀하가 아래에 제시된 음식을 각각 몇 번씩이나 먹었는지 그 횟수를 기록하여 주세요. (전체 합계는 10이 되어야 합니다.)

Q 1. ( ) 햄버거
Q 2. ( ) 핫도그 또는 소시지
Q 3. ( ) 치킨
Q 4. ( ) 피자
Q 5. ( ) 중국음식
Q 6. ( ) 생선요리
Q 7. ( ) 델리 샌드위치
Q 8. ( ) 핫 샌드위치
Q 9. ( ) 멕시칸 음식
Q 10-11. 기타 (무엇? ____________________)

합계=10

[♣ 본문에 의한 보고]

고정합계척도는 분석하기도 복잡하고 그 결과를 보고하기도 어렵기 때문에 보고서 작성자는 독자들이 혼란을 일으키지 않도록 배려하는 일이 중요하다. 따라서 본문에서 고정합계척도의 개요에 대하여 간략하게 설명할 필요가 있으며, 고정합계척도를 사용하여 얻은 전체 응답이 하위범주별로 어떻게 구성되어 있는지 절대빈도와 상대빈도를 모두 언급하는 것이 좋다.

지역주민을 대상으로 패스트푸드 식당에서 식사를 한 지난 10번 경험 가운데 햄버거, 핫도그 또는 소시지, 치킨, 피자 등 패스트푸드를 몇 번이나 먹었는지 조사하였다. 조사도구로는 고정합계척도(fixed sum scale) 문항을 사용하였다. 즉, 조사대상자는 가장 최근에 패

스트푸드 식당에서 먹은 음식의 종류별로 그 횟수를 기록하는데 합이 10이 되어야 한다. 설문조사에 참여한 조사대상자는 200명이었으며, 조사 결과는 <표 O>과 <그림 O>에 제시되어 있다. 구체적으로 직전 10회의 패스트푸드 식당 이용 경험을 보면, 햄버거의 이용횟수가 가장 많아 전체 2,000회 가운데 836회(전체의 41.8%)에 달하였으며, 이어서 피자(568회, 28.4%)와 샌드위치(300회, 15.0%) 순이었다. 치킨(166회, 8.3%)과 기타(130회, 6.5%) 패스트푸드의 비중은 미미하였다.

[♣ 표를 사용하는 보고]

고정합계척도를 보고하는 표는, 다른 대부분의 척도와 마찬가지로, 절대빈도와 상대빈도를 모두 보고하는 경우와 상대빈도만을 보고하는 경우로 나뉜다. <상자 6-57>은 전자의 경우인데, 200명의 응답자가 각자 10회씩 응답하였으므로 전체 응답건수 2,000회이며, 이 수치가 5개 하위범주로 나누어져 제시되어 있다. <상자 6-58>은 후자의 경우로서, 응답자 200명의 응답결과를 음식의 종류별로 5개 범주로 나누어 상대빈도(퍼센트)만을 보고하고 있다.

<상자 6-57> **고정 합계 척도의 결과보고**(1)

<직전 10회의 패스트푸드 식당 이용 실태(응답자: 200명)>

단위: 횟수(%)

음식의 종류	이용횟수	비율(%)
햄버거	836	41.8
피자	568	28.4
샌드위치	300	15.0
치킨	166	8.3
기타	130	6.5
계	2,000	100.0

<상자 6-58> 고정합계척도의 결과보고(2)

<직전 10회의 패스트푸드 식당 이용 실태>

단위: (%)

음식의 종류	평균 비율
햄버거	41.8
피자	28.4
샌드위치	15.0
치킨	8.3
기타	6.5
계	100.0
응답자 수: 200명	

고정합계척도의 결과를 보고하는 표에서는 일반적으로 크기(magnitude)의 순서에 따라 자료 값이 큰 경우부터 먼저 제시한다. 이것은 각 범주 사이에 특별한 논리적 순서나 관계가 존재하지 않기 때문에 가능한 일이다. 만약 각 범주 사이에 어떤 본질적인 순서가 내재되어 있다면 그러한 순서에 따라 범주를 배열하는 것이 좋다. 또한 고정합계척도에서는 전체 응답건수에 대한 범주별 상대빈도(퍼센트)를 구하는 것이 매우 중요하다.

[♣ 그래프를 사용하는 보고]

고정합계척도의 응답결과를 시각적으로 표현할 때 가장 많이 사용되는 그래프 유형은 막대그래프와 원그래프이다. 아래 <상자 6-59>는 직전 10회의 패스트푸드 식당 이용 현황을 나타내는 원그래프이다. 이 그래프에서는 피자를 가리키는 조각을 몸체와 분리시켜 놓았는데, 그 이유는 보고서 작성자가 특히 피자의 소비현황을 강조하기 원하였기 때문이다.

<상자 6-59> 고정합계척도의 결과보고: 원그래프

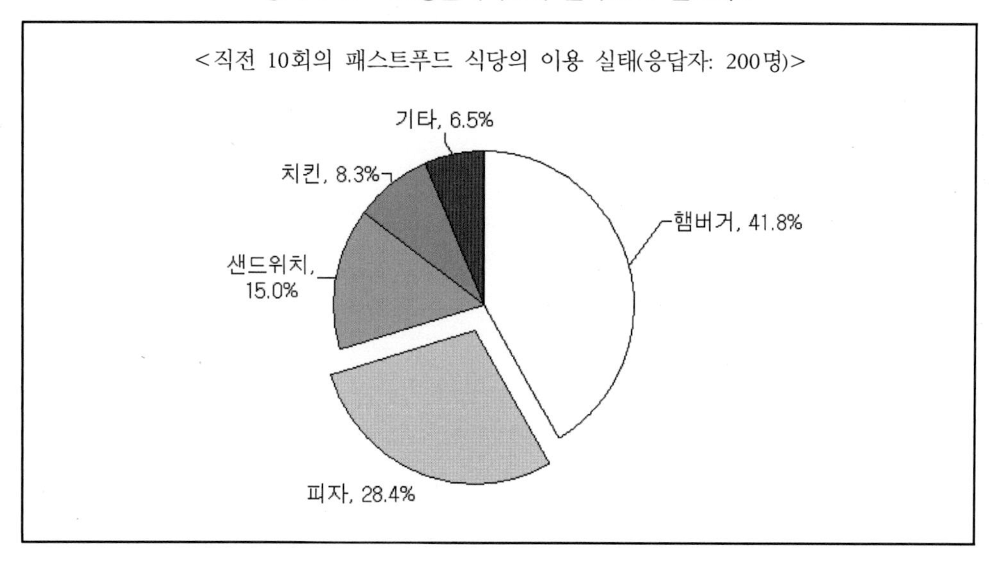

(13) 조사대상자의 사회인구학적 정보의 보고

일반적으로 보고서의 분석결과의 장에서는 조사대상자의 사회인구학적 배경에 관한 분석결과를 제시하는 것이 보통이다.

<상자 6-60> 조사대상자의 사회인구학적 정보의 보고(1)

<조사대상자의 개인 특성>

변수	구분	빈도(n)	비율(%)	비고
성별	남성	72	39.8	
	여성	109	60.2	
연령	20대	50	27.9	M=34.98 SD=7.40 Max=61 Min=21
	30대	81	45.3	
	40대 이상	48	26.8	
학력	전문대 졸업 이하	18	9.9	
	대학교 졸업	112	61.9	
	대학원 졸업 이상	51	28.2	
직위	상급관리자	32	18.0	
	중간관리자	58	32.6	
	일선·선임 사회복지사	88	49.4	
종교	있음	115	63.9	
	없음	65	36.1	
현 직위 근무연수	2년 미만	79	43.9	M=2.75 SD=2.38 Max=15.00 Min=0.08
	2~3년 미만	34	18.9	
	3년 이상	67	37.2	
현 직장 재직연수	3년 미만	70	39.8	M=5.11 SD=4.97 Max=27.67 Min=0.17
	3~5년 미만	41	23.3	
	5년 이상	65	36.9	
계		181	100.0	

1) 변수별 합계가 일치하지 않는 이유는 결측치 때문임.

자료: 김경호, 2012, p.44.

<상자 6-61> 조사대상자의 사회인구학적 정보의 보고(2)

<조사대상자(n=153) 및 시설(n=37)의 특성>

항목	집단 혹은 통계 값	인원 및 시설 수	비율(%)
연령	평균=35.2세, 범위=24~48세		
성별	남	48	31.4
	여	105	68.6
배우자	유	106	69.3
	무	47	30.7
종교	기독교/천주교	82	53.6
	불교/기타	71	46.4
교육수준	중졸 이하	58	37.9
	고졸	47	30.7
	전문대졸 이상	48	31.4
동거세대수	1세대	52	34.0
	2세대	26	17.0
	3세대	75	49.0
근무기간	3년 미만	121	79.1
	3년 이상	32	20.9
	평균=2.72년, 범위=0~16년		
직책	관리	34	22.2
	의료	95	62.1
	복지	24	15.7
시설종류	양로	12	32.4
	요양	25	67.6
시설위치	도시	16	43.2
	읍면	21	56.8

자료: 이인수 · 임춘식, 2005, p.108의 자료를 일부 수정.

<상자 6-62> 조사대상자의 사회인구학적 정보의 보고(3)

<조사대상자의 근무 연수 현황>

구분	N (명)	평균 (연)	중앙값 (연)	최빈값 (연)	SD (연)	범위	
						최솟값	최댓값
현재 직위	296	9.8	8.0	1.0	8.0	1.0	40.0
현재 기관	296	20.1	20.0	15.0	9.5	1.0	50.0
사회복지분야*	295	23.5	22.0	20.0	9.1	4.0	51.0

주: * 결측치로 인해 계가 일치하지 않음.
자료: Song, 2005, p.39의 자료를 일부 수정.

3) 변수들 사이의 관련성의 보고

앞 절에서는 개별 변수의 기술통계량을 보고하는 방식에 관하여 주로 논의하였다. 이제 변수와 변수 간의 관련성(association)의 정도를 분석한 결과를 본문, 표, 그래프 등을 사용하여 보고하는 방법에 대하여 살펴본다.

(1) 교차분석의 보고

두 범주형 변수 사이의 관계를 분석한 결과를 보고할 때 가장 적합한 보고 형식은 교차분석이다. 교차분석의 결과를 보고할 때는 본문에 의한 보고, 교차표를 사용하는 보고, 그래프를 사용하는 보고의 형식을 혼용할 수 있다. 교차분석의 결과를 보고할 때 종종 그래프를 생략하는 경우가 많다. 그 이유는 그래프를 삽입하지 않아도 교차표 자체를 이해하기 어렵지 않고, 하나의 교차표 안에 들어가는 변수의 수가 많기 때문에 한정된 보고서 공간에 많은 변수를 다 그리기 어렵기 때문이다. 그래프를 그리는 데 들어가는 시간 비용도 무시할 수 없다.

다음 예제는 노인집단을 대상으로 노인교통수당 지급 시점의 전후에 교통수단의 이용 빈도가 어떻게 달라졌는가를 설문조사한 결과를 교차 분석한 보고이다.

[♣ 본문에 의한 보고]

설문조사에 참여한 205 명의 노인을 대상으로 노인교통수당 지급 이전과 지급 이후에 교

통수단의 이용 빈도가 어떻게 달라졌는지 조사하였다(<표 O>). 전반적으로 보아, 교통수단의 이용 횟수가 증가하였다는 노인이 전체 응답자의 63.4%에 달한 반면, 오히려 감소하였다는 응답은 20.5%에 불과하였다. 전체 응답자의 16.1%는 노인교통수당 지급 이전과 이후에 교통수단 이용 횟수가 변화하지 않았다.

노인들의 교통수단의 이용 빈도는 성별, 학력, 가구 구성의 측면에서 통계적으로 유의한 차이를 보였다. 성별로 보면, 노인교당수당이 지급된 이후에 남성노인보다는 여성노인의 교통수단 이용 빈도가 유의하게 더 높아졌다($p<0.01$). 학력별로 보면, 노인교통수당을 지급받은 후에 정규교육을 받은 노인보다 비정규교육을 받은 노인들의 교통수단 이용 횟수가 더 많이 증가하였다($p<0.01$). 또한 자녀와 함께 살거나 노부부만 사는 가구보다 혼자 사는 노인들의 교통수단 이용 빈도가 더 많이 증가하였다($p<0.01$).

[♣ 표를 사용하는 보고]

교차분석의 결과는 <상자 6-63>과 같은 형식이 보통이다. 이러한 형식은 주어진 수의 세로 열에 따라 여러 개의 변수를 차례로 제시할 수 있으므로 수직 배너(vertical banner)라고도 부른다. 교차표의 각 셀에는 빈도와 퍼센트를 기입하고, 각 열과 행의 합계도 적는다. 교차분석의 결과는 χ^2 값과 자유도, 그리고 통계적 유의도(p값)를 함께 제시한다.

<상자 6-63> 교차표의 보고

<노인들의 교통수단 이용 횟수의 변화>

단위: 명(%)

변수	구분	이용 횟수				x^2 (df)
		감소하였다	변동 없다	증가하였다	계	
성별	남	17 (20.5)	21 (25.3)	45 (54.2)	83 (100.0)	9.199** (2)
	여	25 (20.5)	12 (9.8)	85 (69.7)	122 (100.0)	
연령	65～69세	12 (21.4)	8 (14.3)	36 (64.3)	56 (100.0)	1.554 (4)
	70～79세	22 (19.0)	18 (15.5)	76 (65.5)	116 (100.0)	
	80세 이상	8 (24.2)	7 (21.2)	18 (54.5)	33 (100.0)	
학력	비정규교육	14 (13.9)	12 (11.9)	75 (74.3)	101 (100.0)	10.156** (2)
	정규교육	28 (26.9)	21 (20.2)	55 (52.9)	105 (100.0)	
가구 구성	자녀와 함께	12 (33.3)	4 (11.1)	20 (55.6)	36 (100.0)	15.144** (4)
	노부부만	19 (17.4)	26 (23.9)	64 (58.7)	109 (100.0)	
	노인 혼자	11 (18.3)	3 (5.0)	46 (76.7)	60 (100.0)	
계		42 (20.5)	33 (16.1)	130 (63.4)	205 (100.0)	

* $p<0.05$ ** $p<0.01$ *** $p<0.001$

[♣ 그래프를 사용하는 보고]

교차분석의 결과는 막대그래프 등을 이용하여 시각적으로 표현할 수 있다. 그러나 전술한 바와 같이, 교차분석에 포함되는 변수의 수가 많고 교차표 자체가 이해하기 어렵지 않으므로 그래프를 생략하는 경우가 많다.

(2) 분산분석의 보고

세 집단 또는 그보다 많은 집단을 대상으로 연속형 변수의 평균을 비교하는 통계분석방법이 분산분석(변량분석, ANOVA)이다. 분산분석의 방법을 사용하려면 독립변수는 단순히 범주를 나타내는 명목척도로 측정되는 자료이어야 하며, 종속변수는 등간척도 또는 비율척도로 측정된 자료이어야 한다.

다음 예제는 사회복지사에 대한 클라이언트 폭력 가운데 정서적 공격의 실태를 보고하는 사례이다. 사회인구학적 특성에 따라 클라이언트의 정서적 공격이 어떤 차이를 보이는지 본문, 표, 그래프 등을 사용하여 보고하고 있다.

[♣ 본문에 의한 보고]

사회복지사에 대한 정서적 공격(5점 척도 4문항, 합계 점수의 분포: 4~20점)이 사회복지사의 사회인구학적 특성에 따라 어떻게 달리 나타나고 있는지 분석하였다(<표 O>). 사회복지사의 연령은 정서적 공격의 발생 빈도의 차이를 설명하는 유의한 변수로 확인되었는데, 연령이 높을수록 정서적 공격을 더 많이 경험하는 것으로 조사되었다($p<0.01$). 사후분석(Bonferroni-test) 결과, 30대 사회복지사는 20대 사회복지사보다 정서적 공격을 유의하게 더 자주 경험하였으며, 40대 이상의 사회복지사 역시 20대 사회복지사보다 정서적 공격을 더 빈번하게 경험한 것으로 나타났다($p<0.05$). 또한, 사회복지사의 결혼 상태에 따라 정서적 공격의 발생빈도가 통계적으로 유의한 차이를 보였다($p<0.001$). 사후분석(Bonferroni-test) 결과, 기혼 사회복지사가 미혼 사회복지사보다 정서적 공격을 더 자주 경험한 것으로 확인되었다($p<0.05$). 학력에 따라서도 정서적 공격의 빈도에 있어서 유의한 차이가 나타났다($p<0.05$). 사후분석(Bonferroni-test) 결과에 의하면, 대학원 졸업 이상의 학력을 가진 사회복지사가 전문대 졸업 이하의 사회복지사보다 정서적 공격을 더 빈번하게 경험하였다($p<0.05$).

일반적으로 사회복지 분야의 근무경력이 많을수록 정서적 공격을 경험하는 빈도가 더 높은 것으로 조사되었으며, 이러한 발생빈도의 차이는 통계적으로 유의한 것으로 나타났다($p<0.01$). 사후분석(Bonferroni-test) 결과, 4~6년 미만의 경력자가 2년 미만의 경력자보다, 그리고 8년 이상의 경력자가 2년 미만의 경력자보다 각각 정서적 공격을 더 빈번하게 경험하였던 것으로 나타났다($p<0.05$). 사회복지사의 직위에 따라 정서적 공격을 경험하는

빈도에 있어서 통계적으로 유의한 차이가 나타났다($p<0.01$). 구체적으로 보면, 일선 사회복지사 또는 선임 사회복지사는 관리자보다 더 빈번하게 정서적 공격을 당하는 것으로 확인되었다. 한편 사회복지사가 근무하고 있는 기관(시설) 유형에 따라서도 통계적으로 유의한 정서적 공격의 발생 빈도의 차이가 나타났다($p<0.001$). 행정기관(시군구, 읍면동)에서 근무하는 사회복지사가 지난 1년 동안 다른 집단보다 더 자주 정서적 공격을 경험하였다. 사후분석(Bonferroni-test) 결과, 행정기관의 근무자는 노인복지시설, 종합사회복지관, 장애인복지시설, 아동복지시설 근무자보다 각각 더 빈번하게 정서적 공격의 피해를 입었다 ($p<0.05$).

[♣ 표를 사용하는 보고]

분산분석의 결과는 <상자 6-64>와 같은 표를 사용하여 보고하는 것이 일반적이다. 분산분석의 결과를 보고하는 표에는 독립변수의 범주별로 종속변수의 평균과 표준편차, 그리고 F값과 통계적 유의도를 함께 제시한다.

<상자 6-64> 분산분석 결과의 보고

<사회인구학적 특성에 따른 정서적 공격의 차이>

변수	구분	평균	표준편차	F (p값)
연령	20대	6.73	2.567	7.431** (0.001)
	30대	8.25	3.661	
	40대 이상	8.65	4.373	
결혼상태	미혼	6.53	2.657	16.241*** (0.000)
	기혼	8.85	3.678	
	이혼·사별·기타	9.75	7.588	
학력	전문대 졸업 이하	6.69	2.815	3.693* (0.026)
	대학교 졸업	7.71	3.482	
	대학원 졸업 이상	8.81	3.978	
사회복지 분야 근무연수	2년 미만	6.12	2.386	5.050** (0.001)
	2~4년 미만	7.41	3.001	
	4~6년 미만	8.38	3.674	
	6~8년 미만	7.70	3.414	
	8년 이상	8.67	3.981	

시설(기관) 유형	노인복지시설	5.67	1.821	35.310*** (0.000)
	종합사회복지관	6.70	3.070	
	장애인복지시설	6.35	2.261	
	아동복지시설	5.94	2.144	
	행정기관	10.77	3.462	

* p<0.05 ** p<0.01 *** p<0.001

[♣ 그래프를 사용하는 보고]

교차분석의 결과는 항목별로 막대그래프를 사용하여 시각적으로 표현하는 방법이 가장 보편적이다. 그래프 없이도 교차분석의 결과를 이해하는 일이 어렵지 않기 때문에 교차분석에서는 종종 그래프를 생략하는 경우가 많다.

(3) t–검정의 보고

t-검정은 두 집단 사이의 평균의 차이를 비교하는 통계분석방법이다. 독립표본 t-검정의 보고 요령은 분산분석의 경우와 매우 유사하므로 여기에서는 생략하며, 이하에서는 대응표본 t-검정의 결과를 보고하는 방법에 대하여 살펴본다.

다음 예제는 어느 노인복지관에서 지역사회의 노인을 대상으로 사회교육 프로그램의 효과성을 측정하기 위하여 설문조사를 실시하고 그 결과를 분석한 내용을 보고하는 사례이다.

[♣ 본문에 의한 보고]

사회교육 프로그램의 주관적인 신체적·정신적 건강증진 효과를 조사하였다. 즉, 사회교육 프로그램에 참여한 노인들을 대상으로 신체건강 등 11개 조사항목에 대해 프로그램 참가 전과 참가 후의 신체 및 정신건강 수준을 5점 척도(1점: 매우 낮은 수준, 2점: 조금 낮은 수준, 3점: 중간 정도, 4점: 조금 높은 수준, 5점: 매우 높은 수준)로 조사하였으며, 그 결과는 <표 O>에 정리되어 있다.

<표 O>에서 알 수 있는 바와 같이, 사회교육 프로그램에 참가한 노인들은 11개 조사항목 모두에 대해서 사전 평균과 사후 평균 사이에 통계적으로 유의한 수준의 차이를 보였다. 신체적·정신적 건강수준이 향상된 항목은 신체건강, 기쁨, 애정, 생활만족감, 자신감이며, 하락된 항목은 노여움, 서러움, 외로움, 무력감, 괴로움, 죽고 싶은 마음이다. 즉, 프로

그램 참가하기 전에 비해 신체건강($t=-11.882$, $p<0.001$), *기쁨*($t=-14.790$, $p<0.001$), *애정*($t=-13.682$, $p<0.001$), *생활만족감*($t=-11.579$, $p<0.001$), *자신감*($t=-10.212$, $p<0.001$)*의 수준이 향상되었으며, 노여움*($t=5.843$, $p<0.001$), *서러움*($t=6.512$, $p<0.001$), *외로움*($t=6.682$, $p<0.001$), *무력감*($t=6.860$, $p<0.001$), *괴로움*($t=6.432$, $p<0.001$), *죽고 싶은 마음*($t=4.721$, $p<0.001$)*의 수준이 감소되었다.*

요컨대 조사대상자들은 ◇◇노인복지관의 사회교육 프로그램에 참여함으로써 신체건강이 증진되었고 기쁨·애정·생활만족감·자신감의 향상 등 정서적 안정감이 향상된 것으로 보인다. 또한 사회교육 프로그램에의 참여를 통해 노여움·서러움·외로움·무력감·괴로움이나 죽고 싶은 마음과 같은 부정적인 심리상태가 많이 개선된 것으로 평가된다.

[♣ 표를 사용하는 보고]

t-검정을 보고하는 표에는 사전 평균과 사후 평균의 값과 함께 t값 및 통계적 유의수준을 제시하는 것이 일반적이다.

<상자 6-65> t-검정 결과의 보고

<사회교육 참여자들이 지각한 신체적·정신적 건강증진 효과>

구분	N	사전평균(표준편차)	사후평균(표준편차)	t값
신체건강	300	3.25(1.054)	4.01(0.957)	-11.882***
노여움	299	2.08(1.084)	1.79(1.087)	5.843***
기쁨	300	3.46(0.992)	4.23(0.897)	-14.790***
애정	300	3.52(0.959)	4.14(0.848)	-13.682***
생활만족감	300	3.51(1.010)	4.11(0.919)	-11.579***
서러움	300	2.00(1.094)	1.67(1.006)	6.512***
자신감	300	3.39(1.043)	3.98(1.126)	-10.212***
외로움	299	2.11(1.126)	1.76(1.062)	6.682***
무력감	299	1.97(1.068)	1.65(0.963)	6.860***
괴로움	299	1.91(1.067)	1.63(0.951)	6.432***
죽고 싶은 마음	300	1.57(0.960)	1.40(0.850)	4.721***

* p<0.05 ** p<0.01 *** p<0.001

[♣ 그래프를 사용하는 보고]

대응표본 t-검정의 결과는 막대그래프 등을 사용하여 시각적으로 제시할 수 있다. 그러나 그래프가 없더라도 본문이나 표 등을 사용하여 대응표본 t-검정의 분석결과를 효과적으로 보고할 수 있기 때문에 그래프를 생략하는 경우도 많다.

(4) 상관관계분석의 보고

상관관계분석은 두 변수 간의 관계의 강도를 분석하는 통계기법이다. 대표적인 방법으로는 Pearson 상관계수와 Spearman 서열상관계수가 있는데, 전자는 두 변수가 모두 등간 또는 비율척도로 측정된 자료이며, 후자는 두 변수가 모두 서열척도로 측정된 자료이다. 다음 예제는 사회복지사에 대한 클라이언트 폭력과 사회복지사의 일반스트레스 간의 상관관계를 분석한 결과를 보고하는 사례이다.

[♣ 본문에 의한 보고]

사회복지사를 대상으로 사회복지사에 대한 클라이언트 폭력의 유형과 사회복지사의 일반 스트레스 사이에 어느 정도의 상관관계가 있는지 분석하였다(<표 ○>). 분석 결과에 의하면, 낮은 수준의 신체적 공격($r=.132$*,* $p<.05$*)과 중간 수준의 신체적 공격(*$r=.177$*,* $p<.01$*), 그리고 정서적 공격(*$r=.188$*,* $p<.01$*)은 모두 사회복지사의 일반 스트레스와 양(+)의 상관관계를 가지고 있으나, 상관관계의 강도는 그리 높지 않았다. 한편 낮은 수준의 신체적 공격과 중간 수준의 신체적 공격 사이에는 비교적 높은 수준의 상관관계가 확인되었다. 독립변수들 간의 상관관계계수가* $r>.7$ *일 경우, 회귀분석의 과정에서 다중공선성의 문제를 야기할 가능성이 있으므로 본 연구에서도 공선성 진단을 실시하였다.*

[♣ 표를 사용하는 보고]

상관관계분석의 결과를 보고하는 표는 <상자 6-66>과 같이 전체 셀의 절반만을 제시하는 것이 일반적이다.

<상자 6-66> 상관관계분석 결과의 보고

<클라이언트 폭력과 일반 스트레스 간의 상관관계>

구분	(1)	(2)	(3)	(4)	(5)
(1) 낮은 수준의 신체적 공격	1				
(2) 중간 수준의 신체적 공격	.625**	1			
(3) 치명적 신체적 공격	.414**	.762**	1		
(4) 정서적 공격	.274**	.449**	.387**	1	
(5) 재산상의 피해	.444**	.474**	.449**	.391**	1
일반 스트레스 합계	.132*	.177**	.077	.188**	.080

* p<0.05 ** p<0.01 *** p<0.001

[♣ 그래프를 사용하는 보고]

상관관계분석의 결과를 그래프로 보고할 때 흔히 사용하는 방법이 두 변수 간의 산점도를 그리는 일이다. 그러나 상관계수만으로도 두 변수 간의 관계를 충분히 이해할 수 있는 경우에는 산점도를 생략하는 경우가 많다.

(5) 회귀분석의 보고

회귀분석은 하나의 종속변수와 여러 개 또는 하나의 독립변수 사이의 관계의 방향과 강도를 조사하는 통계분석방법이다. 회귀분석의 유형에는 단순회귀분석, 다중회귀분석, 로지스틱회귀분석 등 여러 가지가 있다. 이하에서는 다중회귀분석의 결과를 보고하는 방법만을 다룬다. 다음 예제는 사회복지사의 일반스트레스에 영향을 미치는 요인에 관한 회귀분석의 결과를 보고하는 사례이다.

[♣ 본문에 의한 보고]

사회인구학적 변수를 포함한 독립변인들이 사회복지사의 일반스트레스에 어느 정도 영향을 미치는지 파악하기 위해 위계적 회귀분석을 실시하였다(<표 O>). 먼저 단계입력방식을 사용하여 사회인구학적 변수 가운데 다중공선성의 가능성이 있는 변수를 찾아냈으며, 그런 변수들은 분석대상에서 제외하였다.

모델 1에서는 통제변인인 사회인구학적 변수만을 분석의 대상에 포함시켜 회귀분석을 실시하였다. 전반적으로 보아, 이 모델은 사회복지사의 일반 스트레스 변량의 11.3%를 설명하고 있으며, 모델 자체가 통계적으로 유의한 것으로 분석되었다(p<0.01). 사회인구학적 변수 가운데 일반 스트레스에 유의한 영향을 미치고 있는 변수는 성별, 연령, 기관유형으로 확인되었다. 구체적으로 보면, 남자는 여자보다 일반 스트레스의 정도가 약간 낮으며(b=-.135, p<0.05), 연령이 높아질수록 일반 스트레스는 약간 감소한다(b=-.009, p<0.05). 또한 행정기관(구청, 동사무소)에 근무하는 사회복지사보다 노인복지시설에 근무하는 사회복지사의 일반 스트레스가 유의하게 더 낮은 것으로 분석되었다(b=-.274, p<0.01).

모델 2는 모델 1의 통제변인에 클라이언트 폭력 요인을 추가로 투입한 모형이다. 이 모델은 사회복지사의 일반 스트레스 변량의 15.6%를 설명하고 있으며 전반적으로 모델이 유의한 것으로 나타났다(p<0.01). 모델 1과 비슷하게, 성별과 연령은 일반 스트레스에 유의한 영향을 미치는 사회인구학적 변수로 확인되었으나, 클라이언트 폭력 요인은 유의한 변수가 아닌 것으로 조사되었다.

모델 3은 모델 2에 클라이언트 폭력에 대한 개인적 반응을 추가한 것인데, 전반적으로 모형이 유의하며(p<0.001), 사회복지사의 일반 스트레스 변량의 22.8%를 설명하고 있다. 이에 따르면 사회복지사의 일반 스트레스에 유의한 영향을 미치는 변수는 성별과 클라이언트 폭력에 대한 심리·정서적 반응이다. 특히 사회복지사가 클라이언트 폭력에 대하여 느끼는 심리·정서적 반응의 점수가 높을수록(즉, 클라이언트 폭력에 대한 반응이 강할수록) 그 사람의 일반스트레스의 정도도 높아지는 것으로 나타났다(b=.110, p<0.05).

모델 4는 모델 3에 클라이언트 폭력에 대한 기관 차원의 대응을 추가한 것이며, 전반적으로 회귀모형이 통계적으로 유의한 것으로 조사되었다(p<0.01). 사회인구학적 요인 가운데 기관유형만이 일반 스트레스에 유의한 영향을 미치는 것으로 나타났다. 또한 클라이언트 폭력에 대한 기관 차원의 대응이 사회복지사의 일반 스트레스에는 별다른 영향을 주지 않는 것으로 분석되었다.

[♣ 표를 사용하는 보고]

위계적 회귀분석의 결과는 <상자 6-67>과 같이 모형별로 제시한다. 표가 너무 길어 표를 쪼개는 경우에는 이 점을 표의 제목에 분명하게 밝혀 독자의 혼란을 예방하는 것이 좋다.

[♣ 그래프를 사용하는 보고]

회귀분석은 변수와 변수 간의 관계의 방향과 강도를 알아낼 수 있는 매우 강력한 도구이지만 상당히 복잡한 절차를 거쳐야 한다. 회귀방정식 모형을 보다 쉽게 이해하기 위해서는 회귀방정식 산점도(scatterplot)를 그려보는 것이 좋다.

<상자 6-67> 회귀분석 결과의 보고

<사회복지사 일반 스트레스에 영향을 미치는 요인에 관한 회귀분석 결과>

독립변수	모델 1				모델 2			
	B	(S.E.)	β	Sig.	B	(S.E.)	β	Sig.
상수	3.245	.163		.000***	3.001	.184		.000***
사회인구학적 요인								
성별(여자 기준)								
남자	-.135	.068	-.157	.049*	-.134	.067	-.155	.048*
연령	-.009	.004	-.172	.042*	-.011	.004	-.206	.018*
기관유형(행정기관 기준)								
노인복지시설	-.274	.080	-.299	.001**	-.151	.098	-.165	.126
종합사회복지관	-.082	.079	-.094	.302	.016	.097	.018	.871
아동복지시설	-.021	.107	-.016	.846	.092	.126	.070	.466
클라이언트 폭력 요인								
신체적 공격					.003	.005	.080	.574
정서적 공격					.022	.015	.219	.147
재산상의 피해					-.008	.021	-.040	.701
c't 폭력에 대한 개인적 반응								
개인의 심리・정서적 반응								
폭력사례의 전파								
c't 폭력에 대한 기관 차원 대응								
폭력사건에 대한 조치								
폭력 관리체계 구축								
폭력 대비 시설・장비 구비								
R^2	.113				.156			
수정된 R^2	.085				.113			
F (Sig.)	4.046** (.002)				3.613** (.001)			

* $p<0.05$ ** $p<0.01$ *** $p<0.001$

<상자 6-67> (계속)

<표> (계속)

독립변수	모델 3				모델 4			
	B	(S.E.)	β	Sig.	B	(S.E.)	β	Sig.
상수	2.961	.197		.000***	3.081	.249		.000***
사회인구학적 요인								
성별(여자 기준)								
남자	-.177	.068	-.215	.011*	-.150	.081	-.174	.067
연령	-.009	.005	-.185	.055	-.007	.005	-.135	.203
기관유형(행정기관 기준)								
노인복지시설	-.104	.108	-.120	.337	-.173	.117	-.198	.143
종합사회복지관	-.042	.105	-.049	.689	-.057	.113	-.062	.617
아동복지시설	.137	.132	.104	.300	.333	.157	.229	.036*
클라이언트 폭력 요인								
신체적 공격	.000	.005	-.001	.997	-.007	.006	-.177	.257
정서적 공격	.003	.016	.034	.839	.012	.017	.124	.479
재산상의 피해	.003	.020	.017	.876	-.010	.023	-.050	.663
c‘t 폭력에 대한 개인적 반응								
개인의 심리·정서적 반응	.110	.046	.380	.019*	.058	.055	.201	.295
폭력사례의 전파	-.041	.041	-.134	.325	.031	.052	.101	.548
c‘t 폭력에 대한 기관 차원 대응								
폭력사건에 대한 조치					.014	.019	.070	.481
폭력 관리체계 구축					-.029	.022	-.146	.190
폭력 대비 시설·장비 구비					.009	.026	.038	.725
R^2	.228				.300			
수정된 R^2	.166				.204			
F (Sig.)	3.686*** (.000)				3.130** (.001)			

* $p<0.05$ ** $p<0.01$ *** $p<0.001$

참고문헌

강병서. (2002). 『**인과분석을 위한 연구방법론**』(개정판). 서울: 무역경영사.

고려대학교 부설 행동과학연구소(편). (1998a). 『**심리척도 핸드북 Ⅰ**』. 서울: 학지사.

고려대학교 부설 행동과학연구소(편). (1998b). 『**심리척도 핸드북 Ⅱ**』. 서울: 학지사.

고병철, 강돈구, 박종수. (2012). 『**2011년 한국의 종교현황**』. 서울: 문화체육관광부.

공계순. (2005). 아동학대예방센터 상담원의 소진에 관한 연구. 『**한국가족복지학**』, **10**(3), 83-103.

김렬, 성도경, 이환범, 송건섭, 조태경, 이수창. (2005). 『**사회과학 연구 및 논문 작성을 위한 통계분석의 이해 및 활용**』. 대구: 도서출판 대명.

김경호. (2007a). 『**사회복지 조사연구**』. 광주: 호남대학교출판부.

김경호. (2007b). 『**사회복지학과 재학생·신입생 교육 및 실습만족도 조사연구**』. NURI 연구보고서 07-1, 호남대학교 누리사업단.

김경호. (2012). 노인복지관의 직무순환제도가 종사자의 조직몰입에 미치는 영향: 직무만족의 매개효과 검증을 중심으로. 『**한국사회복지행정학**』, 14(1), 27-60.

김기원. (2001). 『**사회복지조사론**』. 서울: 나눔의집.

김영종. (2007). 『**사회복지조사방법론**』(제2판). 서울: 학지사.

류창하, 안춘옥. (1992). 『**사회·여론조사 설문모음집**』(개정판). 서울: 지식산업사.

문숙경. (2001). 『**Web상에서의 실시간 설문조사**』. 서울: 도서출판 두남.

박도순. (2000). 『**문항작성방법론**』. 서울: 교육과학사.

박도순. (2004). 『**질문지작성방법론**』. 서울: 교육과학사.

백욱현. (2006). 『**면접법**』. 서울: 교육과학사.

서울복지재단. (2005). 『**복지시설 종사자 위험관리 실태조사**』. 서울: 서울복지재단.

선우동훈, 윤석홍. (1999). 『**여론조사**』. 서울: 커뮤니케이션북스.

소영일. (2001). 『**연구조사방법론**』. 서울: 박영사.

오계택, 이정환, 이규용. (2007). 『**이주 노동자에 대한 한국인의 인식: 일터를 중심으로**』. 서울: 한국여성정책연구원·한국노동연구원.

오성삼(편). (2002). 『**메타분석의 이론과 실제**』. 서울: 건국대학교출판부.

오은순. (1996). 「**이혼가정 아동의 적응에 영향을 미치는 생태학적 변인들의 구조분석**」. 박사학위논문, 이화여자대학교.

윤영선. (2000). 『**상관분석**』. 서울: 교육과학사.

이인수, 임춘식. (2005). 노인생활시설 종사자의 직장애착과 소진에 관한 연구. 『**노인복지연구**』, **30**, 99-121.

이학식. (2005). 『**마케팅조사**』(제2판). 서울: 법문사.

이학식, 임지훈. (2007). 『**구조방정식 모형분석과 AMOS 6.0**』. 서울: 법문사.
이학종, 박헌준. (2004). 『**조직행동론**』. 서울: 법문사.
임인재, 김신영, 박현정. (2003). 『**심리측정의 원리**』. 서울: 학연사.
정경희, 오영희, 석재은, 석재은, 도세록, 김찬우 외. (2005). 『**2004년도 전국 노인생활실태 및 복지욕구조사**』. 서울: 한국보건사회연구원 · 보건복지부.
정영해, 김순흥, 양철호, 염시창, 조지현, 오미영 외. (2005). 『**SPSS 12.0 통계자료분석**』. 광주: 한국사회조사연구소.
채서일. (2003). 『**사회과학조사방법론**』(제3판). 서울: 학현사.
채서일. (2005). 『**마케팅조사론**』(제3판). 서울: B&M Books.
최성재. (2005). 『**사회복지조사방법론**』. 서울: 나남출판.
한국통계학회. (1997). 『**통계학 용어집**』. 파주: 자유아카데미.
허명회. (2005). 『**SPSS 설문지 조사 입문**』(제2판). 서울: 한나래.
허순영. (2004). 『**조사연구를 위한 표준화된 설문작성법**』. 파주: 자유아카데미.

Ajzen, I. (1988). *Attitudes, personality, and behavior*. Chicago, IL: The Dorsey Press.
Alexander, C. S., & Becker, H. J. (1978). The use of vignettes in survey research. *Public Opinion Quarterly*, *42*, 93-104.
Alreck, P. L., & Settle, R. B. (1995). *The survey research handbook: Guidelines and strategies for conducting a survey* (2nd ed.). Chicago: Irwin Professional Publishing.
Alreck, P. L., & Settle, R. B. (2004). *The survey research handbook* (3rd ed.). Boston: McGraw-Hill/Irwin.
Alston, M., & Bowles, W. (2003). *Research for social workers* (2nd ed.). London: Routledge.
Alwin, D. F., & Krosnick, J. (1985). The measurement of values in surveys: A comparison of ratings and rankings. *Public Opinion Quarterly*, *49*, 535-552.
Andrews, F. M., & Withey, S. B. (1976). *Social indicators of well-being: Americans' perceptions of life quality*. New York: Plenum Press.
APA. (1994). *Publication manual of the American Psychological Association* (4th ed.). Washington, D. C.: American Psychological Association.
Armstrong, J. S., & Overton, T. S. (1977). Estimating non-response bias in mail survey. *Journal of Marketing Research*, 18, 396-402.
Ash, P., & Abramson, E. (1952). The effect of anonymity on attitude questionnaire response. *Journal of Abnormal and Social Psychology*, *47*, 722-723.
Atkinson, F. I. (2000). Survey design and sampling. In Cormack, D. (ed.), *The research process in nursing* (4th ed.). Oxford: Blackwell Publishing.
Barter, C., & Renold, E. (1999). The use of vignettes in qualitative research. *Social Research Update*, Issue 25, Department of Sociology, University of Surrey.
Bartone, P. T, Ursano, R. J., Wright, K. M., & Ingraham, L. H. (1989). The impact of a military air disaster on the health of assistance workers. *Journal of Nervous and Mental Disease*, *177*, 317-328.

Becker, S. L. (1954). Why an order effect? *Public Opinion Quarterly, 18*, 271-278.

Belson, W. A., & Duncan, J. A. (1962). A comparison of the checklist and the open response questioning systems. *Applied Statistics, 11*, 120-132.

Bishop, G. F., Oldendick, R. W., & Tuchfarber, A. J. (1983). Effects of filter questions in public opinion surveys. *Public Opinion Quarterly, 47*, 528-546.

Black, T. R. (1999), *Doing quantitative research in the social sciences: An integrated approach to research design, measurement and statistics*, London: Sage Publications.

Bohrnstedt, O. W. (1969). A quick method for determining the reliability and validity of multiple-item scales. *American Sociological Review, 34*, 542-548.

Bogardus, E. S. (1926). Social distance in the city. *Proceedings and Publications of the American Sociological Society, 20*, 40 - 46.

Booth-Kewley, S., Edwards, J. E., & Rosenfeld, P. (1992). Impression management, social desirability, and computer administration of attitude questionnaires: Does the computer make a difference? *Journal of Applied Psychology*, 77(4), 562-566.

Boynton, P. M. (2004). A hands on guide to questionnaire research Part II: Administering, analysing, and reporting your questionnaire. *British Medical Journal, 328*. 1372-1375.

Boynton, P. M., & Greenhalgh, T. A. (2004). A hands on guide to questionnaire research Part I: Selecting, designing, and developing your questionnaire. *British Medical Journal, 328*, 1312-1315.

Boynton, P. M., Wood, G. W., & Greenhalgh, T. A. (2004). A hands on guide to questionnaire research Part III: Reaching beyond the white middle classes. *British Medical Journal, 328*, 1433-1436.

Brace, I. (2004). *Questionnaire design: How to plan, structure and write survey material for effective market research*. London: Kogan Page.

Bradburn, N. M., Sudman, S., Blair, E., & Stocking, C. (1978). Question threat and response bias. *Public Opinion Quarterly, 42*, 221-222.

Bradburn, N., Sudman, S., & Wansink, B. (2004). *Asking questions*. San Francisco: Jossey-Bass.

Brugha, T. S., & Cragg, D. (1990). The list of threatening experiences: The reliability and validity of a brief life events questionnaires. *Acta Psychiatrica Scandinavica, 82*, 77-81.

Buss, A. H., & Perry, M. (1992). The aggression questionnaire. *Journal of Personality and Social Psychology, 63*, 452-459.

Carmines, E. G., & Zeller, R. A. (1979). *Reliability and validity assessment*. Thousand Oaks: Sage Publications.

Carlson, C. R., Collins, F. L., Stewart, J. F., Porzelius, J., Nitz, J. A., & Lind, C. O. (1989). The assessment of emotional reactivity: A scale development and validation study. *Journal of Psychopathology and Behavioral Assessment, 11*, 313-325.

Cohen, L., Manion, L., & Morrison, K. (2000). *Research methods in education* (5th ed.). London: Routledge-Falmer.

Colletti, G., Supnick, J. A., & Payne, T. J. (1985). The smoking self-efficacy questionnaire (SSEQ):

Preliminary scale development and validation, *Behavioral Assessment*, 7, 249-260.

Converse, J. M., & Presser, S. (1986). *Survey questions: Handcrafting the standardized questionnaire.* Thousand Oaks: Sage Publications.

Cook, J. D., Hepworth, S. J., Wall, T. D., & Warr, P. B. (1981). *The experience of work: A compendium of 249 measures and their use*. London: Academic Press.

Corah, N. L., Gale, E. N., & Illig, S. J. (1969). Assessment of a dental anxiety scale. *Journal of the American Dental Association*, 97, 816-818.

Craig, M. (2000). *Thinking visually: Business applications of 14 core diagrams.* London: Thomson.

Cronbach, L. J. (1951). Coefficient alpha and the internal structure of tests. *Psychometrika*, *16*, 297-334.

Cronbach, L. J., & Meehl, P. E. (1955). Construct validity in psychological tests. *Psychological Bulletin*, *52*, 281-302.

Czaja, R., Blair, J., & Sebestik, J. P. (1982). Respondent selection in a telephone survey: A comparison of three techniques. *Journal of Marketing Research*, *19*, 381-385.

DeVellis, R. F. (2003). *Scale development: Theory and applications* (2nd ed.). Thousand Oaks: Sage Publications.

Dillman, D. A. (1978). *Mail and telephone survey: The total design method.* New York: John Wiley and Son, Inc.

Dillman, D. A. (1991). The design and administration of mail survey. *Annual Review of Sociology*, *17*, 225-249.

Edelmann, R. J. (2000). Attitude measurement. In Cormack, D. (ed.), *The research process in nursing* (4th ed.). Oxford: Blackwell Publishing.

Fabelo-Alcover, H. E., & Sowers, K. (2003). Cognitions and behaviors scale: Development and initial performance of a scale for use with adult survivors of child sexual abuse. *Research on Social Work Practice*, *13*(1), 43-64.

Faia, M. A. (1979). The vagaries of the vignette world: A comment on Alves and Rossi. *American Journal of Sociology*, *85*, 951-954.

Finch, J. (1987). The vignette technique in survey research. *Sociology*, *21*(1), 105-114.

Fischer, R. P. (1946). Signed versus unsigned personal questionnaires. *Journal of Applied Psychology*, *30*, 220-225.

Fischer, J., & Corcoran, K. (2007a). *Measures for clinical practice and research: A source book*, Vol. 1 (4th ed.), New York: Oxford University Press.

Fischer, J., & Corcoran, K. (2007b). *Measures for clinical practice and research: A source Book*, Vol. 2 (4th ed.), New York: Oxford University Press.

Fowler, Jr., F. J. (1995). *Improving survey questions: Design and evaluation.* Thousand Oaks: Sage Publications.

Frankfort-Nachmias, C., & Nachmias, D. (2000). *Research methods in the social sciences* (6th ed.). New York: Worth Publishers.

Fuller, C. (1974). Effect of anonymity on return rate and response bias in a mail survey. *Journal of*

Applied Psychology, *59*, 292-296.

Gaskell, G. D., O'Muircheartaigh, C. A., & Wright, D. B. (1994). Survey questions about frequency of vaguely defined events: The effects of response alternatives. *Public Opinion Quarterly*, *58*, 241-255.

Goffman, E. (1959). *The presentation of self in everyday life*. New York: Doubleday.

Goodman, Y. (1995). *Presenting numbers: Effective use of charts and graphs*. De Montfort University.

Guilford, J. P. (1956). The structure of the intellect. *Psychological Bulletin*, *53*(4), 267-293.

Hafner, R. J. (1984). The marital repercussions of behavior therapy for Agoraphobia. *Psychotherapy*, *21*, 530-542.

Hansen, R. A. (1980). A self-perception interpretation of the effect of monetary and nonmonetary incentives on mail survey respondent behavior. *Journal of Marketing Research*, *17*, 77-83.

Harris, R. L. (1999). *Information graphics: A comprehensive illustrated reference*, New York: Oxford University Press.

Hazel, N. (1995). Elicitation techniques with young people. *Social Research Update*, Issue 12, Department of Sociology, University of Surrey.

Heyde, C. C., & Seneta, E. (2001). *Statisticians of the centuries*. New York: Springer.

Hoinville, G., Jowell, R., & associates (1987). *Survey research practice*. Hants: Gower Publishing Company.

Huff, D. (1954). *How to lie with statistics*. London: Penguin Books.

Hunt, S. D., Sparkman Jr, R. D., & Wilcox, J. B. (1982). The pretest in survey research: Issues and preliminary findings. *Journal of Marketing Research*, *19*, 269-273.

James, J. M., & Bolstein, R. (1990). The effect of monetary incentives and follow-up mailings on the response rate and response quality in mail surveys. *Public Opinion Quarterly*, *54*, 346-361.

James, J. M., & Bolstein, R. (1992). Large monetary incentives and their effect on mail survey response rates. *Public Opinion Quarterly*, *56*, 442-453.

Jay, R. (1994). *How to write proposals and reports that get results*. London: Pitman Publishing.

Jehu, D., Klassen, C., & Gazan, M. (1986). Cognitive restructuring of distorted beliefs associated with childhood sexual abuse. *Journal of Social Work and Human Sexuality*, *4*, 49-69.

Judd, C. M., Smith, E. R., & Kidder, L. H. (1991). *Research methods in social relations* (6th ed.). Fort Worth: Hartcourt Brace Jovanovich College Publishers.

Kalton, G. (1983). *Introduction to survey sampling*. Thousand Oaks: Sage Publications.

Kent, A., Lambert, D., Naish, M., & Slater, F. (1996). *Geography in education*. Cambridge: Cambridge University Press.

Kettner, P. M., Moroney, R. M., & Martin, L. L. (2008). *Designing and managing programs: An effectiveness-based approach* (3rd ed.). Los Angeles: Sage Publications.

King, F. W. (1970). Anonymous versus identifiable questionnaires in drug usage surveys. *American Psychologist*, *25*, 982-985.

Krejcie, R. V., & Morgan, D. W. (1970). Determining sample size for research activities. *Educational and Psychological Measurement*, *30*, 607-610.

Laurent, A. (1972). Effects of question length on reporting behavior in the survey interview. *Journal of the American Statistical Association*, *67*, 298-305.

Lautenschlager, G. L., & Flaherty, V. L. (1990). Computer administration of questions: More desirable or more social desirability? *Journal of Applied Psychology*, *75*, 310-314.

Lorr, M., & Wunderlich, R. A. (1988). A semantic differential mood scale. *Journal of Clinical Psychology*, *44*, 33-35.

Maddock, J. E., *et al.* (2001). The college alcohol problems scale. *Addictive Behaviors*, *26*, 385-398.

Maisto, S. A., Connors, G. J., Tucker, J. A., McCollam, J. B., & Adesso, V. J. (1980). Validation of the sensation scale: A measure of subjective physiological responses to alcohol. *Behavior Research and Therapy*, *18*, 17-43.

Matteson, M. T. (1974). Type of transmittal letter and questionnaire color as two variables influencing response rates in a mail survey. *Journal of Applied Psychology*, *59*, 532-536.

May, T. (1993). *Social research: Issues, methods and process.* Buckingham: Open University Press.

McIver, J. P. (2004). Semantic differential scale. In Lewis-Beck, M. S., Bryman, A., & Liao, T. F. (eds.), *The Sage encyclopedia of social science research methods* (Vol. 3). London: Sage Publications.

Miller, R. L., & Brewer, J. D. (eds.). (2003). *The A-Z of social research: A dictionary of key social science research concepts.* London: Sage Publications.

Mullen, P., & Spurgeon, P. (2000). *Priority setting and the public.* Oxon: Radcliffe Medical Press.

Murphy-Black, T. (2000). Questionnaire. In Cormack, D. (ed.), *The research process in nursing* (4th ed.). Oxford: Blackwell Publishing.

Narens, L., & Luce, R. D. (1986). Measurement: The theory of numerical assignments. *Psychological Bulletin*, *99*, 166-180.

Neff, J. A. (1979). Interaction versus hypothetical others: The use of vignettes in attitude research. *Sociology and Social Research*, *64*, 105-125.

Noelle-Neumann, E. (1970). Wanted: Rules for wording structured questionnaires. *Public Opinion Quarterly*, *34*, 191-201.

O'Hare, T. (2001). The drinking context scale: A confirmatory factor analysis. *Journal of Substance Abuse Treatment*, *20*, 129-136.

O'Leary, K. D., Fincham, F., & Turkewitz, H. (1983). Assessment of positive feelings toward spouse. *Journal of Consulting and Clinical Psychology*, *51*, 949-951.

Oppenheim, A. N. (1992). *Questionnaire design, interviewing and attitude measurement* (new edition). London: Continuum.

Osgood, C. E. (1952). The nature of and measurement of meaning. *Psychological Bulletin*, *49*, 197-237.

Osgood, C. E., Suci, G. J., & Tannenbaum, P. H. (1957). *The measurement of meaning*. Urbana: University of Illinois Press.

Page-Bucci, H. (2003). *The value of Likert scales in measuring attitudes of online learners* [Electronic version]. Retrieved September 11, 2007, from http://www.hkadesigns.co.uk/websites/msc/reme/likert.htm.

Pan, M. L. (2003). *Preparing literature reviews: Qualitative and quantitative approaches.* Los Angeles: Pyrczak Publishing.

Parry, H. J., & Crossley, H. M. (1950). Validity of responses to survey questions. *Public Opinion Quarterly, 14*, 61-80.

Paulhus, D. L. and Reid, D. B. (1991), "Enhancement and Denial in Socially Desirable Responding", *Journal of Personality and Social Psychology, 60*(2), 307-317.

Phillips, D. L., & Clancy, K. J. (1972). Some effects of 'social desirability' in survey studies. *The American Journal of Sociology, 77*(5), 921-940.

Podsakoff, P. M., MacKenzie, S. B., Lee, J., & Podsakoff, N. P. Common method biases in behavioral research: A critical review of the literature and recommended remedies. *Journal of Applied Psychology, 88*(5), 879-903.

PRA. (2012). A brief history of survey research [Electronic version]. Retrieved August 13, 2012, from http://www.pra.ca/resources/pages/files/ technotes/history_e.pdf

Rahman, N. (1996). Caregivers' sensitivity to conflict: The use of the vignette methodology. *Journal of Elder Abuse and Neglect, 8*(1), 35-47.

Rasinski, K. A. (1989). The effect of question wording on public support for government spending. *Public Opinion Quarterly, 53*, 388-394.

Rasinski, K. A., Mingay, D., & Bradburn, N. M. (1994). Do respondents really 'mark all that apply' on self-administered questions? *Public Opinion Quarterly, 58*, 400-409.

Rothwell, A. (1995). *Questionnaire design*, De Montfort University.

Royse, D. (1999). *Research methods in social work* (3rd ed.). Chicago: Nelson Hall.

Rumsey, D. (2003). *Statistics for dummies*. Hoboken: Wiley Publishing Co.

Salant, P., & Dillman, D. A. (1994). *How to conduct your own survey*. New York: John Wiley & Sons, Inc.

Sanchez, M. E. (1992). Effects of questionnaire design on the quality of survey data. *Public Opinion Quarterly, 56*, 206-217.

Sargeant, A., & Lee, S. (2004). Donor trust and relationship commitment in the UK charity sector: The impact on behavior. *Nonprofit and Voluntary Sector Quarterly*, 33, 185-202.

Schonlau, M. (2002). *Conducting research surveys via e-mail and the Web.* RAND Corporation.

Schonlau, M., Fricker, Jr., R. D., & Elliot, M. N. (2002). *Conducting research surveys via e-mail and the Web*, Santa Monica: RAND.

Schuman, H. (1966). The random probe: A technique for evaluating the validity of closed questions. *American Sociological Review, 31*, 218-222.

Schwartz, G. E., Davidson, R. J., & Goleman, D. J. (1978). Patterning of cognitive and somatic processes in the self-regulation of anxiety: Effects of meditation versus exercise. *Psychosomatic Medicine, 40*, 321-328.

Schwarz, N., Knauper, B., Hippler, H.-J., Noelle-Neumann, E., & Clark, L. (1991). Rating scales: Numeric values may change the meaning of scale labels. *Public Opinion Quarterly, 55*, 570-582.

Singer, E., Hippler, H.-J., & Schwarz, N. (1992). Confidentiality assurances in surveys: Reassurance or threat? *International Journal of Public Opinion Research, 4*(3), 256-268.

Snider, J. G., Osgood, C. E. (eds.). (1969). *Semantic differential technique: A source book*. Chicago:

Aldine.

Staats, S., & Partlo, C. (1992). A brief report on hope in peace and war, and in good times and bad. *Social Indicators Research*, *24*, 229-243.

Stiles, W. B., & Snow, J. S. (1984). Counseling session impact as seen by novice counselors and their clients. *Journal of Counseling Psychology*, *31*, 3-12.

Stolte, J. F. (1994). The context of satisficing in vignette research. *Journal of Social Psychology*, *134*(6), 727-733.

Sudman, S., & Bradburn, N. M. (1982). *Asking questions: A practical guide to questionnaire design.* San Francisco: Jossey-Bass Publishers.

Sue, V. M., & Ritter, L. A. (2007). *Conducting online surveys.* Los Angeles: Sage Publications.

Thurstone, L. L., & Chave, E. J. (1929). *The measurement of attitude. Chicago.* Ill: University of Chicago Press.

Tourangeau, R., Rasinski, K. A., & Bradburn, N. M. (1989). Carryover effects in attitude surveys. *Public Opinion Quarterly*, *53*, 495-524.

Tuckman, B. W. (1988). The scaling of mood. *Educational and Psychological Measurement*, *48*, 419-427.

Tufte, E. R. (1983). *The visual display of quantitative information.* Cheshire: Graphics Press.

Warner, S. L. (1965). Randomized response: A survey technique for eliminating evasive answer bias. *Journal of the American Statistical Association*, *60*(309), 63-69.

Yount, W. R. (2006). Research design & statistical analysis in Christian ministry (4th ed.) [Electronic version]. Retrieved September 11, 2007, from http://www.napce.org/documents/research-design-yount/00_Front_4th.pdf

색인

〈ㅋ〉

〈ㅌ〉

〈ㅍ〉

〈ㅎ〉

〈T〉

김경호

영국 버밍엄대학교(University of Birmingham)에서 공공정책학을 전공하여 박사학위를 취득하였다. 20여 년간의 중앙부처(보건복지부 등) 근무 경력을 갖고 있으며 2004년 이후 호남대학교 사회복지학과에서 교육·연구·봉사 활동에 종사하고 있다. 학문적 관심 분야는 사회복지정책, 사회복지행정, 연구방법론 등이다.

설문조사

초판인쇄 2014년 12월 30일
초판발행 2014년 12월 30일

지은이 김경호
펴낸이 채종준
펴낸곳 한국학술정보(주)
주소 경기도 파주시 회동길 230(문발동)
전화 031) 908-3181(대표)
팩스 031) 908-3189
홈페이지 http://ebook.kstudy.com
전자우편 출판사업부 publish@kstudy.com
등록 제일산-115호(2000. 6. 19)

ISBN 978-89-268-6761-7 93310

책에 대한 더 나은 생각, 끊임없는 고민, 독자를 생각하는 마음으로 보다 좋은 책을 만들어갑니다.